安徽省高等学校“十二五”省级规划教材
普通高等学校机械类精品教材

机械设计与应用

第2版

主　　审　杨海卉
主　　编　王亚芹
参编人员　何　俊　孙　斌
　　　　　李　楠　徐冠军

中国科学技术大学出版社

内 容 简 介

本书初版为安徽省高等学校“十二五”省级规划教材，介绍了常用机构的工作原理、运动特性、设计方法，机械设计力学基础，通用零件的工作原理、结构特点、选用和设计方法等内容。全书结构为项目导向，任务引领，以发动机、牛头刨床、主轴箱、减速器、带式输送机等为载体，将机械设计的基本知识、技能和工程应用实例有机结合。全书7个项目包含21个学习性工作任务，在理实一体教室组织教学。其中项目一和项目四的6个工作任务以课堂方式组织教学；项目二、项目三、项目五、项目六和项目七的15个工作任务，将课堂教学与实训有机结合，把理论学习和实践训练贯穿其中，使学生将理论知识和实践训练融会贯通，使教、学、做有机融合。

本书适用于高职高专机械类、近机类专业课程改革教学，也适用于普通“机械设计基础”课程教学，项目四可以根据专业课程的设置选用。本书适用于70～110课时的课程教学。本书同时也可供相关专业师生及相关技术人员参考。

图书在版编目(CIP)数据

机械设计与应用/王亚芹主编. —2版. —合肥:中国科学技术大学出版社，2022.12
ISBN 978-7-312-05541-6

Ⅰ.机…　Ⅱ.王…　Ⅲ.机械设计—高等职业教育—教材　Ⅳ.TH122

中国版本图书馆CIP数据核字(2022)第240065号

机械设计与应用
JIXIE SHEJI YU YINGYONG

出版　中国科学技术大学出版社
安徽省合肥市金寨路96号，230026
http://press.ustc.edu.cn
https://zgkxjsdxcbs.tmall.com
印刷　安徽省瑞隆印务有限公司
发行　中国科学技术大学出版社
开本　787 mm×1092 mm　1/16
印张　19.75
字数　517千
版次　2012年1月第1版　2022年12月第2版
印次　2022年12月第5次印刷
定价　48.00元

前　　言

本书是为了适应高等职业院校培养应用型人才的目标而编写的。随着高职教育改革的不断深入，需要增强对学生职业能力和创新意识的培养，这为高职教育教学的改革提供了发展空间。

根据专业课程改革的需要，本书对传统“机械设计基础”和“工程力学”两门基础课程进行了解构和重构。本书根据高等职业院校机械设计课程在机械类各专业的培养目标及知识结构与能力要求，从培养技术应用型人才的初步设计能力出发，遵循“必需、够用”的原则选取内容，同时兼顾学生继续学习的需要来处理内容的深度与广度。本书按项目组织教学内容，重视对实践能力和职业技能的训练，讲授理念为以工作过程为导向、以训练学生的职业技能为基本要求、以培养学生的工作能力为最终目的。

本书以项目为导向，项目涉及机械工程领域的典型案例，通过典型案例将知识模块有机结合，使学生通过案例导入，了解项目所解决的实际问题，明确学习目标，提高学习的积极性和主动性，达到理实一体、全面培养学生能力的目的。书中的教学项目是从一般科学知识向专业技术知识的过渡，既具有机械工程知识普及教育的功能，又能让学生学习基本的机械设计方面的知识和技能，经历工程实践的探究过程，受到科学态度和科学精神的熏陶，促进学生的全面发展。书中内容的教学顺序依照人们通常的认识规律来设计，以项目为导向，且以工作任务及其工作过程为依据整合、序化教学内容。任务引领是指每个任务引领一个知识模块，分为任务资讯、任务分析与计划(相关知识)、任务实施、任务评价与总结、任务拓展等栏目，使学生在完成任务的过程中主动学习新知识，强调对学生实践能力和综合素质的培养。

本书内容共分7个项目。安徽机电职业技术学院王亚芹编写项目一、项目二、项目三、项目七(任务1、任务2、任务3、任务4)，何俊编写项目四和项目六，孙斌编写项目五(任务 1)、项目七(任务 5),李楠编写项目五(任务 2),徐冠军编写项目五(任务 3)。本书由王亚芹教授任主编并统稿,安徽机电职业技术学院杨海卉教授任主审。

由于时间和水平有限,在编写过程中难免出现许多不足和漏误,请各位读者批评指正。

编　者

目　　录

项目一　机械设计与应用概述

一、项目描述

在工农业生产和日常生活中，我们会接触到各种机械。机械是人类在长期的生产实践中，为了减轻劳动强度、改善劳动条件、提高劳动生产率，创造并且不断发展的。机械的种类繁多，形式各不相同，但却有一些共同的组成结构。因此，研究机械的构成，通过对其结构进行分析、研究，探索机械设计的方法十分必要。

二、项目工作任务方案设计

项目工作任务方案设计见表 1-1。

表 1-1　项目工作任务方案设计

序　号	工作任务	学习要求
一	1. 机械的概念	1. 了解机器的组成； 2. 理解机械、机器、机构的概念； 3. 理解零件、构件、部件的概念
二	2. 机械设计的要求和步骤	1. 理解机械设计的基本要求； 2. 理解机械设计的一般内容； 3. 理解机械零件设计的一般步骤和内容

任务一　机械的概念

一、任务资讯

人类在长期的实践中创造了各种机械。古代人们用杠杆、绞盘、水车等简单的省力机械，帮助人类减轻劳动负担。随着现代工业的发展，人们设计、制造出各种机器，如电动机、内燃机、汽车、洗衣机、金属切削机床等满足生产和生活的需要。随着科技的不断进步，机器的种类不断增多、功能不断扩大，自动化机械应用日益广泛。

二、任务分析与计划

人们在长期的生产实践中，创造发明了各种机器，并不断改进这些机器，以减轻人们的劳动强度、提高劳动生产率，有些机器还能完成用人力无法完成的某些生产要求。机器的作用是进行能量转换或完成特定的机械功能，用以减轻人或代替人的劳动。随着生产和科学技术的发展，机器的种类、形式更加多样化，而功能则愈来愈贴近人们的生活。机器按其基本组成可以分以下 4 个部分：

1. 动力部分

动力部分是机械的动力来源，作用是把其他形式的能转变为机械能以驱动机械运动并做功。

2. 执行部分

执行部分是直接完成机械预定功能的部分。

3. 传动部分

传动部分是将动力部分的运动和动力传递给执行部分的中间环节，它可以改变运动速度、转换运动形式，以满足工作部分的各种要求。

4. 控制部分

控制部分是用来控制机械的其他部分，使操作者能随时实现或停止各项功能，这一部分通常包括机械和电子控制系统。

图 1-1 所示的牛头刨床中，牛头刨床的动力部分是电动机，把电能转变为机械能，为牛头刨床提供运动和转矩。执行部分是刨刀和工作台，直接完成牛头刨床的机械预定功能——工件的刨削加工。传动部分有带传动装置、齿轮传动装置，它们主要用于实现运动速度的改变，将电动机的高速变为工作机所需的较低的转速；有曲柄导杆机构，将大齿轮的转动变为刨刀的往复运动，并满足工作行程等速，非工作行程急回的要求；有曲柄摇杆机构和棘轮机构保证工作台的进给，3 个螺旋机构 M_1、M_2、M_3，分别完成刀具的上下、工作台的上下及刀具行程的位置调整功能。控制部分包括牛头刨床的变速操纵机构控制、开停控制等。

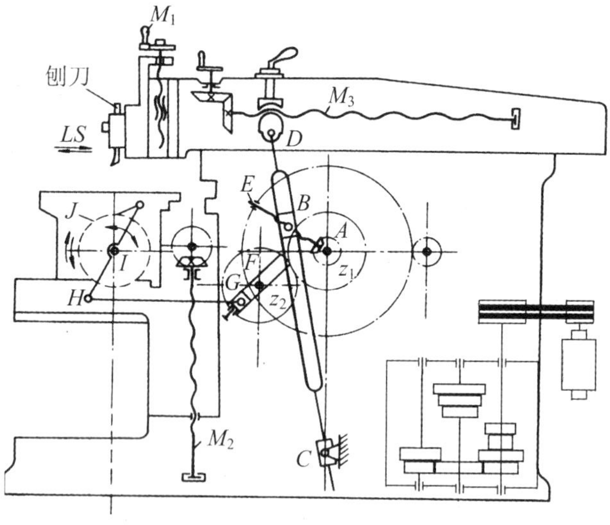

图 1-1 牛头刨床的组成

三、任务实施

（一）机械、机器和机构

各种机器尽管有着不同的形式、构造和用途，然而都具有下列 3 个共同特征：①机器是人为的多种实体的组合；②各部分之间具有确定的相对运动；③能完成有效的机械功或转变机械能。

机器是由一个或几个机构组成的，机构仅具备机器的前两个特征，被用来传递运动或变换运动形式。

因此，机器能实现确定的机械运动，作有用的机械功或完成能量、物料与信息转换和传递。机构则传递运动和动力，完成运动方式的转换。通常把机器和机构统称为机械。

（二）零件、构件和部件

从制造和装配方面来分析，任何机械设备都是由许多机械零部件组成的。

零件是机器的基本制造单元，构件是机器的基本运动单元。组成机构的各个相对运动部分称为构件。构件可以是单一的零件，也可以是多个零件组成的刚性组合体。如图 1-2 所示的连杆由连杆体 1、螺栓 2、螺母 3、开口销 4、连杆盖 5、剖分轴瓦 6、轴衬 7 共 7 种零件组成。工作时，连杆作为一个整体作平面运动，它们构成一个构件，但在加工时是 7 种不同的零件。

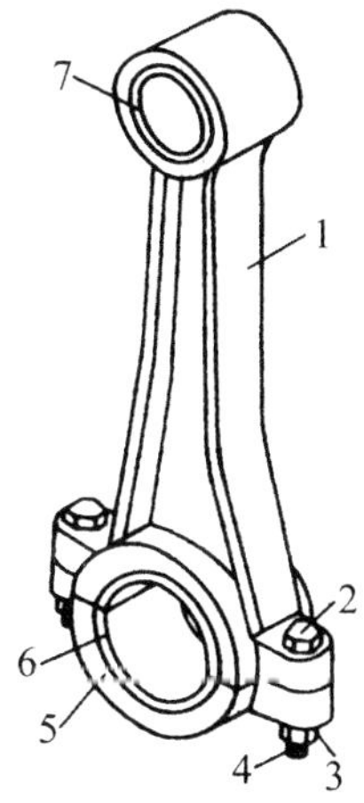

图 1-2　连杆的组成

在各种机械中普遍使用的零件，称为通用零件，如齿轮、键、销、螺栓、弹簧等。只在某些机械中使用的零件称为专用零件，如内燃机的活塞、曲轴等。

部件是机器的装配单元。为了便于机械的设计、制造、安装和维护，一般将整台机器分成能协同完成某一功能的相对独立系统，这样的系统称为部件，如减速器、联轴器等。

（三）本任务的学习目标

通过对机器、机构的认知与分析，确定本任务的学习目标（表 1-2）。

表 1-2　任务学习目标

序　号	类　别	目　　标
一	专业知识	1. 机器的组成； 2. 机械、机器、机构的概念； 3. 零件、构件、部件的概念
二	专业能力	1. 认知生活中的机器的组成； 2. 理解机械、机器、机构的区别与联系； 3. 理解零件、构件、部件； 4. 联系实际，分析生产生活中的机器与机构

续表

序号	类别	目标
三	方法能力	1. 初步具有观察机械工作过程、分析机械的工作原理、将思维形象转化为工程语言的能力； 2. 能将机械设计知识应用于日常生活、生产活动，具有分析问题、解决问题的能力； 3. 学会自主学习，掌握一定的学习技巧，具有继续学习的能力； 4. 具备设计一般工作计划，初步具有对方案进行可行性分析的能力； 5. 具备评估总结工作结果的能力
四	社会能力	1. 养成实事求是、尊重自然规律的科学态度； 2. 养成勇于克服困难的精神，具有较强的吃苦耐劳、战胜困难的能力； 3. 养成及时完成阶段性工作任务的习惯和责任意识； 4. 培养信用意识、敬业意识、效率意识与良好的职业道德； 5. 培养良好的团队合作精神； 6. 培养较好的语言表达能力，善于交流

四、任务拓展

练习与提高

（1）一般机械主要由哪些部分组成？各部分的作用是什么？

（2）指出下列机器的动力部分、传动部分、执行部分和控制部分。

①汽车；②助力车；③缝纫机；④洗衣机；⑤牛头刨床。

（3）机器与机构的主要区别是什么？

（4）什么叫通用机械零件？什么叫专用机械零件？

任务二　机械设计的要求和步骤

一、任务资讯

设计是机械产品研制的第一步，设计的好坏直接关系到产品的质量、性能和经济效益，机械设计就是从使用要求出发，对机械的工作原理、结构、运动形式、力和能量的传递方式以至各个零件的材料、尺寸和形状以及使用维护等问题进行构思、分析和决策的创造性过程。本任务主要讨论常用机构的设计以及常用机械传动装置和通用零部件的设计。

二、任务分析与计划

（一）机械零件的主要失效形式

机械零件不能正常工作或达不到设计要求时，称该零件为失效。零件失效与破坏是两个概念，失效并不一定意味着破坏，如塑性材料制造的零件，工作时虽未断裂，但由于其过度变形而影响其他零件的正常工作是失效；齿轮由于齿面发生点蚀丧失了工作精度是失效；带传动由于摩擦力不足而发生打滑等也都是失效。

机械零件的常见失效形式有：断裂或过大的塑性变形；过大的弹性变形；工作表面失效（如磨损、疲劳点蚀、表面压溃、胶合等）；发生强烈的振动以及破坏正常工作条件引起的失效（如联接松动、摩擦表面打滑等）。

同一种零件可能有多种失效形式，究竟什么是主要的失效形式取决于零件的材料、承载情况、结构特点和工作条件。例如：对于轴，它可能发生疲劳断裂，也可能发生过大的弹性变形，也可能发生共振等。对于一般载荷稳定的转轴，疲劳断裂是其主要的失效形式。对于精密主轴，过量的弹性变形是其主要的失效形式。对于高速转动的轴，发生共振、失去稳定性是其主要失效形式。

（二）机械零件的设计准则

机械零件虽然有多种可能的失效形式，但归纳起来主要是强度、刚度、耐磨性和振动稳定性几方面的问题。设计机械零件时，保证零件在规定期限内不产生失效所依据的原则，称为设计计算准则。主要有：强度准则、刚度准则、寿命准则、振动稳定性准则和可靠性准则。其中强度准则是设计机械零件首先要满足的一个基本要求。为保证零件工作时有足够的强度，设计计算时应使其危险截面或工作表面的工作应力不超过零件的许用应力，即：

$$\sigma \leqslant [\sigma] \tag{1-1}$$

$$\tau \leqslant [\tau] \tag{1-2}$$

三、任务实施

（一）机械设计应满足的基本要求

机械的性能和质量在很大程度上取决于设计的质量，而机械的制造过程实质上就是要实现设计所规定的性能和质量。机械设计是作为机械产品开发研制的一个重要环节，不仅决定着产品的性能好坏，而且还决定着产品质量的高低。设计和选用机械零件时，必须满足从机械整体出发对其提出的基本要求：

1. 功能性要求

设计的机械零件应在规定条件下、规定的寿命期限内，有效地实现预期的全部功能以及可靠性和安全性需要。

2. 市场需要与经济性要求

在产品设计中，经济效益和社会效益要综合考虑，应当合理选用原材料，确定适当的精度要求，减少设计和制造的周期。把产品的设计、制造和销售综合考虑，以获得满意的经济效益与社会效益。

3. 工艺性要求

工艺性要求包含装配工艺性和零件加工工艺性两个方面。在不影响工作性能的前提下，应使机构尽可能地简化，力求用简单的机构装置取代复杂的装置去完成同样的职能，便于拆装，尽量使用标准件。零件的结构合理，很好的处理设计与制造的矛盾，满足加工制造的需要。

4. 安全性要求

安全性要求有三个含义：①设备本身不因过载、失电以及其他偶然因素而损坏；②切实保障操作者的人身安全（劳动保护性）；③不会对环境造成破坏。

5. 可靠性要求

随着机械系统日益复杂化、大型化、自动化及集成化，要求机械系统在预定的环境条件下和寿命期限内，具有保持正常工作状态的性能，这就称为可靠性。

6. 其他特殊要求

针对某一具体的机器，都有一些特殊的要求。例如：飞机结构重量要轻；食品等机械要符合卫生要求；纺织机械不得对产品造成污染等。

（二）机械设计的一般过程

机械设计过程一般包括 4 个阶段，即：明确任务阶段、方案设计阶段、技术设计阶段、施工设计阶段。

1. 明确任务阶段

在实际工作中，我们知道有各种各样的、用途各不相同的机器。但是，所有这些机器的设计过程都有一个共同的特点，即都是从提出设计任务开始的，而设计任务的提出主要是依据工作和生产的需要。

2. 方案设计阶段

设计部门和设计人员首先要认真研究任务书，在全面明确上述要求后，在调查研究、分析资料的基础上，拟订设计计划，按照下述的步骤进行设计：①机器工作原理选择；②机器的运动设计；③机器的动力设计。

3. 技术设计阶段

主要是依据原动机的特性和运转特性或根据零部件的工作载荷进行设计，根据要求选择设计出各零部件。

在工作原理确定之后的工作，就是将选定的设计方案通过必要的分析计算和结构设计，用图面（装配图、零件图等）及技术文件的形式来加以具体表示。包括：运动设计、动力分析、整体布局、零件结构、材料、尺寸、精度和其他参数的确定以及必要的强度和刚度计算等。

4. 施工设计阶段（工艺设计）

本阶段是将设计与制造联接起来的重要环节，即规划零件的制造工艺流程，确定工艺参数、检测手段、夹具、模具设计等工作。这些属于机制工艺学课程的内容。由于在很大程度上取决于经验、依赖于实践经验，所以计算机辅助工艺设计（CAPP）未能像机械 CAD 一样获得突破性进展和广泛应用。

一个完整的设计过程不但包含以上 4 个阶段，还包括制造、装配、试车、生产等所有环节以及对图纸和技术文件进行完善和修改，直到定型投入正式生产的全过程。

实际工作中，上述的几个阶段是交叉反复进行的。

随着计算机辅助设计、计算机仿真技术、三维图形技术以及虚拟装配制造技术的迅速发展，机械设计方法有了极大的变革，借助这些技术我们可以极大地降低设计和试制成本，提高产品的竞争力。

（三）机械零件设计的一般步骤

机械零件的设计是机械设计的重要组成部分。通常机械零件的设计包括以下6个步骤：

(1) 根据零件在机械中的地位和作用，选择零件的类型和结构。

(2) 分析零件的载荷性质，拟定零件的计算简图，计算作用在零件上的载荷。

(3) 根据零件的工作条件及对零件的特殊要求，选择适当的材料。

(4) 分析零件可能出现的失效形式，决定计算准则和许用应力。

(5) 确定零件的主要几何尺寸，综合考虑零件的材料、受载以及加工装配工艺和经济性等因素，参照有关标准、技术规范以及经验公式，确定全部结构尺寸。

(6) 绘制零件工作图并确定公差和技术要求。

上述设计过程和内容并不是一成不变的，随具体任务和条件的不同而改变。在一般机械中，只有部分主要零件是通过计算确定其尺寸，而许多零件则根据结构工艺上的要求，采用经验数据或参照规范进行设计，或者使用标准件。

（四）本任务的学习目标

通过机械设计要求和步骤的分析，确定本任务的学习目标(表1-3)。

表1-3　任务学习目标

序　号	类　别	目　　标
一	专业知识	1. 机械设计的基本要求； 2. 机械设计的一般过程； 3. 机械零件设计的一般步骤
二	专业能力	1. 认知生活中的机器的组成； 2. 理解机械设计的基本要求； 3. 理解机械设计的一般内容； 4. 理解机械零件设计的一般步骤
三	方法能力	1. 初步具有观察机械工作过程，分析机械的工作原理，将思维形象转化为工程语言的能力； 2. 将机械设计知识应用于日常生活、生产活动，具有分析问题、解决问题的能力； 3. 学会自主学习，掌握一定的学习技巧，具有继续学习的能力； 4. 设计一般工作计划，初步具有对方案进行可行性分析的能力； 5. 培养评估总结工作结果的能力
四	社会能力	1. 养成实事求是、尊重自然规律的科学态度； 2. 养成勇于克服困难的精神，具有较强的吃苦耐劳，战胜困难的能力； 3. 养成及时完成阶段性工作任务的习惯和责任意识； 4. 培养信用意识、敬业意识、效率意识与良好的职业道德； 5. 培养良好的团队合作精神； 6. 培养较好的语言表达能力，善于交流

四、任务拓展

练习与提高

(1) 机械零件的主要失效形式有哪些?
(2) 机械零件的设计准则有哪些?
(3) 机械设计应满足哪些基本要求? 试以助力车为例说明机械设计的程序。
(4) 机械零件设计的一般步骤有哪些?

项目二　发动机典型机构的认知与分析

一、项目描述

发动机是汽车的动力部分。一般发动机是往复运动式发动机，工作时活塞在气缸里做往复直线运动，为了把活塞的直线运动转化为旋转运动，必须使用曲柄滑块机构。发动机有很多类型，目前广泛运用的是四冲程内燃发动机。它的原理简单来说就是将燃料的内能转换为热能，将压缩的油气混合气点燃，从而产生巨大压力，再利用曲柄滑块机构将活塞的往复直线运动转换为曲轴的曲线旋转。

内燃机采用的是活塞、连杆与曲轴组成的曲柄滑块机构，借缸内气体压力推动活塞直线运动，通过曲柄滑块机构将其转换为曲轴的旋转运动。活塞往复运动一次，曲轴旋转一周。按照一个工作循环有几个活塞行程，内燃机又有二行程和四行程之分。凡曲轴每旋转一周，活塞上下往复运动两个行程而完成一个工作循环的发动机叫做二行程发动机。相应的，凡发动机曲轴每旋转两周，活塞上下往复运动 4 个行程而完成一个工作循环的叫四行程发动机。常见的小型汽油机和大型船用柴油机为提高功率一般采用二行程结构形式，车用的一般为四行程内燃机。它每完成一个工作循环需要经过进气、压缩、做功、排气 4 个行程。活塞往复 4 次，曲轴转 2 圈。内燃机的配气机构由凸轮机构控制进气、排气门的打开和关闭。齿轮机构的两个齿轮分别与曲轴和凸轮轴联接。准确控制曲轴与凸轮轴的转速关系。

图 2-1 所示的单缸内燃机由机架（气缸体）1、曲柄 2、连杆 3、活塞 4、进气阀 5、排气阀 6、推杆 7、凸轮 8、齿轮 9 和齿轮 10 组成。当燃烧的气体推动活塞 4 作往复运动时，通过连杆 3 使曲柄 2 作连续转动，从而将燃气的压力能转换为曲柄的机械能。齿轮、凸轮和推杆的作用是按一定的运动规律按时开闭阀门，完成吸气和排气。这种内燃机中有 3 种机构：①曲柄滑块机构，由活塞 4、连杆 3、曲柄 2 和机架 1 构成，作用是将活塞的往复直线运动转换成曲柄的连续转动；②齿轮机构，由齿轮 9、齿轮 10 和机架 1 构成，作用是改变转速的大小和方向；③凸轮机构，由凸轮 8、推杆 7 和机架 1 构成，作用是将凸轮的连续转动变为推杆的往复移动，完成有规律地启闭阀门的工作。

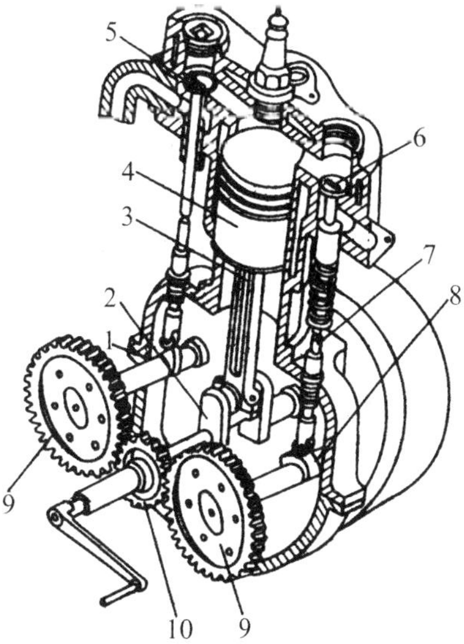

图 2-1　单缸四冲程内燃机结构简图

在曲轴和凸轮轴上的两个齿轮的齿数比为 1∶2，使其曲轴转两周时，进排气阀各启闭一次。这样就把活塞的往复直线运动转变为曲轴的转动，将燃气的热能转换为曲轴转动的机械能。为了分析和研究发动机的运动。我们要掌握平面机构表达方法，并且研究平面连杆机构、凸轮机构等常用平面机构的特点。

二、项目工作任务方案设计

项目工作任务方案设计见表2-1。

表2-1　项目工作任务方案设计

序号	工作任务	学习要求
一	1. 平面机构的认知及表达	1. 了解发动机的组成； 2. 掌握平面机构的表达，会画平面机构运动简图； 3. 掌握平面机构自由度的计算方法
二	2. 平面连杆机构的认知与分析	1. 了解平面四杆机构的组成、基本形式及其演化； 2. 掌握平面四杆机构的运动特点及四杆机构曲柄存在的条件； 3. 会用图解法设计平面四杆机构
三	3. 凸轮机构的认知与分析	1. 了解凸轮机构的组成、类型、特点及其应用； 2. 掌握从动件的常用运动规律；掌握凸轮机构基本尺寸的确定的方法； 3. 会用图解法设计对心直动从动件盘形凸轮轮廓曲线

任务一　平面机构的表达与机构具有确定相对运动的判断

一、任务资讯

机构通常分为平面机构和空间机构。在生活和生产中，平面机构应用较多。为了能够分析发动机的组成和运动，首先要能够正确地表达机构。工程上，为了能够准确、方便地表达平面机构，通常用平面机构运动简图来表示平面机构。为了研究机构运动情况，确定机构是否具有确定的相对运动，需要研究机构的自由度。通过计算平面机构的自由度，判断机构是否具有确定的相对运动。

在单缸内燃机中，包含3种平面运动机构：气缸体、活塞、连杆、曲轴组成曲柄滑块机构；凸轮、顶杆、机架组成凸轮机构；齿轮和机架组成齿轮机构。这些都是常用的平面机构。

构件和运动副是机构的基本组成要素。

（一）构件的类型

构件依其在机构中的功能分为机架、主动件和从动件。机架是机构中相对静止的构件，如图2-1所示内燃机主体机构的气缸体；主动件又称为原动件，是输入运动和动力的构件，如活塞；从动件又称为被动件或输出件，是直接完成机构运动要求，跟随主动件运动的构件，如曲轴。

（二）运动副的概念

机构是具有确定相对运动构件的组合体，为实现机构的各种功能，各构件之间必须以一定的方式联接起来，并且能具有确定的相对运动。在图 2-1 所示的内燃机中，活塞与缸体组成可相对移动的联接；活塞和连杆、连杆和曲轴、曲轴和机架分别组成可相对转动的联接。这种两构件通过直接接触，既保持联系又能相对运动的联接，称为运动副。

（三）运动副的分类

根据运动副各构件之间的相对运动是平面运动还是空间运动，可将运动副分成平面运动副和空间运动副。所有构件都在同一平面上运动或可以在同一平面内研究的机构称为平面机构，平面机构的运动副称为平面运动副。

按两构件间的接触特性，平面运动副可分为低副和高副。

1. 低副

两构件间为面接触的运动副称为低副。根据构成低副的两构件间的相对运动特点，又分为转动副和移动副。

两构件只能作相对转动的运动副为转动副。图 2-2(a)与图 2-2(b)中所示的轴承与轴颈的联接、铰链联接等都属转动副。

移动副是两构件只能沿某一轴线相对移动的运动副，如图 2-2(c)、图 2-2(d)所示。

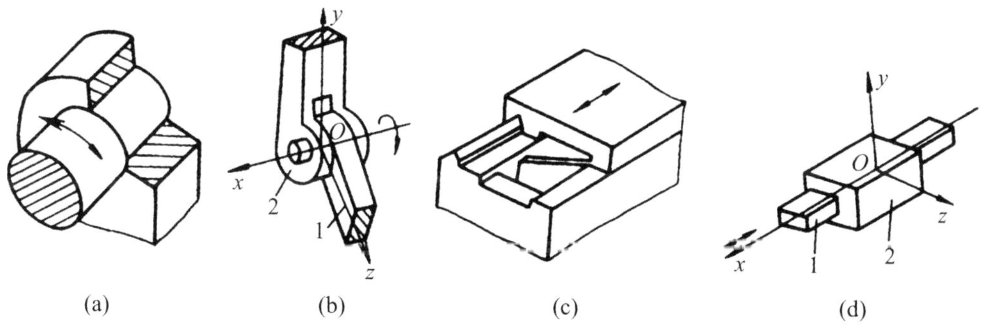

图 2-2　平面低副

2. 高副

两构件间为点、线接触的运动副称为高副，如图 2-3(a)、图 2-3(b)、图 2-3(c)所示的车轮与钢轨、凸轮与从动件、齿轮啮合等均为高副。

常用空间的运动副有球面副（球面铰链）（图 2-3(d)）、螺旋副（图 2-3(e)）。

二、任务分析与计划

（一）绘制平面机构运动简图

1. 平面机构运动简图的概念

对机构进行分析，目的在于了解机构的运动特性，在对机构分析时只需要考虑与运动有关的构件数目、运动副类型及相对位置，而无需考虑机构的真实外形和具体结构，因此常用一些简单的线条和符号画出图形进行方案讨论和运动、受力分析。这种撇开实际机构中与运动关系无关的因素，并用按一定比例及规定的简化画法表示各构件间相对运动关系的工程图形称为机构运动简图。只要求定性地表示机构的组成及运动原理而不严格按比例绘制的机构图形称为机构示意图。

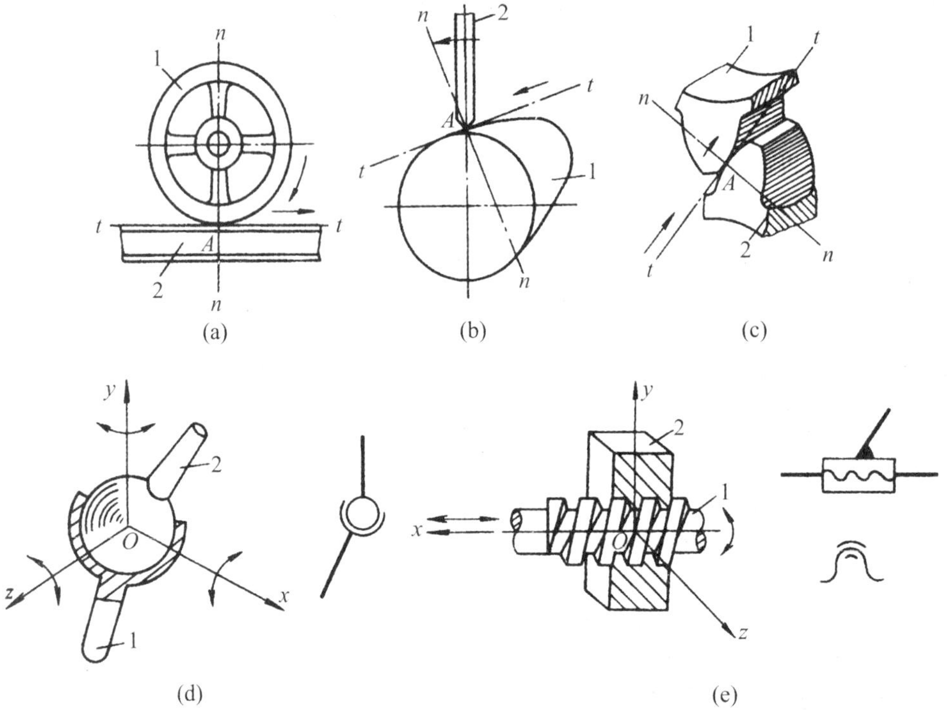

图 2-3　常用空间运动副

2. 运动副及构件的规定表示方法

常用构件和运动副的简图符号见表 2-2。

表 2-2　运动副的简图符号(摘自 GB4460—2013)

序号	名称	基本符号	可用符号	附注
1	回转副	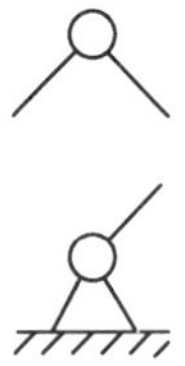	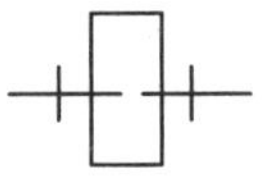	
2	棱柱副(移动副)	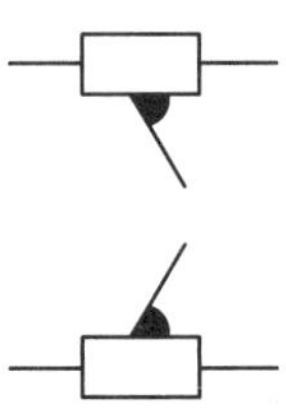	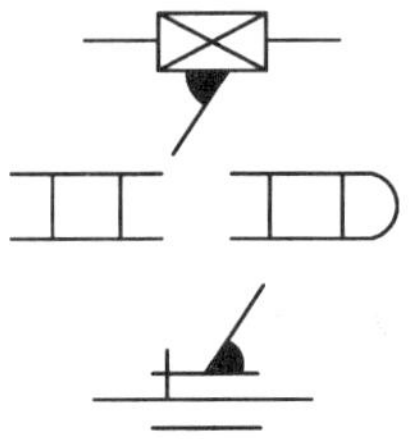	

续表

序号	名称	基本符号	可用符号	附注
3	凸轮副	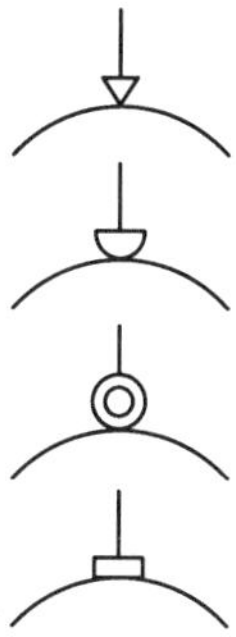		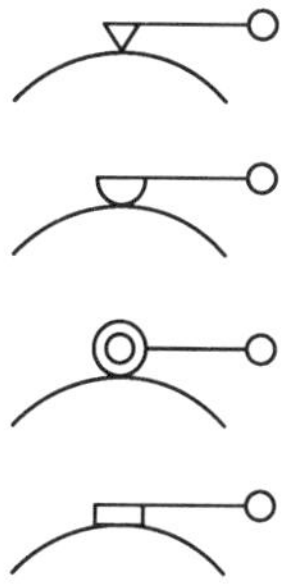
4	齿轮副	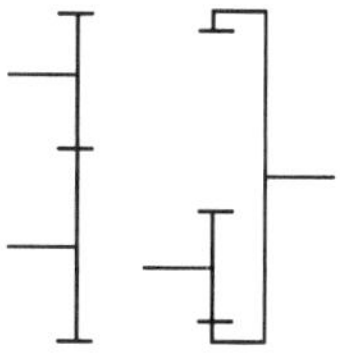	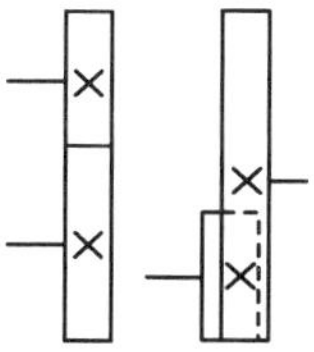	
5	螺旋副	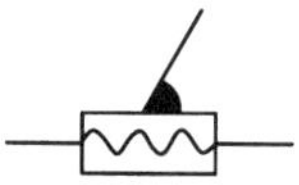		
6	球面副			
7	机架	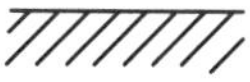		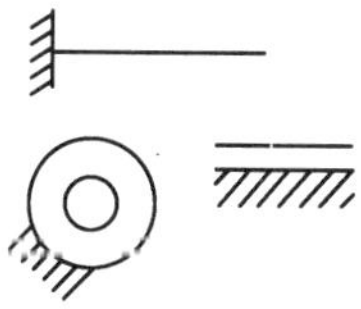
8	轴、杆			
9	构件组成部分的永久连接		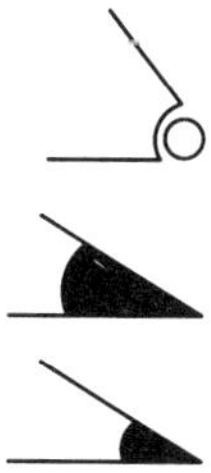	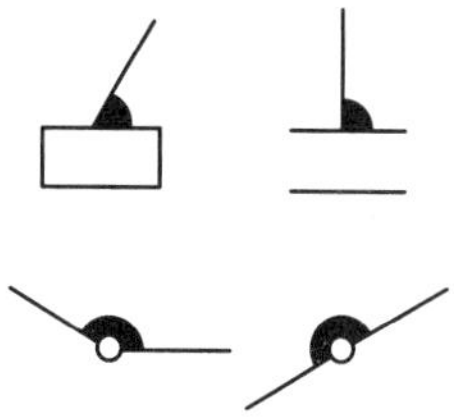
10	组成部分与轴(杆)的固定连接	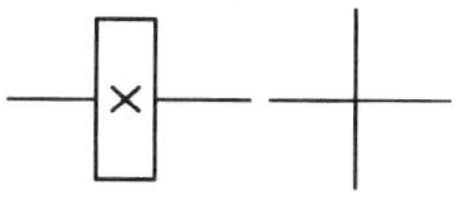	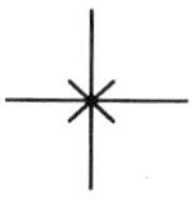	

续表

序号	名称	基本符号	可用符号	附注
11	示例	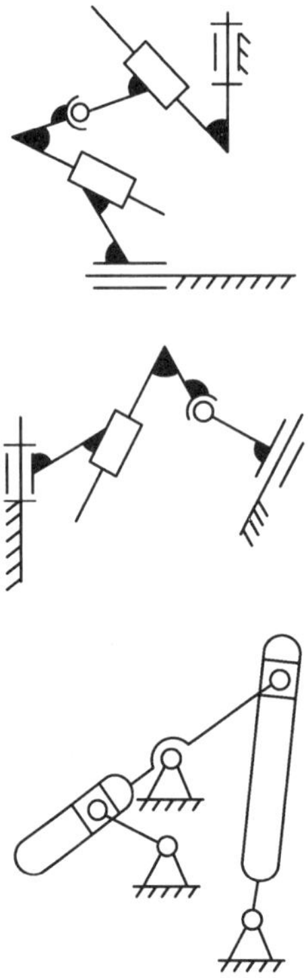	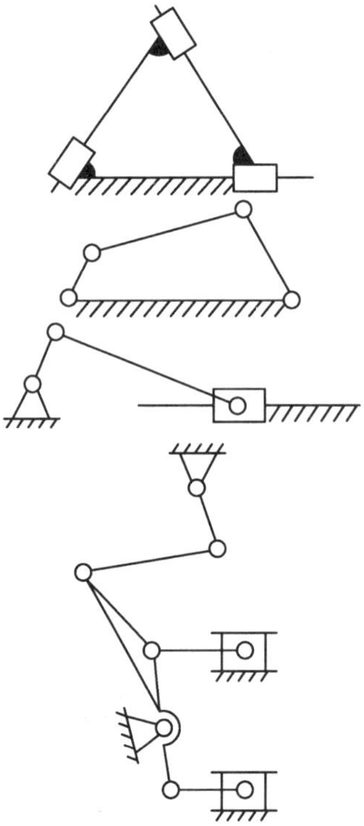	

3. 机构运动简图的绘制

绘制机构运动简图,首先应了解清楚机构的构造和运动情况,再按下列步骤进行:

(1) 分析机构的组成,分清固定件(机架),确定主动件及从动件的数目。

(2) 由主动件开始,循着运动路线,依次分析构件间的相对运动形式,并确定运动副的类型和数目。

(3) 选择适当的视图投影平面,确定机架、主动件及各运动副间的相对位置,以便清楚地表达各构件间的运动关系。通常选择与构件运动平行的平面作为投影面。

(4) 按适当的比例尺,$\mu_l=\dfrac{\text{构件实际长度}}{\text{构件图示长度}}\left(\dfrac{\text{mm}}{\text{mm}}\right)$或$\left(\dfrac{\text{m}}{\text{mm}}\right)$,用规定的符号和线条绘制机构的运动简图,并用箭头注明原动件及用数字标出构件号。

例 2-1 绘制图 2-1 所示内燃机的机构运动简图。

解 (1) 分清固定件(机架),确定主动件、从动件及数目:

由图 2-1 可知,气缸体 1 是机架、缸内活塞 4 是主动件;曲柄 2、连杆 3、推杆 7(两个)、凸轮 8(两个)和齿轮 9(两个)、10 是从动件。

(2) 确定运动副类型和数目:

由活塞开始,机构的运动路线如图 2-4 所示:

活塞 ⟶ 连杆 ⟶ 曲柄～小齿轮 ⟶ 大齿轮～凸轮 ⟶ 滚子 ⟶ 推杆

注:～表示两构件同轴。

图 2-4 内燃机的机构的运动路线

活塞与机架构成移动副，活塞与连杆构成转动副；连杆 3 与曲柄 2 构成转动副；小齿轮 10 与大齿轮 9(2 个)构成高副，凸轮与滚子(2 处)构成高副；滚子与推杆(2 处)7 构成转动副；推杆 7 与机架(2 处)构成移动副。曲柄、大、小齿轮、凸轮与机架(6 处)分别构成转动副。

(3) 选择适当投影面，这里选择齿轮的旋转平面为正投影面，确定各运动副之间的相对位置。

(4) 选择恰当的比例尺，按照规定的线条和符号，绘制出该机构的运动简图，并注明原动件及标注构件号(图 2-5)。

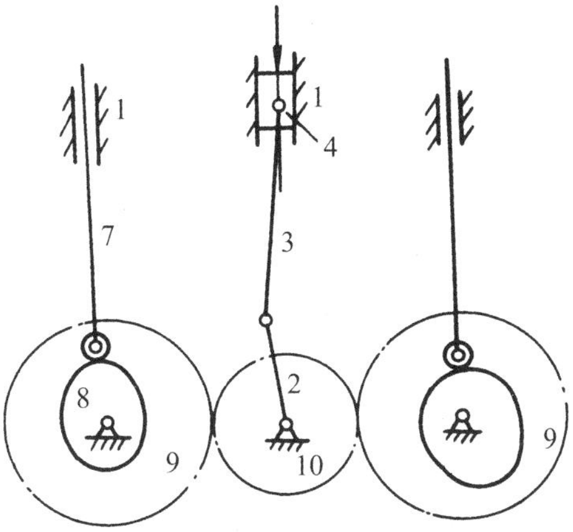

图 2-5　单缸四冲程内燃机机构运动简图

(二) 计算平面机构的自由度

1. 自由度

两个构件以不同的方式相互联接，就可以得到不同形式的相对运动。而没有用运动副联接的作平面运动的构件，独自的平面运动有 3 个，即沿 x 轴方向和 y 轴方向的两个移动以及在 xOy 平面上绕任意点的转动(图 2-6)，构件的这种独立运动称为自由度。作平面运动的自由构件具有 3 个独立的运动，即具有 3 个自由度。

2. 约束

当两构件之间通过某种方式联接而形成运动副时，如图 2-7 所示，构件 2 与固联在坐标轴上的构件 1 在 A 点铰接，构件 2 沿 x 轴方向和沿 y 轴方向的独立运动受到限制。这种限制构件独立运动的作用称为约束。

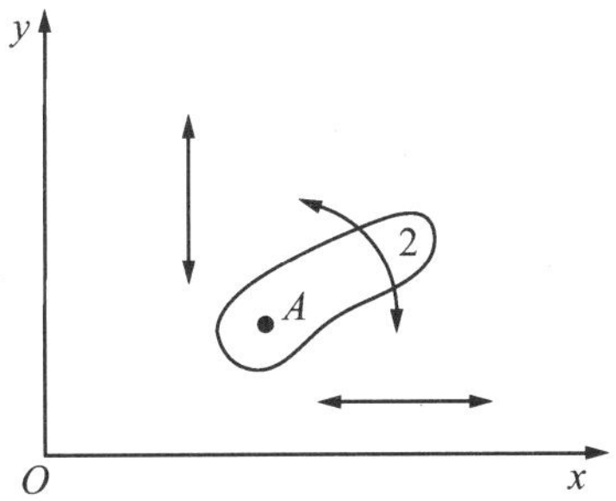

图 2-6　平面独立构件的自由度

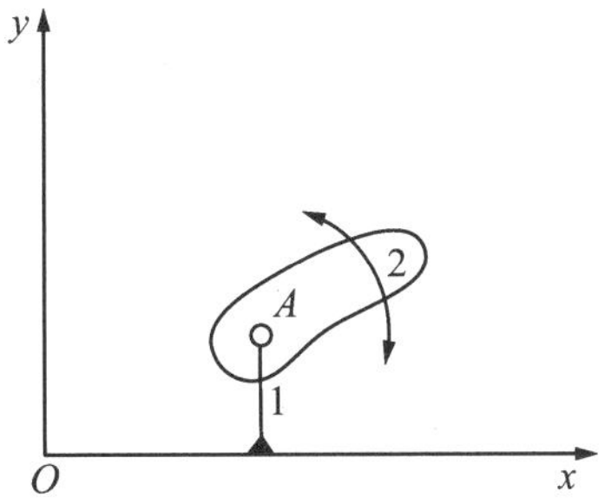

图 2-7　约束

对平面低副，由于两构件之间只有一个相对运动，即相对移动或相对转动，说明平面低副构成受到两个约束，因此有低副联接的构件将失去 2 个自由度。

对平面高副，如齿轮副或凸轮副(见图 2-3(b)、图 2-3(c))构件 2 可相对构件 1 绕接触点转动，又可沿接触点的切线方向移动，只是沿公法线方向的运动被限制。可见组成高副时的约束为 1，即失去 1 个自由度。

3. 机构自由度的计算

机构相对机架(固定构件)所具有的独立运动数目，称为机构的自由度。

在平面机构中，设机构的活动构件数为 n，在未组成运动副之前，这些活动构件共有 $3n$ 个自由度。用运动副联接后便引入了约束，并失去了自由度，一个低副因有两个约束而将失去两个自由度，一个高副有一个约束而失去一个自由度，若机构中共有 P_L 个低副、P_H 个高副，则平面机构的自由度 F 的计算公式为

$$F = 3n - 2P_L - P_H \tag{2-1}$$

如图 2-5 所示的内燃机主运动机构中(由机架 1、活塞 4、连杆 3、曲轴 2 组成的曲柄滑块机构)，其活动构件数 $n=3$，低副数 $P_L=4$，高副数 $P_H=0$，则该机构的自由度为

$$F = 3n - 2P_L - P_H = 3\times 3 - 2\times 4 - 0 = 1$$

4. 平面机构自由度计算的注意事项

(1) 复合铰链：两个以上的构件共用同一转动轴线所构成的转动副，称为复合铰链。

图 2-8 所示为 3 个构件在 A 点形成复合铰链。从图 2-8(a)可见，这 3 个构件实际上构成了轴线重合的两个转动副，而不是一个转动副，故转动副的数目为 2 个。推而广之，对由 k 个构件在同一轴线上形成的复合铰链，转动副数应为 $k-1$ 个，计算自由度时应注意这种情况。

(2) 局部自由度：与机构整体运动无关的构件的独立运动称为局部自由度。

在计算机构自由度时，局部自由度应略去不计。图 2-9(a)所示的凸轮机构中，滚子绕本身轴线的转动，完全不影响从动件 2 的运动输出，因而滚子转动的自由度属局部自由度。在计算该机构的自由度时，应将滚子与从动件 2 看成一个构件，如图 2-9(b)所示，由此，该机构的自由度为

$$F = 3n - 2P_L - P_H = 3\times 2 - 2\times 2 - 1 = 1$$

局部自由度虽不影响机构的运动关系，但可以变滑动摩擦为滚动摩擦，从而减轻了由于高副接触而引起的摩擦和磨损。因此，在机械中常见具有局部自由度的结构，如滚动轴承、滚轮等。

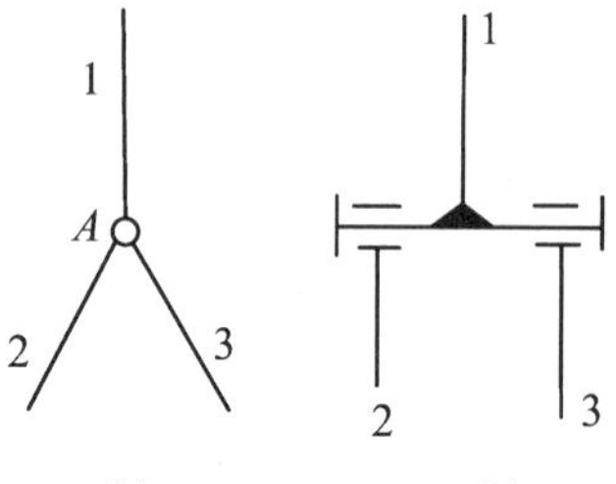

(a) (b)

图 2-8 复合铰链

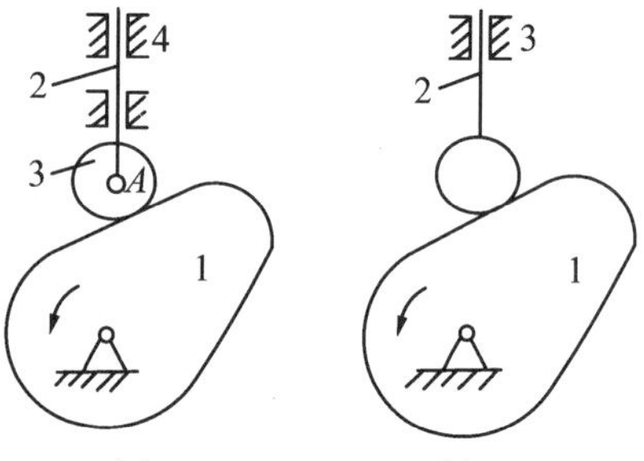

(a) (b)

图 2-9 局部自由度

(3) 虚约束：机构中不产生独立限制作用的约束称为虚约束。

在计算自由度时，应先去除虚约束。虚约束常出现在下面几种情况中：

① 两构件在联接点上的运动轨迹重合，则该运动副引入的约束为虚约束。

如图 2-10(b)所示机构中，由于 EF 平行并等于 AB 及 CD，杆 5 上 E 点的轨迹与杆 3 上 E 点的轨迹完全重合，因此，由 EF 杆与杆 3 联接点上产生的约束为虚约束，计算时，应将其去除，见图 2-10(a)。这样，该机构的自由度为

$$F = 3n - 2P_L - P_H = 3 \times 3 - 2 \times 4 - 0 = 1$$

但如果不满足上述几何条件，则 EF 杆带入的约束则为有效约束，如图 2-10(c)所示。此时机构的自由度为

$$F = 3n - 2P_L - P_H = 3 \times 4 - 2 \times 6 - 0 = 0$$

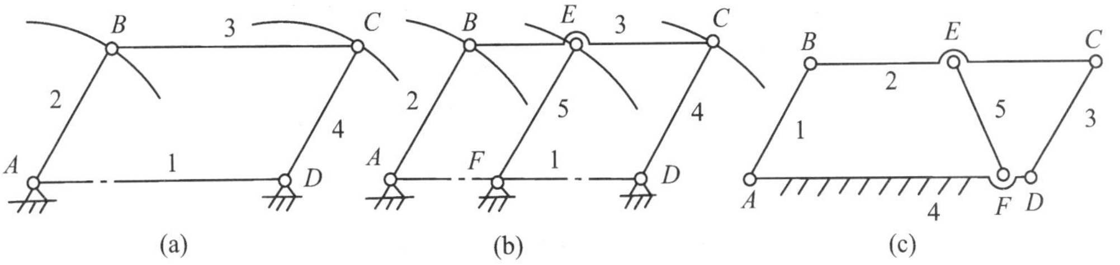

图 2-10　运动轨迹重合引入虚约束

② 两个构件组成多个轴线重合的转动副（图 2-11(a)），或如果两个构件组成多个方向一致的移动副（图 2-11(b)、图 2-11(c)）时，只需考虑其中一处的约束，其余的均为虚约束。

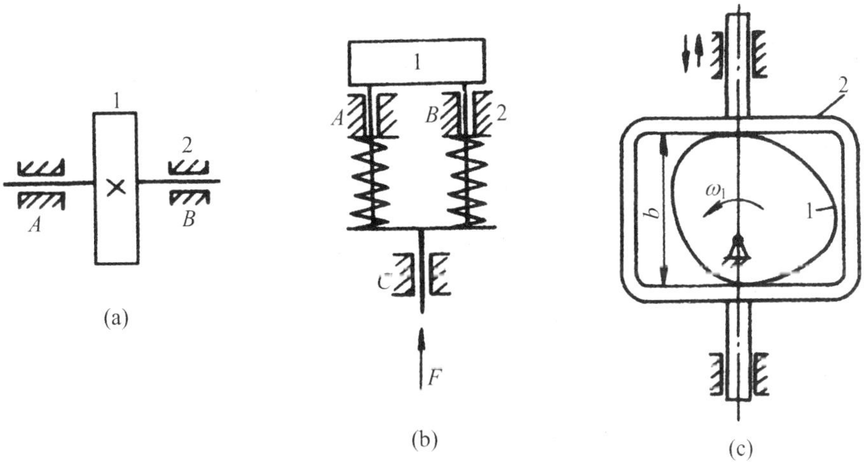

图 2-11　轴线重合的虚约束

③ 机构中对运动不起作用的对称部分引入的约束为虚约束。

图 2-12 所示的行星轮系，从传递运动而言，只需要一个齿轮 2 即可满足传动要求，装上 3 个相同的行星轮的目的在于使机构的受力均匀，因此，其余两个行星轮引入的高副均为虚约束，应除去不计，该机构的自由度为

$$F = 3n - 2P_L - P_H = 3 \times 3 - 2 \times 3 - 2 = 1 \text{（}C\text{ 处为复合铰链）}$$

虚约束虽对机构运动不起约束作用，但能改善机构的受力情况，提高机构的刚性，因而在结构设计中被广泛采用。应注意的是，虚约束对机构的几何条件要求较高，故对制造、安装精度要求较高，当不能满足几何条件时，虚约束就会变成实约束而使机构不能运动。

例 2-2　计算图 2-13(a)所示的筛料机构的自由度。

解 (1)检查机构中有无3种特殊情况:

由图2-13可知,机构中滚子自转为局部自由度;顶杆 DF 与机架组成两导路重合的移动副 E'、E,故其中之一为虚约束;C 处为复合铰链。去除局部自由度和虚约束以后,应按图2-13(b)计算自由度。

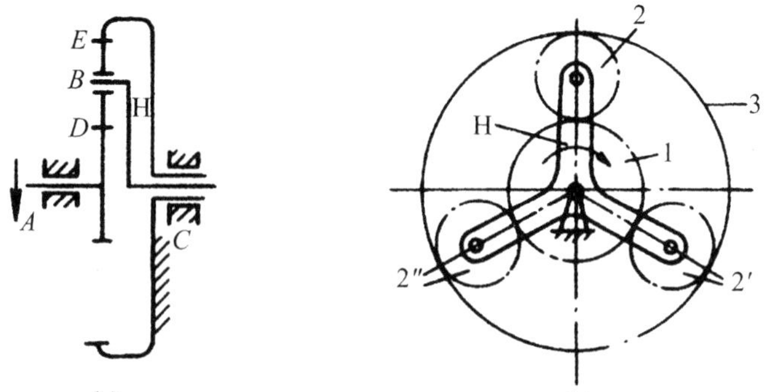

图2-12 对称结构的虚约束

(2)计算机构自由度:

机构中的可动构件数为 $n=7$,$P_L=9$,$P_H=1$,故该机构的自由度为

$$F = 3n - 2P_L - P_H = 3\times7 - 2\times9 - 1\times1 = 2$$

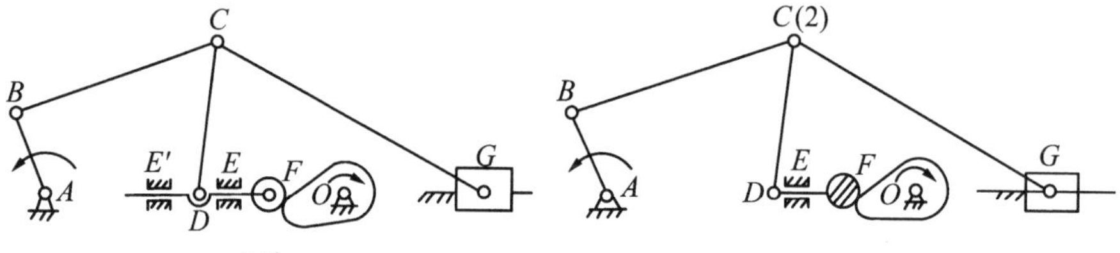

图2-13 筛料机构

(三)机构具有确定运动的条件

机构能否实现预期的运动输出,取决于其运动是否具有可能性和确定性。

如图2-14所示,由3个构件通过3个转动副联接而成的系统就没有运动的可能性,因其自由度为

$$F = 3n - 2P_L - P_H = 3\times2 - 2\times3 - 0 = 0$$

故不能称其为机构。图2-15所示的五杆系统,若取构件1作为主动件,其自由度为

$$F = 3n - 2P_L - P_H = 3\times5 - 2\times5 - 0 = 2$$

当构件1处于图示位置时,构件2、3、4则可能处于实线位置,也可能处于虚线位置。显然,从动件的运动是不确定的,故也不能称其为机构。如果给出2个主动件,即同时给定构件1、4的位置,则其余从动件的位置就唯一确定了(图2-15实线),此时,该系统则可称为机构。如图2-16所示的四杆机构,其自由度为

$$F = 3n - 2P_L - P_H = 3\times3 - 2\times4 - 0 = 1$$

当给定构件1的位置时,其他构件的位置也被相应确定,原动件数=机构自由度,机构有确定的运动。

当主动件的位置确定以后，其余从动件的位置也随之确定，则称机构具有确定的相对运动。那么究竟取一个还是几个构件作主动件，这取决于机构的自由度。

机构的自由度就是机构具有的独立运动的数目。

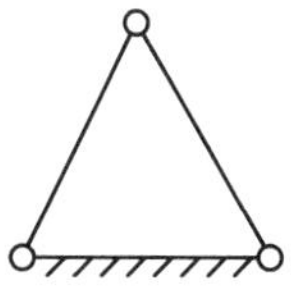

图 2-14　桁架

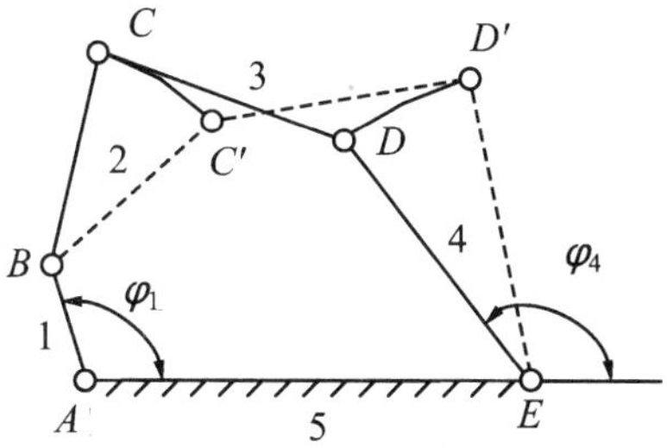

图 2-15　铰链五杆机构

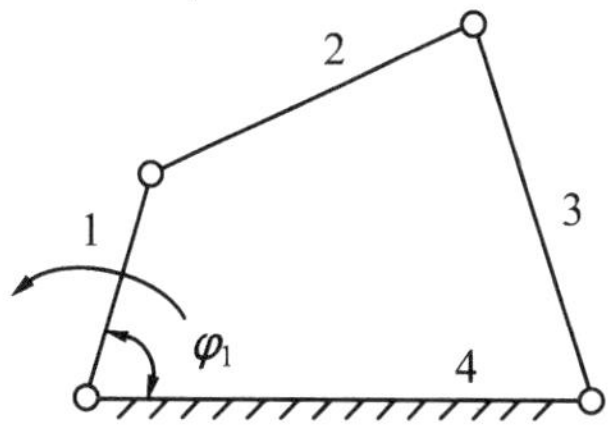

图 2-16　铰链四杆机构

因此，当机构的主动件数等于自由度数且大于零时，机构就具有确定的相对运动。若用 W 表示机构的原动件数目，则机构具有相对运动的条件可以表示为

$$F = W > 0 \tag{2-2}$$

机构具有确定相对运动的条件是机构的原动件数等于机构的自由度数且大于零。不满足这一条件，即原动件数小于机构的自由度数时，机构的运动是不确定的，通常在机构的设计中这种情况是不允许出现的。

三、任务实施

（一）本任务的学习目标

通过平面机构基本知识的认知与分析，确定本任务的学习目标(表 2-3)。

表 2-3　任务学习目标

序　号	类　别	目　　标
一	专业知识	1. 平面机构的组成； 2. 绘制平面机构运动简图； 3. 计算平面机构自由度； 4. 判断机构是否具有确定的相对运动
二	专业能力	1. 认知生活中的平面机构的组成； 2. 会查国家标准，掌握绘制平面机构运动简图的技能； 3. 计算平面机构自由度，判断机构设计的合理性； 4. 联系实际，分析生产生活中平面机构
三	方法能力	1. 初步具有观察机械工作过程，分析机械的工作原理，将思维形象转化为工程语言的能力； 2. 将机械设计知识应用于日常生活、生产活动，具有分析问题、解决问题的能力； 3. 学会自主学习，掌握一定的学习技巧，具有继续学习的能力； 4. 设计一般工作计划，初步具有对方案进行可行性分析的能力； 5. 培养评估总结工作结果的能力

续表

序号	类别	目标
四	社会能力	1. 养成实事求是、尊重自然规律的科学态度； 2. 养成勇于克服困难的精神，具有较强的吃苦耐劳，战胜困难的能力； 3. 养成及时完成阶段性工作任务的习惯和责任意识； 4. 培养信用意识、敬业意识、效率意识与良好的职业道德； 5. 培养良好的团队合作精神； 6. 培养较好的语言表达能力，善于交流

（二）任务技能训练

通过平面机构实物或模型的测绘，绘制平面机构运动简图，判断机构是否具有确定的相对运动(表 2-4)。

表 2-4　任务技能训练表

任务名称	平面机构运动简图的测绘与机构自由度的计算
任务实施条件	1. 理实一体教室； 2. 平面机构实物或模型； 3. 测量工具； 4. 绘图工具
任务目标	1. 掌握分析平面机构运动的能力； 2. 能正确测量构件的相对位置； 3. 正确画机构运动简图； 4. 判断机构是否具有确定的相对运动； 5. 培养良好的协作精神； 6. 培养严谨的工作态度； 7. 养成及时完成阶段性工作任务的习惯和责任意识； 8. 培养评估总结工作结果的能力
任务实施	1. 分析机构的运动情况，确定机构的构件和运动副； 2. 画机构运动简图示意图； 3. 测量构件的尺寸和相对位置； 4. 选择合适的比例画机构运动简图； 5. 计算机构自由度； 6. 判断机构是否具有确定的相对运动
任务要求	1. 机构运动简图比例选择合适，表达完整，比例正确标出； 2. 自由度计算过程完整，结果正确； 3. 构件和运动副符号表达规范，符合国家标准

四、任务评价与总结

（一）任务评价

任务评价如表2-5所示。

表2-5　任务评价表

评价项目	评价内容	配　分	得　分
成果评价(60%)	机构运动简图测绘	20%	
	机构自由度的计算	20%	
	机构具有确定相对运动条件的判断	20%	
自我评价(10%)	学习活动的目的性	2%	
	是否独立寻求解决问题的方法	4%	
	设计方案、方法的正确性	2%	
	个人在团队中的作用	2%	
小组评价(10%)	按时保证质量完成任务	2%	
	组织讨论，分工明确	4%	
	组内给予其他成员指导	2%	
	团队合作氛围	2%	
教师评价(20%)	工作态度是否正确	10%	
	工作量是否饱满	3%	
	工作难度是否适当	2%	
	自主学习	5%	
总　分			
备　注			

（二）任务总结

（1）组织学生进行讨论、分析、总结、评估；

（2）评价任务完成情况；

（3）对项目的完成情况给出结论。

五、任务拓展

练习与提高

（1）吊扇的扇叶与吊架、书桌的桌身与抽斗、机车直线运动时的车轮与路轨，各组成哪一类运动副，请分别画出。

（2）绘制图 2-17 所示各机构的运动简图。

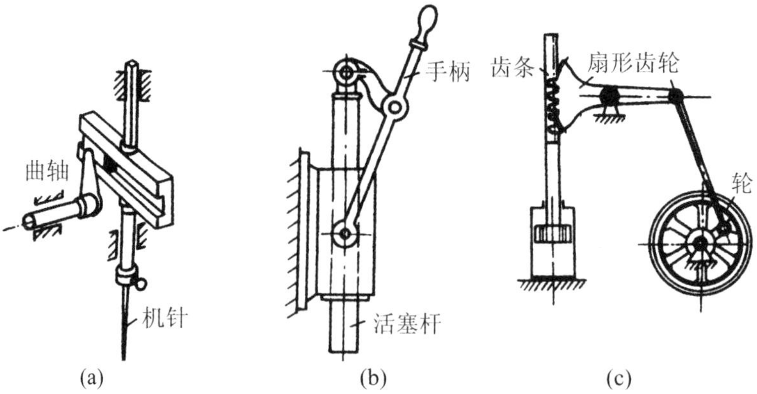

图 2-17

（3）指出图 2-18 所示各机构中的复合铰链、局部自由度和虚约束，计算机构的自由度，并判定它们是否有确定的运动（标有箭头的构件为原动件）。

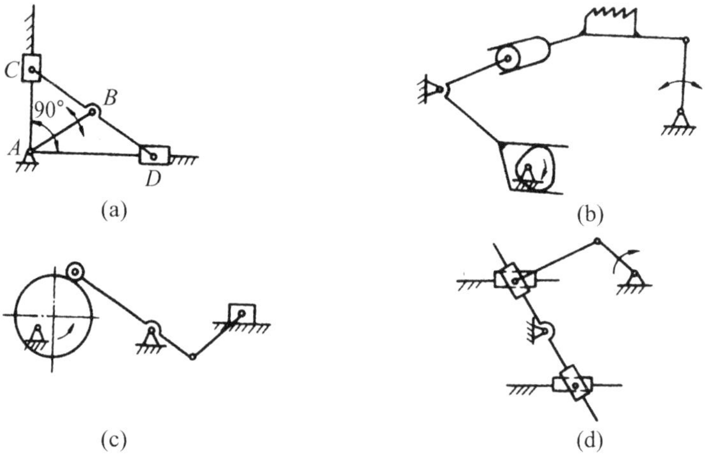

图 2-18

（4）试问图 2-19 所示各机构在组成上是否合理？如不合理，请针对错误提出修改方案。

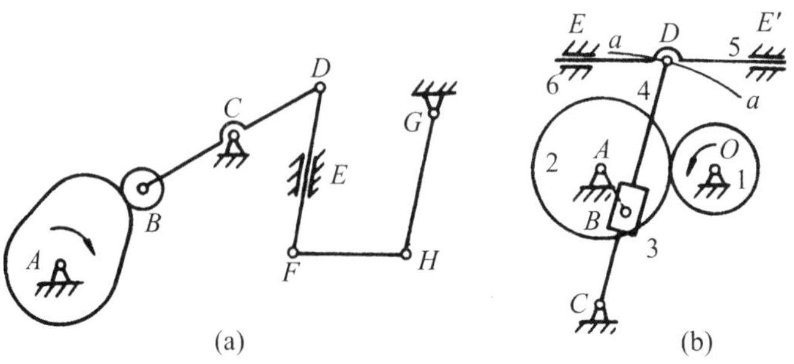

图 2-19

任务二　平面连杆机构

一、任务资讯

在内燃机的组成机构中，活塞与连杆、曲轴、机架组成了曲柄滑块机构。曲柄滑块机构是平面四杆机构的一种。平面连杆机构是将各构件用转动副或移动副联接而成的平面机构，又称低副机构。最简单的平面连杆机构是由 4 个构件组成的，简称平面四杆机构。平面四杆机构的应用非常广泛，是组成多杆机构的基础。平面连杆机构广泛应用于机械和仪表设备中。

平面连杆机构的主要优点是：由于低副是面接触，所以传力时压强小、磨损少，且易于加工和保证精度；能方便地实现转动、摆动和移动等基本运动形式及相互转换等。因此，平面连杆机构在各种机械设备和仪器仪表中得到了广泛的应用。

平面连杆机构的主要缺点是：由于低副中存在着间隙，机构将不可避免地产生运动误差。此外，它不易精确地实现复杂的运动规律。

根据是否有移动副存在，四杆机构可分为铰链四杆机构和滑块四杆机构两大类。

（一）铰链四杆机构的基本形式

全部用转动副组成的平面四杆机构称为铰链四杆机构，如图 2-20 所示。构件 d 为机架；与机架用回转副相联接的杆 a 和杆 c 称为连架杆；不与机架直接联接的杆 b 称为连杆。能做整周转动的连架杆，称为曲柄。仅能在某一角度摆动的连架杆，称为摇杆。对于铰链四杆机构来说，机架和连杆总是存在的，因此可按照连架杆是曲柄还是摇杆，将铰链四杆机构分为 3 种基本型式：曲柄摇杆机构、双曲柄机构和双摇杆机构。

所有运动副均为转动副的平面四杆机构称为铰链四杆机构，它是平面四杆机构的最基本的型式，其他型式的平面四杆机构都可看作是在它的基础上通过演化而成的。

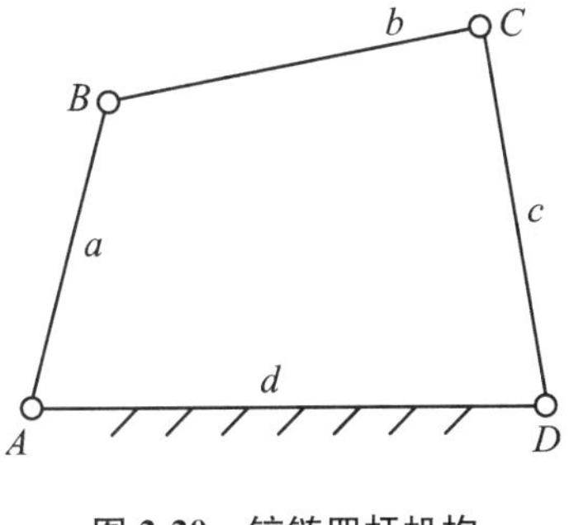

图 2-20　铰链四杆机构

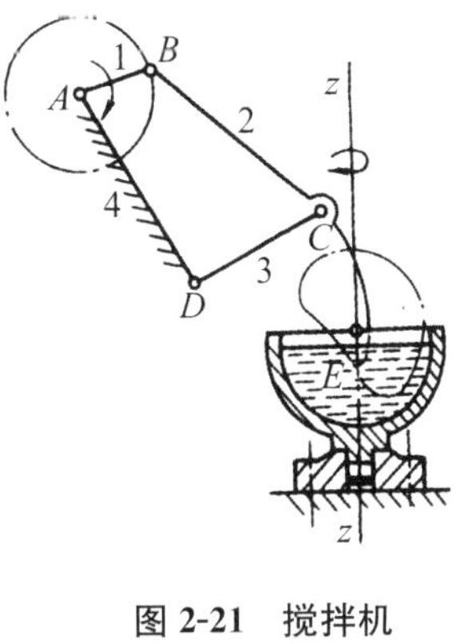

图 2-21　搅拌机

1. 曲柄摇杆机构

两连架杆一个为曲柄另一个为摇杆的四杆机构，称为曲柄摇杆机构。

曲柄摇杆机构的特点是它能将曲柄的整周回转运动变换成摇杆的往复摆动，相反它也能将摇杆的往复摆动变换成曲柄的连续回转运动。曲柄摇杆机构应用广泛，如图 2-21 所示的搅拌机及图 2-22 所示的缝纫机脚踏机构均为曲柄摇杆机构。

2. 双曲柄机构

两连架杆均为曲柄的四杆机构称为双曲柄机构。如图 2-23 所示的惯性筛及图 2-24 所示的机车车辆机构，均为双曲柄机构。惯性筛机构中，主动曲柄 AB 等速回转一周时，曲柄 CD 变速回转一周，使筛子 EF 获得加速度，从而将被筛选的材料分离。机车车辆机构是平行四边形机构，它使各车轮与主动轮具有相同的速度，其内含有一个虚约束，以防止曲柄与机架共线时运动不确定。

双曲柄机构的特点之一就是能将等角速度转动变为周期性变角速度转动。

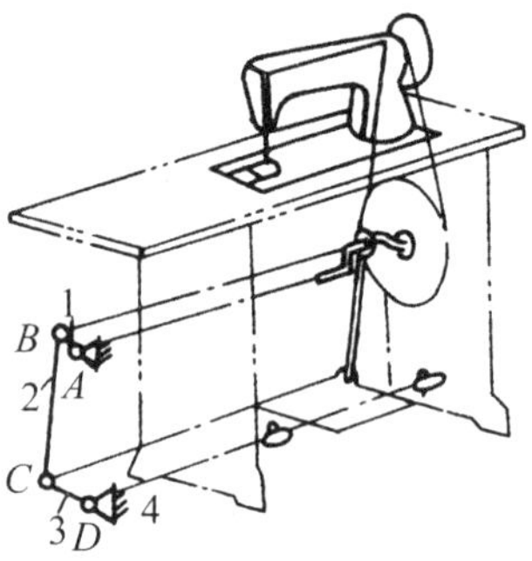

图 2-22　缝纫机

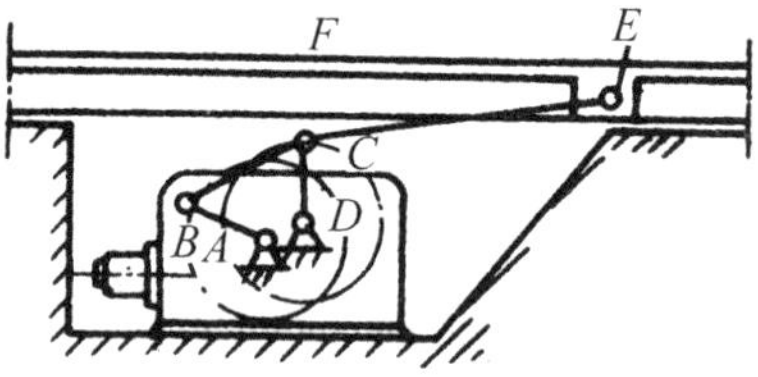

图 2-23　惯性筛

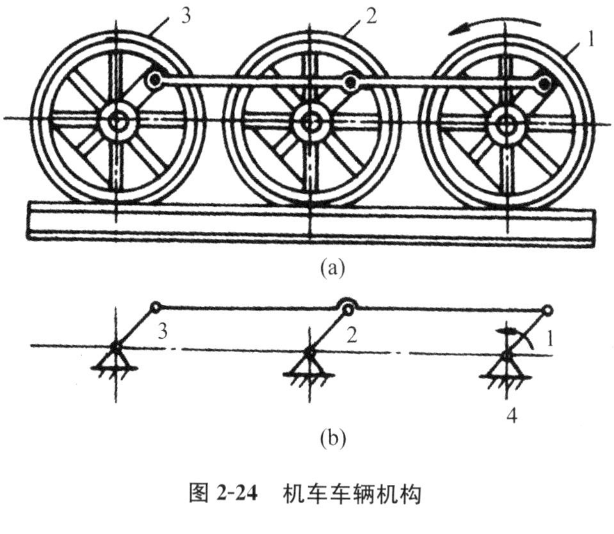

图 2-24　机车车辆机构

3. 双摇杆机构

若四杆机构的两连架杆均为摇杆，则此四杆机构称为双摇杆机构。双摇杆机构在实际中的应用，主要是通过适当的设计，将主动摇杆的摆角放大或缩小，使从动摇杆得到所需的摆角或者利用连杆上某点的运动轨迹实现所需的运动。如图 2-25(a)所示的起重机及图 2-25(b)所示的电风扇的摇头机构，均为双摇杆机构。在起重机中，CD 杆摆动时，连杆 CB 上悬挂重物的点 M 在近似水平直线上移动。图 2-25(b)所示的机构中，电机安装在摇杆 4 上，铰链 A 处装有一个与连杆 1 固接在一起的蜗轮。电机转动时，电机轴上的蜗杆带着蜗轮迫使连杆 1 绕 A

点做整周转动，从而使连架杆 2 和 4 做往复摆动，达到风扇摇头的目的。

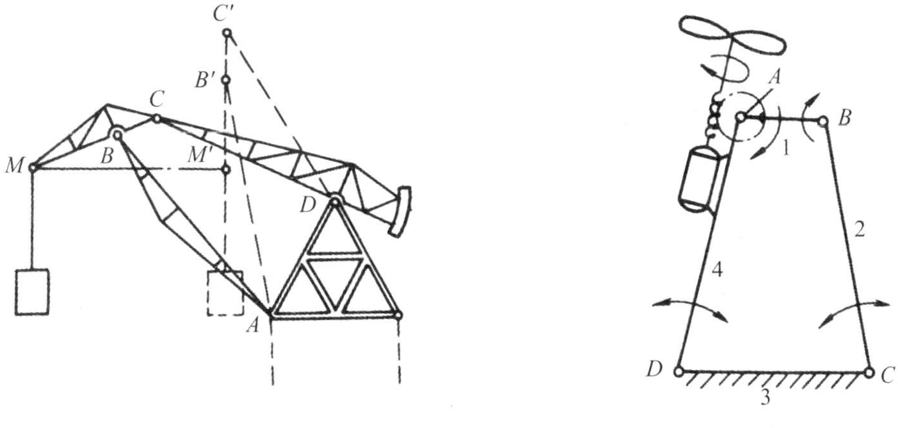

(a) 鹤式起重机　　(b) 电风扇的摇头机构

图 2-25　双摇杆机构

（二）滑块四杆机构

含有移动副的四杆机构，称为滑块四杆机构，简称滑块机构，如图 2-26 所示。滑块四杆机构由杆 1、杆 2、杆 4 和滑块 3 组成。A 点由杆 1、杆 4 组成转动副，B 点由杆 1、杆 2 组成转动副，C 点有两个运动副：杆 2 与滑块 3 组成转动副，杆 4 与滑块 3 组成移动副。当取不同构件为机架时可以得到不同类型的滑块四杆机构。

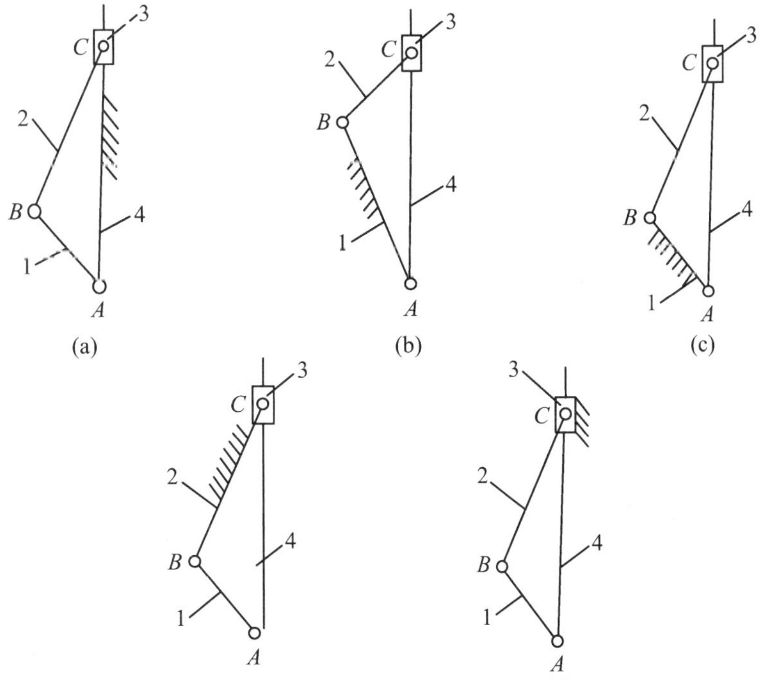

(a)　(b)　(c)　(d)　(e)

图 2-26　滑块四杆机构

1. 曲柄滑块机构

如图 2-26(a)所示，图中 1 为曲柄，2 为连杆，3 为滑块。曲柄滑块机构分为两种类型。若滑块移动导路通过曲柄转动中心点 A，则称为对心曲柄滑块机构。在内燃机的组成机构中，活塞与连杆、曲轴、机架组成了对心式曲柄滑块机构。若滑块导路不通过曲柄转动中心点 A，而是偏离一段距离 e，则称为偏置曲柄滑块机构。

2. 导杆机构

如图 2-26(a)所示的曲柄滑块机构中，若改取构件 AB 为机架，则机构演化为图 2-26(b)和图 2-26(c)所示的导杆机构。构件 AC 称导杆。若杆长 $L_1<L_2$，杆 2 整周回转时，杆 4 也作整周回转，这种导杆机构称为转动导杆机构，如图 2-26(c)所示；若杆长 $L_1>L_2$，杆 2 整周回转时，杆 4 只能作绕点 A 的往复摆动，这种导杆机构称为摆动导杆机构，如图 2-26(b)所示。导杆机构在工程上常用作回转式油泵、牛头刨床和插床等工作机构。如图 2-27 所示为牛头刨床的摆动导杆机构。

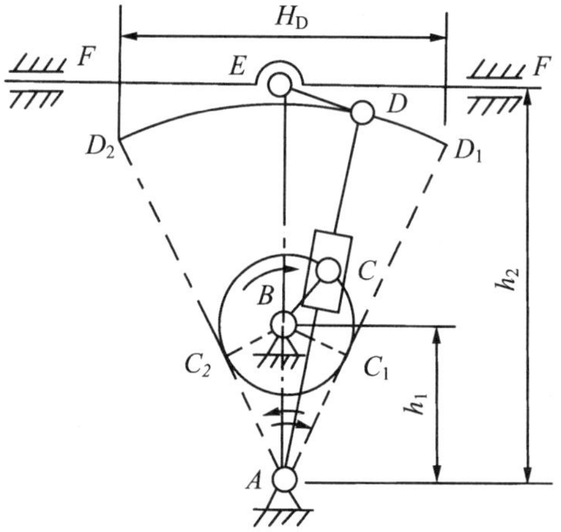

图 2-27　牛头刨床的摆动导杆机构

3. 摇块机构

在图 2-26(a)所示的曲柄滑块机构中，若取构件 BC 为机架，则变成如图 2-26(d)所示的摇块机构，或称摆动滑块机构。这种机构广泛应用于摆动式内燃机和液压驱动装置内。如图 2-28 所示自卸卡车翻斗机构及其运动简图。在该机构中，液压油缸 3 绕铰链 C 摆动。

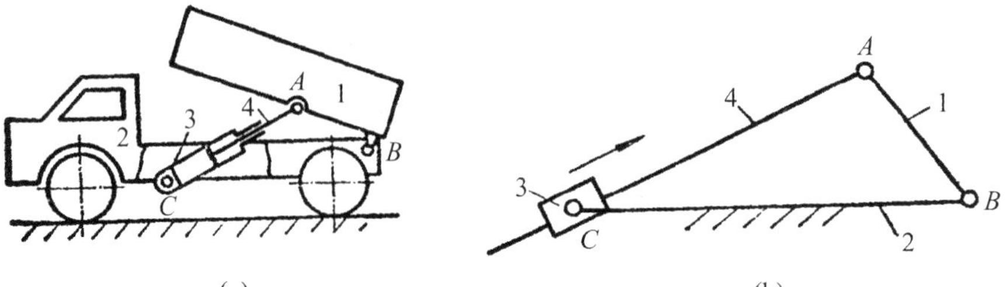

图 2-28　自卸卡车翻斗机构及其运动简图

4. 定块机构

在图 2-26(a)所示曲柄滑块机构中，若取杆 3 为固定件，即可得图 2-26(e)所示的固定滑块机构或称定块机构。这种机构常用于如图 2-29 所示的抽水唧筒等机构中。

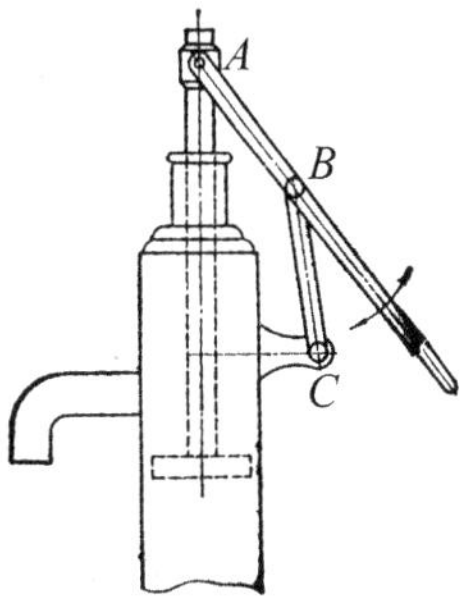

图 2-29　抽水唧筒机构

二、任务分析与计划

（一）铰链四杆机构有曲柄的条件

在实际使用的机器中，大多数机器是由电动机及其他连续转动的动力装置来驱动，这便要求机器的原动件能作整周回转运动。但是在四杆机构中有的连架杆能作整周回转运动而成为曲柄，有的则不能。那么铰链四杆机构在什么条件下有曲柄存在呢？下面讨论连架杆成为曲柄的条件。

在图 2-30 所示的铰链四杆机构中，各杆的长度分别为 a、b、c、d。设 $a<d$，若 AB 杆能绕 A 整周回转，则 AB 杆应能够占据与 AD 共线的两个位置 AB_1 和 AB_2。由图 2-30 可见，为使 AB 杆能整周回转。根据三角形的杆长关系，应该满足

$$a+d\leqslant b+c$$
$$b\leqslant d-a+c$$

以及

$$\left.\begin{array}{l} a+d\leqslant b+c \\ a+b\leqslant c+d \\ a+c\leqslant d+b \\ a\leqslant b, a\leqslant c, a\leqslant d \end{array}\right\} \tag{2-3}$$

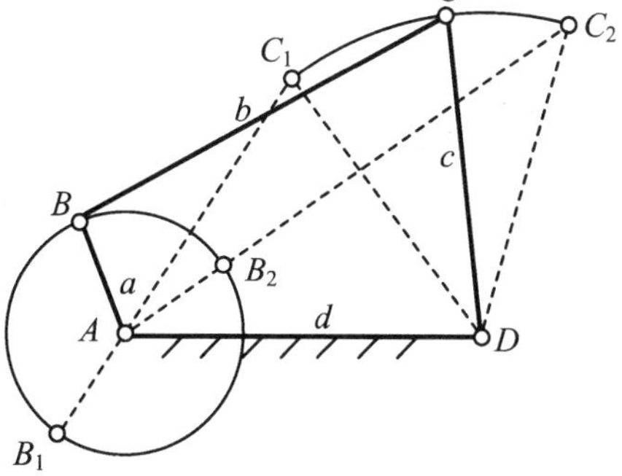

图 2-30　铰链四杆机构有曲柄的条件

因此，铰链四杆机构中存在曲柄的条件是：

(1) 最短杆与最长杆之和小于或等于(极限情况下)其余两杆长度之和，此条件称为“杆长和条件”。

(2) 连架杆和机架中必有一杆是最短杆。

综上所述，铰链四杆机构类型判断的方法：

(1) 若四杆机构中最短杆与最长杆之和小于或等于其余两杆之和，当最短杆的邻杆是机架时，机构为曲柄摇杆机构。当最短杆是机架时，为双曲柄机构。当最短杆的对面杆是机架时，为双摇杆机构。

(2) 若四杆机构中最短杆与最长杆之和大于其余两杆之和，则该机构不可能有曲柄存在，机构为双摇杆机构。

(二) 压力角和传动角

实际使用的连杆机构，不仅要保证实现预期的运动，而且要求传动时，具有轻便省力、效率高等良好的传力性能。因此，要对机构的传力情况进行分析。

在图 2-31(a)所示的曲柄摇杆机构中，若不考虑构件的重力、惯性力以及转动副中的摩擦力等的影响，则当曲柄 AB 为原动件时，通过连杆 BC 作用于从动件 CD 上的力 $\boldsymbol{F}$ 沿 BC 方向，此力的方向与力作用点 C 的速度 V_C 方向之间的夹角用 α 表示。将 $\boldsymbol{F}$ 分解为沿 V_C 方向的切向力 F_t 和垂直于 V_C 的法向力 F_n，其中 $F_t = F\cos\alpha$ 为驱使从动件运动并作功的有效分力，而 $F_n = F\sin\alpha$ 不做功，仅增加转动副 D 中的径向压力。因此在 $\boldsymbol{F}$ 大小一定情况下，分力 F_t 愈大也即 α 愈小对机构工作愈有利，故称为压力角，它可反映力的有效利用程度。

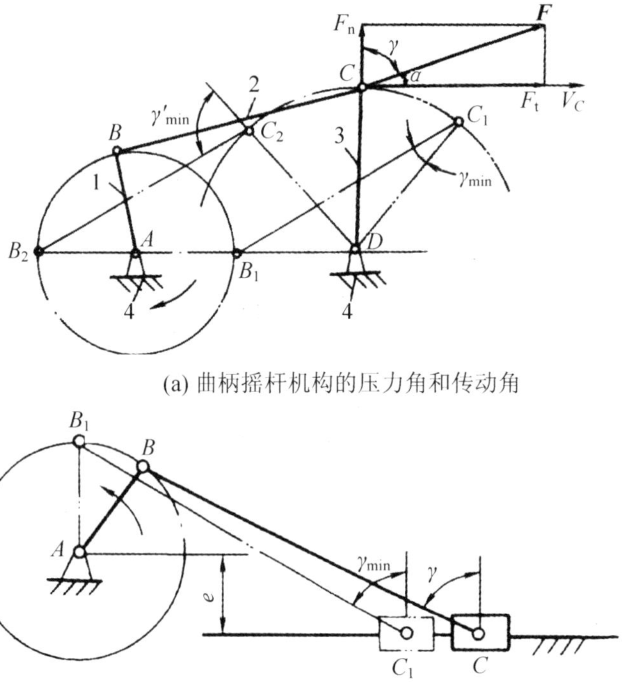

(a) 曲柄摇杆机构的压力角和传动角

(b) 曲柄滑块机构的传动角

图 2-31　压力角和传动角

机构在运转过程中，α 角是不断变化的。压力角的余角称为传动角。如图 2-31(a)所示，其中连杆 BC 与从动件 CD 之间所夹的锐角 δ 也等于传动角 γ。γ 愈大对机构工作愈有利。由于传动角易于观察和测量，因此工程上常以传动角 γ 来衡量机构的传动性能。为了使传动角不致过小，常要求其最小值 γ_{min} 大于许用传动角[γ]。[γ]一般取为 40°或 50°。

可以证明，曲柄摇杆机构的 γ_{min} 必出现在曲柄 AB 与机架 AD 两次共线位置之一。

图 2-31(b)所示为以曲柄为原动件的曲柄滑块机构。其传动角 γ 为连杆与导路垂线的夹角，最小传动角 γ_{min} 出现在曲柄垂直于导路时的位置。对偏置曲柄滑块机构，如图 2-28(b)所示，γ 出现在曲柄位于与偏距方向相反一侧位置。

（三）平面四杆机构的极位

曲柄摇杆机构、摆动导杆机构和曲柄滑块机构中，当曲柄为原动件时，从动件做往复摆动或往复移动，存在左、右两个极限位置，此两个极限位置称为极位。

极位可以用几何作图法作出。如图 2-32 所示曲柄摇杆机构，摇杆处于 C_1D 和 C_2D 两个极位的几何特点是曲柄与连杆共线，图中 $l_{AC_1}=l_{BC}-l_{AB}$，$l_{AC_2}=l_{BC}+l_{AB}$。从动件处于两个极位时，曲柄对应两位置所夹锐角 θ，称为极位夹角；两极位间的夹角 ψ，称为最大摆角。对摆动导杆机构，$\theta=\psi$。

（四）急回特性

如图 2-32 所示的曲柄摇杆机构，当主动件曲柄 AB 与连杆 BC 两次共线时，从动件摇杆分别处于 C_1D 及 C_2D 两个极限位置。当曲柄按等角速度 ω 由 AB_1 转过 φ_1 角至极限位置 AB_2 位置，摇杆则由极限位置 C_1D 转过 ψ 角至极限位置 C_2D；当曲柄再由 AB_2 按等角速度 ω 转过 φ_2($\varphi_2\neq\varphi_1$)至 AB_1 位置时，摇杆则由极限位置 C_2D 摆过 ψ 角回到极限位置 C_1D。因为曲柄 AB 的角速度 ω 恒定，所以 v_2 大于 v_1，这就意味着摇杆来回摆动的平均速度不相等，回摆时的速度较大，机构的这种特性，称为急回特性。

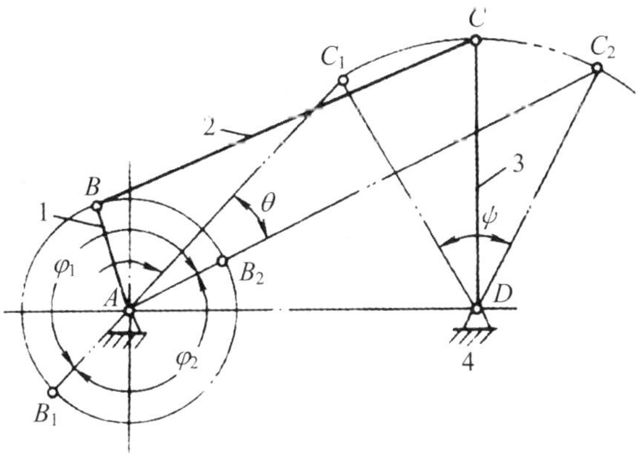

图 2-32　曲柄摇杆机构的急回特性

一般用行程速比系数 K 来衡量机构的急回运动。K 的定义为从动件回程平均角速度和工作行程平均角速度之比，机构具有急回特性，必有 $K>1$，则极位夹角 $\theta\neq0°$。极位夹角的定义是指当机构的从动件分别位于两个极限位置时，主动件曲柄的两个相应位置之间所夹的锐角。θ 和 K 之间的关系为：

$$K=\frac{V_2}{V_1}=\frac{\dfrac{\overline{C_1C_2}}{t_2}}{\dfrac{\overline{C_1C_2}}{t_1}}=\frac{t_1}{t_2}=\frac{\varphi_1}{\varphi_2}=\frac{180^\circ+\theta}{180^\circ-\theta} \tag{2-4}$$

$$\theta=180^\circ\frac{K-1}{K+1} \tag{2-5}$$

在各种形式的四杆机构中，只要极限夹角 $\theta\neq0^\circ$，则该机构定具有急回特性，且 θ 角越大，急回程度就越大。生产中使用的牛头刨床及往复式运输机等机械，就是利用急回特性缩短了非生产时间，提高了生产效率。

（五）死点位置

在铰链四杆机构中，当曲柄为从动件，连杆与从动件处于共线位置时，主动件通过连杆传给从动件的驱动力必通过从动件铰链的中心，也就是说驱动力对从动件的回转力矩等于零。此时，无论施加多大的驱动力，均不能使从动件转动，且转向也不能确定。我们把机构中的这种位置称为死点位置。如图 2-33 所示曲柄摇杆机构中，若摇杆 CD 为主动件，而曲柄 AB 为从动件，则当摇杆摆动到极限位置 C_1D 或 C_2D 时，连杆 BC 与从动件 AB 共线，从动件的传动角 $\delta=0^\circ$，通过连杆加于从动件上的力将经过铰链中心 A，从而驱使从动件曲柄运动的有效分力为零。机构的这种传动角为零的位置称为死点位置。四杆机构是否存在死点位置，取决于连杆能否运动至与转动从动件(摇杆或曲柄)共线或与移动从动件移动导路垂直。

对于传动机构来说，机构有死点位置是不利的，为了使机构能顺利地通过死点位置，通常在曲柄轴上安装飞轮，利用飞轮的惯性来渡过死点位置，例如，家用缝纫机中的曲柄摇杆机构，就是借助于带轮的惯性来通过死点位置并使带轮转向不变的。

在工程实践中，有时也常常利用机构的死点位置来实现一定的工作要求，如图 2-34 所示的工件夹紧装置，当工件 5 需要被夹紧时，就是利用连杆 BC 与摇杆 CD 形成的死点位置，这时工件经杆 1、杆 2 传给杆 3 的力，通过杆 3 的转动中心 D。此力不能驱使杆 3 转动。故当撤去主动外力 $\boldsymbol{P}$ 后，在工作反力 $\boldsymbol{N}$ 的作用下，机构不会反转，工件依然被可靠地夹紧。

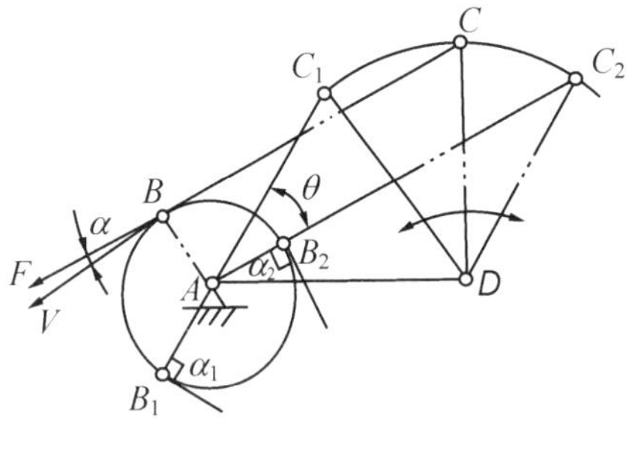

图 2-33　死点的位置

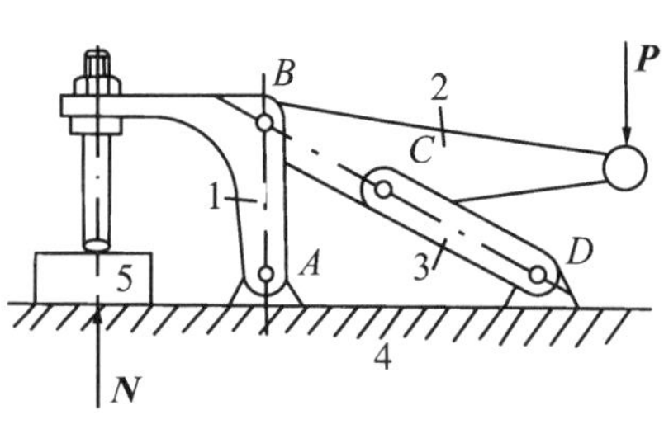

图 2-34　利用死点夹紧工件的夹具

三、任务实施

（一）本任务的学习目标

1. 平面四杆机构的设计

平面四杆机构的设计是指根据工作要求选定机构的型式，根据给定的运动要求确定机构的几何尺寸。其设计方法有作图法、解析法和实验法。作图法比较直观；解析法比较精确；实验法常需试凑。

平面四杆机构的设计是根据已知条件来确定机构各构件的尺寸，一般可归纳为两类基本问题：

① 实现已知运动规律，即要求主、从动件满足已知的若干组对应位置关系，包括满足一定的急回特性要求，或者在主动件运动规律一定时，从动件能精确或近似地按给定规律运动。

② 实现已知运动轨迹，即要求连杆机构中作平面运动的构件上某一点精确或近似地沿着给定的轨迹运动。

在进行平面四杆机构运动设计时，往往还需要满足一些运动特性和传力特性等方面的要求，通常先按运动条件不设计四杆机构，然后再检验其他的条件，如检验最小传动角、是否满足曲柄存在的条件、机构的运动空间尺寸等。

图解法是利用机构运动过程中各运动副位置之间的几何关系，通过作图获得有关运动尺寸，所以图解法直观形象，几何关系清晰，对于一些简单设计问题的处理是有效而快捷的，但由于作图误差的存在，所以设计精度较低。

（1）按给定连杆位置设计四杆机构。

如图 2-35 所示，已知连杆的长度 BC 以及它运动中的 3 个必经位置 BC，要求设计该铰链四杆机构。

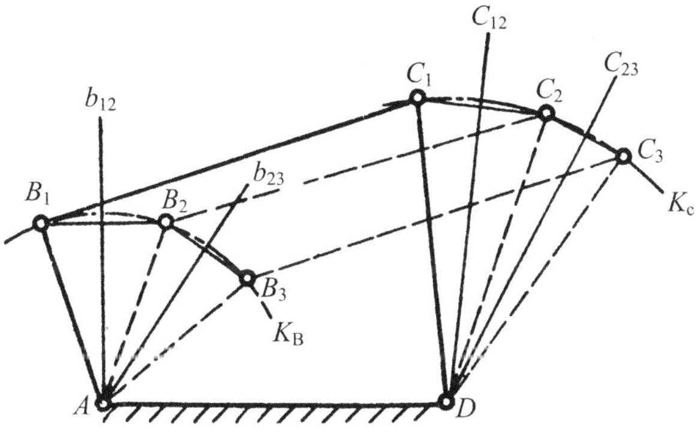

图 2-35　按给定连杆位置设计四杆机构

由于连杆上的 B 点和 C 点分别与曲柄和摇杆上的 B 点和 C 点重合，而 B 点和 C 点的运动轨迹则是以曲柄和摇杆的固定铰链中心为圆心的一段圆弧，所以只要找到这两段圆弧的圆心即可，由此将四杆机构的设计转化为已知圆弧上的三点求圆心的问题。

设计步骤如下：

① 选取适当的比例尺。

② 确定 B 点和 C 点轨迹的圆心 A 和 D（作法略）。

③ 联接 AB_1C_1D，则 AB_1C_1D 即为所要设计的四杆机构。

④ 量出 AB 和 CD 长度，由比例尺求得曲柄和摇杆的实际长度。

$$l_{AB} = \mu_l \times AB$$

$$l_{CD} = \mu_l \times CD$$

若已知连杆的两个位置，同样可转化为已知圆弧上两点求圆心的问题，而此时的圆心可以为两点中垂线上的任意一点，故有无穷多解。这一问题，在实际设计中，是通过给出辅助条件来加以解决的。

(2) 按给定的行程速度变化系数设计四杆机构。

按行程速度变化系数 K 进行设计，目的是得到具有急回特性的四杆机构。前已述及，凡极位夹角 $\theta \neq 0^{\circ}$ 的四杆机构均有急回特性。这类机构包括曲柄摇杆机构、偏置曲柄滑块机构和摆动导杆机构等。设计时首先按公式(2-4)计算出极位夹角 θ，然后按所设计的机构类型分别采用不同的设计步骤。下面介绍曲柄摇杆机构的设计方法：

已知行程速度变化系数 K、摇杆长度 l_{CD}、最大摆角 ψ，试用图解法设计此曲柄摇杆机构。

设计分析：由曲柄摇杆机构处于极位时的几何特点我们已经知道(图 2-32)，在已知 l_{CD}、ψ 的情况下，只要能确定固定铰链中心 A 的位置，则可由确定出曲柄的长和连杆的长度，即设计的实质是确定固定铰链中心 A 的位置。这样就把设计问题转化为确定 A 点位置的几何问题了。

设计步骤如下：

① 由式(2-4)计算出极位夹角 θ。

② 任取适当的长度比例尺 μ_l，求出摇杆的尺寸 CD，根据摆角作出摇杆的两个极限位置 C_1D 和 C_2D，如图 2-36 所示。

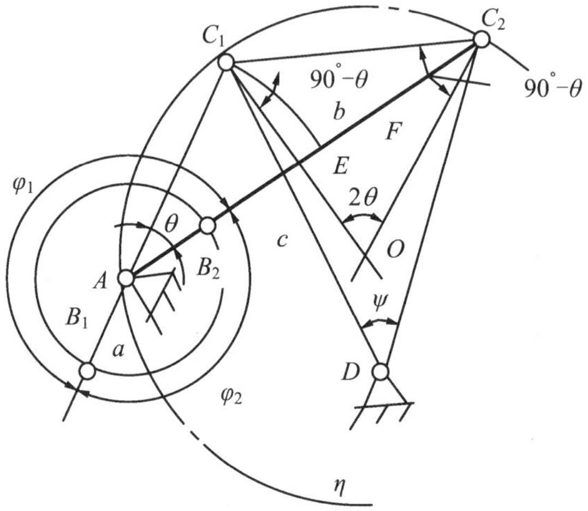

图 2-36 按 K 值设计四杆机构

③ 联接 C_1C_2 为底边，作 $\angle C_1C_2O = \angle C_2C_1O = 90^{\circ} - \theta$ 的等腰三角形，以顶点 O 为圆心，C_1O 为半径作辅助圆，由图 2-33 可知，此辅助圆上 C_1C_2 所对的圆心角等于 2θ，故其圆周角为 θ。

④ 在辅助圆上任取一点 A，联接 AC_1、AC_2，即能求得满足 K 要求的四杆机构。

$$l_{AB} = \mu_l \frac{AC_2 - AC_1}{2}$$

$$l_{BC} = \mu_l \frac{AC_2 + AC_1}{2}$$

应注意：由于 A 点是任意取的，所以有无穷解，只有加上辅助条件，如机架 AD 长度或位置，或最小传动角等，才能得到唯一确定解。

由上述分析可见，按给定行程速度变化系数设计四杆机构的关键问题是：已知弦长求作一圆，使该弦所对的圆周角为一给定值。

通过平面连杆机构基本知识的认知与分析，确定本任务的学习目标(表 2-6)。

表 2-6　任务学习目标

序　号	类　别	目　　标
一	专业知识	1. 平面四杆机构的类型及应用； 2. 判断平面四杆机构的类型； 3. 分析平面四杆机构的特性； 4. 用图解法设计平面四杆机构
二	专业能力	1. 认知生活中的平面连杆机构的组成； 2. 根据四杆机构的几何尺寸，判断平面四杆机构的类型； 3. 联系实际，分析平面四杆机构的特性在机器中的应用； 4. 具有分析解决实际问题的能力，能用图解法设计平面四杆机构
三	方法能力	1. 初步具有观察机械工作过程，分析机械的工作原理，将思维形象转化为工程语言的能力； 2. 将机械设计知识应用于日常生活、生产活动，具有分析问题、解决问题的能力； 3. 学会自主学习，掌握一定的学习技巧，具有继续学习的能力； 4. 设计一般工作计划，初步具有对方案进行可行性分析的能力； 5. 评估总结工作结果的能力
四	社会能力	1. 养成实事求是、尊重自然规律的科学态度； 2. 养成勇于克服困难的精神，具有较强的吃苦耐劳、战胜困难的能力； 3. 养成及时完成阶段性工作任务的习惯和责任意识； 4. 培养信用意识、敬业意识、效率意识与良好的职业道德； 5. 培养良好的团队合作精神； 6. 培养较好的语言表达能力，善于交流

（二）任务技能训练

通过平面机构实物或模型的测绘，绘制平面机构运动简图，判断机构是否具有确定的相对运动（表 2-7）。

表 2-7　任务技能训练表

任务名称	用图解法设计平面四杆
任务实施条件	1. 理实一体教室； 2. 测量工具； 3. 绘图工具
任务目标	1. 分析平面四杆机构的特性； 2. 能正确理解掌握图解法设计平面四杆机构的方法； 3. 选择合适的方法设计平面四杆机构； 4. 培养良好的协作精神； 5. 培养严谨的工作态度； 6. 养成及时完成阶段性工作任务的习惯和责任意识； 7. 培养评估总结工作结果的能力

续表

任务名称	用图解法设计平面四杆
任务实施	1. 分析机构的设计要求，选择设计方法； 2. 根据设计要求进行必要的计算； 3. 选择合适的比例用图解法设计平面四杆机构； 4. 根据设计要求，完成相关设计任务
任务要求	1. 设计方法选择合理； 2. 设计计算过程完整，结果正确； 3. 机构比例选择合适，图解设计表达完整，比例正确标出； 4. 相关计算表达完整规范

四、任务评价与总结

（一）任务评价

任务评价如表 2-8 所示。

表 2-8　任务评价表

评价项目	评价内容	配　　分	得　　分
成果评价(60%)	相关参数计算	10%	
	比例的选择，相关尺寸的计算	10%	
	平面四杆机构设计图	40%	
自我评价(10%)	学习活动的目的性	2%	
	是否独立寻求解决问题的方法	4%	
	设计方案、方法的正确性	2%	
	个人在团队中的作用	2%	
小组评价(10%)	按时保证质量完成任务	2%	
	组织讨论，分工明确	4%	
	组内给予其他成员指导	2%	
	团队合作氛围	2%	
教师评价(20%)	工作态度是否正确	10%	
	工作量是否饱满	3%	
	工作难度是否适当	2%	
	自主学习	5%	
总　　分			
备　　注			

（二）任务总结

（1）组织学生进行讨论、分析、总结、评估；

（2）评价任务完成情况；

（3）对项目的完成情况给出结论。

五、任务拓展

（一）相关知识与内容

1. 用解析法设计四杆机构

解析法是将运动设计问题用数学方程加以描述，通过求解方程获得有关运动尺寸，故其直观性差，但设计精度高。随着数值计算方法的发展和计算机的普及应用，解析法已成为各类平面连杆机构运动设计的一种有效方法。

分析时，在确定的直角坐标系中，选取各杆的矢量方向和转角，画出封闭的矢量多边形，列出矢量方程式，然后将矢量投影到坐标轴上，写出位置参量的解析表达式。在选取各杆的矢量方向及转角时，对于与机架相铰接的杆件，其矢量方向由固定铰链向外，这样便于标出转角。转角的正负，规定以 x 轴的正向为基准，逆时针方向转到所讨论的矢量为正，反之为负。

在图 2-37 所示的铰链四杆机构中，已知机架长度 l_4 及两连架杆 AB 和 CD 的三组对应位置 φ、δ、ψ，要求确定各构件的长度 l_1、l_2、l_3。

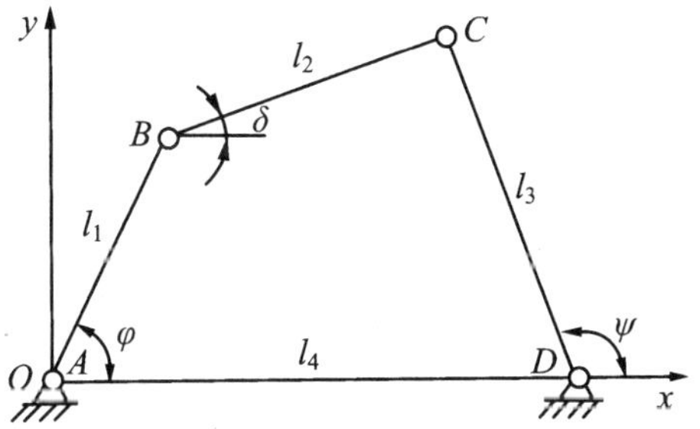

图 2-37　用解析法设计四杆机构

如图所示选取直角坐标系 xOy，将各杆分别向 x 轴和 y 轴投影，得

$$\left.\begin{aligned} l_1\cos\varphi + l_2\cos\delta + l_3\cos\psi = l_4 \\ l_1\sin\varphi + l_2\sin\delta = l_3\sin\psi \end{aligned}\right\} \tag{2-6}$$

将方程组中的 δ 消去，可得

$$R_1 + R_2\cos\varphi + R_3\cos\psi = \cos(\varphi - \psi) \tag{2-7}$$

式中

$$\begin{aligned} R_1 &= (l_4^2 + l_1^2 + l_3^2 - l_2^2)(2l_1 l_3) \\ R_2 &= -\frac{l_4}{l_3} \\ R_3 &= \frac{l_4}{l_1} \end{aligned} \tag{2-8}$$

将已知的 3 组对应位置(φ_1、ψ_1),(φ_2、ψ_2),(φ_3、ψ_3),分别代入,可得线性方程组

$$\left.\begin{aligned}R_1+R_2\cos\varphi_1+R_3\cos\psi_1&=\cos(\varphi_1-\psi_1)\\R_1+R_2\cos\varphi_2+R_3\cos\psi_2&=\cos(\varphi_2-\psi_2)\\R_1+R_2\cos\varphi_3+R_3\cos\psi_3&=\cos(\varphi_3-\psi_3)\end{aligned}\right\}\tag{2-9}$$

由方程组可解出 R_1、R_2、R_3,然后根据具体情况选定机架长度,则各杆长度由下列各式求出

$$\left.\begin{aligned}l_1&=\frac{l_4}{R_3}\\l_2&=\sqrt{l_1+l_3+l_4-2l_1l_3R_1}\\l_3&=-\frac{l_4}{R_2}\end{aligned}\right\}\tag{2-10}$$

用解析法设计四杆机构可得到较精确的设计结果,但计算工作量很大,随着计算机的普及,这部分工作完全可以由计算机来完成,解析法设计四杆机构目前已进入了实用阶段。

2. 实验法设计四杆机构简介

按给定的运动轨迹设计四杆机构,工程中通常采用实验法,四杆机构运动时,连杆作平面复杂运动,对其上面任一点都能描绘出一条封闭曲线,这种曲线称为连杆曲线。连杆曲线的形状随点在连杆上的位置和各构件相对长度的不同而不同。为了方便设计,工程上已将用不同杆长通过实验方法获得的连杆上不同点的轨迹汇编成图谱册,如图 2-38 所示即为一张连杆曲线图谱。当需要按给定运动轨迹设计四杆机构时,设计者只需从图谱中选择与设计要求相近的曲线,同时查得机构各杆相对尺寸及描述点在连杆平面上的位置,再用缩放仪求出图谱曲线与所需轨迹曲线的缩放倍数,即可求得四杆机构的各杆实际尺寸。

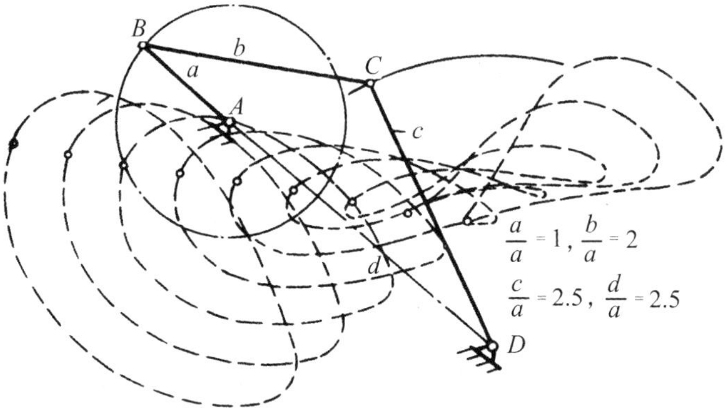

图 2-38 实验法设计四杆机构

(二)练习与提高

(1) 根据图 2-39 所示尺寸,判断各铰链四杆机构的类型。

(2) 图 2-40 所示各四杆机构中,原动件 1 作匀速顺时针转动,从动件 3 由左向右运动时,要求:

① 各机构的极限位置图,并量出从动件的行程;

② 计算各机构行程速度变化系数;

③ 作出各机构出现最小传动角(或最大压力角)时的位置图,并量出其大小。

(3) 若图 2-40 所示各四杆机构中，构件 3 为原动件、构件 1 为从动件，试作出该机构的死点位置。

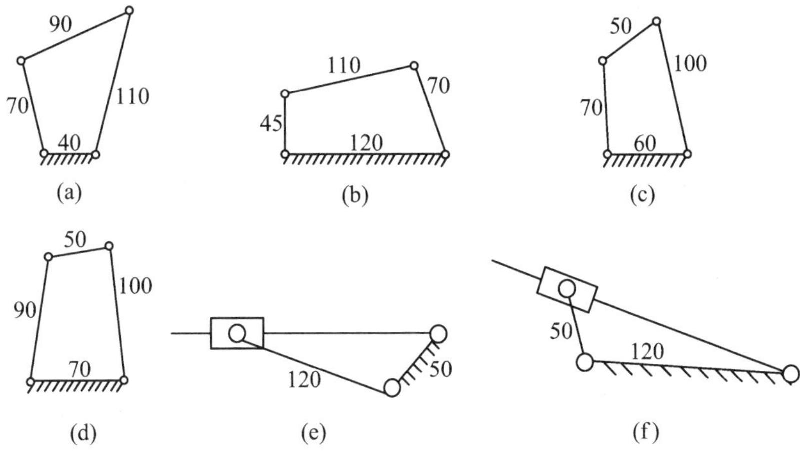

图 2-39

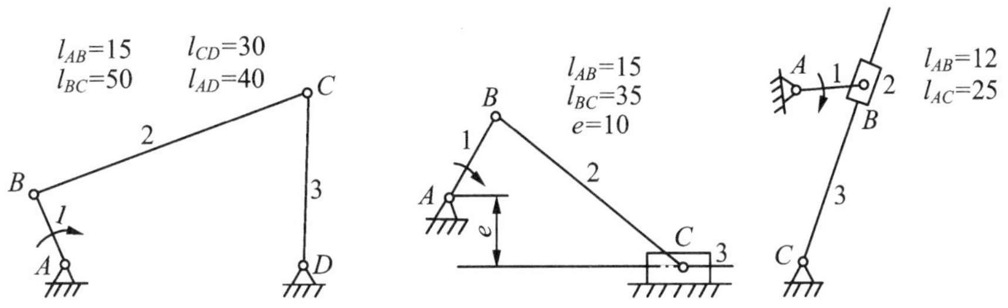

图 2-40

(4) 已知铰链四杆机构(如图 2-41 所示)各构件的长度，试问：

① 这是铰链四杆机构基本型式中的何种机构？

② 若以 AB 为主动件，此机构有无急回特性？为什么？

③ 当以 AB 为主动件时，此机构的最小传动角出现在机构何位置(在图上标出)？

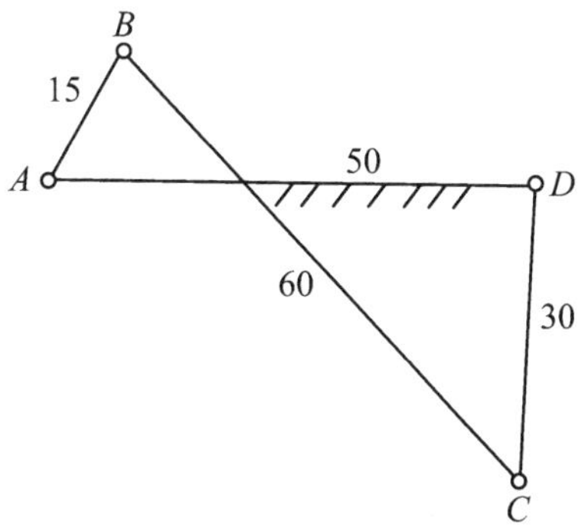

图 2-41

(5) 参照图 2-42 所示设计一加热炉门启闭机构。已知炉门上两活动铰链中心距为

500 mm，炉门打开时，门面朝上，固定铰链设在垂直线 yy 上，其余尺寸如图 2-42 所示。

(6) 参照图 2-43 所示设计一牛头刨床刨刀驱动机构。已知 $l_{AC}=300$ mm，行程 $H=450$ mm，行程速度变化系数 $K=2$。

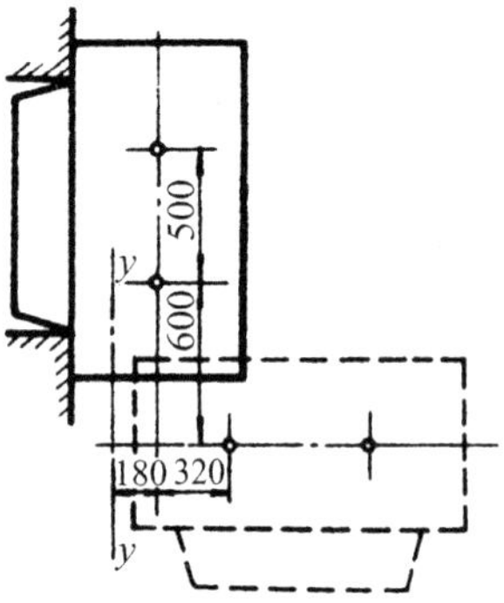

图 2-42

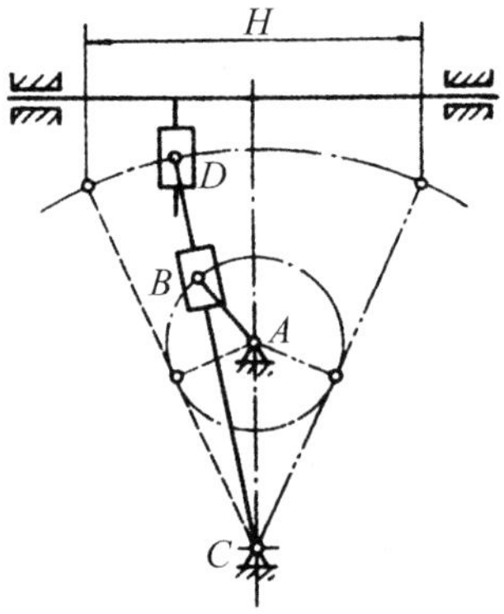

图 2-43

(7) 设计如图 2-36 所示的铰链四杆机构。设已知其摇杆 CD 的长度 $l_{CD}=75$ mm，行程速比系数 $K=1.5$，机架 AD 的长度 $l_{AD}=60$ mm，又知摇杆的两个极限位置的夹角 $\psi=45°$，试求其曲柄的长度和连杆的长度。

任务三　凸 轮 机 构

一、任务资讯

凸轮机构应用广泛，尤其在机器的控制机构中应用更广。在图 2-1 所示的内燃机中，内燃机的配气机构由凸轮机构控制进气、排气门的打开和关闭。凸轮是一种具有曲线轮廓或凹槽的构件，它通过与从动件的高副接触，在运动时可以使从动件获得连续或不连续的任意预期运动。凸轮机构在各种机械中有大量的应用。即使在现代化程度很高的自动机械中，凸轮机构的作用也是不可替代的。

（一）凸轮机构的组成与应用

凸轮机构由凸轮、从动件和机架 3 部分组成，结构简单、紧凑，只要设计出适当的凸轮轮廓曲线，就可以使从动件实现任意的运动规律。在自动机械中，凸轮机构常与其他机构组合使用，充分发挥各自的优势，扬长避短。由于凸轮机构是高副机构，易于磨损，磨损后会影响运动规律的准确性，因此只适用于传递动力不大的场合。

如图 2-44 所示为内燃机配气机构。当凸轮 1 匀速转动时，其轮廓将迫使从动件 2(气门推杆)上、下往复移动，以控制气门有规律的开启和关闭(关闭是借助于弹簧的作用)，从而使可燃烧物质进入气缸或使废气排出。气门开启或关闭时间的长短及其运动速度和加速度的变化规律，完全由凸轮的轮廓形状决定。

图 2-45 所示为糖果包装剪切机构，它采用了凸轮—连杆机构，槽凸轮 1 绕定轴 B 转动，摇

杆 2 与机架铰接于 A 点。构件 5 和 6 与构件 2 组成转动副 D 和 C，与构件 3 和 4(剪刀)组成转动副 E 和 F。构件 3 和 4 绕定轴 K 转动。凸轮 1 转动时，通过构件 2、构件 5 和构件 6，使剪刀打开或关闭。

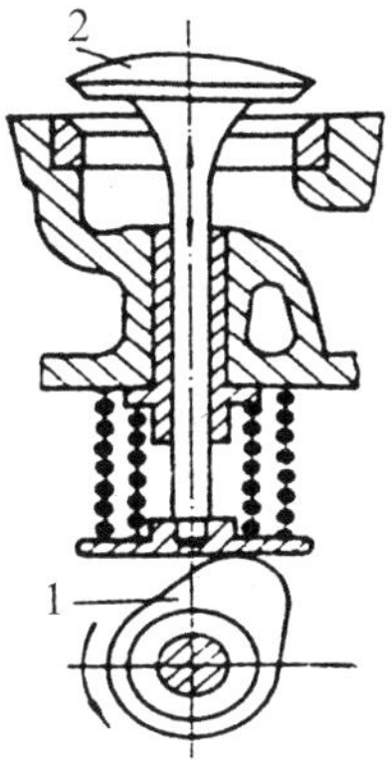

图 2-44　内燃机配气机构

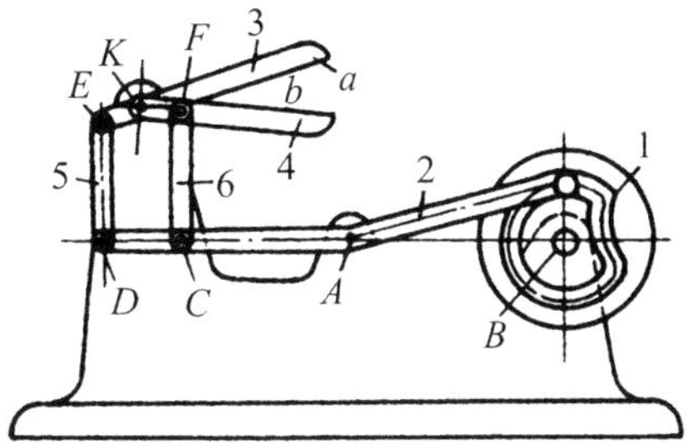

图 2-45　糖果包装剪切机构

图 2-46 所示为自动送料机构，当圆柱形凸轮 1 转动时，通过凹槽中的滚子，驱使从动件作往复移动，凸轮每转一周，从动件从储料器中将一个坯料送到加工位置。

图 2-47 所示为冲床的自动截料机构，凸轮 1(为板框形结构)沿着导轨(机架)2 上下移动，其上的沟槽经滚子 3 带动截料刀(从动件)4 左右移动，从而完成截料和退刀的动作。

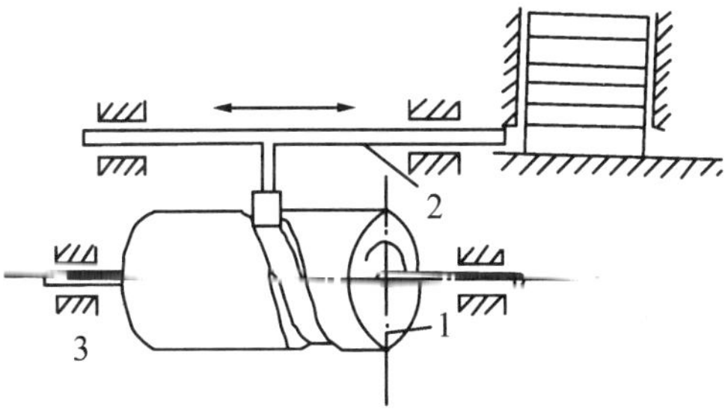

1. 圆柱形凸轮；2. 坯料；3. 机架

图 2-46　自动送料机构

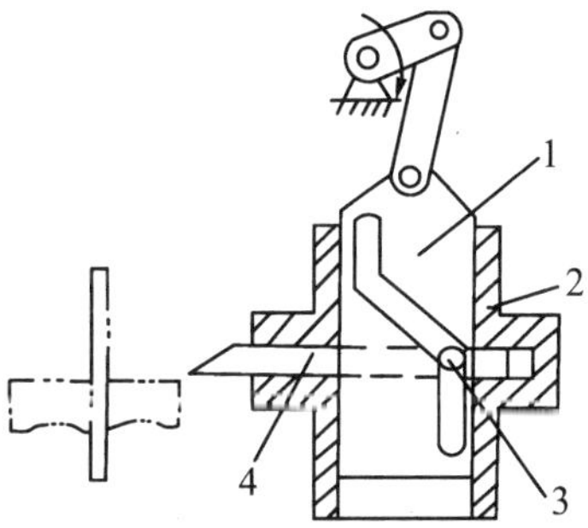

1. 凸轮；2. 机架；3. 滚子；4. 截料刀

图 2-47　冲床的自动截料机构

(二) 凸轮机构的分类

可按照凸轮及从动件的形状分类，凸轮机构的分类见表 2-9。

二、任务分析与计划

凸轮机构设计的主要任务是保证从动件按照设计要求实现预期的运动规律，因此确定从动件的运动规律是凸轮设计的前提。

(一) 平面凸轮机构的工作过程和运动参数

图 2-48(a)所示为一对心直动尖顶从动件盘形凸轮机构，从动件移动导路至凸轮旋转中心

表 2-9　凸轮机构的分类

<table>
<tr><th colspan="3">盘形凸轮机构</th><th>圆柱凸轮机构</th><th>移动凸轮机构</th><th>锁合方式</th></tr>
<tr><td>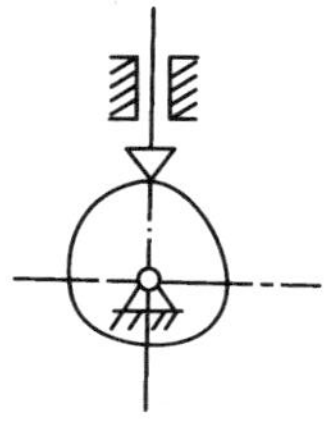
尖顶对心直动从动件</td><td>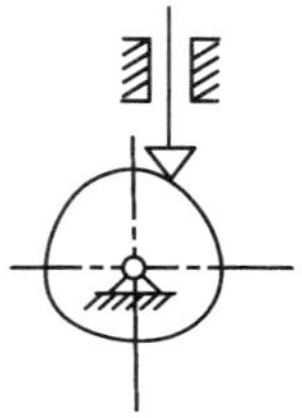
尖顶偏置直动从动件</td><td>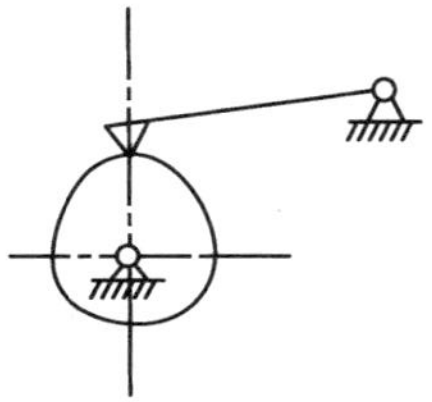
尖顶摆动从动件</td><td>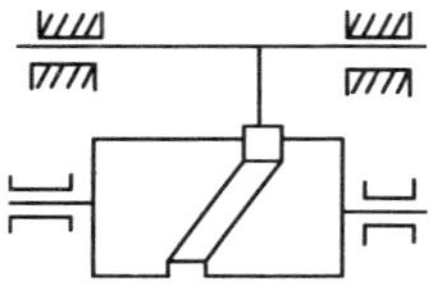
移动从动件</td><td>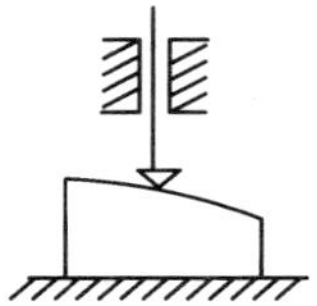
尖顶移动从动件</td><td rowspan="2">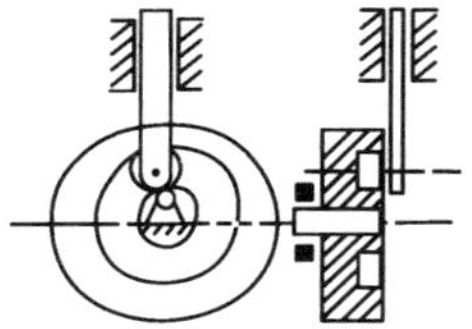
形锁合</td></tr>
<tr><td>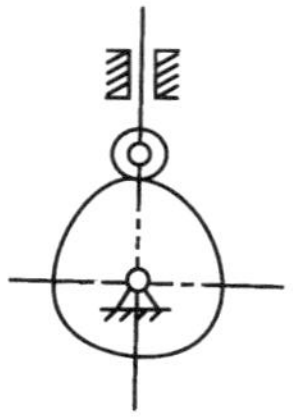
滚子对心直动从动件</td><td>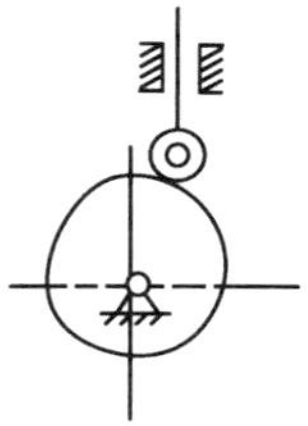
滚子偏置直动从动件</td><td>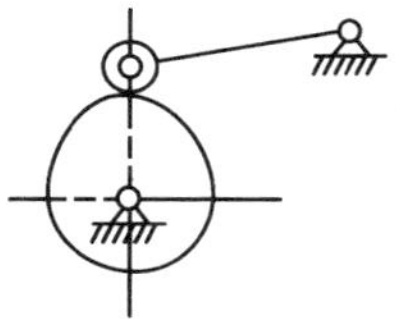
滚子从动件</td><td>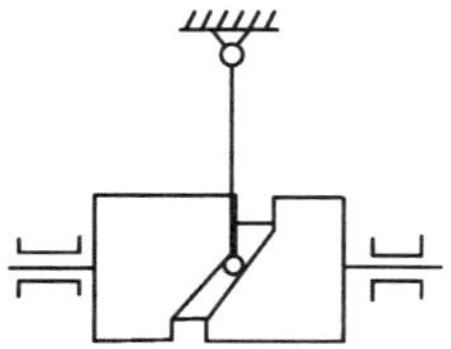
移动从动件</td><td>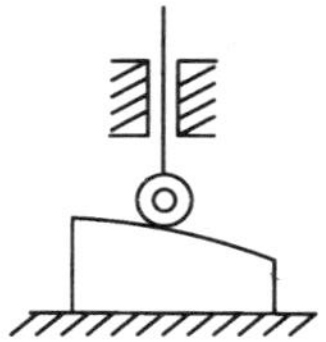
滚子直动从动件</td></tr>
<tr><td>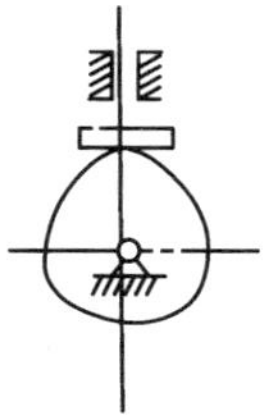
平底对心直动从动件</td><td>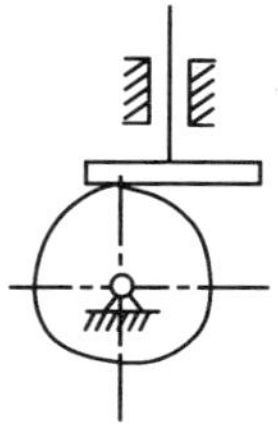
平底偏置直动从动件</td><td>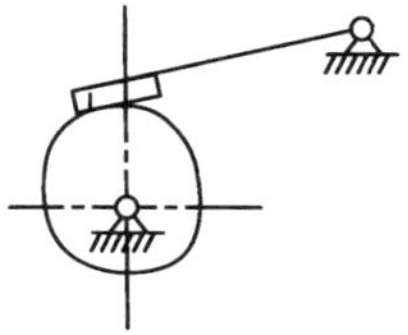
平底摆动从动件</td><td>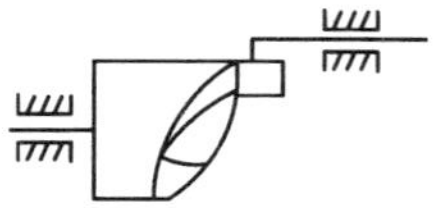
移动从动件</td><td>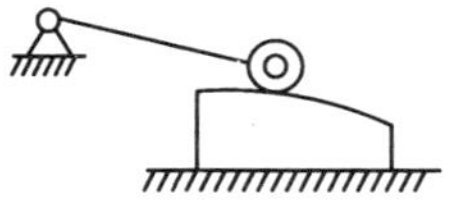
滚子摆动从动件</td><td>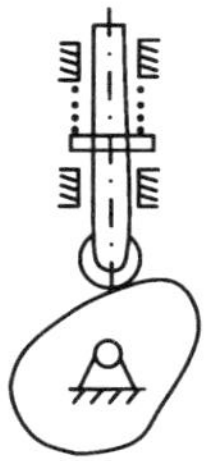
力锁合</td></tr>
</table>

的偏距为 e。以凸轮轮廓的最小向径 r_b 为半径所作的圆称为基圆，r_b 为基圆半径，凸轮以等角速度 ω 逆时针转动。在图示位置，尖顶与 A 点接触，A 点是基圆与开始上升的轮廓曲线的交点，此时，从动件的尖顶离凸轮轴最近。凸轮转动时，向径增大，从动件被凸轮轮廓推向上，到达向径最大的 B 点时，从动件距凸轮轴心最远，这一过程称为推程。与之对应的凸轮转角 δ_0 称为推程运动角，从动件上升的最大位移 h 称为行程。当凸轮继续转过 δ_s 时，由于轮廓 BC 段为一向径不变的圆弧，从动件停留在最远处不动，此过程称为远停程，对应的凸轮转角 δ_s 称为远停程角。当凸轮又继续转过 δ_0' 角时，凸轮向径由最大减至 r_b，从动件从最远处回到基圆上的 D 点，此过程称为回程，对应的凸轮转角 δ_0' 称为回程运动角。当凸轮继续转过 δ_s' 角时，由于轮廓 DA 段为向径不变的基圆圆弧，从动件继续停在距轴心最近处不动，此过程称为近停程，对应的凸轮转角 δ_s' 称为近停程角。此时，$\delta_0+\delta_s+\delta_0'+\delta_s'=2\pi$，凸轮刚好转过一圈，机构完成一个工作循环，从动件则完成一个“升—停—降—停”的运动循环。

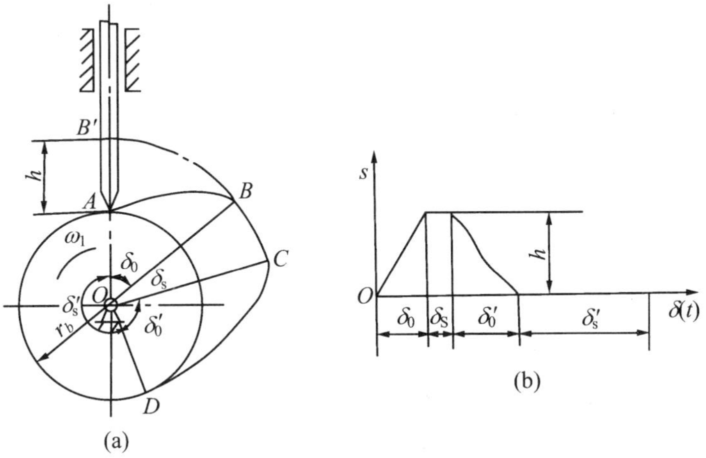

图 2-48　凸轮机构的工作过程

上述过程可以用从动件的位移曲线来描述。以从动件的位移 s 为纵坐标，对应的凸轮转角为横坐标，将凸轮转角或时间与对应的从动件位移之间的函数关系用曲线表达出来的图形称为从动件的位移线图，如图 2-48(b)所示。

从动件在运动过程中，其位移 s、速度 v、加速度 a 随时间 t（或凸轮转角）的变化规律，称为从动件的运动规律。由此可见，从动件的运动规律完全取决于凸轮的轮廓形状。工程中，从动件的运动规律通常是由凸轮的使用要求确定的。因此，根据实际要求的从动件运动规律所设计凸轮的轮廓曲线，完全能实现预期的生产要求。

（二）从动件常用的运动规律

常用的从动件运动规律有等速运动规律，等加速—等减速运动规律、余弦加速度运动规律以及正弦运动规律等。

1. 等速运动规律

从动件推程或回程的运动速度为常数的运动规律，称为等速运动规律。其运动线图如图 2-49 所示。

由图 2-49 可知，从动件在推程（或回程）开始和终止的瞬间，速度有突变，其加速度和惯性力在理论上为无穷大，致使凸轮机构产生强烈的冲击、噪声和磨损，这种冲击为刚性冲击。因此，等速运动规律只适用于低速、轻载的场合。

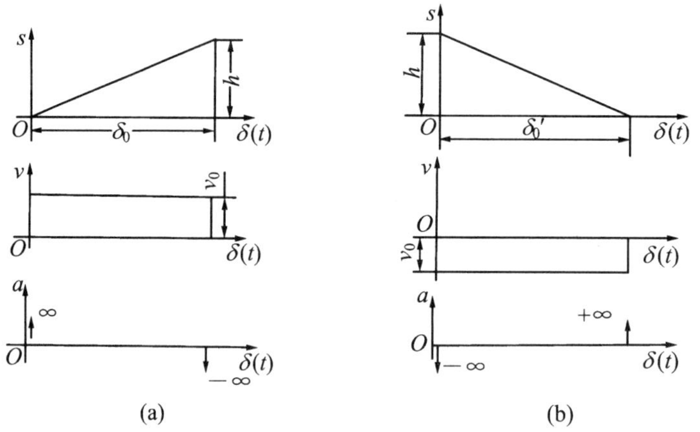

图 2-49　等速运动规律

2. 等加速—等减速运动规律

从动件在一个行程 h 中，前半行程做等加速运动，后半行程作等减速运动，这种运动规律称为等加速—等减速运动规律。通常加速度和减速度的绝对值相等，其运动线图如图 2-50 所示。

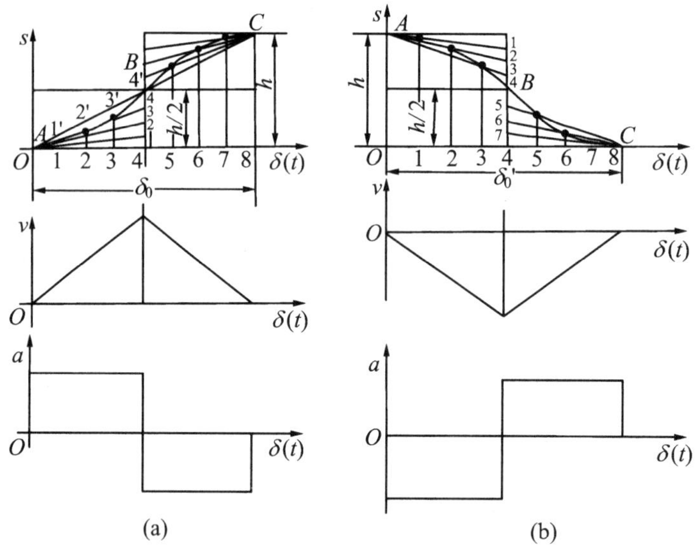

图 2-50　等加速—等减速运动规律

由运动线图可知，这种运动规律的加速度在 A、B、C 3 处存在有限的突变，因而会在机构中产生有限的冲击，这种冲击称为柔性冲击。与等速运动规律相比，其冲击程度大为减小。因此，等加速等减速运动规律适用于中速、中载的场合。

3. 简谐运动规律(余弦加速度运动规律)

当一质点在圆周上做匀速运动时，它在该圆直径上投影的运动规律称为简谐运动。因其加速度运动曲线为余弦曲线故也称余弦运动规律，其运动规律如图 2-51 所示。

由加速度线图可知，此运动规律在行程的始末两点加速度存在有限突变，故也存在柔性冲击，只适用于中速场合。但当从动件作无停歇的升—降—升连续往复运动时，则得到连续的余弦曲线，柔性冲击被消除，这种情况下可用于高速场合。

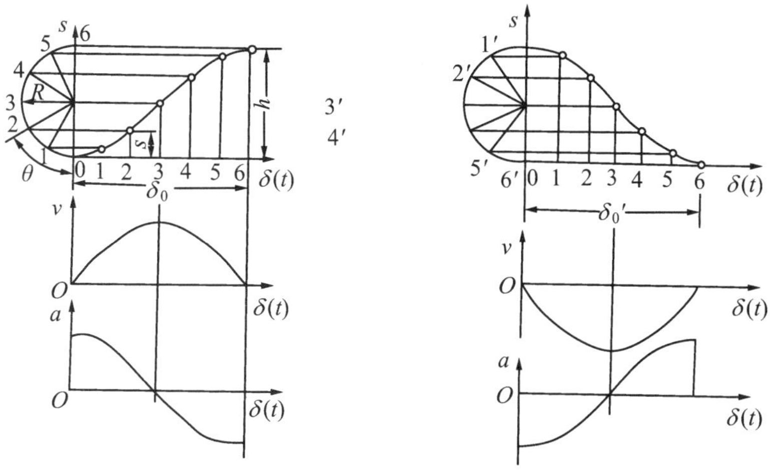

图 2-51　简谐运动规律

除了以上介绍了从动件常用的运动规律，实际生产中还有更多的运动规律，如正弦加速度规律、复杂多项式运动规律、改进型运动规律等。了解从动件的运动规律，便于我们在设计凸轮机构时，根据机器的工作要求进行合理选择。

三、任务实施

（一）本任务的学习目标

根据机器的工作要求，在确定了凸轮机构的类型及从动件的运动干规律、凸轮的基圆半径和凸轮的转动方向后，便可开始凸轮轮廓曲线的设计了。凸轮轮廓曲线的设计方法有图解法和解析法。图解法简单直观，但不够精确，只适用于一般场合。

1. 图解法的原理

图解法绘制凸轮轮廓曲线的原理是“反转法”，即在整个凸轮机构（凸轮、从动件、机架）上加一个与凸轮角速度大小相等、方向相反的角速度（$-\omega$），于是凸轮静止不动，而从动件则与机架（导路）一起以角速度（$-\omega$）绕凸轮转动，且从动件仍按原来的运动规律相对导路移动（或摆动），如图 2-52 所示。因从动件尖顶始终与凸轮轮廓保持接触，所以从动件在反转行程中，其尖顶的运动轨迹就是凸轮的轮廓曲线。

2. 图解法设计凸轮轮廓

例 2-3　设已知凸轮逆时针回转，其基圆半径 $r_b=30$ mm，从动件的运动规律为：

（1）凸轮转角 0°～180°时，从动件的运动规律等速上升 30 mm；

（2）凸轮转角 180°～300°时，从动件的运动规律等加速等减速下降回到原处；

（3）凸轮转角 300°～360°时，从动件的运动规律停止不动。

试设计此凸轮轮廓曲线。

解　设计步骤如下：

(1) 选取适当比例尺作位移线图。

选取长度比例尺和角度比例尺为

$$\mu_l = 0.002\ \text{m/mm}$$

$$\mu_\delta = 6^\circ/\text{mm}$$

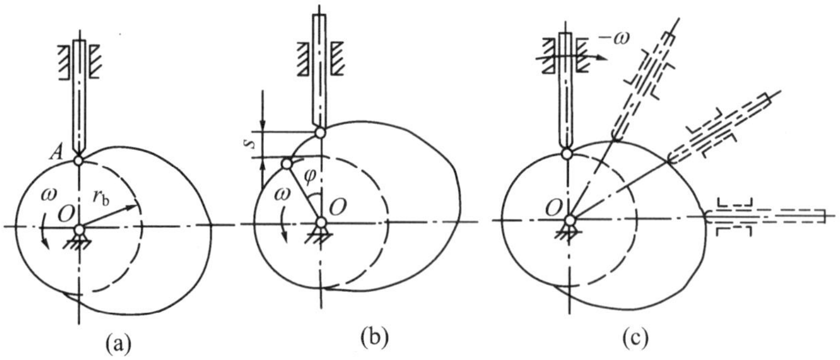

图 2-52　反转法原理

按角度比例尺在横轴上由原点向右量取 30 mm、20 mm、10 mm 分别代表推程角 180°、回程角 120°、近停程角 60°。每 30°取一等分点等分推程和回程，得分点 1、2、…、10，停程不必取分点，在纵轴上按长度比例尺向上截取 15 mm 代表推程位移 30 mm。按已知运动规律作位移线图(图 2-53(a))。

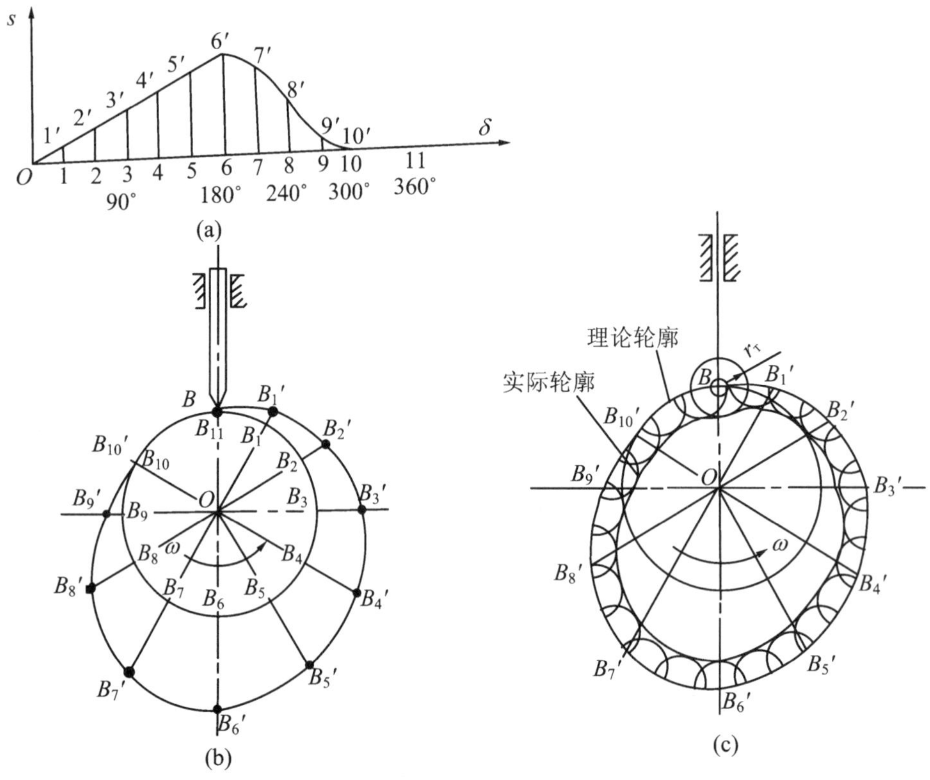

图 2-53　凸轮轮廓设计

(2) 作基圆取分点。

任取一点 O 为圆心，以点 B 为从动件尖顶的最低点，由长度比例尺取 $r_b=15$ mm 作基圆。从 B 点开始，按 $(-\omega)$ 方向取推程角、回程角和近停程角，并分成与位移线图对应的相同等分，得分点 B_1、B_2、…、B_{11} 与 B 点重合。

(3) 画轮廓曲线。

联接 OB_1 并在延长线上取 $B_1B_1'=11'$ 得点 B_1'，同样在 OB_2 延长线上取 $B_2B_2'=22'$，依次类推，直到 B_9 点，点 B_{10} 与基圆上点 B_{10}' 重合。将 B_1'、B_2'、…、B_{10}' 联接为光滑曲线，即得所求的凸轮轮廓曲线，如图 2-53(b)所示。

若从动件为滚子，则可把尖顶看作是滚子中心，其运动轨迹就是凸轮的理论轮廓曲线，凸轮的实际轮廓曲线是与理论轮廓曲线相距滚子半径 r_T 的一条等距曲线，应注意的是，凸轮的基圆指的是理论轮廓线上的基圆，如图 2-53(c)所示。

对于其他从动件凸轮曲线的设计，可参照上述方法。

通过凸轮机构的认知与分析，确定本任务的学习目标(表 2-10)。

表 2-10　任务学习目标

序　号	类　别	目　标
一	专业知识	1. 凸轮机构的类型及应用； 2. 凸轮机构的运动规律； 3. 用图解法设计凸轮机构
二	专业能力	1. 认知生活中的凸轮机构； 2. 分析凸轮机构的运动规律； 3. 联系实际，正确选用凸轮机构的运动规律； 4. 具有分析解决实际问题的能力，能用图解法设计凸轮机构
三	方法能力	1. 初步具有观察机械工作过程，分析机械的工作原理，将思维形象转化为工程语言的能力； 2. 将机械设计知识应用于日常生活、生产活动，具有分析问题、解决问题的能力； 3. 学会自主学习，掌握一定的学习技巧，具有继续学习的能力； 4. 设计一般工作计划，初步具有对方案进行可行性分析的能力； 5. 培养评估总结工作结果的能力
四	社会能力	1. 养成实事求是、尊重自然规律的科学态度； 2. 养成勇于克服困难的精神，具有较强的吃苦耐劳，战胜困难的能力； 3. 养成及时完成阶段性工作任务的习惯和责任意识； 4. 培养信用意识、敬业意识、效率意识与良好的职业道德； 5. 培养良好的团队合作精神； 6. 培养较好的语言表达能力，善于交流

(二) 任务技能训练

应用图解法设计凸轮机构(表 2-11)。

表 2-11 任务技能训练表

任务名称	用图解法设计凸轮机构
任务实施条件	1. 理实一体教室； 2. 测量工具； 3. 绘图工具
任务目标	1. 分析凸轮机构的运动规律； 2. 能正确选择从动件运动规律，会作位移-角度曲线； 3. 能正确应用图解法设计凸轮机构； 4. 培养良好的协作精神； 5. 培养严谨的工作态度； 6. 养成及时完成阶段性工作任务的习惯和责任意识； 7. 培养评估总结工作结果的能力
任务实施	1. 分析机构的设计要求，选择设计方法； 2. 根据设计要求进行必要的计算； 3. 选择合适的比例用图解法设计平面四杆机构； 4. 根据设计要求，完成相关设计任务
任务要求	1. 设计方法选择合理； 2. 设计计算过程完整，结果正确； 3. 机构比例选择合适，图解设计表达完整，比例正确标出； 4. 相关计算表达完整规范

四、任务评价与总结

（一）任务评价

评价任务见表 2-12。

表 2-12 任务评价表

评价项目	评价内容	配　分	得　分
成果评价(60%)	正确选择比例	5%	
	位移-角度曲线	15%	
	平面凸轮机构设计图	40%	
自我评价(10%)	学习活动的目的性	2%	
	是否独立寻求解决问题的方法	4%	
	设计方案、方法的正确性	2%	
	个人在团队中的作用	2%	
小组评价(10%)	按时保证质量完成任务	2%	
	组织讨论，分工明确	4%	
	组内给予其他成员指导	2%	
	团队合作氛围	2%	

续表

评价项目	评价内容	配　分	得　　分
教师评价(20%)	工作态度是否正确	10%	
	工作量是否饱满	3%	
	工作难度是否适当	2%	
	自主学习	5%	
总　分			
备　注			

(二) 任务总结

(1) 组织学生进行讨论、分析、总结、评估；
(2) 评价任务完成情况；
(3) 对项目的完成情况给出结论。

五、任务拓展

(一) 相关知识与内容

1. 解析法设计凸轮轮廓曲线

解析法主要采用解析表达式计算并确定凸轮轮廓，计算工作量大，一般采用计算机精确计算出凸轮轮廓或刀具轨迹上各点的坐标。对于精度较高的高速凸轮、检验用的样板凸轮等需要用解析法设计，以适合数控机床加工。在研究过凸轮廓线设计的作图法之后，接下来将利用如图 2-54 所示的偏置滚子直动推杆盘形凸轮机构介绍解析法。

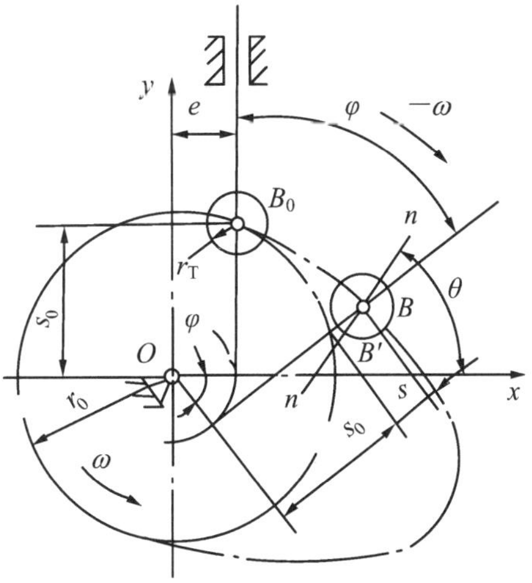

图 2-54　解析法设计凸轮轮廓

如图 2-46 所示为偏置直动滚子从动件盘型凸轮机构。偏距 e、基圆半径 r_b 和从动件运动

规律 $s=f(\varphi)$，凸轮以等角速度 ω 逆时针转动。

以凸轮回转中心 O 为原点，垂直向上为 x 正方向，水平向右为 y 正方向，建立直角坐标系 Oxy。当从动件的滚子中心从点 B_0 上升到点 B'时，凸轮转过的角度为 φ，根据反转法原理，将 B'点以$(-\omega)$方向绕原点转过 φ 即得到凸轮轮廓曲线上对应点 B 点，其坐标为：

$$\left.\begin{aligned} x &= (s_0+s)\sin\varphi + e\cos\varphi \\ y &= (s_0+s)\cos\varphi - e\sin\varphi \end{aligned}\right\} \tag{2-11}$$

式(2-11)中：s_0 为初始位置 B_0 点的 x 坐标值；s 为当凸轮转过角 φ 时，从动件的位移

$$s_0 = \sqrt{r_b^2 - e^2}$$

$$s = f(\varphi)$$

而它们的实际轮廓曲线是滚子的包络线，即实际轮廓是理论轮廓的等距线，它们之间的距离为滚子半径 r_T。由数学理论可知，实际轮廓曲线上的坐标点$(x'、y')$的参数方程为：

$$\left.\begin{aligned} x' &= x \mp r_T\cos\theta \\ y' &= y \mp r_T\sin\theta \end{aligned}\right\} \tag{2-12}$$

式中取"－"号时为内等距曲线，取"＋"号时为外等距曲线。

2. 凸轮轮廓设计中的几个问题

(1) 滚子半径的选择。

对于滚子从动件中滚子半径的选择，要考虑其结构、强度及凸轮廓线的形状等诸多因素。这里我们主要说明廓线与滚子半径的关系。

① 当理论轮廓内凹时，实际轮廓的曲率半径 $\rho'=\rho_{min}+r_T$ 时，如图 2-55(a)所示，无论 r_T 取多大，实际轮廓曲线总可以画出。

② 当理论轮廓外凸时，实际轮廓的曲率半径 $\rho'=\rho_{min}-r_T$。

若 $\rho_{min}>r_T$，$\rho'>0$，则实际轮廓曲线为一光滑曲线，如图 2-55(b)所示；

若 $\rho_{min}=r_T$，$\rho'=0$，则实际轮廓曲线出现尖点，如图 2-55(c)所示，尖点易磨损，磨损后从动件将产生运动"失真"；

若 $\rho_{min}<r_T$，$\rho'<0$，则实际轮廓曲线出现交叉，如图 2-55(d)所示，交叉点以外的部分在加工凸轮时将被切去，致使从动件不能实现预期的运动规律，出现严重的运动"失真"。

因此，为了避免运动轨迹失真并减小磨损，应使滚子半径 r_T 小于理论轮廓曲线最小曲率半径 ρ_{min}，即 $r_T<\rho_{min}$。通常 $r_T=0.8\rho_{min}$，并使实际轮廓的最小曲率半径 $\rho'_{min}\geq(3\sim5)$mm。

(2) 凸轮机构压力角的选择。

凸轮机构的压力角，指在不考虑摩擦力的情况下，凸轮对从动件作用力的方向与从动件上力作用点的速度方向之间所夹的锐角，用 α 表示，如图 2-56 所示。将从动件所受力 $\boldsymbol{F}$ 沿接触点的法线 $n—n$ 方向和切线 $t—t$ 方向分解为

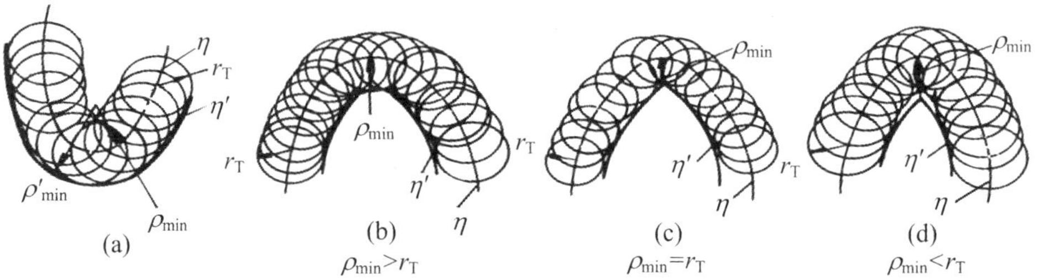

图 2-55 滚子半径与运动失真

$$\left.\begin{aligned} F_1 &= F\cos\alpha \\ F_2 &= F\sin\alpha \end{aligned}\right\} \tag{2-13}$$

式中 F_1 为推动从动件运动的有效分力；F_2 是有害分力。显然，α 角越小，有效分力越大，有害分力越小，凸轮传力性能越好。当 α 角增大时，有效分力减小，有害力分增大，从而使从动件在导路中的侧压力增加，致使导路中的摩擦力也增大，机构的效率降低，凸轮运转沉重。当 α 角增大到一定程度时，致使有害力所引起的摩擦阻力大于有效力时，那么，无论凸轮作用于从动件的力多大，从动件都不能运动，这种现象称为自锁。

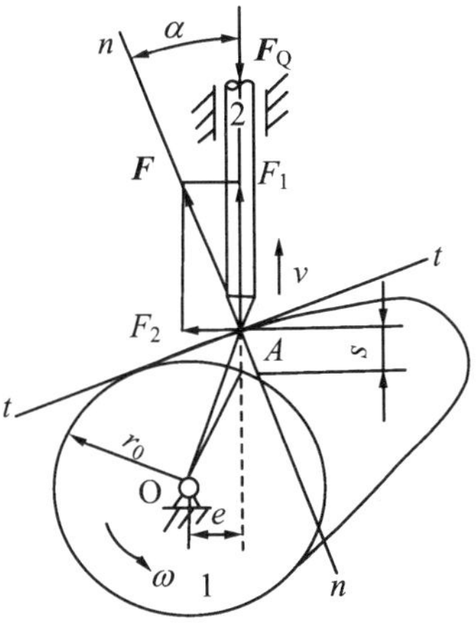

图 2-56　凸轮机构的压力角

由以上分析可知，为了防止凸轮机构产生自锁，保证机构有良好的传力性能，必须限制凸轮在推程的 α_{max}，应使 $\alpha_{max} \leqslant [\alpha]$，$[\alpha]$为许用压力角。一般推程段，凸轮机构的$[\alpha]$可以如下取值：移动从动件的推程$[\alpha]=30°$，摆动从动件的推程$[\alpha]=45°$，回程时，$[\alpha]=70°\sim80°$。

(3) 凸轮基圆半径的确定。

基圆半径是凸轮设计中的一个重要参数，它对凸轮机构的结构尺寸，传力性能，运动性能等都有影响。目前，凸轮基圆半径常用下述两种方法确定。

① 根据凸轮的结构确定 r_b。

若凸轮与轴做成一体(凸轮轴)时

$$r_b = r + r_T + (2 \sim 5)\ \text{mm}$$

若凸轮单独制造时

$$r_b = r_h + r_T + (2 \sim 5)\ \text{mm}$$

式中 r 为凸轮轴的半径，r_h 为凸轮轮毂的半径，一般 $r_h=(1.5\sim2)r$。若凸轮机构不是滚子从动件时，式中的 r_T 可不计。

② 根据压力角确定基圆半径的确定。

凸轮机构应满足最大压力角要求，使 $\alpha_{max} \leqslant [\alpha]$。工程上根据相应的方法借助计算机求出了最大压力角与基圆半径的对应关系，并绘制了诺模图，供近似地确定基圆半径或校核凸轮机构最大压力角时使用。对于装配在轴上的盘形凸轮，一般基圆可以取

$$r_b \geqslant 1.8r + (7 \sim 10)\ \text{mm}$$

(二) 练习与提高

(1) 为什么凸轮机构广泛应用于自动、半自动机械的控制装置中?

(2) 凸轮轮廓的反转法设计依据的是什么原理?

(3) 试标出图 2-57 所示位移线图中的行程 h、推程运动角 δ_o、远停程角 δ_s、回程角 δ_o'、近停程角 δ_s'。

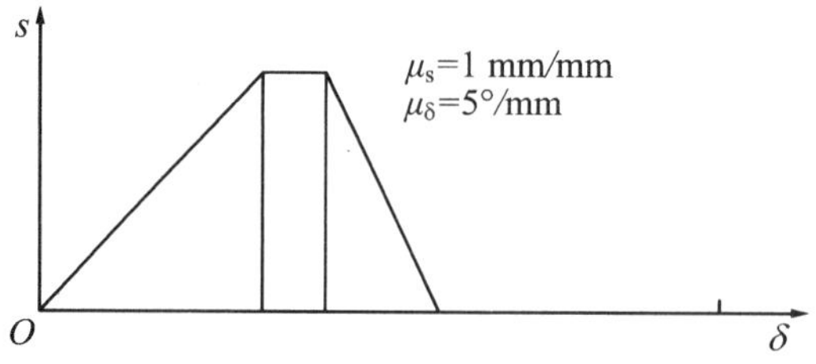

图 2-57

(4) 试写出图 2-58 所示凸轮机构的名称,并在图上作出行程 h,基圆半径 r_b,凸轮转角 δ_o、δ_s、δ_o'、δ_s'以及 A、B 两处的压力角。

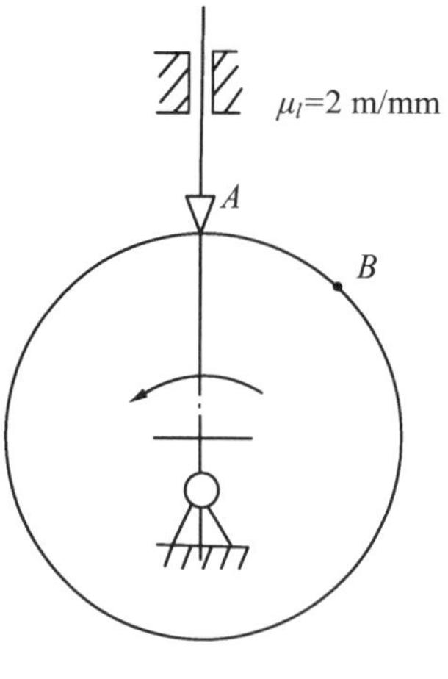

图 2-58

(5) 如图 2-59 所示是一偏心圆凸轮机构,O 为偏心圆的几何中心,偏心距 $e=15$ mm,$d=60$ mm,试在图中标出:

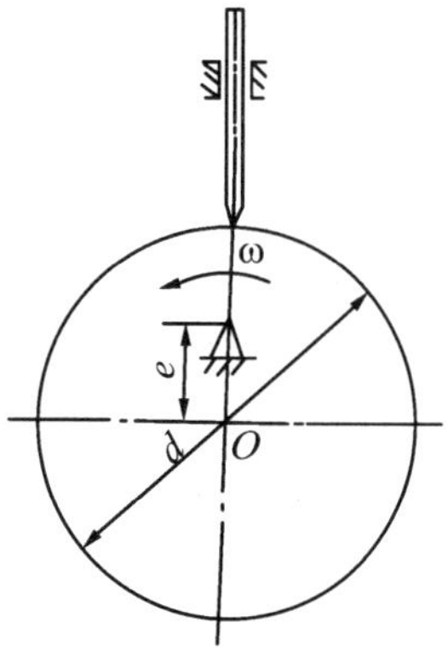

图 2-59

① 凸轮的基圆半径、从动件的最大位移 H 和推程运动角 δ_0;

② 凸轮转过 90°时从动件的位移 s。

(6) 图 2-60 所示为一滚子对心直动从动件盘形凸轮机构。试在图 2-60 中画出该凸轮的理论轮廓曲线、基圆半径、推程最大位移 H 和图示位置的凸轮机构压力角。

(7) 标出图 2-61 中各凸轮机构图示 A 位置的压力角和再转过 45°时的压力角。

(8) 设计一尖顶对心直动从动件盘形凸轮机构。凸轮顺时针匀速转动,基圆半径 $r_b=40$ mm,从动件最大位移 $h=50$ mm,从动件的运动规律为:① δ 为 0～120°时,等速上升 50 mm;② δ 为 120°～180°时,停止;③ δ 为 180°～300°时,等加速等减速下降;④ δ 为 300°～360°时,停止。

(9) 若将上题改为滚子从动件,设已知滚子半径 $r_T = 10$ mm,试设计其凸轮的实际轮廓曲线。

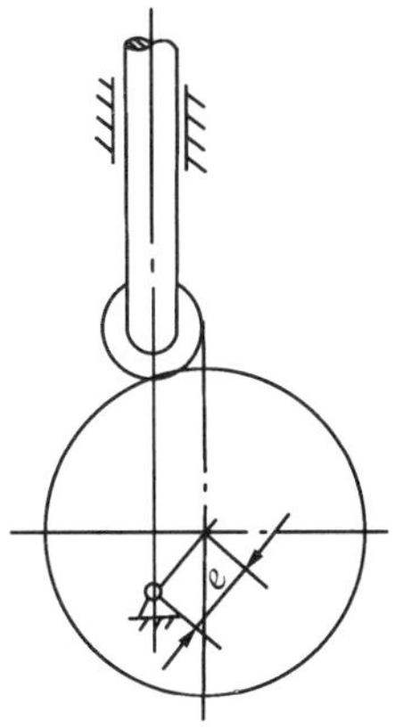

图 2-60

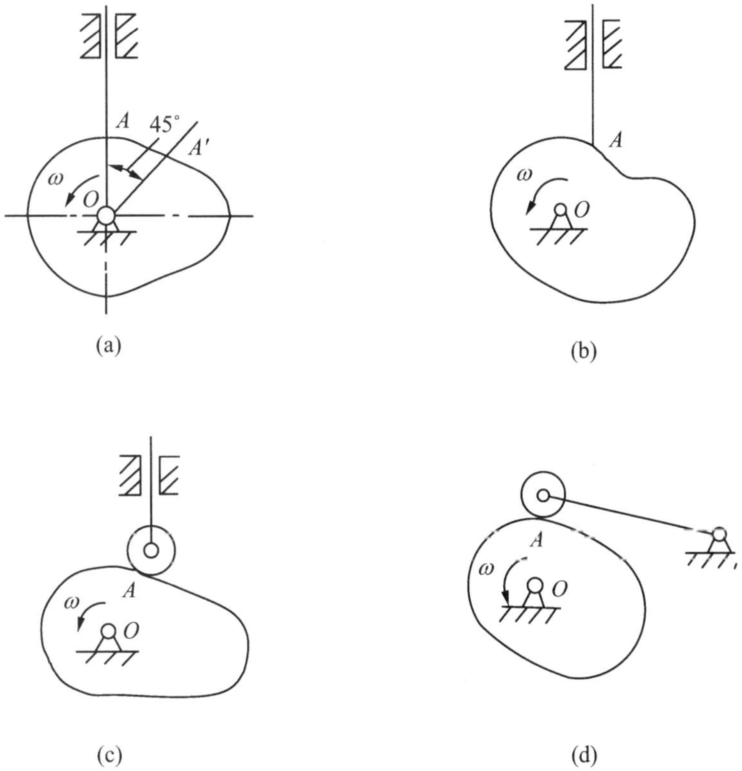

图 2-61

项目三　牛头刨床典型机构的认知与分析

一、项目描述

牛头刨床主要用于加工中、小型零件的平面、沟槽或成形平面。如图 1-1 所示的牛头刨床，滑枕可沿床身导轨在水平方向作往复直线运动，使刀具实现主运动。刀架座可绕水平轴线调整至一定的角度；刀架可沿刀架座导轨上下移动，以调整刨削深度。牛头刨床的工作过程是：电动机通电后开始工作，通过带传动装置、齿轮机构、导杆机构、棘轮机构运动，带动刀具运动以及工作台运动，最终实现工件的刨削工作。在牛头刨床工作过程中，螺旋机构完成刀具的上下移动，工作台的上下移动及刀具行程的位置调整，棘轮机构则保证工作台的进给。螺旋机构是一种常用的空间运动机构，结构简单，应用广泛。棘轮机构是一种常用的间歇运动机构。间歇运动机构用来实现构件周期性的运动与停歇，常用的间歇运动机构有棘轮机构、槽轮机构和不完全齿轮机构。

二、项目工作任务方案设计

项目工作任务方案设计如表 3-1 所示。

表 3-1　项目工作任务方案设计

序　号	工作任务	学习要求
一	1. 螺旋机构	1. 了解牛头刨床的常用机构； 2. 了解螺纹的基本知识； 3. 理解螺旋机构的特点、类型及应用
二	2. 间歇运动机构	1. 了解常用间歇运动机构的类型； 2. 理解棘轮机构的特点、类型及应用； 3. 理解槽轮机构的特点、类型及应用； 4. 了解不完全齿轮机构的特点、类型及应用

任务一　螺 旋 机 构

一、任务资讯

由螺旋副联接相邻构件而成的机构称为螺旋机构。螺旋机构除螺旋副外还有转动副和移动副，通过螺旋副将转动转变为移动副，实现运动形式的转变并传递运动和转矩。如图1-1所示，牛头刨床机构中有 3 个螺旋机构：M_1、M_2、M_3。M_1 用来控制刨刀的上下移动，调整刨刀在垂直方向的位置，M_3 用来调整刨刀的行程，M_2 调整工作台的上下移动，调整工作台的水平位置。

螺纹的基本知识如下：

1. 螺纹的分类

根据平面图形的形状，螺纹可分为三角形、矩形、梯形和锯齿形螺纹（图 3-1）等。根据螺旋线的绕行方向，可分为左旋螺纹和右旋螺纹，规定将螺纹直立时螺旋线向右上升为右旋螺纹（图 3-1(a)），向左上升为左旋螺纹（图 3-1(b)）。机械制造中一般采用右旋螺纹，有特殊要求时，才采用左旋螺纹。

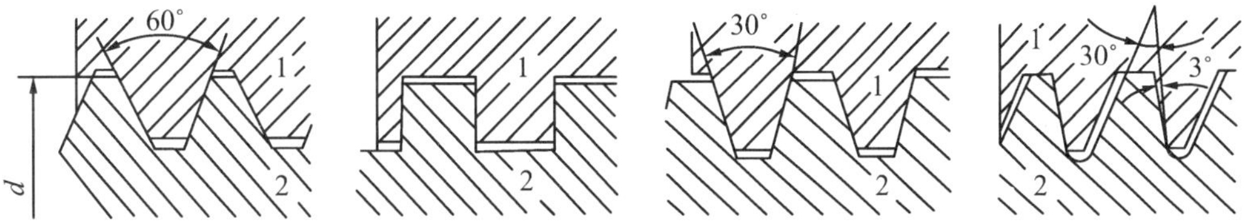

图 3-1　螺纹的牙型

根据螺旋线的数目，可分为单线螺纹（图 3-2(a)）和等距排列的多线螺纹（图 3-2(b)）。为了制造方便，螺纹一般不超过 4 线。

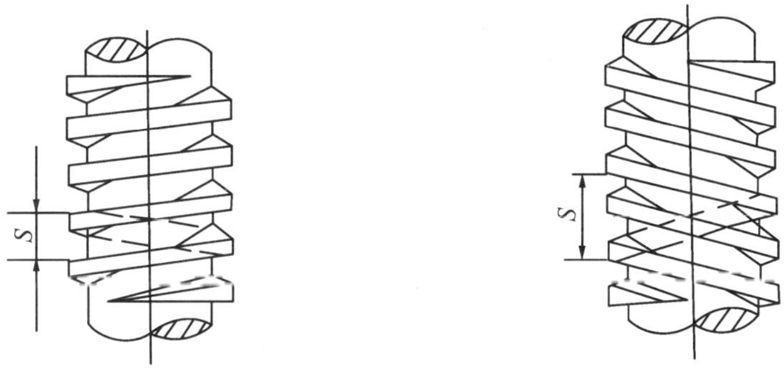

(a) 单线右旋螺纹　　(b) 双线左旋螺纹

图 3-2　不同旋向和线数的螺纹

三角形螺纹主要用于联接，矩形、梯形和锯齿形螺纹主要用于传动。除矩形螺纹外，其他 3 种螺纹均已标准化。

2. 螺纹的参数

以圆柱螺纹为例（图 3-3）。在普通螺纹基本牙型中，外螺纹直径用小写字母表示，内螺纹用大写字母表示。

①大径 d：与外螺纹牙顶（或内螺纹牙底）相重合的假想圆柱体的直径。

②小径 d_1：与外螺纹牙底（或内螺纹牙顶）相重合的假想圆柱体的直径。

③中径 d_2：螺纹轴向剖面内，牙厚等于牙间宽处的假想圆柱体的直径。

④螺距 P：相邻两牙在中径上对应两点间的轴向距离。

⑤导程 S：同一条螺旋线上相邻两牙在中径线上对应两点间的轴向距离。

设螺纹线数为 n,则有 $S=nP$。

⑥升角:即中径 d_2 圆柱上,螺旋线的切线与垂直于螺纹轴线的平面间的夹角。

$$\tan\varphi=\frac{S}{\pi d_2}=\frac{nP}{\pi d_2} \tag{3-1}$$

⑦牙型角 α:螺纹轴向剖面内螺纹牙两侧边的夹角。

⑧牙型斜角 b:牙型侧边与螺纹轴线垂线间的夹角,对于对称牙型,$b=\frac{\alpha}{2}$。

⑨螺纹牙的工作高度 h:内外螺纹旋合后,螺纹接触面在垂直于螺纹轴线方向上的距离。

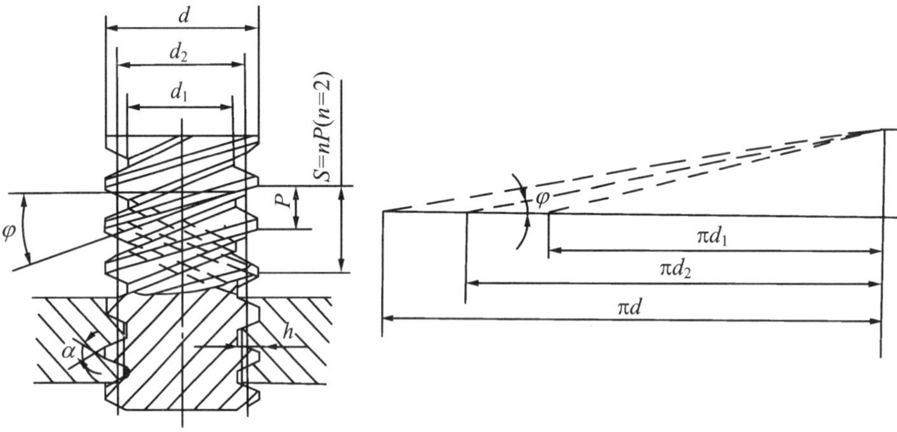

图 3-3　圆柱螺纹的主要几何参数

联接螺纹通常采用普通螺纹。普通螺纹牙型角 $\alpha=60^\circ$,自锁性好。根据螺距不同,普通螺纹分为粗牙螺纹和细牙螺纹。一般联接采用粗牙螺纹,因细牙螺纹经常拆装容易产生滑牙。但细牙螺纹螺距小,小径和中径较大,升角小,自锁性好,所以细牙螺纹多用于强度要求较高的薄壁零件或受变载、冲击及振动的联接中。例如,轴上零件轴向固定的圆螺母即为细牙螺纹。

二、任务分析与计划

(一) 螺旋机构的类型

1. 单螺旋机构

图 3-4(a)所示为最简单的三构件螺旋机构。其中构件 1 为螺杆,构件 2 为螺母,构件 3 为机架。在图 3-4(a)中 B 为螺旋副,其导程为 S_B,A 为转动副,C 为移动副。当螺杆 1 转过角 φ 时,螺母 2 的位移 l 为

$$l=S_B\frac{\varphi}{2\pi} \tag{3-2}$$

2. 差动螺旋机构

若图 3-4(b)中的 A 也是螺旋副,其导程为 S_A,且螺旋方向与螺旋副 B 相同,则可得图 3-4(b)所示机构。这时,当螺杆 l 回转角 φ 时,螺母 2 的位移 l 为两个螺旋副移动量之差,即

$$l=(S_A-S_B)\frac{\varphi}{2\pi} \tag{3-3}$$

由式(3-3)可知，若 S_A 和 S_B 相近时，则位移 l 可以很小。这种螺旋机构通称为差动螺旋。

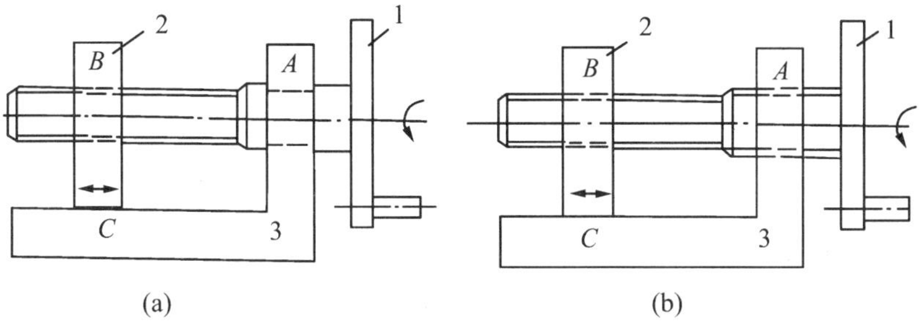

图 3-4　螺旋机构

3. 复式螺旋机构

如果图 3-4(b)所示螺旋机构的两个螺旋方向相反，那么，螺母 2 的位移为

$$l=(S_A+S_B)\frac{\varphi}{2\pi} \tag{3-4}$$

由式(3-4)可知，若 S_A 与 S_B 相等，螺母 2 的位移是螺杆 1 位移的两倍，也就是说，可以使螺母 2 产生快速移动。这种螺旋机构称为复式螺旋机构。

（二）螺旋机构的特点和应用

螺旋机构结构简单、制造方便，它能将回转运动变换为直线运动。运动准确性高，降速比大，可传递很大的轴向力，工作平稳、无噪音，有自锁作用，但效率低，需有反向机构才能反向传动。

螺旋机构在机械工业、仪器仪表、工装、测量工具等中用途比较广泛。如螺旋压力机、千斤顶、车床刀架和工作台的丝杠、台钳、车厢联接器、螺旋测微器等。

图 3-5 所示为压榨机构。螺杆 1 两端分别与螺母 2、螺母 3 组成旋向相反导程相同的螺旋副 A 与 B。根据复式螺旋原理，当转动螺杆 1 时，螺母 2 与 3 很快地靠近，再通过连杆 4、连杆 5 使压板 6 向下运动，以压榨物件。

图 3-6 所示为台钳定心夹紧机构。它由平面，夹爪 1 和 V 形夹爪组成定心机构。螺杆 3 和 A 端螺纹为右旋螺纹，导程为 S_A，B 端螺纹为左旋螺纹，导程为 S_B。它是导程不同的复式螺旋。当转动螺杆 3 时，夹爪 1 与夹爪 2 夹紧工件 5，并能适应不同直径工件的准确定心。

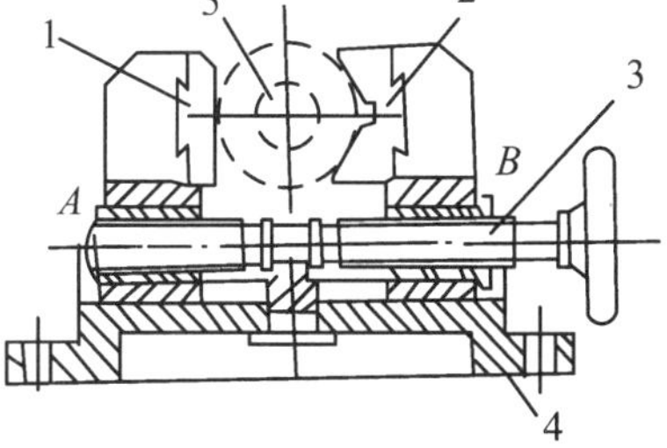

图 3-5　台钳定心夹紧机构

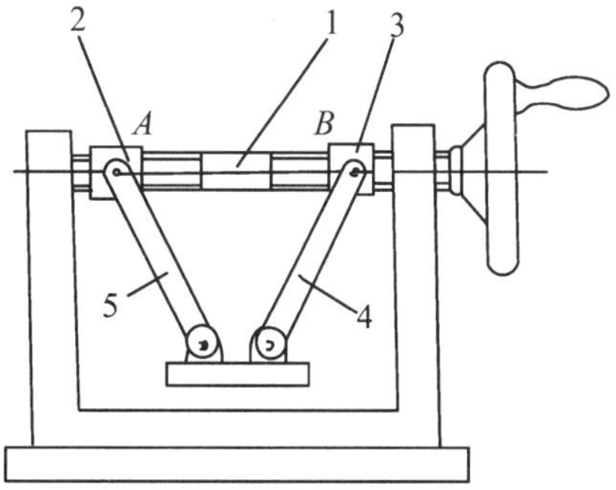

图 3-6　压榨机构

三、任务实施

（一）本任务的学习目标

通过螺旋机构的认知与分析，确定本任务的学习目标（表 3-2）。

表 3-2　任务学习目标

序　号	类　别	目　　标
一	专业知识	1. 了解螺纹的基本知识； 2. 理解螺旋机构的特点、类型及应用； 3. 计算螺旋机构位移； 4. 判断螺旋机构的运动方向
二	专业能力	1. 认知生活中的螺旋机构； 2. 能够计算螺旋机构位移； 3. 能够判断螺旋机构的运动方向； 4. 联系实际，分析生产生活中螺旋机构
三	方法能力	1. 初步具有观察机械工作过程，分析机械的工作原理，将思维形象转化为工程语言的能力； 2. 将机械设计知识应用于日常生活、生产活动，具有分析问题、解决问题的能力； 3. 学会自主学习，掌握一定的学习技巧，具有继续学习的能力； 4. 设计一般工作计划，初步具有对方案进行可行性分析的能力； 5. 培养评估总结工作结果的能力
四	社会能力	1. 养成实事求是、尊重自然规律的科学态度； 2. 养成勇于克服困难的精神，具有较强的吃苦耐劳，战胜困难的能力； 3. 养成及时完成阶段性工作任务的习惯和责任意识； 4. 培养信用意识、敬业意识、效率意识与良好的职业道德； 5. 培养良好的团队合作精神； 6. 培养较好的语言表达能力，善于交流

（二）任务技能训练

通过螺旋机构的测绘，绘制平面机构运动简图，判断螺旋的位移和方向（表 3-3）。

表 3-3　任务技能训练表

任务名称	双螺旋机构位移的计算和方向判断
任务实施条件	1. 理实一体教室； 2. 螺旋机构实物或模型； 3. 测量工具； 4. 绘图工具

续表

任务名称	双螺旋机构位移的计算和方向判断
任务目标	1. 掌握分析螺旋机构运动的能力； 2. 能正确测量构件的相对位置，画螺旋机构运动简图； 3. 正确计算螺旋机构的位移； 4. 判断螺旋机构的运动方向； 5. 培养良好的协作精神； 6. 培养严谨的工作态度； 7. 养成及时完成阶段性工作任务的习惯和责任意识； 8. 评估总结工作结果的能力
任务实施	1. 分析机构的运动情况； 2. 选择合适的比例画机构运动简图； 3. 正确计算螺旋机构的位移； 4. 判断螺旋机构的运动方向； 5. 实际操作验证计算和判断结果是否正确
任务要求	1. 机构运动简图比例选择合适，表达完整； 2. 位移计算过程完整，结果正确； 3. 方向判断正确

四、任务评价与总结

（一）任务评价

任务评价如表 3-4 所示。

表 3-4　任务评价表

评价项目	评价内容	配　分	得　分
成果评价(60%)	螺旋机构运动简图测绘	20%	
	螺旋机构位移的计算	30%	
	螺旋机构运动方向的判断	10%	
自我评价(10%)	学习活动的目的性	2%	
	是否独立寻求解决问题的方法	4%	
	造型方案、方法的正确性	2%	
	个人在团队中的作用	2%	
小组评价(10%)	按时保证质量完成任务	2%	
	组织讨论，分工明确	4%	
	组内给予其他成员指导	2%	
	团队合作氛围	2%	

续表

评价项目	评价内容	配分	得分
教师评价(20%)	工作态度是否正确	10%	
	工作量是否饱满	3%	
	工作难度是否适当	2%	
	自主学习	5%	
总分			
备注			

(二) 任务总结

(1) 组织学生进行讨论、分析、总结、评估;
(2) 评价任务完成情况;
(3) 对项目的完成情况给出结论。

五、任务拓展

(一) 相关知识与内容——滚动螺旋机构

螺旋副内为滚动摩擦的螺旋机构,称为滚动螺旋机构或滚珠丝杠。其结构特点是在螺杆和螺母之间设有封闭循环滚道,并在其间放入钢球,当螺杆转动时,钢球沿螺旋滚道滚动并带动螺母作直线运动。按钢球循环方式的不同,分为外循环和内循环两种形式,如图 3-7 所示。

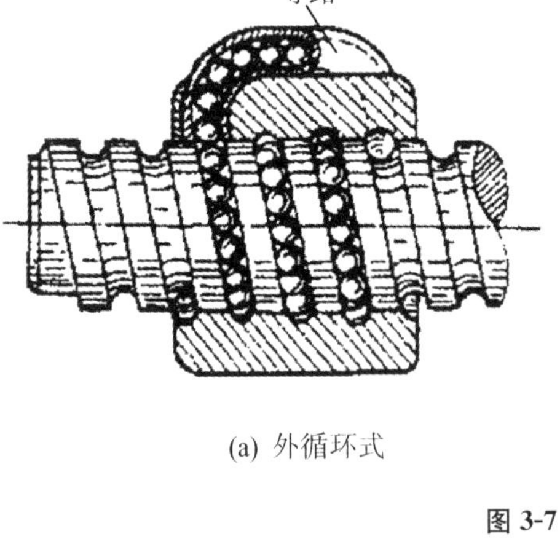

(a) 外循环式

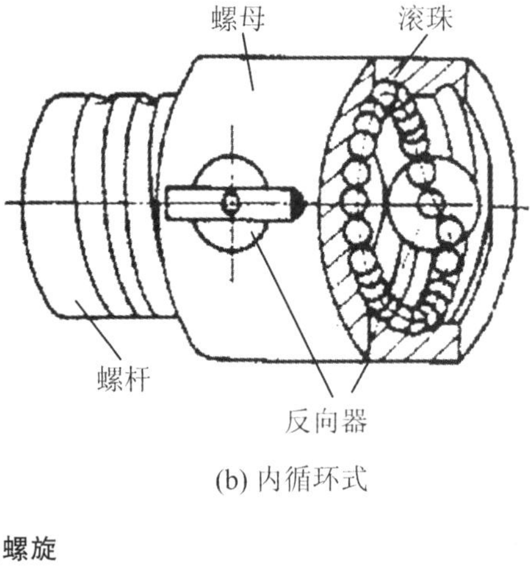

(b) 内循环式

图 3-7 滚动螺旋

(1) 外循环式。钢球在回路过程中离开螺杆的螺旋滚道,而在螺杆滚道外循环,如图 3-7(a)所示。外循环螺母只需前后各设一个反向器。当钢球滚入反向器时,就被阻止而转弯,从返回通道回到滚道的另一端,形成一个循环回路。

(2) 内循环式。钢球在整个循环过程中始终不脱离螺杆滚道,如图 3-7(b)所示。内循环螺母上开有侧孔,孔内镶有反向器将相邻两螺纹滚道联通,钢球越过螺纹顶部进入相邻滚道,形成一个循环回路。一个循环回路里只有一圈钢球和一个反向器。一个螺母常设置 2～4 个循环回路。

滚动螺旋机构摩擦阻力小，动作灵敏度高，传动效率高，可达 90%以上；用调整的方法可消除间隙，传动精度高；可以将直线运动变为螺旋运动，其效率也可在 80%以上。但是结构复杂，制造困难，且不能自锁，抗冲击能力也差，成本较高。这种机构主要用于对传动精度要求较高的场合，如数控机床的进给机构、汽车的转向机构、飞机机翼及机轮起落架的控制机构。

滚动螺旋机构虽然制造困难，但我国已有厂家专门生产，并形成了系列产品。

（二）练习与提高

（1）观察牛头刨床螺旋机构，分析其用途。

（2）选择某机床的螺旋机构，测量其参数和几何尺寸。

（3）举例说明差动螺旋和复式螺旋的应用。

（4）图 3-8 所示为微调的螺旋机构，构件 1 与机架 3 组成螺旋副 A，其导程为 2.8 mm，右旋。构件 2 与机架 3 组成移动副 C，2 与 1 还组成螺旋副 B。现要求当构件 1 转一圈时，构件 2 向右移动 0.2 mm，问螺旋副 B 的导程为多少？右旋还是左旋？

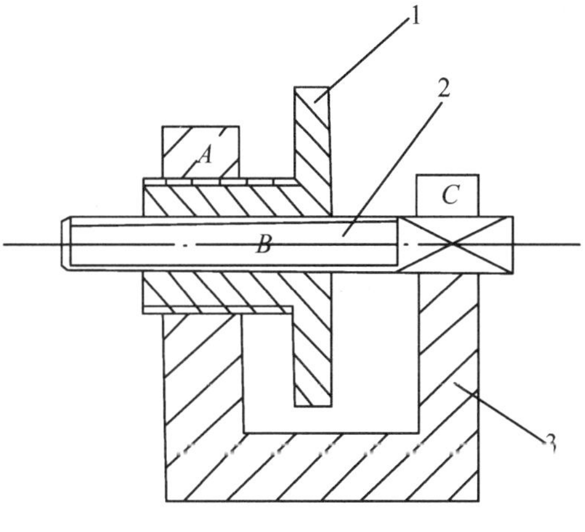

图 3-8

任务二　间歇运动机构

一、任务资讯

机械中，特别在各种自动和半自动机械中，除了前面讨论过的平面连杆机构、凸轮机构、螺旋机构外，还会用到间歇运动机构。常用的间歇运动机构包括棘轮机构和槽轮机构等。牛头刨床运动中，棘轮机构控制工作台的横向进给运动。在图 3-9 所示的牛头刨床工作台的横向进给机构中，运动由一对齿轮传到曲柄 1，再经连杆 2 带动摇杆 3 做往复摆动；摇杆 3 上装有棘爪，从而推动棘轮 4 作单向间歇转动；由于棘轮与螺杆固联，从而又使螺母 5(工作台)作进给运动。若改变曲柄的长度，就可以改变棘爪的摆角，以调节进给量。

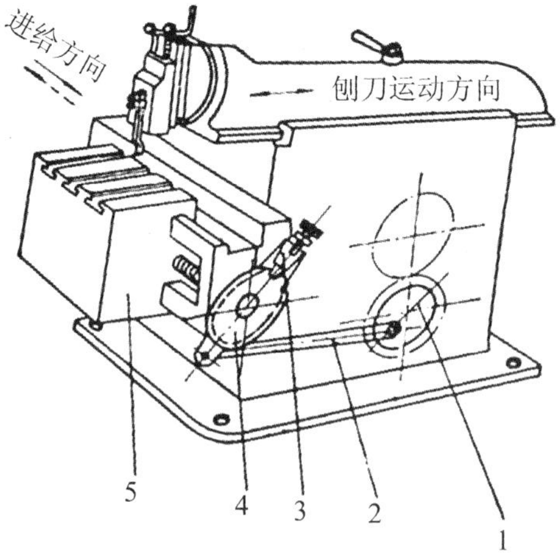

图 3-9　牛头刨床的工作台进给机构

二、任务分析与计划

（一）棘轮机构

1. 棘轮机构的工作原理

图 3-10(a)所示为外啮合棘轮机构。它由摆杆 1、棘爪 4、棘轮 3、止回爪 5 和机架 2 组成。通常以摆杆为主动件、棘轮为从动件。当摆杆 1 连同棘爪 4 逆时针转动时，棘爪进入棘轮的相应齿槽，并推动棘轮转过相应的角度；当摆杆 1 顺时针转动时，棘爪 4 在棘轮齿顶上滑过。为了防止棘轮跟随摆杆反转，设置止回爪 5。这样，摆杆不断地做往复摆动，棘轮便得到单向的间歇运动。

2. 棘轮机构的类型

按照结构特点，常用的棘轮机构有下列两大类：

(1) 轮齿式棘轮机构。轮齿式棘轮机构有外啮合(图 3-10(a))、内啮合(图 3-10(b))两种型式。当棘轮的直径为无穷大时，变为棘条(图 3-10(c))，此时棘轮的单向转动变为棘条的单向移动。

根据棘轮的运动又可分为：

① 单向式棘轮机构。单向式棘轮机构可分为单动式和双动式两种，(图 3-10)所示为单动式棘轮机构，它的特点是摇杆向一个方向摆动时，棘轮沿同方向转过某一角度；而摇杆反向摆动时，棘轮静止不动。图 3-11 所示为双动式棘轮机构，当摇杆往复摆动时，都能使棘轮沿单一方向转动。单向式棘轮采用的是不对称齿形，常用的有锯齿形齿、直线形三角齿及圆弧形三角齿。

② 双向棘轮机构。如图 3-12 所示的棘轮机构，其棘爪 1 做有两个对称的爪端，棘轮 2 的轮齿做成矩形；在图示实线位置，棘爪 1 推动棘轮 2 作逆时针方向的间歇转动；若将棘爪 1 翻转到图示虚线位置，则可推动棘轮 2 作顺时针方向的间歇转动。

(2) 摩擦式棘轮机构。图 3-13(a)所示为摩擦式棘轮机构，它的工作原理与轮齿式棘轮机构相同，只不过用偏心扇形块代替棘爪，用摩擦轮代替棘轮。当杆 1 逆时针方向摆动时，扇形块 2 楔紧摩擦轮 3 成为一体，使轮 3 也一同沿逆时针方向转动，这时止回扇形块 4 打滑；当杆 1 顺时针方向转动时，扇形块 2 在轮 3 上打滑，这时止回扇形块 4 楔紧，以防止 3 倒转。这样当杆 1 作连续反复摆动时，轮 3 便得到单向的间歇运动。

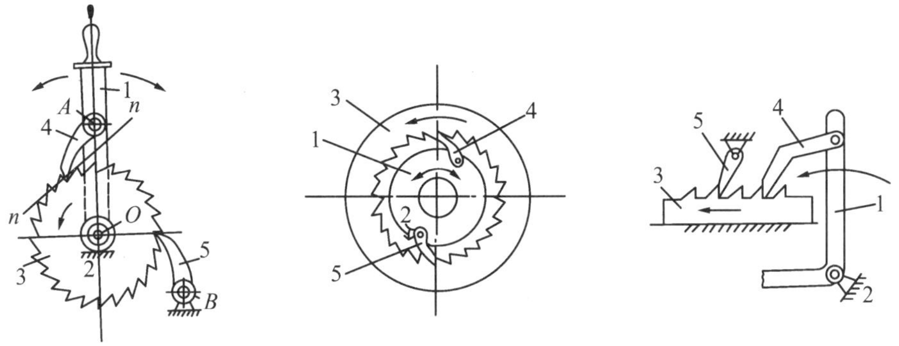

(a)　　(b)　　(c)

图 3-10　轮齿式棘轮机构

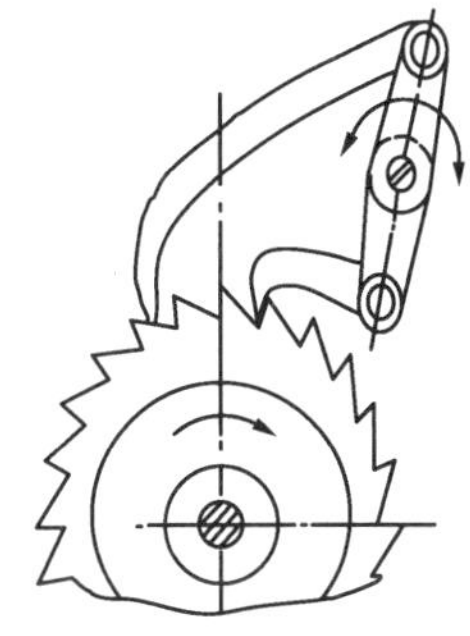

图 3-11　双动棘轮机构图

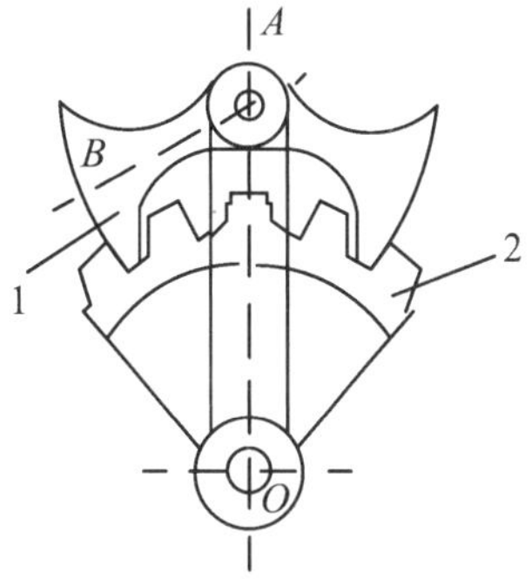

图 3-12　双向棘轮机构

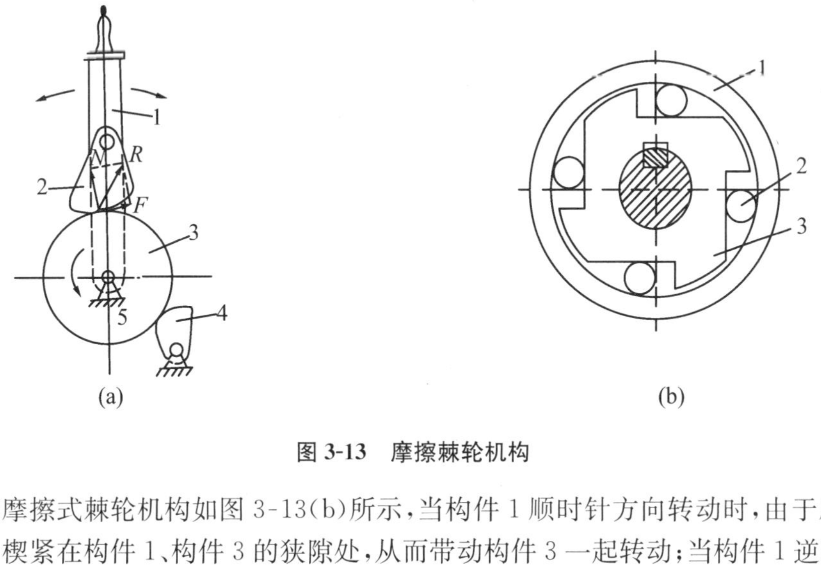

(a)　　(b)

图 3-13　摩擦棘轮机构

常用的摩擦式棘轮机构如图 3-13(b)所示，当构件 1 顺时针方向转动时，由于摩擦力的作用使滚子 2 楔紧在构件 1、构件 3 的狭隙处，从而带动构件 3 一起转动；当构件 1 逆时针方向转动时，滚子松开，构件 3 静止不动。

3. 棘轮机构的特点及应用

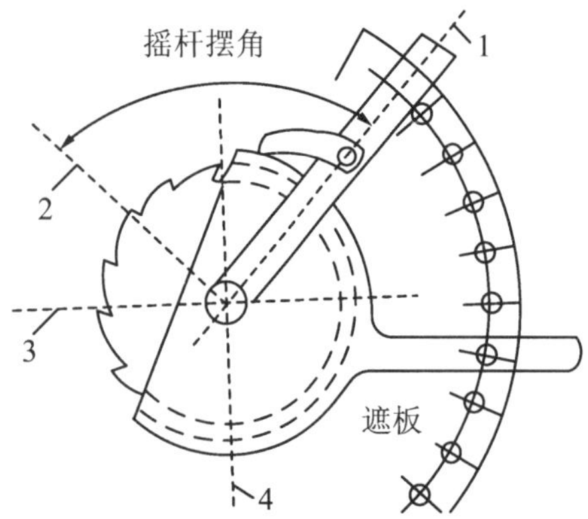

图 3-14　棘轮机构摆角的调整

轮齿式棘轮机构在回程时，棘爪在齿面上滑过，故有噪音，平稳性较差，且棘轮的步进转角又较小。如要调节棘轮的转角，可以通过改变棘爪的摆角或改变拨过棘轮齿数的多少来实现。如图 3-14 所示，在棘轮上加一遮板，变更遮板的位置，即可使棘爪行程的一部分在遮板上滑过，不与棘轮的齿接触，从而改变棘轮转角的大小。也可以将摇杆所在的曲柄摇杆机构做成可以调节的结构，通过调节摇杆摆角改变棘轮转角的大小。

棘轮机构结构简单、制造容易、运动可靠，而且棘轮的转角在很大范围内可调。但工作时有较大的冲击与噪声、运动精度不高，所以常用于低速轻载的场合。棘轮机构还常用作防止机构逆转的停止器，这类停止器广泛用于卷扬机、提升机以及运输机中。

（二）槽轮机构

1. 槽轮机构的工作原理

槽轮机构。常用的槽轮机构如图 3-15 所示，槽轮机构由带有圆销 A 的拨盘 1，具有径向槽的槽轮 2 及机架组成。拨盘 1 为原动件，槽轮 2 为从动件。当拨盘上的圆销 A 未进入槽轮的径向槽时，槽轮因其内凹的锁止弧被拨盘外凸的锁止弧锁住而静止；当圆销 A 开始进入径向槽时，两锁止弧脱开，槽轮在圆销的驱动下逆时针转动；当圆销开始脱离径向槽时，槽轮因另一锁止弧又被锁住而静止，从而实现从动槽轮的单向间歇转动。

2. 槽轮机构的类型

槽轮机构分为平面槽轮机构和空间槽轮机构。

平面槽轮机构有两种型式：一种是外槽轮机构，如图 3-15 所示，其槽轮上径向槽的开口是自圆心向外，主动构件与槽轮转向相反；另一种是内槽轮机构，如图 3-16 所示，其槽轮上径向槽的开口是向着圆心的，主动构件与槽轮的转向相同，这两种槽轮机构都用于传递平行轴的运动。

图 3-17 所示为空间球面槽轮机构，它是用于传递两垂直相交轴的间歇运动机构，从动槽轮 2 呈半球形，主动构件 1 的轴线与销 3 的轴线都通过球心 O，当主动构件 1 连续转动时，球面槽轮 2 得到间歇转动。

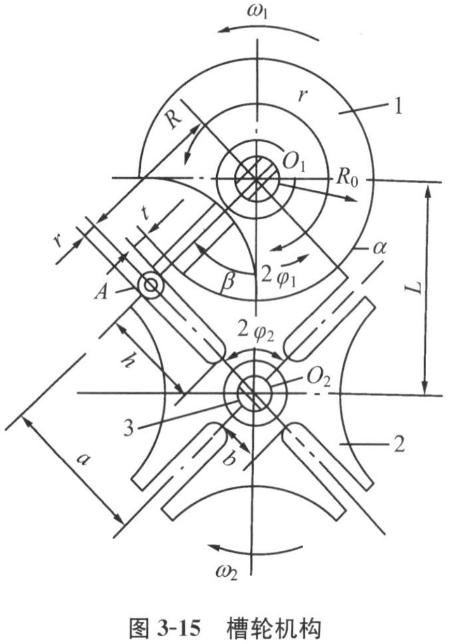

图 3-15　槽轮机构

3. 槽轮机构的特点及应用

槽轮机构的特点是能准确控制转角、结构简单、制造容易、工作可靠、机械效率较高。与棘轮机构相比，工作平稳性较好，但其槽轮机构行程不可调节、转角不可太小，拨盘和槽轮的主从动关系不能互换，起停有冲击，并随着转速的增加或槽轮槽数的减少而加剧，故不适用于高速。槽轮机构的结构要比棘轮机构复杂，加工精度要求较高，制造成本较高。槽轮机构应用比较广泛，比如电影放映机、C1325 单轴六角自动车床转塔刀架转位机构等。

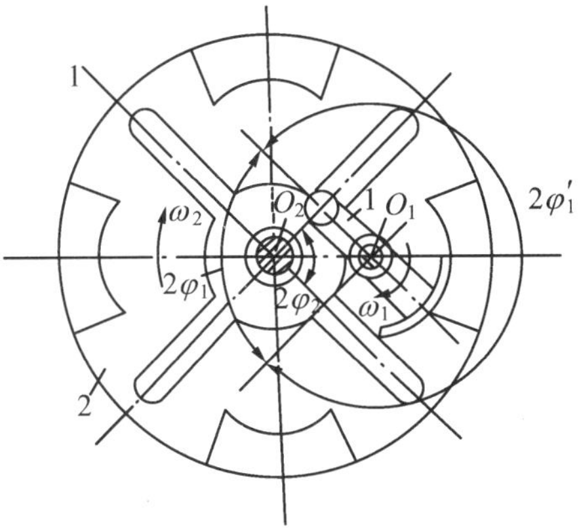

图 3-16　内槽轮机构

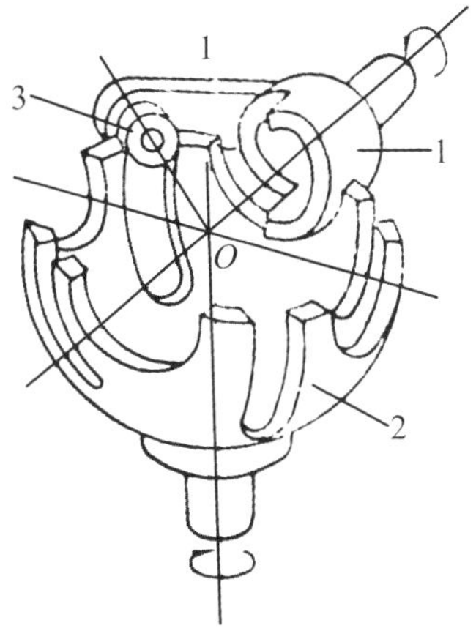

图 3-17　空间槽轮机构

（三）不完全齿轮机构

1. 不完全齿轮机构的工作原理

不完全齿轮机构是由普通渐开线齿轮机构演化而成的一种间歇运动机构。它与普通渐开线齿轮机构不同之处是轮齿不布满整个圆周，如图 3-18 所示，当主动轮 1 转 1 周时，从动轮 2 转 1/6 周，从动轮每转停歇 6 次。当从动轮停歇时，主动轮 1 上的锁住弧 S_1 与从动轮 2 上的锁住弧 S_2 互相配合锁住，以保证从动轮停歇在预定的位置。

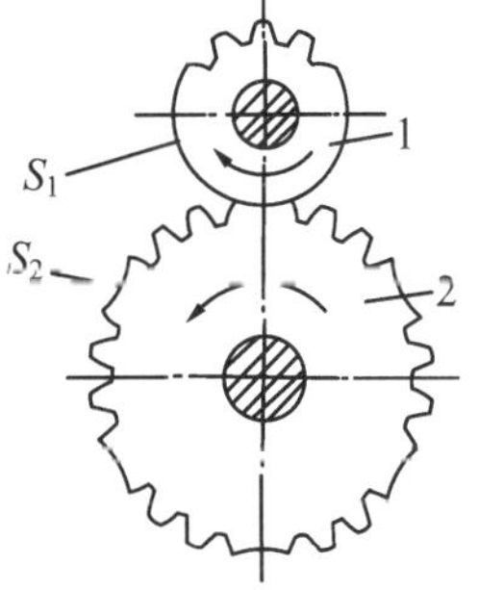

图 3-18　外啮合不完全齿轮机构

2. 不完全齿轮机构的类型

不完全齿轮机构的类型有：外啮合（图 3-18）、内啮合（图 3-19）。与普通渐开线齿轮一样，外啮合的不完全齿轮机构两轮转向相反；内啮合的不完全齿轮机构两轮转向相同。

3. 不完全齿轮机构的特点和应用

不完全齿轮机构与槽轮机构相比，其从动轮每转一周的停歇时间、运动时间及每次转动的角度变化范围都较大，设计较灵活。但其加工工艺较复杂，而且从动轮在运动的开始与终止时冲击较大，故一般用于低速、轻载的场合，如在自动机和半自动机中用于工作台的间歇转位以及要求具有间歇运动的进给机构、计数机构等等。

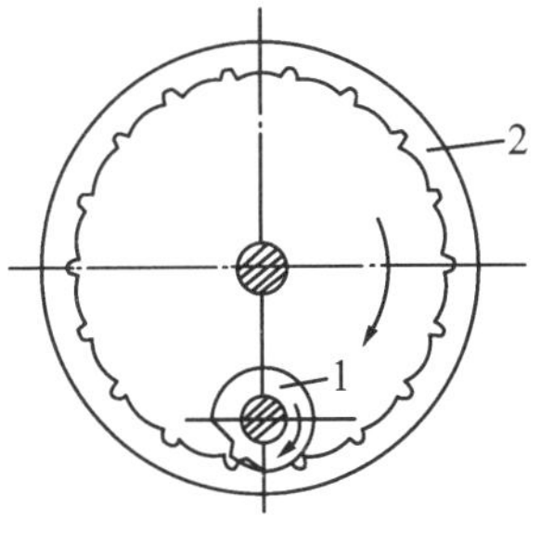

图 3-19　内啮合不完全齿轮机构

三、任务实施

（一）本任务的学习目标

通过间歇运动基本知识的认知与分析，确定本任务的学习目标（表 3-5）。

表 3-5　任务学习目标

序　号	类　别	目　　标
一	专业知识	1. 了解常用间歇运动机构的类型； 2. 理解棘轮机构的特点、类型及应用； 3. 理解槽轮机构的特点、类型及应用； 4. 了解不完全齿轮机构的特点、类型及应用
二	专业能力	1. 认知生活中的间歇运动机构； 2. 联系实际，分析生产生活中棘轮机构； 3. 联系实际，分析生产生活中槽轮机构； 4. 联系实际，分析生产生活中不完全齿轮机构
三	方法能力	1. 初步具有观察机械工作过程，分析机械的工作原理，将思维形象转化为工程语言的能力； 2. 将机械设计知识应用于日常生活、生产活动，具有分析问题、解决问题的能力； 3. 学会自主学习，掌握一定的学习技巧，具有继续学习的能力； 4. 设计一般工作计划，初步具有对方案进行可行性分析的能力； 5. 培养评估总结工作结果的能力
四	社会能力	1. 养成实事求是、尊重自然规律的科学态度； 2. 养成勇于克服困难的精神，具有较强的吃苦耐劳、战胜困难的能力； 3. 养成及时完成阶段性工作任务的习惯和责任意识； 4. 培养信用意识、敬业意识、效率意识与良好的职业道德； 5. 培养良好的团队合作精神； 6. 培养较好的语言表达能力，善于交流

（二）任务技能训练

通过机器中间歇运动机构实物或模型的观察与分析，分析常用间歇运动机构的特点和用途（表 3-6）。

表 3-6　任务技能训练表

任务名称	间歇运动机构的认知与分析
任务实施条件	1. 理实一体教室； 2. 棘轮机构实物或模型； 3. 槽轮机构实物或模型； 4. 不完全齿轮机构实物或模型

续表

任务名称	间歇运动机构的认知与分析
任务目标	1. 培养分析棘轮机构运动特点的能力； 2. 培养分析槽轮机构运动特点的能力； 3. 培养分析不完全齿轮机构运动特点的能力； 4. 培养良好的协作精神； 5. 培养严谨的工作态度； 6. 养成及时完成阶段性工作任务的习惯和责任意识； 7. 培养评估总结工作结果的能力
任务实施	1. 培养观察分析棘轮机构运动特点的能力； 2. 培养观察分析槽轮机构运动特点的能力； 3. 培养观察分析不完全齿轮机构运动特点的能力
任务要求	1. 正确分析棘轮机构运动特点； 2. 正确分析槽轮机构运动特点； 3. 正确分析不完全齿轮机构运动特点

四、任务评价与总结

（一）任务评价

任务评价标准见表 3-7。

表 3-7　任务评价表

评价项目	评价内容	配　　分	得　　分
成果评价(60%)	正确分析棘轮机构运动特点	20%	
	正确分析槽轮机构运动特点	20%	
	正确分析不完全齿轮机构运动特点	20%	
自我评价(10%)	学习活动的目的性	2%	
	是否独立寻求解决问题的方法	4%	
	设计方案、方法的正确性	2%	
	个人在团队中的作用	2%	
小组评价(10%)	按时保证质量完成任务	2%	
	组织讨论，分工明确	4%	
	组内给予其他成员指导	2%	
	团队合作氛围	2%	
教师评价(20%)	工作态度是否正确	10%	
	工作量是否饱满	3%	
	工作难度是否适当	2%	
	自主学习	5%	
总　　分			
备　　注			

(二) 任务总结

(1) 组织学生进行讨论、分析、总结、评估;
(2) 评价任务完成情况;
(3) 对项目的完成情况给出结论。

五、任务拓展

练习与提高

(1) 观察牛头刨床棘轮机构的运动,分析其特点和在机器中的作用。
(2) 比较本章所述几种间歇运动机构的异同点,并说明各自适用的场合。
(3) 比较不完全齿轮机构与普通渐开线齿轮机构在啮合过程中的异同点。
(4) 牛头刨床工作台的横向进给螺杆的导程 3 mm,与螺杆固连的棘轮齿数 $z=40$,问棘轮的最小转动角度 φ 是多少? 该牛头刨床的最小横向进给量 s 是多少?

项目四　机械设计材料力学基础

一、项目描述

（一）机械设计计算的任务

所谓构件的承载能力，就是指构件在外力作用下能够满足强度、刚度和稳定性要求的能力。“强度”是指构件抵抗破坏的能力；“刚度”是指构件抵抗变形的能力；“稳定性”是指构件抵抗失去初始平衡形式的能力。

在工程实际中，各种机械和工程结构都是由许多构件组成的。为了保证机械或工程结构在承受外力的情况下，能够正常的工作，每个构件必须要满足以下要求：

（1）应有足够的强度，即在外力作用下不发生破坏。

（2）应有足够的刚度，即在外力作用下不产生过大的变形，将可能产生的变形控制在工程上允许的范围内。

（3）应有足够的稳定性，某些细长与薄壁构件在轴向压力达到一定数值时，会失去原有直线形态的平衡而突然变弯丧失工作能力，这种现象称为构件丧失了稳定。因此，对这一类构件需要考虑其保持原有直线形态的平衡能力。

在构件的设计中，满足了强度、刚度和稳定性要求，即保证了构件工作的安全性。但同时还必须考虑构件材料选择的经济性，即尽量地节省材料、降低生产成本。安全适用又经济节约才是合理设计工程构件的标志。

由于构件的强度、刚度和稳定性均与构件材料的力学性能有关。而材料的力学性能必须通过实验来测定。此外，还有一些单靠现有理论解决不了的工程实际问题，必须借助于实验的方法来研究。

（二）常见机械构件的形状及变形形式

实际构件的形状是多种多样的。简化后大致可分为 4 类：杆、板、壳、块。凡是长度远大于其他两个方向尺寸的构件称之为杆。杆的几何形状可以用横截面（垂直杆长度方向的截面）和轴线（杆横截面形心的连线）表示。轴线是直线的杆称为直杆；轴线是曲线的杆称为曲杆；各横截面相同的杆称为等直杆。材料力学研究的主要对象是等直杆。

作用在构件上的外力，通常分为静载荷和动载荷两种。所谓“静载荷”是指由零缓慢增加到某一数值，以后保持不变或变化不大的载荷；“动载荷”是指大小、方向经常变化的载荷。材料力学主要研究静载荷问题。

构件在工作时的受力状况是多种多样的，其产生的变形形式也各不相同。变形的基本形式有 4 种：①轴向拉伸和压缩变形；②剪切变形；③扭转变形；④弯曲变形。其他的复杂的变形形式都可以视为同时发生上述两种或两种以上基本变形的组合，称为组合变形。

二、项目工作任务方案设计

项目工作任务方案设计可见表 4-1。

表 4-1　项目工作任务方案设计

序　　号	工作任务	学习要求
一	轴向拉伸与压缩变形	1. 了解轴向拉伸与压缩变形的概念及应用； 2. 理解和掌握轴向拉伸与压缩变形的内力和应力的计算； 3. 掌握轴向拉伸与压缩变形强度计算
二	剪切变形	1. 了解剪切变形的概念及应用； 2. 理解剪切变形的应力计算并掌握其强度计算
三	扭转变形	1. 了解扭转变形的概念及应用； 2. 理解扭转变形的应力计算并掌握其强度计算
四	弯曲变形	1. 了解弯曲变形的概念及应用； 2. 理解并掌握弯曲内力的计算； 3. 理解弯曲变形的应力计算并掌握其强度计算

任务一　轴向拉伸与压缩

一、任务描述

如图 4-1 所示，在工程实例中，许多构件受到拉伸或压缩作用，如各种桁架杆（房架、起重机械、电视塔等）、桥梁、汽车、机床等。对于这些拉伸或压缩的杆件在设计其尺寸和形状时，必须要有相应的依据和规则。本任务就是提供该类问题的解决方法和依据。

图 4-1　拉伸与压缩工程实例

二、轴向拉伸与压缩的认知

如图 4-2 所示起重机吊架中，斜杆 BC 两端承受轴向拉力作用，沿杆件轴线产生伸长变形；而横杆 AB 两端受到轴向压力作用，沿轴线产生缩短变形。

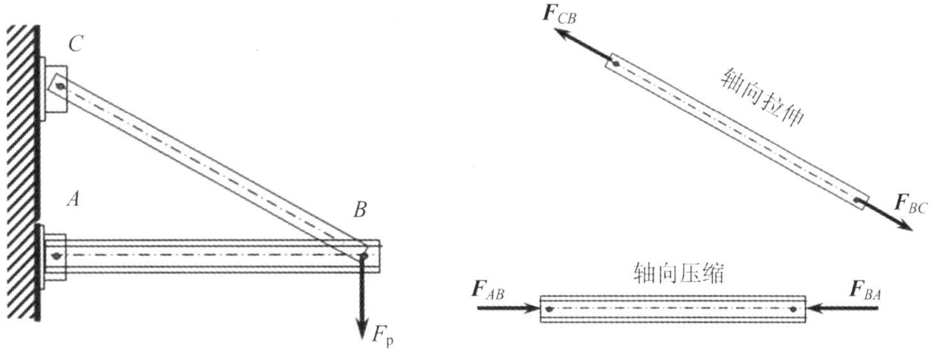

(a) 起重机吊架示意图　　(b) 拉杆、横梁的受力图

图 4-2　轴向拉压杆

这些杆虽然形状不同，载荷和联接方式各异，但都可简化成图 4-2(b)所示的计算简图。其共同特点是，受力特点：作用于直杆上的外力(或外力的合力)作用线和杆的轴线重合；变形特点：直杆将沿轴线方向产生伸长或缩短变形。这种变形形式称为轴向拉伸(或轴向压缩)，这类杆件称为拉杆(或压杆)。

三、轴向拉压的相关知识

(一) 内力、截面法、轴力与轴力图

1. 内力的概念

外力——作用于杆件上的载荷和约束反力。

内力——杆件内部各部分之间由于外力作用而产生的相互作用力。

可以这样理解：内力是杆件受到外力作用时，其内部各质点之间的相对位置的变化使其相互作用力发生的改变量。

对于任一杆件而言，内力的大小是有限度的，若超过此限度，杆件就要产生变形甚至破坏。因此，研究杆件的强度必须要先研究杆件的内力。内力的分析也是材料力学的基础之一。

2. 截面法

通常采用截面法来求构件的内力。截面法的一般步骤可归纳如下：

(1) 切：用一假想的垂直轴线的截面将构件切开，分成两个部分；

(2) 留：任取一部分作为研究对象，弃去另一部分；

(3) 代：在留下部分的截面上用内力代替弃去部分对其的作用；

(4) 平：建立平衡方程，计算内力的大小。

3. 轴力和轴力图

（1）轴力——内力的作用线与杆的轴线重合；即通过截面的形心且垂直于横截面的内力。

显然，对于拉压杆，由于外力的作用线与杆的轴线重合，故其任一横截面上的内力必与杆的轴线重合；因此，

轴向拉压杆的内力形式——轴力；用字母“F_N”表示。

轴向拉力——轴力为截面的外法线方向，以“＋”号表示。

轴向压力——轴力为截面的内法线方向，以“－”号表示。

（2）轴力图——表明轴力沿杆轴线位置变化的图形。其图形中的横坐标表示横截面的位置；纵坐标表示轴力的数值。

轴力图的意义在于：对所研究的杆件受力情况一目了然，从而能确定最大轴力 F_{Nmax} 所在的截面，为拉压杆的强度设计打下基础。

（3）画轴力图的一般方法步骤如下：

① 一般先求出支座反力。取杆件整体为研究对象，画其分离体受力图；根据轴向拉压杆的受力特点，只要列一个静力平衡方程即可。

② 分段计算轴力。按作用于杆件上的外力位置将杆件分段，继而应用截面法分别求出各段杆件上的轴力。

此环节上——轴力采用“设正法”计算。

③ 分段画轴力图。按计算的各段轴力值，分段画轴力线。

在应用截面法计算时，每求某一指定截面的轴力就用假想截面在该处截开杆件一次；假想截面只能截两外力之间的杆件截面，不能截在外力的作用点上。

例 4-1 一直杆受力如图 4-3 所示。已知：$F_1=16$ kN，$F_2=10$ kN，$F_3=20$ kN。试画其轴力图。

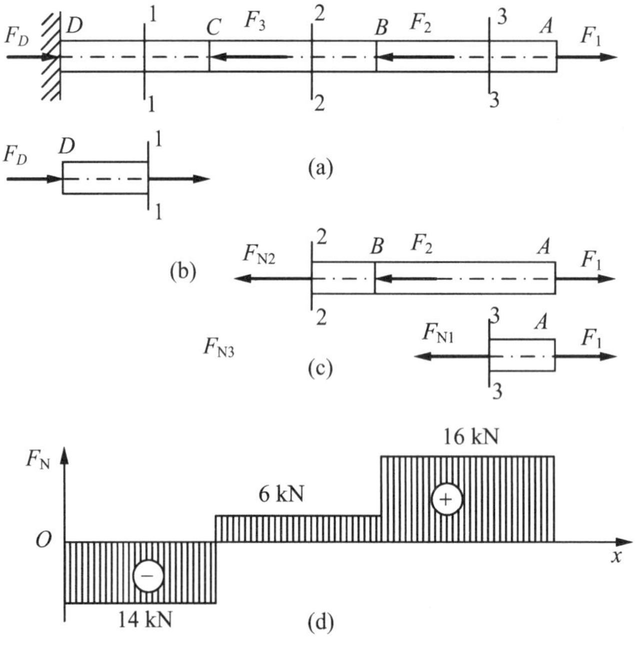

图 4-3 复杂受力直杆的轴力图

解　计算 D 端支反力：

$$\sum F_x = 0$$

$$F_D + F_1 - F_2 - F_3 = 0$$

$$F_D = 10 + 20 - 16 = 14\ (\text{kN})$$

分段计算轴力。

图 4-3(a)的轴力为

$$F_{N1} = -14\ (\text{kN})$$

图 4-3(b)的轴力为

$$F_{N2} = 6\ (\text{kN})$$

图 4-3(c)的轴力为

$$F_{N3} = 16\ (\text{kN})$$

由于每段之间的任一截面的轴力值都相等，所以各段的轴力线都是一条水平线。依计算的轴力值画出各段轴力线，如图 4-3(d)所示。可见，$F_{Nmax}=16$ kN，发生在 AB 段内。

（二）横截面和斜截面上的应力

1. 应力的概念

前面讨论了运用截面法求横截面上的轴力问题。但是，单凭轴力并不足以能判断杆件的强度问题。譬如，两根材料相同而粗细不同的拉杆，在相同拉力的作用下，它们的轴力是相同的，但是在逐渐增大相同的拉力时，显然细杆必然先断。这就说明了杆件的强度不仅与杆件的轴力有关，而且还与杆件的横截面积有关，即与轴力横截面上分布的密集程度（简称集度）有关。这就必须要引入下述的应力概念。

应力——内力在截面上的分布集度，是一反映构件截面上某点受力强弱程度的物理量。

一般情况下，内力在截面上的分布并非均匀；为了真实的描述某点的应力情况，先讨论一般构件的应力问题。

如图 4-4(a)所示杆件。ΔF 是受力杆件 m—m 截面上围绕 O 点的微小面积 ΔA 上的分布内力的合力，则在微小面积 ΔA 上单位面积的内力可表示为

$$p_m = \frac{\Delta F}{\Delta A} \tag{4-1}$$

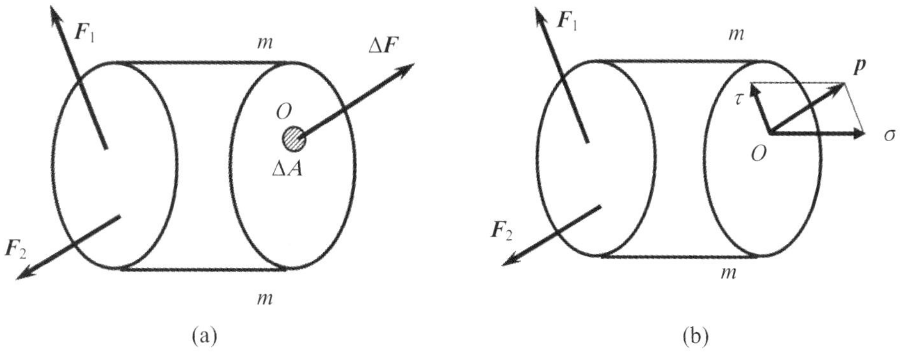

图 4-4　截面应力

p_m 称为平均应力。一般情况下，内力在截面上的分布并非均匀的，为了更真实的描述内

力实际分布情况，应使 ΔA 面积缩小并趋近于零，则平均应力 p_m 的极限值称为 $m—m$ 截面上围绕 O 点处的全应力，并用 $\boldsymbol{p}$ 表示，即

$$p_m = \lim_{\Delta A \to 0} \frac{\Delta F}{\Delta A} = \frac{\mathrm{d}F}{\mathrm{d}A} \tag{4-2}$$

显然，全应力 $\boldsymbol{p}$ 是一个矢量。一般既不与截面垂直，也不与截面相切。因此，常用两个正交分量来表示，如图 4-4(b)所示，即与截面相垂直的分量 σ（称为正应力）和与截面相切的分量 τ（称为切应力）。

在我国的法定计量单位中，应力的单位为 Pa（帕），1 Pa＝1 N/m²。在工程实际中，这个单位太小，通常使用 MPa（兆帕），1 MPa＝1 N/mm²＝10^6 Pa，1 Gpa＝10^9 Pa。

2. 横截面上的正应力

为了求得截面上任意一点的应力，必须了解内力在截面上的分布规律，为此需通过实验观察来研究。

取一等截面直杆，在杆上画出与杆轴垂直的横向线 ab 和 cd，再画上与杆轴平行的纵向线（图 4-5(a)），然后沿杆的轴线作用拉力 $\boldsymbol{F}$，使杆件产生拉伸变形。此时可以观察到：横向线在变形前后均为直线，且都垂直于杆的轴线，只是横向线间距增大，纵向线间距减小，所有正方形的网格均变成大小相同的长方形。

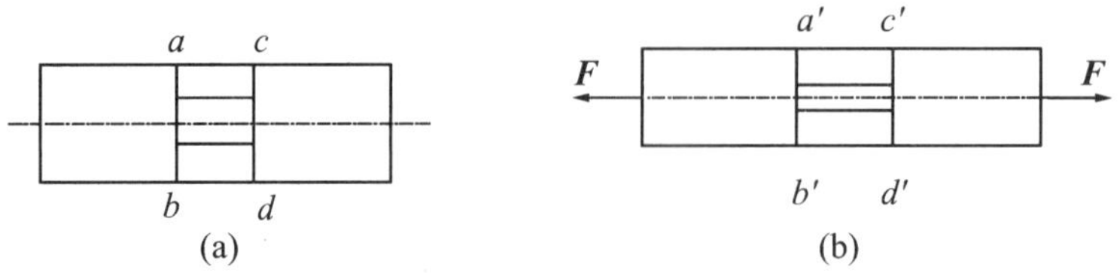

图 4-5　拉杆变形

根据以上现象，可对均质材料的轴向拉压杆作如下假设：

平面假设——变形前为平面的横截面，变形后仍为平面，仅沿轴向产生了相对平移。

由此可推断出：横截面上各点的变形程度相同，受力相同；亦即内力——轴力在横截面上均匀分布。如图 4-6 所示。

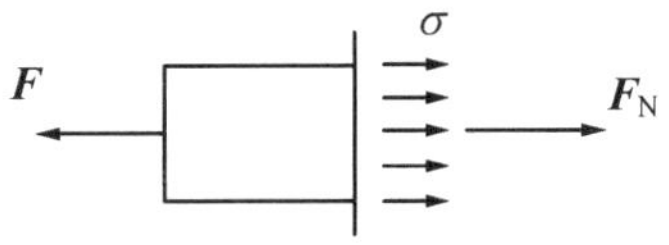

图 4-6　横截面上的正应力

由材料均匀性假设可得如下结论：

轴向拉压杆横截面上各点的应力大小相等，方向垂直于横截面。

即横截面上的正应力计算式为

$$\sigma = \frac{F_N}{A} \tag{4-3}$$

例 4-2　如图 4-7(a)所示，一中段开槽的直杆，承受轴向载荷 $F=20$ kN 的作用。已知 $h=25$ mm，$h_0=10$ mm，$b=20$ mm。试求杆内的最大正应力。

解　(1) 计算轴力。用截面法求得杆中各处的轴力为

$$F_N = -F = -20 \text{ kN}$$

(2) 求横截面面积。该杆有两种大小不同的横截面面积 A_1 和 A_2（图 4-7(b)），显然 A_2 较小，故中段正应力大。

$$\begin{aligned} A_2 &= (h - h_0)b \\ &= (25 - 10) \times 20 \\ &= 300\ (\text{mm}^2) \end{aligned}$$

(3) 计算最大应力。

$$\sigma_{max}=\frac{F_N}{A_2}=-\frac{20\times10^3}{300}\ \text{N/mm}^2$$
$$=-66.7\ \text{MPa}$$

负号表示其应力为压应力。

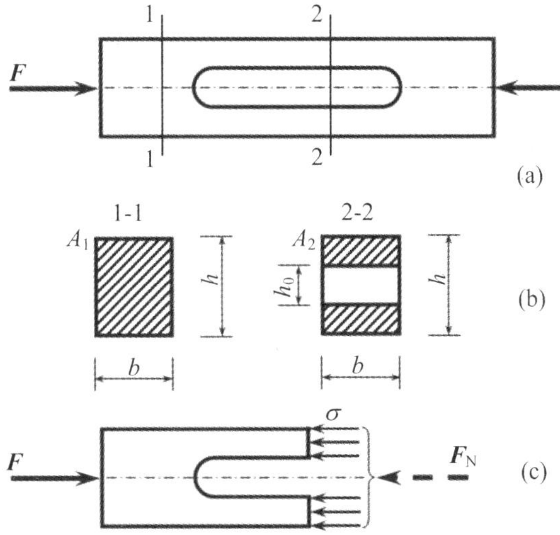

图 4-7　开槽的直杆

3. 斜截面上的应力

在做材料的拉压试验中可以观察到这样的现象:低碳钢试件拉伸时,其破坏截面与试件的轴线大致成 45°;而铸铁压缩时,其破坏截面与试件的轴线大致成 45°。为了分析其产生破坏的原因,有必要讨论拉压杆斜截面上的应力情况。

考虑图 4-8(a)所示拉杆,利用截面法,沿任一斜截面 $m—m$ 将杆切开,该截面的方位以其外法线 On 与轴线的夹角 α 表示。由前述分析可知,杆件斜截面 $m—m$ 上的应力也是均匀分布

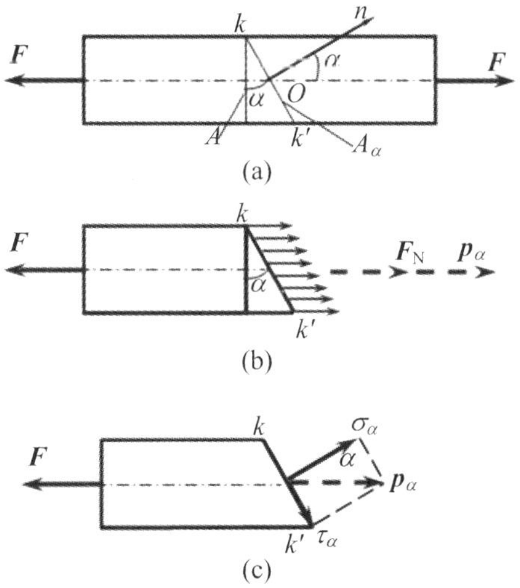

图 4-8　斜截面上的应力

的，如图 4-8(b)所示，其方向必与杆轴平行。故斜截面上任一点的应力 $\boldsymbol{p}_\alpha$ 的值为

$$p_\alpha = \frac{F_N}{A_\alpha} = \frac{F}{A_\alpha} \tag{4-4}$$

式(4-4)中，A_α 为斜截面的面积，$A_\alpha = \dfrac{A}{\cos\alpha}$，代入式(4-4)有

$$p_\alpha = \frac{F}{A}\cos\alpha = \sigma\cos\alpha \tag{4-5}$$

式(4-5)中，σ 是横截面上的应力。

将 $\boldsymbol{p}_\alpha$ 沿截面法向与切向分解(图 4-8(c))，得斜截面上的正应力和切应力分别为

$$\sigma_\alpha = p_\alpha\cos\alpha = \sigma\cos^2\alpha \tag{4-6}$$

$$\tau_\alpha = p_\alpha\sin\alpha = \frac{\sigma}{2}\sin 2\alpha \tag{4-7}$$

可见，在拉压杆的任一斜截面上既有正应力又有切应力，其大小均随截面的方位角变化。

由上式可知，当 $\alpha=0°$ 时，正应力最大，其值为

$$\sigma_{\max} = \sigma \tag{4-8}$$

当 $\alpha=45°$ 时，切应力最大，其值为

$$\tau_{\max} = \frac{\sigma}{2} \tag{4-9}$$

当 $\alpha=90°$ 时，σ_α 和 τ_α 都为零，这一点说明了平行于轴线的截面上既无正应力又无切应力。

为方便运用式 4-9，现对切应力的正负符号作如下规定：将斜截面外法线沿顺时针方向旋转 90°，与该方向同向的切应力为正，反之为负。

(三) 拉压杆的变形及胡克定律

实验表明：一直杆受轴向力作用时，将会产生变形。轴向拉伸时，杆沿轴线方向(即纵向)伸长，其垂直轴线方向(即横向)的尺寸减小；轴向压缩时，杆沿纵向缩短，其横向尺寸增大。

1. 纵向线应变和横向线应变

设圆截面拉杆原长为 l，直径为 d，受轴向拉力 $\boldsymbol{F}$ 后，变形为图 4-9 双点划线所示的形状。纵向长度由 l 变为 l_1，横向尺寸有 d 变为 d_1，则

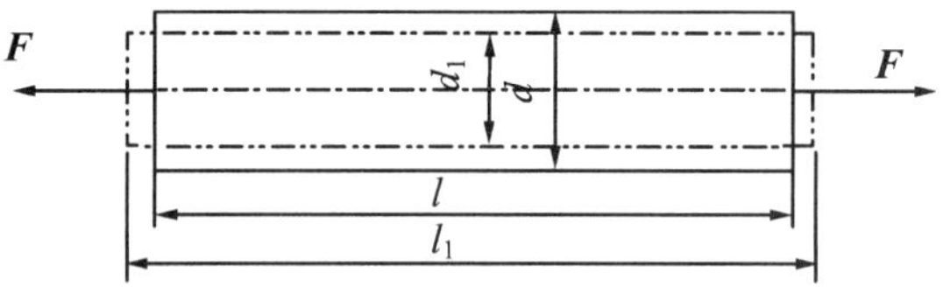

图 4-9 拉杆的变形

纵向变形为

$$\Delta l = l_1 - l$$

横向变形为

$$\Delta d = d_1 - d$$

为了度量杆的变形程度，用单位长度内杆的变形即线应变来衡量。与上述两种绝对变形相对应的线应变为纵向线应变

$$\varepsilon = \frac{\Delta l}{l} = \frac{l_1 - l}{l} \tag{4-10}$$

横向线应变为

$$\varepsilon' = \frac{\Delta d}{d} = \frac{d_1 - d}{d} \tag{4-11}$$

线应变表示的是杆件的相对变形。

实验表明，当应力在某一限度内时，横向应变与纵向应变之间存在比例关系其符号相反，即

$$\varepsilon' = -\mu\varepsilon \tag{4-12}$$

式(4-12)中，比例常数 μ 称为材料的横向变形系数，又称泊松比。

2. 胡克定律

实验表明：杆件所受轴向拉伸或压缩的外力 F 不超过某一限度时，Δl 与外力 F 及杆长 l 成正比，与横截面面积 A 成反比，即

$$\Delta l \propto \frac{Fl}{A}$$

引进比例常数 E，并注意到 $F=F_N$，可将上式改写为

$$\Delta l = \frac{F_N l}{EA} \tag{4-13}$$

式(4-13)即为胡克定律。它表明了在线弹性范围内杆件轴力与纵向变形间的线形关系。

E 为弹性模量，表明材料的弹性性质，其单位与应力单位相同。不同的材料 E 值不同，E 值可由实验测得。(表 4-2 是几种常用材料的 E 和 μ 值)EA 称为拉(压)杆截面的抗拉(压)刚度。

将式(4-13)和式(4-10)代入式(4-3)，可得胡克定律的另一种表达形式，即

$$\sigma = E\varepsilon \tag{4-14}$$

式(4-14)表示在材料线弹性范围内，正应力与线应变成正比关系。

表 4-2　几种常用材料的 E 和 μ 值

材料名称	μ	E(GPa)
碳钢	0.24～0.28	196～216
合金钢	0.25～0.30	186～206
灰铸铁	0.23～0.27	78.5～157
铜及其合金	0.31～0.42	72.6～128
铝合金	0.33	70

(四) 材料在拉压时的力学性能

材料的力学性能是指材料受外力作用时，在强度和变形方面所表现出来的性能，一般通过试验的方法来确定。材料的力学性能不仅决定于材料的成分和组织结构，而且还决定于加载方式、应力状态和温度等因素。

这里只讨论材料在常温、静载条件下的力学性能(注：常温、静载条件下的拉伸试验是测定材料力学性能的一种最基本的方法)。

1. 拉伸实验和应力—应变曲线

拉伸试验是研究材料力学的最基本、最常用的试验。常用的标准拉伸试样符合国家标准(GB/T 228-1987),如图4-10所示。试样的中间等直杆部分为试验段,其长度l称为标距,标距l与直径d之比有$l=10d$和$l=5d$两种。另对于矩形截面试样,标距l与横截面面积A之间的关系规定为$l=11.3\sqrt{A}$和(或)$l=5.65\sqrt{A}$。试验是在万能试验机上进行的。试验时将试样两头安装在试验机上,然后开动机器,缓慢加载。随着载荷F的增大,试样逐渐被拉长,试验段的拉伸变形用Δl表示。试验机自动绘出拉力F与变形Δl间的关系曲线(如图4-11(a)所示),称为拉伸图或F-Δl曲线。

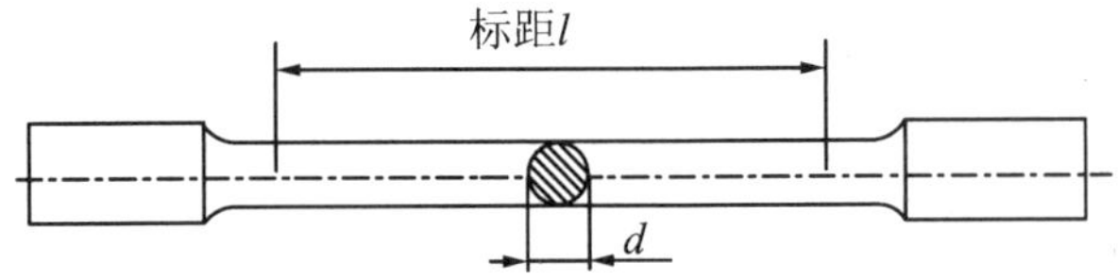

图 4-10　标准试样

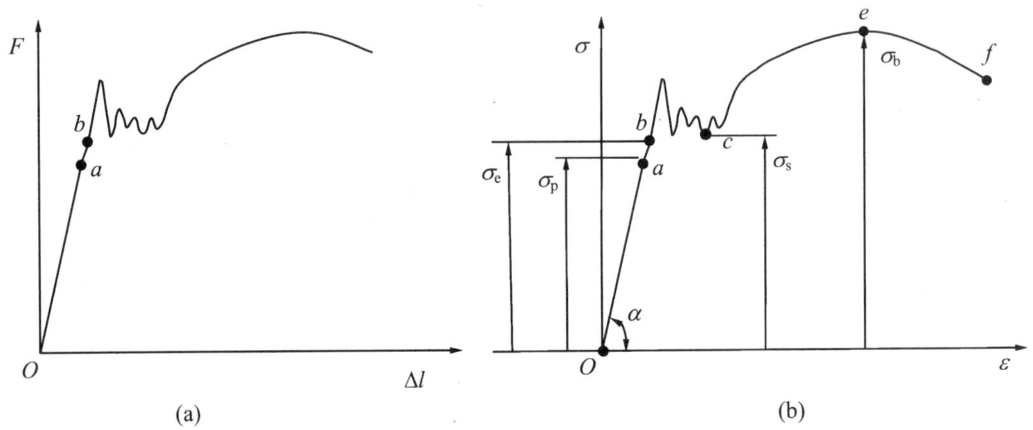

图 4-11　低碳钢拉伸曲线

拉伸图的形状显然与试样的尺寸有关,为了消除试样横截面和长度尺寸的影响,将载荷F除以原来的横截面面积A,得到应力σ;将变形Δl除以试样的原长l得到应变ε,这一曲线称为应力—应变曲线(σ—ε曲线)。σ—ε曲线的形状与F—Δl曲线相似,但其仅表现材料本身的特性(图4-11(b))。

2. 低碳钢拉伸时的力学性能

低碳钢是含碳量0.25%以下的碳素结构钢,是工程上广泛使用的金属材料。它在拉伸时表现出来的力学性能具有典型性。图4-11(b)所示即是低碳钢拉伸时的σ-ε曲线,整个拉伸过程大致可分为4个阶段,现分别说明如下。

(1) 线弹性阶段——Oa段。

Oa段为直线,说明该段内应力与应变成正比,即服从胡克定律$\sigma=E\varepsilon$。从图4-11中可得:比例极限为σ_p,一般低碳钢的比例极限为190～200 MPa,直线斜率即为材料的弹性模量E。

图4-11(b)中ab段已不再是直线,但在此段内撤除外力后,试件的变形会随之消失,这种变形称为弹性变形;b点对应的值,称为弹性极限,用σ_e表示。又由于a点和b点很接近,常不

作严格区分，比例极限和弹性极限统称为弹性极限。在工程应用中，材料一般要求都于弹性范围内工作。

（2）屈服阶段。

从实验过程中可观察到，当应力超过弹性极限 σ_e 后，应力不再增加，仅在很小范围内波动，而应变却急剧增加，这种现象称为材料的屈服或流动。此时，光滑的试件表面将出现与轴线大致成 45°的条纹，这种条纹称为滑移线。屈服段最低应力值比较稳定，称其为材料的屈服点，用 σ_s 表示。低碳钢的屈服点一般为 220～240 MPa。

（3）强化阶段。

曲线 ce 段表明，过屈服阶段后，若要使材料继续变形就必须增加拉力，即材料又恢复了抵抗变形的能力。这种现象叫材料的强化，ce 段称为材料的强化阶段。曲线的最高点 e 所对应的应力值用 σ_b 表示，表征材料断裂前所能承受的最大应力值，又称抗拉强度。低碳钢抗拉强度一般为 370～460 MPa。

（4）局部收缩断裂阶段。

在材料的拉伸过程中，当应力达到强度极限 σ_b 后，在试件薄弱处将会发生截面急剧收缩的现象——缩颈现象。该现象出现后，材料抵抗变形的能力将迅速减小，即继续拉伸时所需拉力也相应减小，降至 f 点试件断裂，如图 4-12 所示。

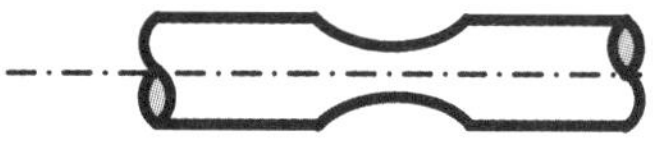

图 4-12　缩颈现象

综上所述，当应力增大到屈服点时，材料出现了明显的塑性变形；抗拉强度表示材料抵抗破坏的最大能力，故 σ_s 和 σ_b 是衡量材料强度的两个重要指标。

试件拉断后，弹性变形随着外力的撤除而消失了，只残留下塑性变形。材料的塑性变形能力也是衡量材料力学性能的重要指标，一般称为塑性指标。工程中常用的塑性指标有两个：伸长率 δ 和截面收缩率 ψ。

$$\delta = \frac{l_1 - l}{l} \times 100\% \tag{4-15}$$

$$\psi = \frac{A - A_1}{A} \times 100\% \tag{4-16}$$

式中，l 为试件标距原；l_1 为试件断裂后标距的长度；A 为试件的原始面积；A_1 为试件断裂后断口处的最小横截面面积。

δ 和 ψ 都表示材料直到拉断时其塑性变形所能达到的最大限度，它们的值愈大说明材料的塑性愈好。

工程上按常温、静载拉伸实验所得伸长率的大小，将材料分为两类：$\delta \geqslant 5\%$ 的材料称为塑性材料（如低碳钢、低合金钢、青铜、塑料等）；$\delta < 5\%$ 的材料称为脆性材料（如铸铁、砖石、玻璃等）。但应指出，材料的塑性和脆性并不是固定不变的，它们会随温度、载荷性质、制造工艺等条件的变化而变化。例如，某些脆性材料在高温下会呈现塑性，而有些塑性材料在低温下则呈现脆性；又如，在灰铸铁中加入球化剂可使其变为塑性较好的球墨铸铁，等等。

实验表明，如果试件拉伸到强化阶段任一点 d 处，然后逐渐卸载，则应力—应变关系将沿与 Oa 近乎平行的直线 dd' 下降到 d' 点（图 4-13）。这说明：在卸载过程中，应力和应变按直线规律变化。这就是卸载定律。$d'g$ 表示消失的弹性变形，Od' 表示不能消失的塑性变形。如果在卸载后不久又重新加载，应力—应变关系基本上沿着卸载时的同一直线 dd' 上升到 d 点，然后沿着原来的 σ-ε 曲线直到断裂。由此可见，在第二次加载时，材料的比例极限（即弹性阶段）

有所提高，而塑性变形却减少了，这种现象称为材料的冷作硬化。工程上常利用冷作硬化来提高材料在弹性范围内的承载能力。例如，建筑钢筋和起重机的钢缆等，一般用冷拔工艺来提高强度；又如，对某些零件进行喷丸处理，使其表面发生塑性变形，形成冷硬层，来提高零件表面层的强度。但另一方面，零件初加工后，由于冷作硬化使材料变脆变硬，给下一步加工造成困难，且容易产生裂纹，因此需要在工序之间安排退火，来消除冷作硬化的影响。

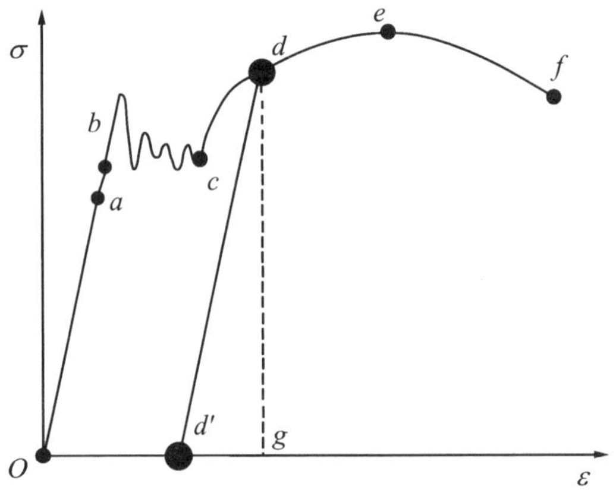

图 4-13　冷作硬化

3. 其他材料在拉伸时的力学性能

其他材料的拉伸实验和低碳钢的拉伸实验的做法相同。现将这些材料的 $\sigma-\varepsilon$ 曲线和低碳钢的 $\sigma-\varepsilon$ 曲线相比较，分析其力学性能。

(1) 其他塑性材料在拉伸时的力学性能。

图 4-14 所示为几种塑性材料的 $\sigma-\varepsilon$ 曲线。这些塑性材料的共同特点是伸长率较大。差别在于有些材料没有明显的屈服现象。屈服点是塑性材料的重要强度指标，因此，对于没有明显屈服现象的塑性材料，通常取试件塑性变形时产生的应变为 0.2%所对应的应力作为材料的屈服点，称为名义屈服点，以 $\sigma_{0.2}$ 表示(图 4-15)。

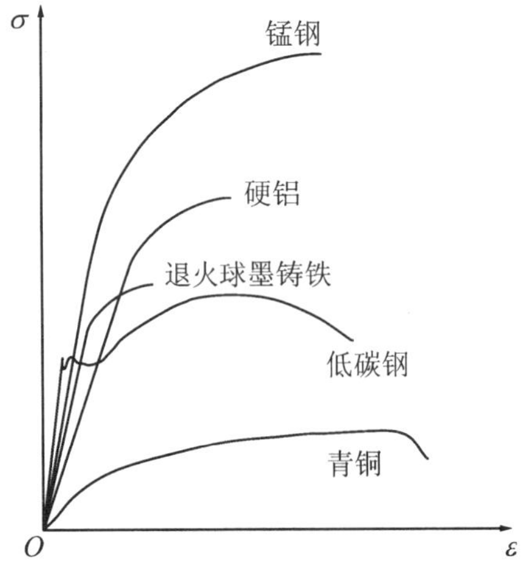

图 4-14　几种塑性材料的 $\sigma-\varepsilon$

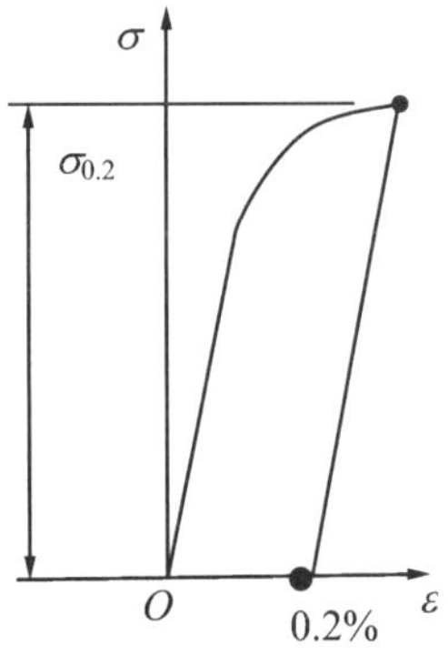

图 4-15　名义屈服强度

(2) 铸铁在拉伸时的力学性能。

铸铁为典型的脆性材料，其拉伸时的 $\sigma-\varepsilon$ 曲线如图 4-16 所示。这类材料明显的特点是：无屈服和颈缩现象；直到拉断时，试件的变形很小；只能测得断裂时强度极限 σ_b。因此，强度极限 σ_b 是衡量脆性材料强度的唯一指标。脆性材料抗拉强度很低，不宜用来承受拉伸。此外，从铸铁的 $\sigma-\varepsilon$ 曲线还可看出，即使应力很小也无明显的直线段。但在工程使用的应力范围内，与胡克定律偏差不大，常近似地以直线(图 4-16 中虚线)代替原来的曲线，近似将其看成线性弹性材料。

4. 材料在压缩时的力学性能

金属压缩试件一般为圆柱形，为避免压弯，其高度为直径的 1.5～3 倍。混凝土、石料等则制成立方形试块。

图 4-17 所示为低碳钢在压缩时的 $\sigma-\varepsilon$ 曲线，将此曲线与低碳钢拉伸时的 $\sigma-\varepsilon$ 曲线比较，可以看出：在屈服阶段以前，两者基本重合，即拉伸和压缩的弹性模量 E、比例极限 σ_p 和屈服点 σ_s 基本相同。但超过屈服极限后，随着压力的不断增加，试件将越压越扁，却不断裂，因而测不到压缩时的强度极限。根据这种情况，一般不做压缩破坏实验，而是通常由拉伸实验测定像低碳钢这类塑性材料的力学性能。

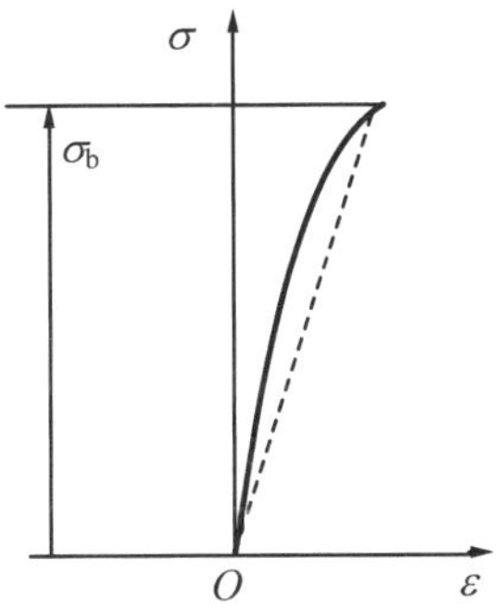

图4 16　铸铁拉伸时的 $\sigma-\varepsilon$ 曲线

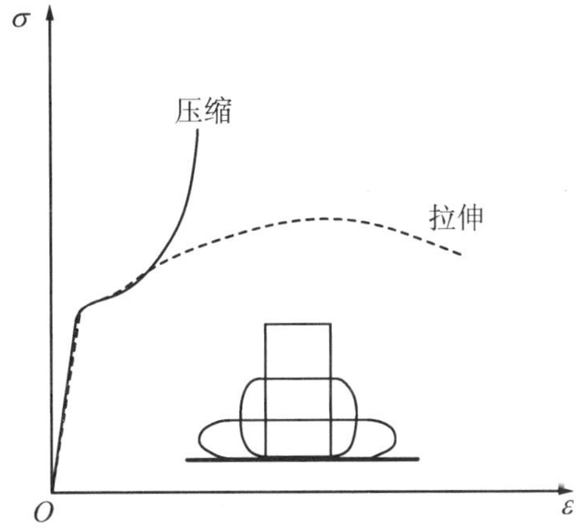

图 4-17　低碳钢压缩时的 $\sigma-\varepsilon$ 曲线

铸铁压缩时的 $\sigma-\varepsilon$ 曲线如图 4-18 所示。试件在应变不大时就突然发生破坏。破坏截面与轴线大致成 45°的倾角。铸铁没有屈服阶段，只能测出强度极限 σ_b，且受压时的强度极限比拉伸时的高 4～5 倍，故以铸铁为代表的这类脆性材料多用来制作承压构件。

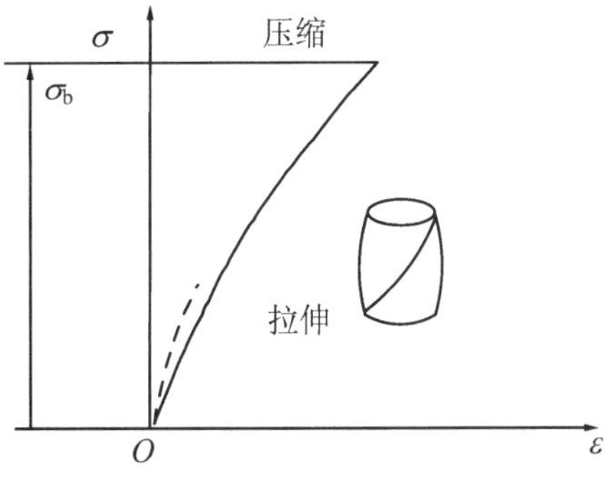

图 4-18　铸铁压缩时的 $\sigma-\varepsilon$ 曲线

综上所述，可以看出塑性材料的强度和塑性都优于脆性材料，特别是拉伸时，两者差异更为显著，所以承受拉伸、冲击、振动或需要冷加工的零件，一般采用塑性材料。脆性材料也有其优点，如铸铁除具有抗压强度高、耐磨、价廉等优点外，还具有良好的铸造性能和吸震性能，因此常用来制造机器的底座、外壳和轴承座等受压零部件。表 4-3 列出了几种常用材料在常温、静载下的主要力学性能。

表 4-3　几种常用材料的力学性能

材料名称或牌号	屈服点 σ(MPa)	抗拉强度 σ_b(MPa)	伸长率 δ	断面收缩率 ψ
Q235A	235	390	25%～27%	
35	314	530	20%	28%～45%
45	353	598	16%	30%～40%
40Cr	785	960	9%	30%～45%
QT500-2	412	538	2%	
HT150		拉 150 压 637 弯 330		

（五）拉压杆的强度计算

1. 极限应力、许用应力、安全系数

由材料的抗拉压实验可知，当构件的应力达到了材料的屈服点或抗拉（压）强度时，将会产生明显的塑性变形或断裂。显然，构件工作时发生明显的塑性变形或断裂是任何工程所不允许的。因此，为使构件能正常的工作，需设定材料的极限应力，用 σ^0 表示。

（1）极限应力——材料丧失正常工作能力时的应力。

由材料的力学性能可知：

塑性材料的极限应力

$$\sigma^0=\sigma_s（屈服极限）$$

脆性材料的极限应力

$$\sigma^0=\sigma_b（强度极限）$$

（2）许用应力——保证安全和耐久性材料所能承受的最大工作应力，用$[\sigma]$表示。

$$[\sigma]=\frac{\sigma^0}{n} \tag{4-17}$$

式中 n 称为安全系数，$n>1$。

在理想情况下，为充分利用材料的强度，最好使构件的工作应力接近于材料的极限应力。但实际上很难做到这一点。由于作用于构件上的载荷常估计不准确、实际工作应力的计算有一定的近似性、实际的材料也不像假设的那样绝对均匀，所有这些因素都有可能使构件的实际工作条件比设想的要偏于不安全，因此为确保构件安全工作，则要求其有一定的安全储备，使其实际工作应力不超过材料本身的极限应力。

许用应力$[\sigma]$可理解为构件实际工作时的最高工作应力。

（3）安全系数的确定。

各种材料在不同的工作条件下的安全系数是不相同的。

正确地选取安全系数，关系到构件的安全与经济这一对矛盾的问题。选过大的安全系数会浪费材料，过小的安全系数则又有可能使构件不能安全工作。具体数值需根据构件实际工作的情况而定，通常从以下 3 个方面来考虑：①载荷确定的精确性；②材料的均匀性；③工作条件与构件的重要性。在一般情况下，对于一般机械，塑性材料取 $n=1.3～2.0$，脆性材料取 $n=2.0～3.5$。

2. 拉压杆的强度条件

由上讨论可知，为了保证拉(压)杆不致因强度不够而破坏，需满足强度条件：构件的最大工作应力不超过构件材料的许用应力。即

$$\sigma_{\max} = \frac{F_N}{A} \leqslant [\sigma] \tag{4-18}$$

式中，F_N 和 A 分别为危险截面上的轴力和横截面面积。

应用拉压杆的强度条件，可以解决下列 3 类强度计算问题。

(1) 强度校核。

若已知杆件材料、截面尺寸及所受载荷，即可按上式验算杆件是否满足强度条件。

(2) 设计截面。

若已知杆件材料的许用应力及所受载荷，则可确定杆件的安全截面面积，然后确定截面的形状和尺寸。即

$$A \geqslant \frac{F_N}{[\sigma]} \tag{4-19}$$

(3) 确定许可载荷

若已知杆件材料的许用应力及截面尺寸，则可确定杆件所能承受的最大轴力，然后由轴力 $F_{N\max}$ 再确定结构的许可载荷。即

$$F_{N\max} \leqslant A[\sigma] \tag{4-20}$$

3. 强度条件的应用

例 4-3　如图 4-19，已知油压 $p=2$ MPa，液压缸的直径 $D=75$ mm，活塞杆直径 $d=18$ mm，活塞杆材料的许用应力 $[\sigma]=50$ MPa，试校核该活塞杆的强度。

解　①求作用于活塞杆上的外力。

活塞杆的拉力：

$$F_l = p \times \pi \frac{D^2-d^2}{4} = 2 \times \pi \times \frac{75^2-18^2}{4} = 8.3\ (\text{kN})$$

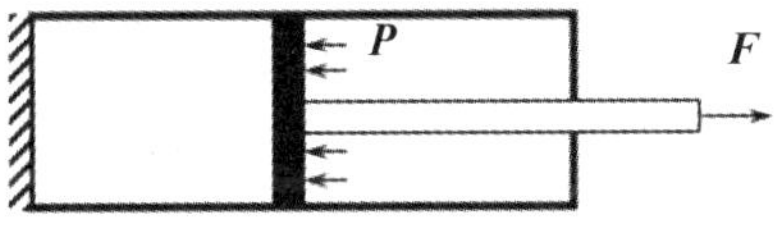

图 4-19　液压缸

活塞杆的压力：

$$F_y = p \times \frac{\pi D^2}{4} = 2 \times \frac{\pi \times 75^2}{4} = -8.84\ (\text{kN})$$

② 求活塞杆上的轴力。

校核时轴力取绝对值，故

$$F_{N\max} = 8.84\ \text{kN}$$

③ 强度校核计算。

$$\sigma_{\max} = \frac{F_{N\max}}{A} = \frac{8.84 \times 10^3}{\pi \times \frac{18^2}{4}}\ \text{MPa} = 34.7\ \text{MPa} < [\sigma]$$

故强度足够。

例 4-4　如图 4-20 所示为某冷锻机的曲柄滑块机构。锻压工作时，当连杆接近水平位置时锻压力 $\boldsymbol{F}$ 最大，$F=3\,780$ kN。连杆横截面为矩形，高与宽之比 $h/b=1.4$，材料的许用应力 $[\sigma]=90$ MPa。试设计连杆的尺寸 h 和 b。

解　①求连杆上的轴力。

应用截面法可得：

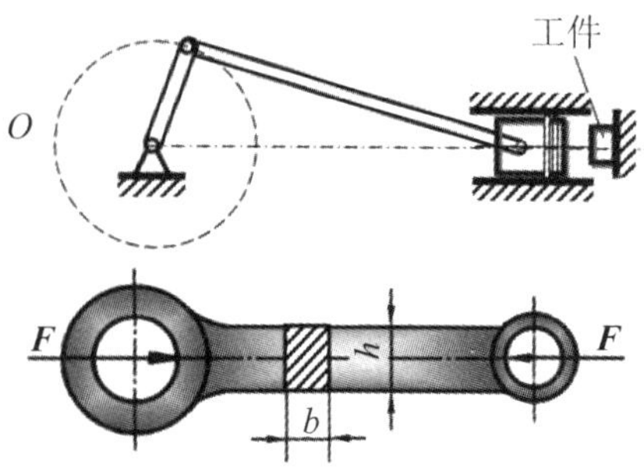

图 4-20 冷锻机

$$F_N = F = 3\ 780\ (\text{kN})$$

② 计算连杆横截面积。

$$A \geqslant \frac{F_N}{[\sigma]} = \frac{3\ 780 \times 10^3}{90\ \text{mm}^2} = 42\ 000\ (\text{mm}^2)$$

$$A = h \times b = 1.4b^2 \geqslant 42\ 000\ (\text{mm}^2)$$

$$b \geqslant 173\ (\text{mm})$$

$$h \geqslant 242\ (\text{mm})$$

取整：$b=175$ mm，$h=245$ mm。

例 4-5 如图 4-21 所示三角构架，AB 为圆截面钢杆，直径 $d=30$ mm；BC 为矩形木杆，尺寸 $b=60$ mm，$h=120$ mm。若钢的许用应力$[\sigma]_G=170$ MPa，木材的$[\sigma]_M=10$ MPa，试求该结构的许用载荷$[F]$。

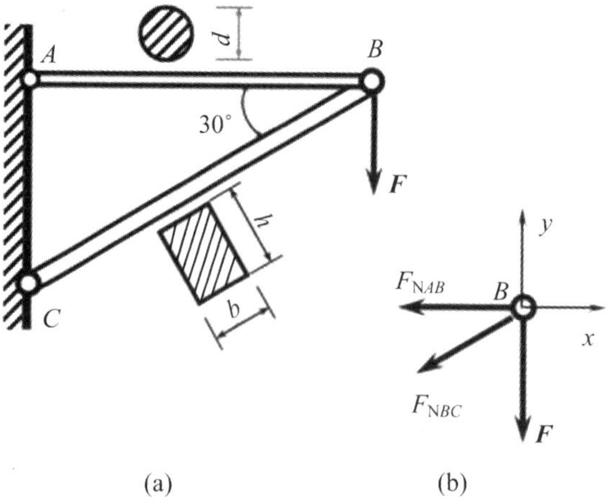

图 4-21 三角构架

解 ①确定两杆的轴力与载荷 $\boldsymbol{F}$ 的关系。由图 4-21(b)中节点 B 的受力图列个平衡方程易得 $F_{NAB}=\sqrt{3}F$，$F_{NBC}=-2F$(压力)。

②计算两杆的许可轴力。

由强度条件得：

$$F_{NAB\max} \leqslant A_{AB}[\sigma]_G = \frac{\pi \times 30^2}{4} \times 170 = 120\ (\text{kN})$$

$$F_{NBC\max} \leqslant A_{BC}[\sigma]_M = 60 \times 120 \times 10 = 72\ (\text{kN})$$

③确定结构许可载荷 F。须根据两杆许可轴力分别计算结构的许用载荷，然后取最小值。

$$F_{AB} = \frac{F_{NAB}}{\sqrt{3}} = \frac{120.1}{\sqrt{3}} = 69.3\ (\text{kN})$$

$$F_{BC} = \frac{F_{NBC}}{2} = \frac{72}{2} = 36\ (\text{kN})$$

故，结构的许用载荷是 36 kN。

四、练习与提高

(1) 拉压杆如图 4-22 所示，作出各杆的轴力图。

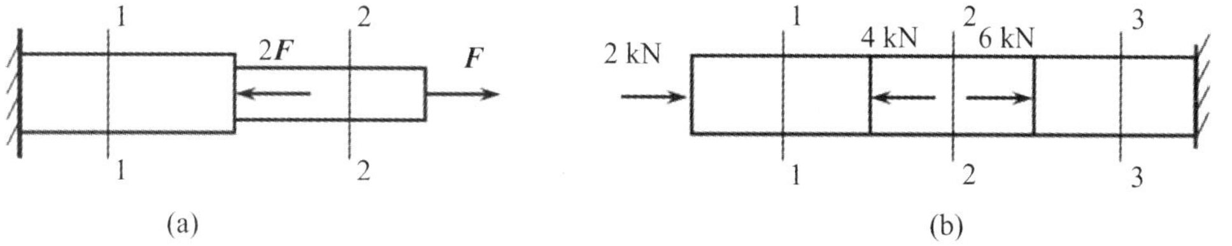

图 4-22

(2) 一根钢质圆杆长 3 m，直径为 25 mm，$E=200$ GPa，两端作用拉力 $F=100$ kN。试计算钢杆的应力和应变。

(3) 圆形截面杆如图 4-23 所示。已知 $E=200$ GPa，受到轴向拉力 $F=150$ kN。如果中间部分直径为 30 mm，试计算中间部分的应力 σ。如杆的总伸长为 0.2 mm，试求中间部分的杆长。

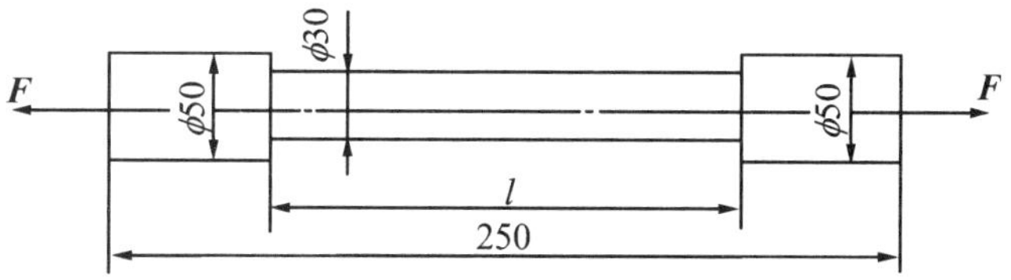

图 4-23

(4) 厂房立柱如图 4-24 所示。它受到屋顶作用的载荷 $F_1=120$ kN，吊车作用的载荷 $F_2=100$ kN，$E=18$ GPa，$l_1=3$ m，$l_2=7$ m，横截面的面积 $A_1=200\ \text{cm}^2$，$A_2=400\ \text{cm}^2$。试画其轴力图，并求：①各段横截面上的应力；②绝对变形 Δl。

5. 图 4-25 所示零件受力 $F=40$ kN，其尺寸如图所示。试求最大应力。

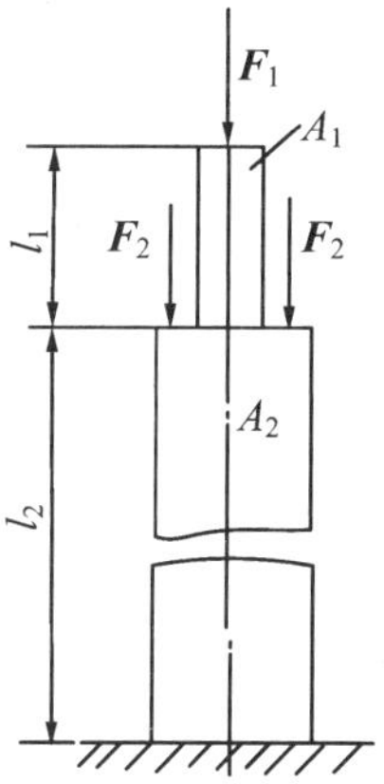

图 4-24

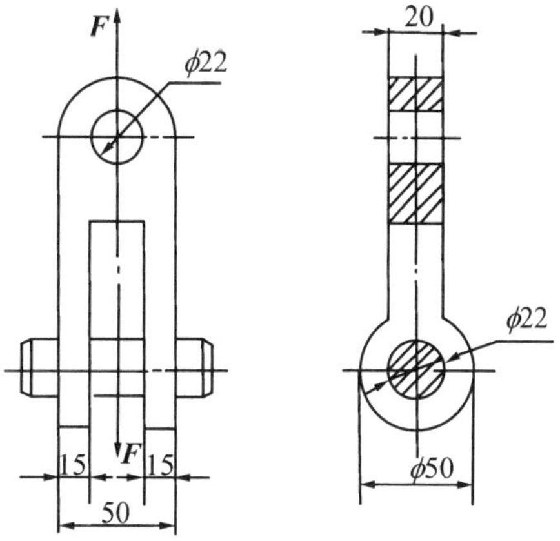

图 4-25

6. 图 4-26 所示，在圆截面杆上铣去一槽。已知 $F=10$ kN，$d=45$ mm，槽宽为 $d/4$。试求杆横截面上的最大正应力及其所在位置。

7. 一板状试件如图 4-27 所示，在其表面贴上纵向和横向的电阻应变片来测量试件的应变。已知 $b=4$ mm，$h=30$ mm，当施加 3 kN 的拉力时测得试件的纵向线应变 $\varepsilon_1=120\times10^{-6}$。横向线应变 $\varepsilon_2=-38\times10^{-6}$。求试件材料的弹性模量 E 和泊松比 μ。

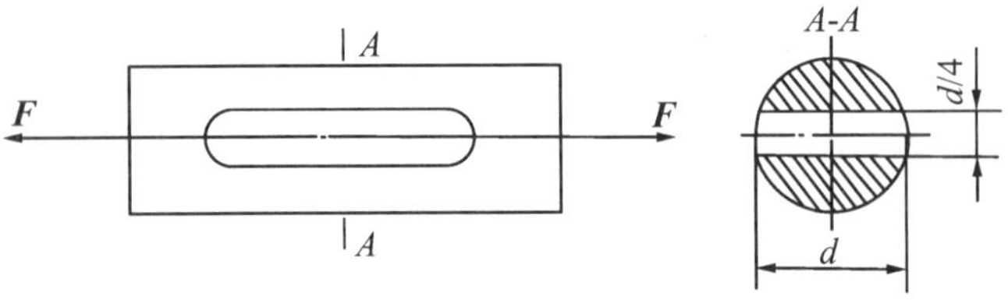

图 4-26

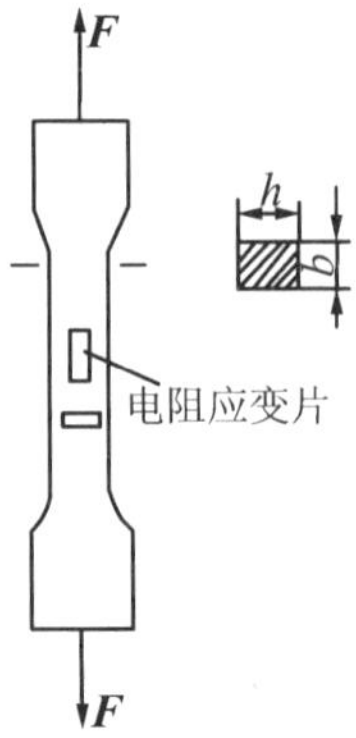

图 4-27

(8) 蒸汽机汽缸如图 4-28 所示，已知 $D=350$ mm，联接汽缸和汽缸盖的螺栓直径 $d=20$ mm，如蒸汽机压力 $p=1$ MPa，螺栓材料的许用应力$[\sigma]=40$ MPa，试求所需螺栓的个数。

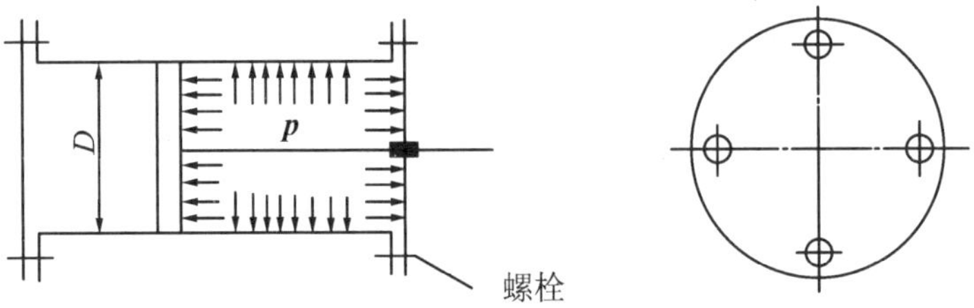

(a) (b)

图 4-28

(9) 某悬臂吊车如图 4-29 所示，最大起重载荷 $G=20$ kN，AB 杆为 Q235 圆钢，许用应力$[\sigma]=120$ MPa。试设计 AB 杆的直径。

(10) 三角架结构如图 4-30 所示，AB 杆为钢杆，其横截面面积 $A_1=600$ mm²，许用应力$[\sigma]_G=140$ MPa；BC 杆为木杆，其横截面面积 $A_2=3\times10^4$ mm²，许用应力$[\sigma]_M=3.5$ MPa，试求许用载荷$[F]$。

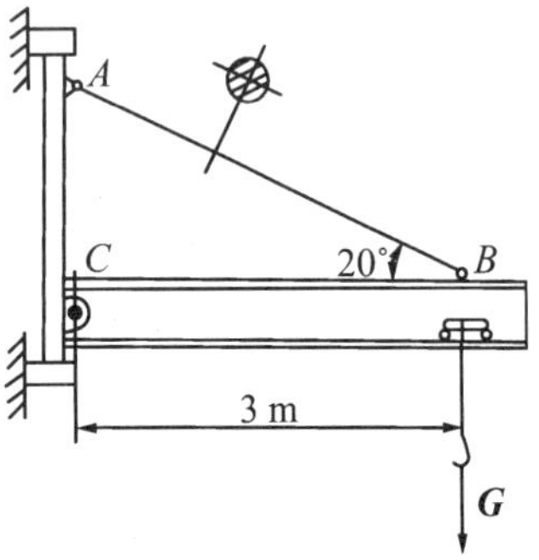

图 4-29

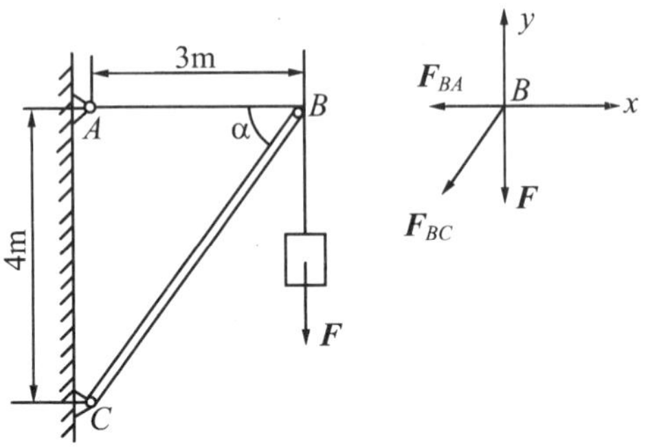

图 4-30

任务二　剪切与挤压

一、任务描述

在工程实例中,机械和结构的各组成部分,通常采用不同类型的联接方式进行联接。例如,在桥梁结构中,钢板之间常采用铆钉联接,如图 4-31 所示;在机械工程中,传动轴和齿轮之间用键联接,如图 4-32 所示。由于焊接接头可靠性提高,近年来焊接在工程中得到广泛应用,图 4-33 所示为采用直角焊缝搭接方式联接的两块钢板。此外,工程中还采用螺栓、销钉等进行联接。这些起联接作用的铆钉、螺栓、销钉、键及焊缝等统称为联接件。联接件这类构件的受力特点是:作用在构件两侧面上的外力的合力大小相等、方向相反,且作用线相距很近(图 4-31(b)、4-32(b))。其变形特点是:位于两力间的截面发生错动(图 4-31(c)、图 4-32(c)),这种变形形式称为剪切。发生相对错动的截面称为受剪面,受剪面平行于作用力的方向。由图 4-31(c)和图 4-32(c)可见,这样接合的铆钉和键等都各具有一个受剪面,称为单剪;拖车挂钩的销钉(图 4-34)有两个受剪面称为双剪。

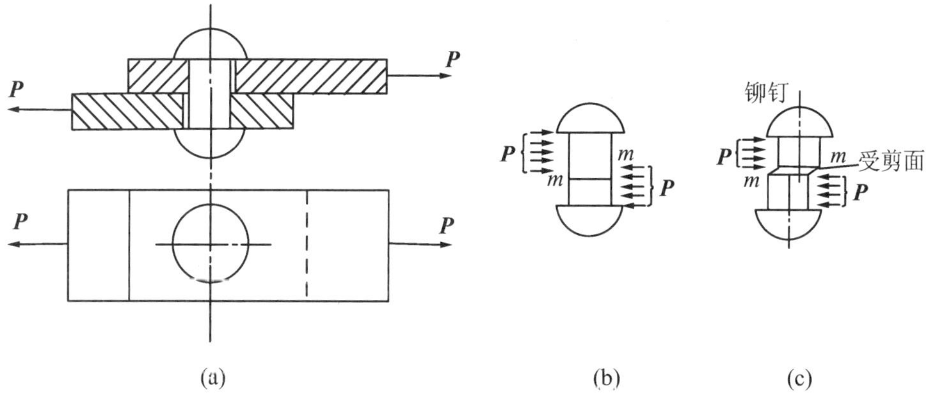

图 4-31　铆钉联接

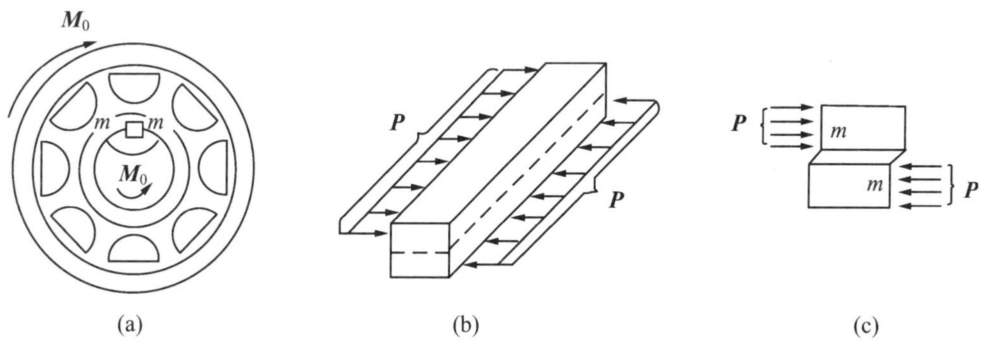

图 4-32　键联接

类似以上联接件在设计计算时，其原理和依据不同于轴向拉压问题，必须依据建立在剪切变形基础上的强度条件方可进行计算。

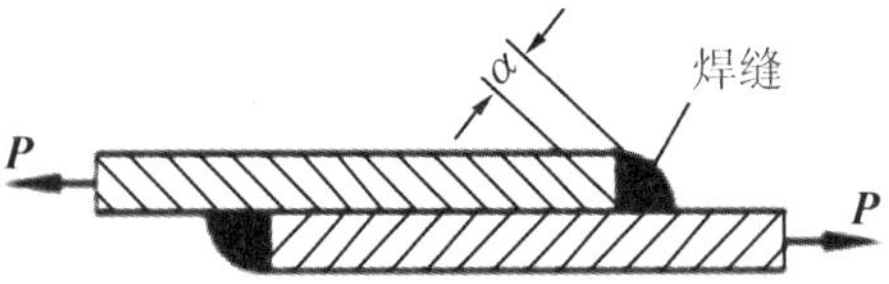

图 4-33　焊接

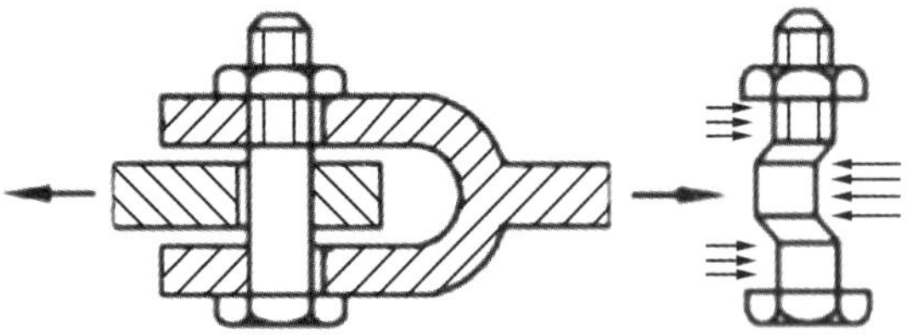

图 4-34　销钉联接

二、剪切和挤压的相关知识

（一）剪切和挤压的实用计算

1. 剪切的实用计算

承受剪切的构件大多为短粗杆，剪切变形发生在受剪构件的某一局部，而且外力也作用在此局部附近，因此应力和变形规律比较复杂，其理论分析十分困难。工程上对此通常采用实用计算或称假定计算方法。所谓实用计算，一般有两层含义：其一是假定剪切面上的应力分布规律；其二是利用试件或实际构件进行确定危险应力的实验时，尽量使试件或实际构件的受力状况与实际受力状况相似或相同。故剪切面上的切应力为

$$\tau = \frac{F_Q}{A} \tag{4-21}$$

式中，τ 为切应力；F_Q 为剪切面上的剪力；A 为剪切面面积。

为保证联接件具有足够的抗剪能力，要求切应力不超过材料的许用应力。由此抗剪强度条件为

$$\tau = \frac{F_Q}{A} \leqslant [\tau] \tag{4-22}$$

式中，$[\tau]$为许用切应力。

许用切应力$[\tau]$常采用下述方法加以确定：用与受剪构件相同的材料制成试件，试件的受力情况要与受剪构件工作时的受力情况尽可能相似，加载直到试件被剪断，测得破坏载荷 F_b，从而求得破坏时的剪力 F_{Qb}。然后求得名义剪切强度极限

$$\tau_b = \frac{F_{Qb}}{A}$$

再将 τ_b 除以适当的安全系数，即得到材料的许用切应力$[\tau]$。$[\tau]$的具体数值可从相关设计规范中查得。实验表明，许用剪应力$[\tau]$与许用拉应力$[\sigma]$之间有以下关系：对于塑性材料$[\tau]=(0.6\sim0.8)[\sigma]$；对于脆性材料$[\tau]=(0.8\sim1.0)[\sigma]$。

2. 挤压的实用计算

仍以螺栓联接为例。螺栓在承受剪切作用的同时，与钢板孔壁也彼此压紧，螺栓与钢板孔壁的接触表面称为挤压面。当挤压面上的挤压力比较大时，就可能导致螺栓或钢板产生明显的局部塑性变形而被压陷，这种局部接触面受压的现象称为挤压。如图 4-35 所示为钢板孔壁

挤压破坏的情形，孔被挤压成长圆孔，导致联接松动，使构件丧失工作能力。同理，螺栓本身也有类似问题。因此，对剪切构件除进行剪切强度计算外，还要进行挤压强度计算。

接触面上的总压紧力称为挤压力，用 F_{jy} 表示；由此引起的应力叫挤压应力，用 σ_{jy} 表示。挤压应力与直杆压缩中的压应力不同：压应力在横截面上是均匀分布的，而挤压应力只局限于接触面附近的区域，在接触面上的分布也比较复杂。为简化计算，工程上亦采用实际计算方法，即假设挤压应力在挤压计算面积上均匀分布，则

$$\sigma_{jy}=\frac{F_{jy}}{A_{jy}} \tag{4-23}$$

式中，F_{jy} 为挤压面上的挤压力；A_{jy} 为挤压面上的计算面积。

挤压面的计算面积为实际挤压面的正投影面的面积。挤压面的计算面积要视接触面的具体情况而定。如图 4-36 所示的键联接，其接触面是平面，就以接触面面积为挤压计算面积，故 $A_{jy}=hl/2$，即如图 4-36 所示阴影部分的面积；对于像螺栓、铆钉等一类圆柱形联接件，实际挤压面为半个圆柱面，挤压面的计算面积为接触面在直径平面上的投影面积，即如图 4-37(c)所示的阴影部分的面积 $A_{jy}=dt$，根据理论分析，在半圆柱挤压面上，挤压应力的实际分布情况如图 4-37(b)所示，最大挤压应力发生在半圆弧的中点处。采用挤压面的计算面积求得的挤压应力，与理论分析所得的最大挤压应力值大致相等。

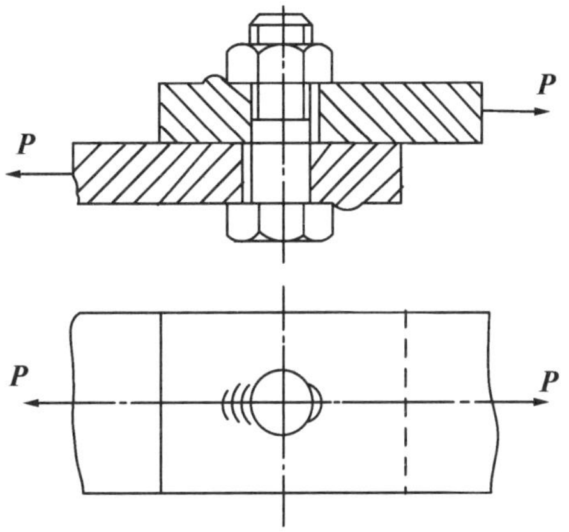

图 4-35　挤压变形

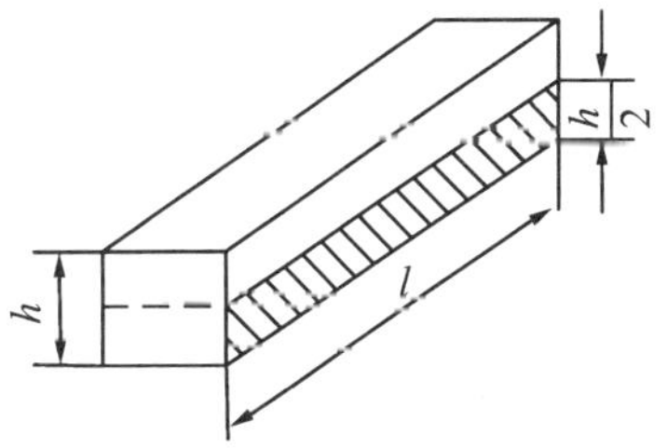

图 4-36　键

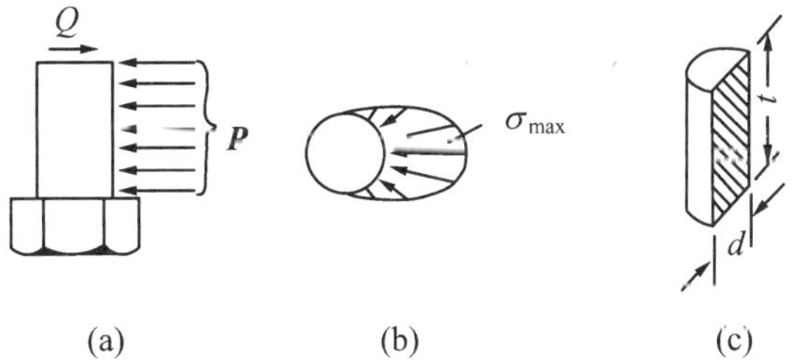

图 4-37　销钉

为保证构件的正常工作，要求挤压应力不超过某一许用值，即挤压强度条件为

$$\sigma_{jy}=\frac{F_{jy}}{A_{jy}}\leqslant[\sigma_{jy}] \tag{4-24}$$

式中，$[\sigma_{jy}]$为材料的许用挤压应力，其数值可由实验获得。

可查阅有关机械手册。亦可由下列经验关系式确定：

塑性材料：

$$[\sigma_{jy}]=(1.7\sim2.0)[\sigma]$$

脆性材料：

$$[\sigma_{jy}]=(0.9\sim1.5)[\sigma]$$

（二）应用实例

例 4-6 如图 4-38 所示，用 4 个直径相同的铆钉联接拉杆和隔板。已知拉杆和铆钉的材料相同，$b=80$ mm，$t=10$ mm，$d=16$ mm，$[\tau]=100$ MPa，$[\sigma_{jy}]=200$ MPa，$[\sigma]=130$ MPa。试计算许用载荷$[F]$。

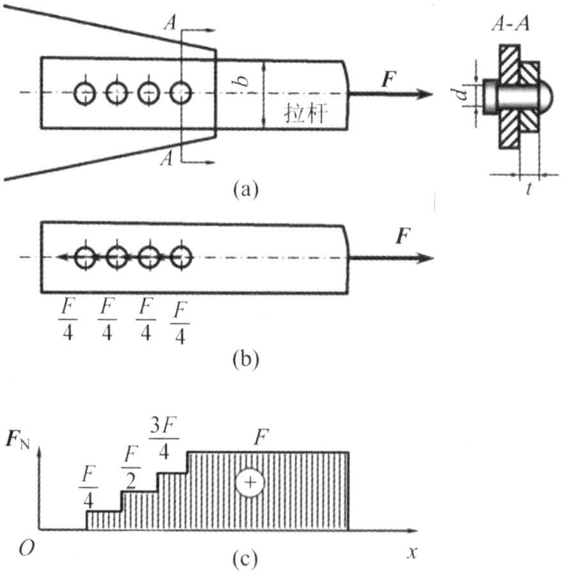

图 4-38 拉杆和铬板

解 该联接件的许用载荷应根据铆钉的抗剪强度、铆钉和杆的挤压强度以及杆的抗拉强度 3 方面确定。

①铆钉的抗剪强度由抗剪强度条件

$$\tau=\frac{F_Q}{A}\leqslant[\tau]$$

得

$$F\leqslant\pi d^2[\tau]=3.14\times16^2\times100=80.4\ (\text{kN})$$

②铆钉和杆的挤压强度由挤压强度条件

$$\sigma_{jy}=\frac{F_{jy}}{A_{jy}}=\frac{F}{4dt}\leqslant[\sigma_{jy}]$$

得

$$F\leqslant4dt[\sigma_{jy}]=4\times16\times10\times200=128\ (\text{kN})$$

③杆的抗拉强度由抗拉强度条件

$$\sigma=\frac{F_N}{A}=\frac{F}{(b-d)t}\leqslant[\sigma]$$

得

$$F\leqslant(b-d)t[\sigma]=(80-16)\times10\times130$$
$$=83.2\ (\text{kN})$$

综合以上 3 方面考虑，该联接件的许用载荷为

$$F=80.4\ (\text{kN})$$

例 4-7　已知：冲床的最大冲力 $F=400$ kN，冲头材料 $[\sigma]=440$ MPa，被冲剪的钢板的抗剪强度 $\tau_b=360$ MPa(图 4-39)。(1)求冲头最小直径 d；(2) 求钢板最大厚度 t。

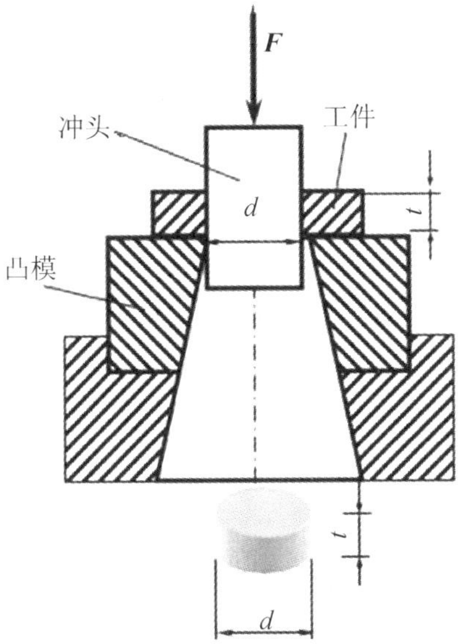

图 4-39　冲孔

解　① 求圆孔的最小直径 d。

由轴向拉压杆强度条件

$$\sigma=\frac{F_N}{A}\leqslant[\sigma]$$

得

$$d\geqslant\sqrt{\frac{4F}{\pi[\sigma]}}=\sqrt{\frac{4\times400\times10^3}{\pi\times440}}=34\ (\text{mm})$$

故取 $d=35$ mm。

② 求钢板的最大厚度 t。

由剪切破坏条件

$$\tau_{max}=\frac{F_Q}{A}\geqslant\tau_b$$

得

$$t\leqslant\frac{F}{\pi d\tau_b}=\frac{400\times10^3}{\pi\times35\times360}=10.1\ (\text{mm})$$

故取 $t=10$ mm。

三、练习与提高

(1) 图 4-40 所示切料装置用刀刃把切料模中 ϕ12 mm 的棒料切断，棒料的抗剪强度 $\tau_b=320$ MPa，试计算切断力 F。

(2) 图 4-41 所示螺栓受拉力 F 作用，已知材料的许用切应力 $[\tau]$ 和许用拉应力 $[\sigma]$ 之间的关系为 $[\tau]=0.6[\sigma]$。试求螺栓直径 d 与螺栓头高度 h 的合理比例。

(3) 压力机最大许可载荷 $F=600$ kN。为防止过载而采用环式保险器(图 4-42),过载时保险器先被剪断。已知 $D=50$ mm,材料的抗剪强度 $\tau_b=200$ MPa,试确定保险器的尺寸 δ。

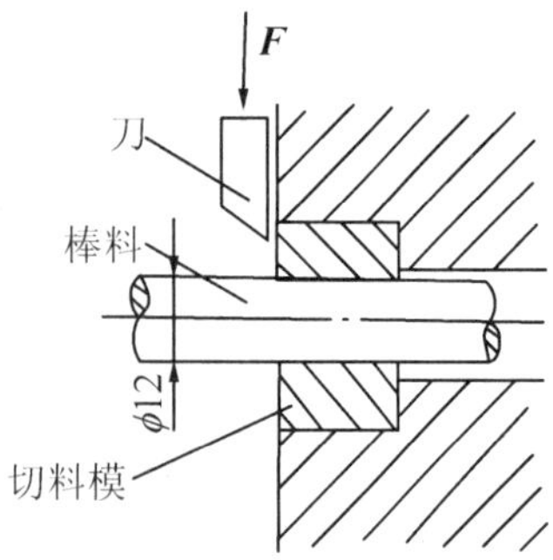

图 4-40

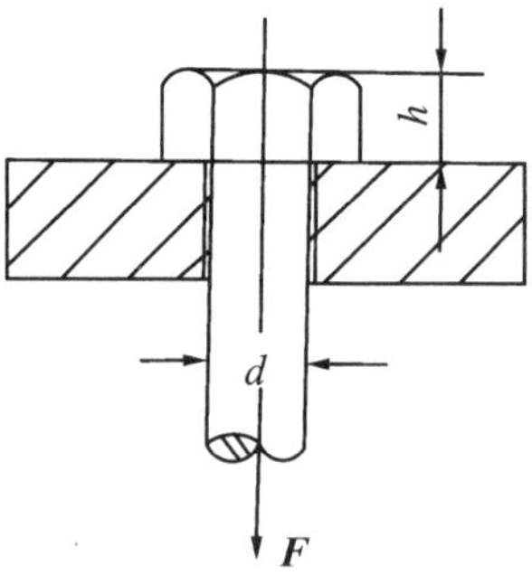

图 4-41

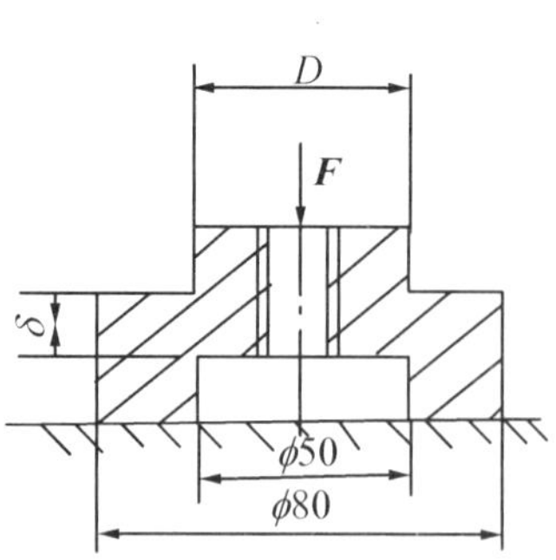

图 4-42

任务三　圆轴扭转

一、任务描述

在工程实例中,有些杆件(特别是圆形截面的杆,常称为轴)在工作中发生了各横截面相对转动的变形,即扭转变形,如汽车方向盘操纵杆、汽车传动轴等,该类轴在设计和强度校核时与前述两种变形不一样,本任务就扭转变形提供相应的理论和计算依据。

二、圆轴扭转的认知

图 4-43 所示为汽车方向盘的操纵杆,两端分别受到驾驶员作用于方向盘上的外力偶和转向器的反力偶的作用;图 4-44 所示为攻螺纹所用的丝锥杠,加在手柄上等值反向的两个力组成的力偶作用于丝锥的上端,工件的反力偶作用于丝锥的下端;图 4-45 所示为卷扬机轴的主动力偶和反力偶,使轴产生扭转变形。

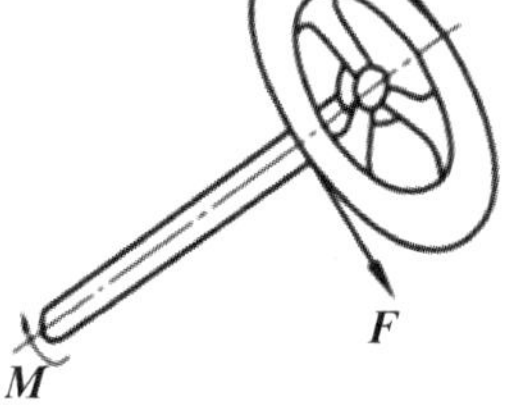

图 4-43　汽车方向盘

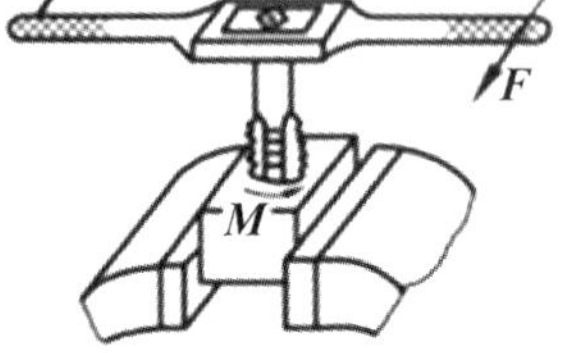

图 4-44　丝锥杆

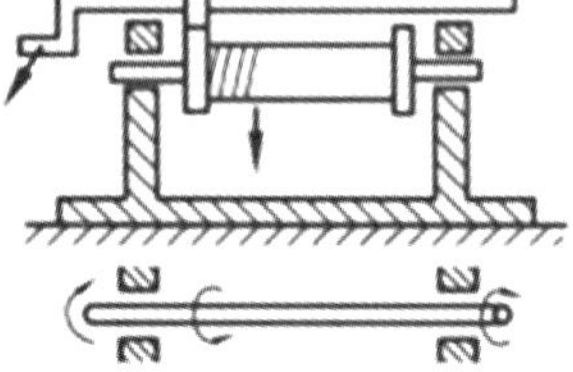

图 4-45　卷扬机轴

从以上扭转变形的实例可以看出,杆件产生扭转变形的受力特点是:在垂直杆件轴线的平面内,作用着一对大小相等、转向相反的力偶。

杆件变形的特点是：各横截面绕轴线发生相对转动。这种变形称为扭转变形(图 4-46)。以扭转变形为主的杆件称为轴。

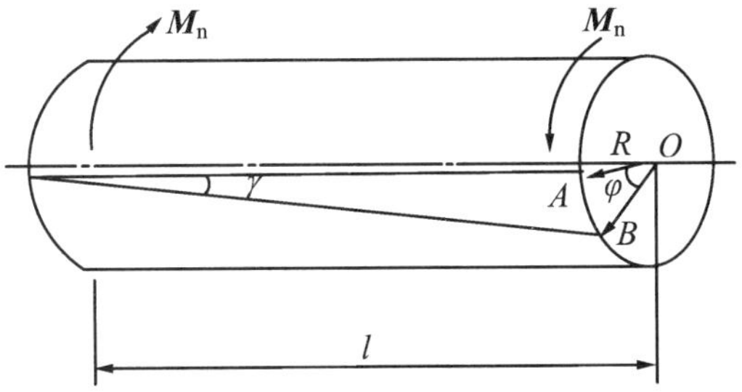

图 4-46　扭转变形

三、扭转变形的相关知识

(一) 扭矩和扭矩图

1. 外力偶矩的计算

要求圆轴扭转时横截面上的内力，须先求外力偶矩。工程中，常常不直接给出作用于轴上的外力偶矩，而是给出轴的转速和轴所传递的功率。它们的关系式为

$$M = 9\,550\,\frac{P}{n} \tag{4-25}$$

式中，$\boldsymbol{M}$ 为外力偶矩(N·m)；P 为轴的传递功率(kW)；n 为轴的转速(r/min)。

外力偶矩的方向规定如下：输入外力偶矩与轴的转向相同，则为主动力偶矩；输入外力偶矩与轴的转向相反，则为阻力矩。

2. 扭转

圆轴在外力偶矩作用下，其横截面上将产生内力，仍采用截面法求内力。如图 4-47(a)所示，在任意截面 m—m 处，将轴分为两段。以左段为研究对象(图 4-47(b))，因 A 端有外力偶矩的作用，为保持平衡，在截面 m—m 上必定有一个内力偶矩 $\boldsymbol{M}_n$ 与之平衡。$\boldsymbol{M}_n$ 即横截面上的内力，称为扭矩。由平衡方程

$$\sum M_x(F) = 0$$

可得

$$M_n = M$$

如以右段为研究对象(图 4-47(c))，求得扭矩与左端扭矩大小相等、方向相反。它们组成作用与反作用的关系。

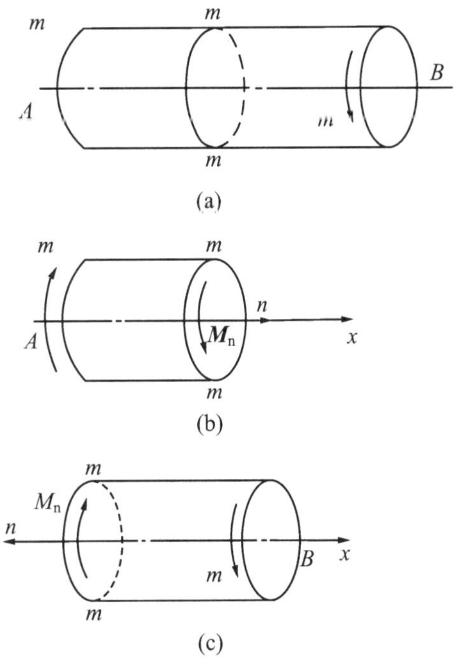

图 4-47　扭转内力分析

扭矩的正负用右手螺旋法则规定如下

(图 4-48)：右手拇指与截面的外法线方向一致，若截面上扭矩的转向与四指弯曲的方向相同，则扭矩为正；反之为负。应用截面法时，一般都采用设正法，即先假设截面上的扭矩为正，若所得为负则说明扭矩转向与假设方向相反。

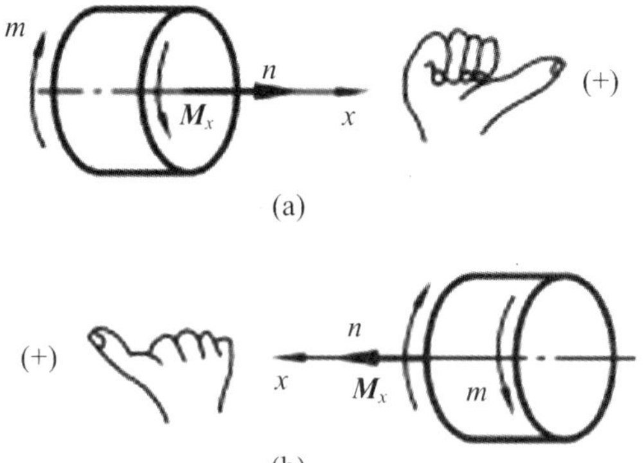

图 4-48　扭转的符号判断

3. 扭矩图

当轴上作用有多个外力偶矩时，以外力偶矩所在的截面将轴分成数段，然后逐段求出其扭矩。为了形象地表示扭矩沿轴线的变化情况，以便确定危险截面，通常把扭矩随截面位置的变化绘制成图形。此图称为扭矩图。绘图时，沿轴线方向取的坐标表示横截面的位置，沿垂直于轴线方向取的坐标表示扭矩。下面举例说明。

例 4-8　图 4-49(a)所示为一传动系统的主轴 ABC。其转速 $n=960$ r/min，输入功率 $P_A=27.5$ kW，输出功率 $P_B=20$ kW，$P_C=7.5$ kW，不计摩擦及损耗。试作 ABC 轴的扭矩图。

解　① 计算外力偶矩。由外力偶矩公式得

$$M_A=9\,550\frac{P_A}{n}=9\,550\frac{27.5}{960}=274\ (\text{N}\cdot\text{m})$$

$$M_B=9\,550\frac{P_B}{n}=9\,550\frac{20}{960}=199\ (\text{N}\cdot\text{m})$$

$$M_C=9\,550\frac{P_C}{n}=9\,550\frac{7.5}{960}=75\ (\text{N}\cdot\text{m})$$

式中，$\boldsymbol{M}_A$ 为主动外力偶矩，与轴转向相同；$\boldsymbol{M}_B$、$\boldsymbol{M}_C$ 为阻力偶矩，与轴转向相反。

② 分段计算扭矩图。

应用截面法：如图 4-49(b)、4-49(c)所示，得

$$M_{n1}=-M_A=-274\ (\text{N}\cdot\text{m})$$

$$M_{n2}=-M_A+M_B=-75\ (\text{N}\cdot\text{m})$$

③ 画扭矩图。

分 AB、BC 段画扭矩线，如图 4-49(d)所示。最大扭矩在 AB 段内，其值为 $M_{max}=274$ N・m。

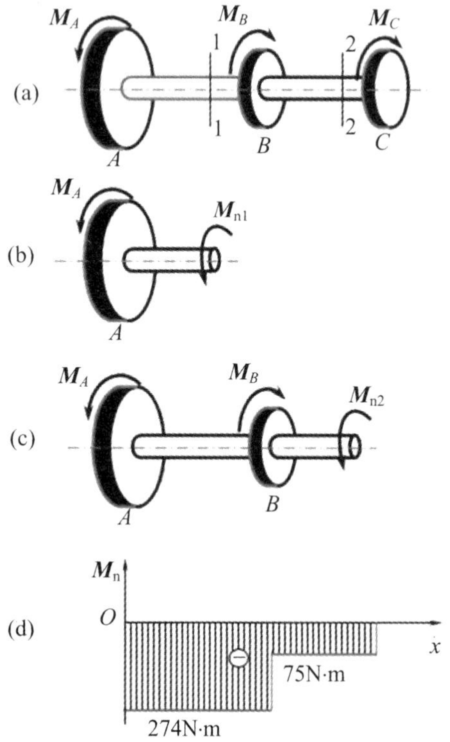

图 4-49

（二）扭转时的应力与强度计算

1. 圆轴扭转时横截面上的应力

为了求得圆轴扭转时横截面上的应力，必须了解应力在截面上的分布规律。为此，可进行扭转实验(图 4-50)。在圆轴表面画若干垂直于轴线的圆周线和平行于轴线的纵向线，两端作用有一对大小相等、方向相反的外力偶，此时，圆轴发生扭转。

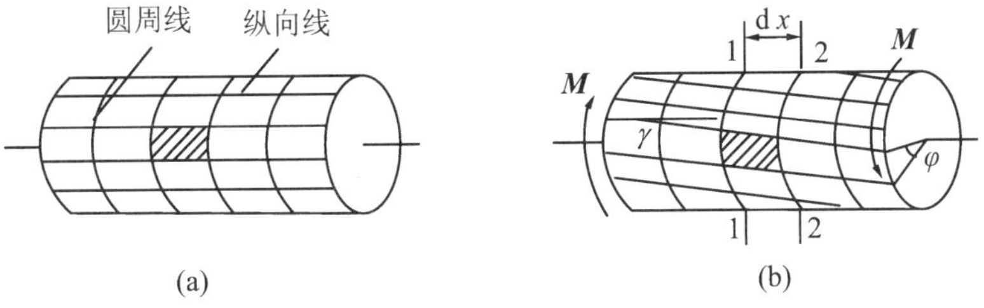

图 4-50　圆轴扭转

当扭转变形很小时，可观察到如下现象：

① 轴的半径、各圆截面的形状、大小及圆截面的间距均保持不变。

② 各纵向线都倾斜了相同的角度 γ，原来轴上的小方格变成了平行四边形。

由上述现象可知，圆轴在扭转前相互平行的各横截面，扭转后仍相互平行，且还是保持为平面，只是各自绕轴线相对地转过一个角度。这就是扭转时的平面假设。根据平面假设，可得如下结论：其一，因为各截面的间距均保持不变，故横截面上没有正应力；其二，由于各横截面绕轴线相对地转过一个角度，即横截面间发生了旋转式的相对错动，出现了剪切变形，故横截面上有剪应力存在；其三，因半径长度不变，切应力方向必与半径垂直；其四，圆心处变形为零，圆轴表面变形最大。

综上所得，圆轴在扭转时其横截面上各点的切应变与该点至截面形心的距离成正比。由剪切胡克定律，横截面上必有与半径垂直并呈线性分布的切应力存在(图 4-51)，故有

$$\tau_\rho = K\rho$$

扭转切应力计算如图 4-52 所示，在横截面上离圆心距离为 ρ 的点处，取微面积 $\mathrm{d}A$，微面积上内力的合力是 $\tau_\rho \mathrm{d}A$，它对截面中心 O 的微力矩为 $\tau_\rho \rho \mathrm{d}A$，则整个横截面上所有微力矩之和应等于该横截面上的扭矩 M_n，故有

$$M_n = \int_A \tau_\rho \rho \mathrm{d}A = K\int_A \rho^2 \mathrm{d}A$$

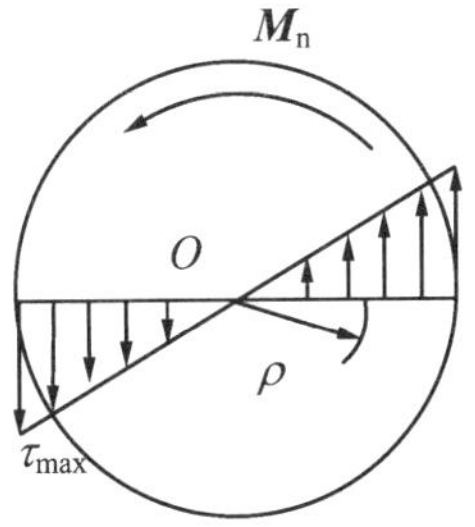

图 4-51　截面应力分布

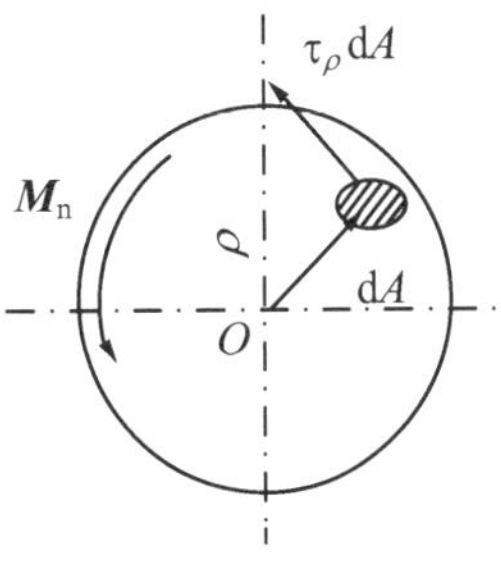

图 4-52　应力计算

将 $I_\rho=\int_A \rho^2 dA$ 定义为极惯性矩，则

$$M_n = KI_\rho = \frac{\tau_\rho I_\rho}{\rho}$$

得

$$\tau_\rho = \frac{M_n \rho}{I_\rho} \tag{4-26}$$

显然，当 $\rho=0$ 时，$\tau=0$；当 $\rho=R$ 时，切应力最大。

令 $W_n=\frac{I_\rho}{R}$，则上式为

$$\tau_{max} = \frac{M_n}{W_n} \tag{4-27}$$

式中，W_n 称为抗扭截面系数。

以上结论都是以平面假设为基础推导而得，故只对圆轴的 τ_{max} 不超过材料的比例极限时方可应用。

2. 极惯性矩 I_ρ 和抗扭截面系数 W_n

(1) 圆形截面。

极惯性矩：

$$I_\rho = \frac{\pi d^4}{32} \approx 0.1d^4$$

抗扭截面系数：

$$W_n = \frac{\pi d^3}{16} \approx 0.2d^3$$

(2) 圆环截面。

极惯性矩：

$$I_\rho = \frac{\pi D^4}{32}(1-\alpha^4) \approx 0.1D^4(1-\alpha^4)$$

抗扭截面系数：

$$W_n = \frac{\pi D^3}{16}(1-\alpha^4) \approx 0.2D^3(1-\alpha^4)$$

式中，$\alpha=\frac{d}{D}$，为内、外径之比。

3. 圆轴扭转强度计算

由扭转应力公式可得，圆轴扭转时，最大切应力发生在圆轴表面处。为保证圆轴安全可靠地工作，要求轴内的最大切应力不能大于材料的许用扭转切应力，由此得到圆轴扭转强度条件是

$$\tau_{max} = \frac{M_n}{W_n} \leqslant [\tau] \tag{4-28}$$

必须注意，M_n 是全轴中危险截面上的扭矩，对于阶梯轴，应找出最大剪应力 τ_{max} 所在截面。所以在进行扭转强度计算时，必须画出扭矩图。

例 4-9 一汽车传动轴 AB 由无缝钢管制成，其外径 $D=90$ mm，壁厚 $t=2.5$ mm，材料为 45 钢，许用切应力 $[\tau]=60$ MPa，工作时最大外扭矩 $M_n=1.5$ kN·m。要求：

(1) 校核轴 AB 的强度；

(2) 将轴 AB 改为实心轴，计算同条件下轴的直径；

(3) 比较实心轴与空心轴的重量。

解　(1) 校核轴 AB 的强度。

$$M_n = M = 1.5\ (\text{kN}\cdot\text{m})$$

$$\alpha = \frac{d}{D} = \frac{85}{90} = 0.944$$

$$W_n = \frac{\pi D^3(1-\alpha^4)}{16} = \frac{\pi\times 90^3\times(1-0.944^4)}{16} = 29\,260\ (\text{mm}^3)$$

$$\tau_{max} = \frac{M_{nmax}}{W_n} = \frac{1.5\times 10^3\times 10^3}{29\,260} = 51.3\ (\text{MPa}) < [\tau]$$

由计算可知，AB 轴强度满足要求。

(2) 计算实心轴直径 D_1。

题设条件相同，即扭转强度应相同。对于同一材料，实心轴与空心轴的抗扭截面系数应相等；即

$$W_{n1} = \frac{\pi D_1^3}{16} = \frac{\pi D^3(1-\alpha^4)}{16}$$

$$D_1^3 = D^3(1-\alpha^4)$$

$$D_1 = 53\ (\text{mm})$$

(3) 比较实心轴和空心轴的重量。

因两轴的材料和长度都相同，所以两者的重量比等于它们的面积比。设空心轴的横截面面积为 A，重量为 G；实心轴的横截面面积为 A_1，重量为 G_1；则有

$$A = \frac{\pi(D^2-d^2)}{4}$$

$$A_1 = \frac{\pi {D_1}^2}{4}$$

$$\frac{G}{G_1} = \frac{(D^2-d^2)}{{D_1}^2} = \frac{(90^2-85^2)}{53^2} = 0.31 = 31\%$$

比较结果，空心轴省材。从剪应力分布规律来看，用空心轴时材料得到充分利用。

例 4-10　阶梯轴如图 4-53(a)所示，$M_1=5\ \text{kN}\cdot\text{m}$，$M_2=3.2\ \text{kN}\cdot\text{m}$，$M_3=1.8\ \text{kN}\cdot\text{m}$，材料的许用切应力$[\tau]=60$ MPa。试校核该轴的强度。

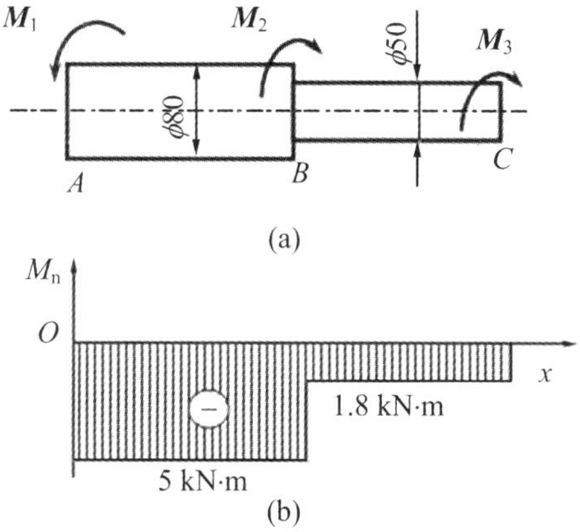

图 4-53　阶梯轴

解 ① 画扭矩图，如图 4-53(b)所示。因两段的扭矩、直径都不相同，须分别切应力。

② 计算各段的最大切应力值。在强度计算求 τ_{max}时扭矩都取绝对值。

AB 段：

$$\tau_{max}=\frac{M_{n1}}{W_{n1}}=\frac{16\times 5\times 10^6}{\pi\times 80^3}$$
$$=49.7\ (\text{MPa})$$

BC 段：

$$\tau_{max}=\frac{M_{n2}}{W_{n2}}=\frac{16\times 1.8\times 10^6}{\pi\times 50^3}$$
$$=73.4\ (\text{MPa})$$

故最大切应力发生在 BC 段，由于

$$\tau_{max}=73.4\ (\text{MPa})>[\tau]$$

所以该轴的强度不够。

（三）扭转变形刚度计算

圆轴扭转时，各横截面绕轴线转动，两个横截面间相对转过的角度 φ 即为圆轴的扭转变形，φ 称为扭转角。

对某些重要的轴或者传动精度要求较高的轴，有时要进行扭转变形计算。由数学推导可得扭转角 φ 的计算式

$$\varphi=\frac{M_n l}{GI_\rho}$$

式中，GI_ρ 反映了截面抵抗扭转变形的能力，称为截面的抗扭刚度。

为了消除轴的长度对变形的影响，引入单位长度的扭转角，并用度/米(°/m)单位表示，则上式为

$$\theta=\frac{\varphi}{l}=\frac{M_n}{GI_\rho}\times\frac{180}{\pi}$$

不同用途的传动轴对于 θ 值的大小有不同的限制，即 $\theta\leqslant[\theta]$。$[\theta]$称许用单位长度扭转角（可查有关手册），对其进行的计算称为扭转刚度计算。

四、练习与提高

(1) 阶梯轴 AB 如图 4-54 所示。AC 段 $d_1=40$ mm，BC 段直径为 $d_2=70$ mm，B 轮输入功率 $P_B=35$ kW，A 轮的输出功率 $P_A=15$ kW，轴匀速转动，转速 $n=200$ r/min，$[\tau]=60$ MPa。试校核轴的强度。

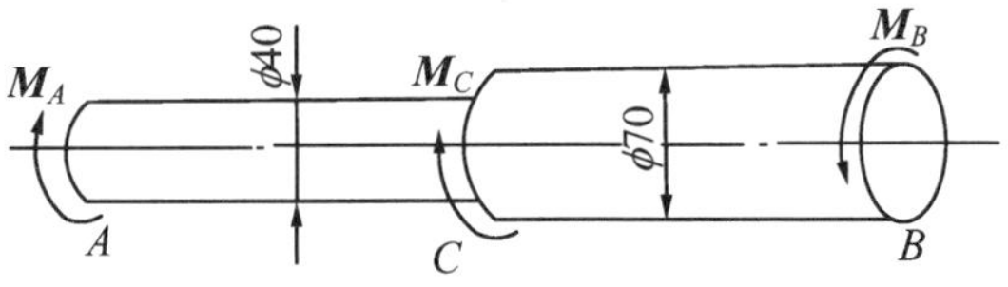

图 4-54

（2）实心轴和空心轴通过牙嵌离合器连在一起如图 4-55 所示。已知轴的转速 $n=100$ r/min，传递的功率 $P=7.5$ kW，$[\tau]=40$ MPa 试选择实心轴的直径 d_1 和内外直径比为 1/2 的空心轴外径 D_2。

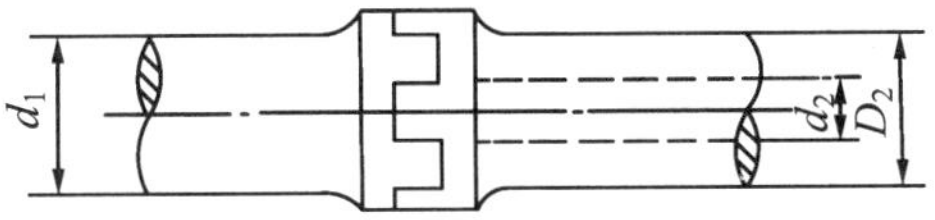

图 4-55

（3）齿轮变速箱第Ⅱ轴如图 4-56 所示。轴所传递的功率 $P=5.5$ kW，转速 $n=260$ r/min，$[\tau]=40$ MPa，试按强度条件初步设计轴的直径。

（4）如图 4-57 所示，切蔗机主轴由 V 带轮带动。已知主轴转速为 580 r/min，主轴直径 $d=80$ mm，材料许用应力$[\tau]=40$ MPa。不计传动中的工作消耗，电动机的功率应多大？如果主轴工作的最大切应力 τ_{max}为 12 MPa，电动机的功率又该多大？

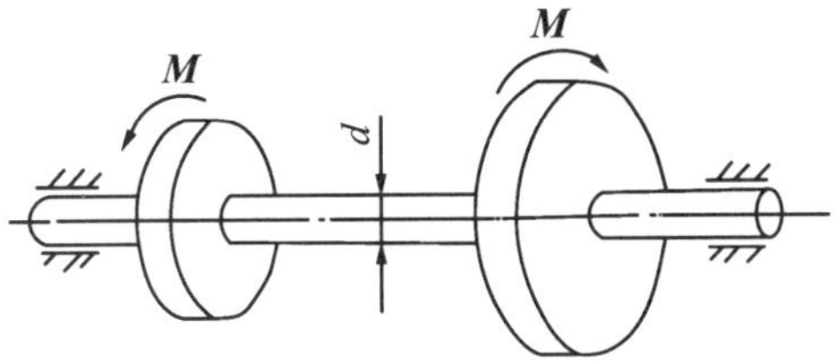

图 4-56

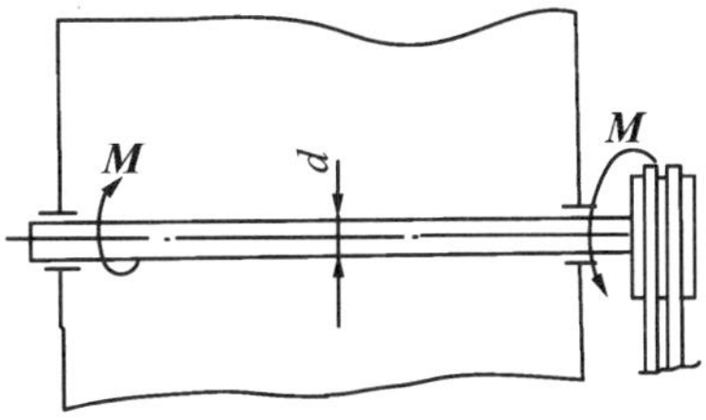

图 4-57

任务四　弯 曲 变 形

一、任务描述

在工程实例中，有很多类似房梁、吊车梁这类杆件会在工作中发生杆件变弯的变形，即本任务所述的弯曲变形，对于这类变形的杆件，常称为梁，在设计其尺寸和校核其强度时，必须有相应的理论依据和计算准则。本任务就是解决这一问题。

二、梁弯曲变形的认知

在工程实例中经常出现如图 4-58 所示的桥式起重机的大梁、图 4-59 所示的车刀、图4-60 所示的列车车厢的轮轴等构件。

当构件承受垂直于轴线的外力或者承受作用在轴线所在平面内的力偶作用时，其轴线将弯曲成曲线。这种变形形式称为弯曲。在工程上，把承受弯曲变形的构件称为梁。

根据梁的支座不同把梁分为简支梁（图 4-58(b)）、悬臂梁（图 4-59(b)）、外伸梁（图 4-60(b)）等 3 种。凡约束力可由静力平衡方程式求得者，称为“静定梁”；凡约束力的求得不仅需考虑静力平衡方程还须考虑其变形的称为“静不定梁”或者“超静定梁”。

作用在梁上的载荷很多，主要有：分布力 q、集中力 P、集中力偶 m 等。根据载荷作用的位置不同，梁的弯曲又分为平面弯曲和斜弯曲两种。这里主要研究比较简单的平面弯曲问题。

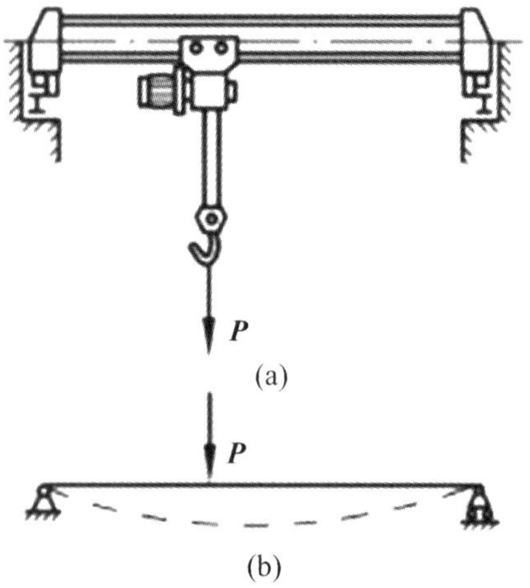

图 4-58　桥式起重机的大梁

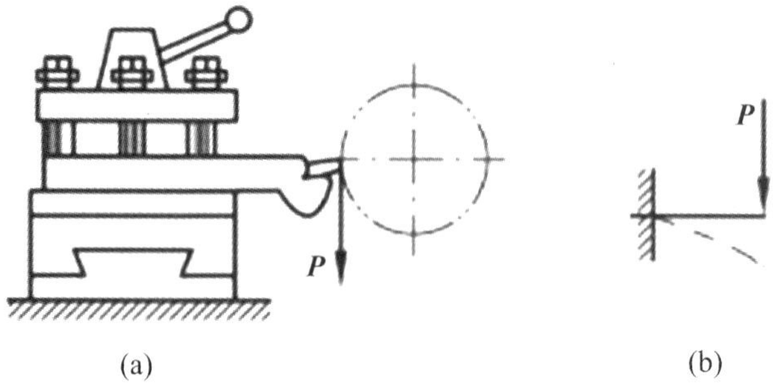

图 4-59　车刀

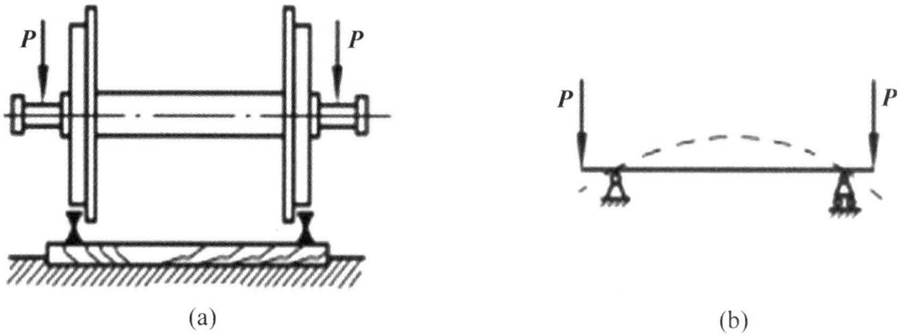

图 4-60　列车轮轴

梁的横截面具有对称轴，所有横截面的对称轴组成纵向对称面(图 4-61)。当所有外力均垂直于梁的轴线并作用在同一对称面时，梁弯曲后其轴线弯曲成一平面曲线，并位于加载平面内。这种弯曲称为平面弯曲。

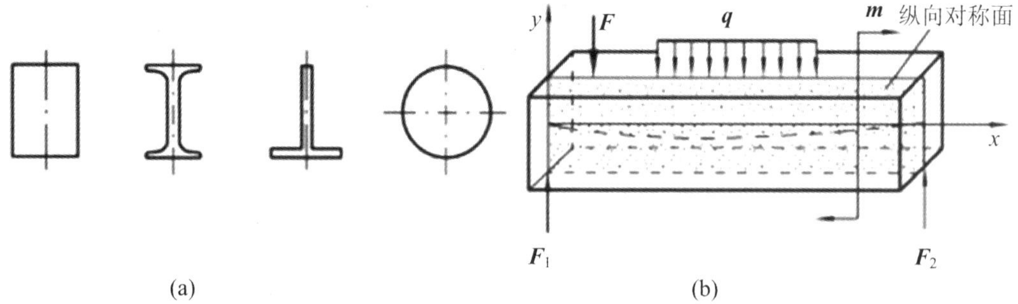

图 4-61　梁的纵向对称面

梁的强度和刚度问题，是工程中经常遇到的问题，要计算梁的强度和刚度，首先应正确计算梁的内力。梁的内力计算及梁的强度的计算是本任务的重点。

三、弯曲变形的相关知识

（一）梁的内力

1. 剪力和弯矩

前面已经介绍过用截面法求内力的方法。当梁的外力（包括载荷和约束反力）已知时，可用截面法求内力。如图 4-62(a)所示的梁，在垂直于其轴线力 $\boldsymbol{F}$ 的作用下，截面 $m—m$ 上的内力（图 4-62(b)），可由如下静力平衡方程式求得

$$F_Q = F$$

$$M = Fx$$

式中，$\boldsymbol{F}_Q$ 称为横截面上的剪力；$\boldsymbol{M}$ 称为横截面上的弯矩。

如取右段为研究对象（图 4-62(c)），用同样的方法也可以求出横截面上的 $\boldsymbol{F}_Q$ 和 $\boldsymbol{M}$，二者是等值、反向的。

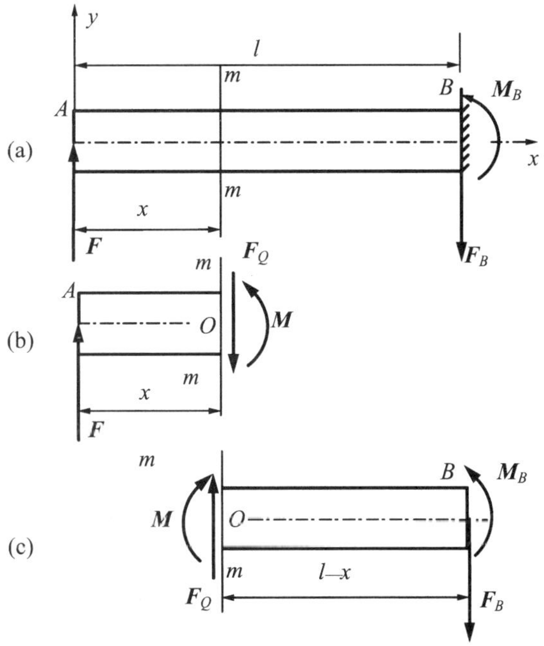

图 4-62　梁的剪力和弯矩

为使取两段的内力符号保持一致，特规定如下：

凡使所取梁具有顺时针转动的趋势的剪力为正，反之为负（图 4-63）。凡使梁段产生下凹弯曲变形的弯矩为正，反之为负（图 4-64）。

2. 指定截面上剪力和弯矩的确定

按照剪力和弯矩的正负号规则，应用截面法求指定的某横截面上的剪力和弯矩的步骤如下：

① 用假想截面从指定处将梁截为两部分。

② 以其中任意一部分为研究对象，在截开处按照剪力、弯矩的正方向画出未知剪力 $\boldsymbol{F}_Q$ 和弯矩 $\boldsymbol{M}$。

③ 应用平衡方程 $\sum F=0$ 和 $\sum M=0$ 计算出剪力 $\boldsymbol{F}_{\mathrm{Q}}$ 和弯矩 $\boldsymbol{M}$ 的数值，其中，C 一般取为截面形心。

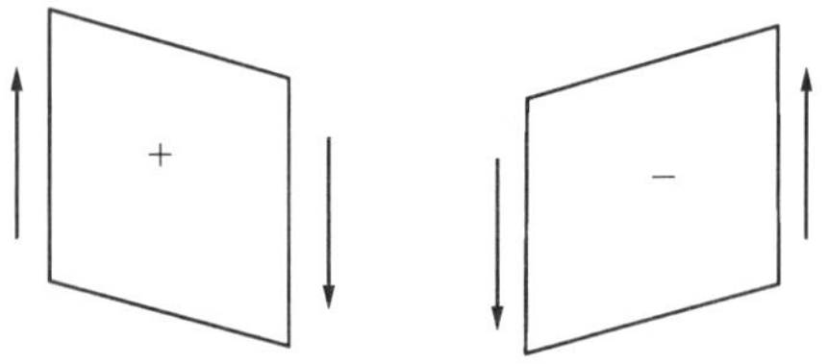

图 4-63 剪力的符号表示

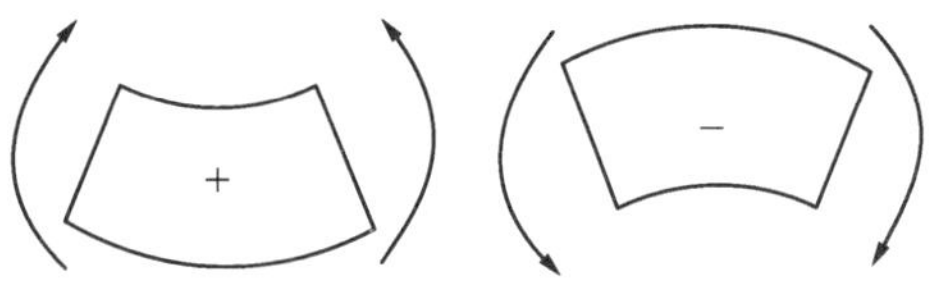

图 4-64 弯矩的符号表示

因为已经假设横截面上的 $\boldsymbol{F}_{\mathrm{Q}}$ 和 $\boldsymbol{M}$ 均为正方向，所以若求得结果为正，则表明 $\boldsymbol{F}_{\mathrm{Q}}$、$\boldsymbol{M}$ 的方向与假设方向相同，即 $\boldsymbol{F}_{\mathrm{Q}}$、$\boldsymbol{M}$ 均为正方向；若求得结果为负，则表明 $\boldsymbol{F}_{\mathrm{Q}}$、$\boldsymbol{M}$ 的方向与假设方向相反，即 $\boldsymbol{F}_{\mathrm{Q}}$、$\boldsymbol{M}$ 均为负。当然，$\boldsymbol{F}_{\mathrm{Q}}$、$\boldsymbol{M}$ 不可能都是同为正或同为负。总之，求得结果为正，表明该内力取"＋"；求得结果为负，表明该内力取"－"。

例 4-11 图 4-65 所示为一外伸梁。已知 $\boldsymbol{q}$、a。试求各指定截面上的剪力和弯矩。

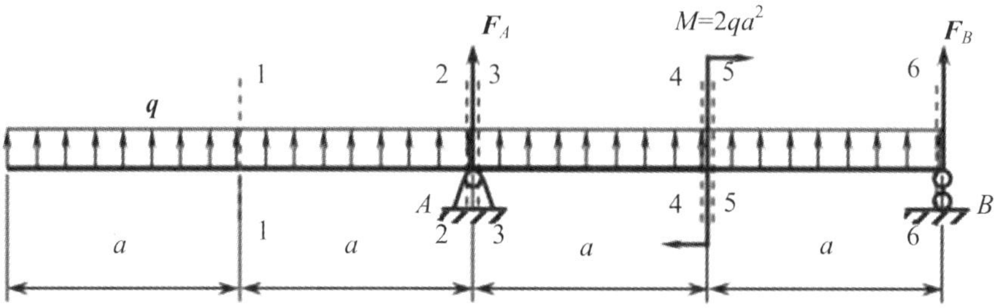

图 4-65 外伸梁

解 ①求支座反力。取 AB 梁为研究对象，列平衡方程得 $F_A=-5qa$，$F_B=qa$。F_A 为负值，则其实际方向与原设方向相反。

② 应用截面法求各截面上的剪力和弯矩。

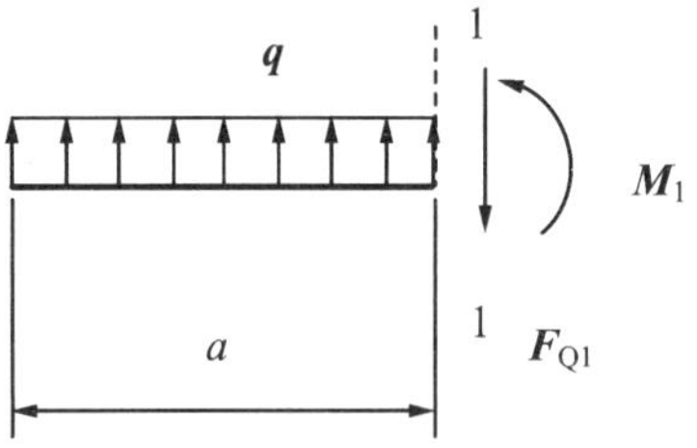

图 4-66 1—1 截面

1—1 截面(图 4-66)：

$$\sum F_y=0$$

$$qa-F_{Q1}=0$$

$$F_{Q1}=qa$$

$$\sum M_1(F)=0$$

$$\frac{M_1-qa^2}{2}=0$$

$$M_1=\frac{qa^2}{2}$$

同理，2—2 截面：

$$F_{Q2}=2qa$$

$$M_2=2qa^2$$

3—3 截面：

$$F_{Q3}=-3qa$$

$$M_3 = 2qa^2$$

4—4 截面：

$$F_{Q4} = -2qa$$

$$M_4 = -\frac{qa^2}{2}$$

5—5 截面：

$$F_{Q5} = -2qa$$

$$M_5 = \frac{3qa^2}{2}$$

6—6 截面：

$$F_{Q6} = -qa$$

$$M_6 = 0$$

比较截面 2、3 之剪力，集中力作用处，剪力值发生突变，其突变值等于该集中力；同样比较截面 4、5 之弯矩值，集中力偶作用处，弯矩值发生突变，其突变值等于该集中力偶。

3. 剪力方程和弯矩方程以及与载荷集度间的关系

一般情况下，梁内剪力和弯矩随着截面不同而不同，描述两者随截面位置而变化的内力表达式，分别称为剪力方程和弯矩方程。如果用 x 表示截面位置，则剪力方程、弯矩方程的数学表达式为

$$F_Q = F_Q(x)$$

$$M = M(x)$$

通常其梁的左端面为坐标原点，沿长度方向自左向右建立一维坐标 Ox，坐标 x 即可表达截面的位置。

建立剪力方程和弯矩方程，实际上就是用截面法写出截面 x 的剪力、弯矩。其步骤与上述求指定截面的剪力、弯矩的步骤基本相同，所不同的是现在截开后位置不再是常量，而是变量 x。换言之，剪力方程、弯矩方程就是求出了所有截面的剪力、弯矩。

剪力方程、弯矩方程在大多数情况下是一些分段函数。通常，若作用在梁上的载荷只有连续载荷，即无集中力和集中力偶作用，不包括左、右两个端面上载荷，则剪力方程、弯矩方程可分别用一个函数来表达；若作用在梁上的载荷是不连续的载荷，即存在集中力或者集中力偶，则其剪力方程、弯矩方程均需分段表达，往往每两个载荷的作用点之间就是一段。这里所说的载荷包括外力和约束反力。

研究表明，梁截面上的弯矩、剪力和作用于该截面处的载荷集度之间存在着一定的关系。

如图 4-67(a)所示，简支梁上作用着任意载荷，坐标原点选在梁的左端截面形心，x 轴向右为正，分布载荷向上为正。

从 x 截面处截取微段 dx 进行分析(图 4-51(b))。$q(x)$在 dx 上可看成均匀分布的，在左截面上作用有剪力 $F_Q(x)$和弯矩 $M(x)$，右截面上作用有剪力 $F_Q(x)+dF_Q(x)$和弯矩 $M(x)+dM(x)$。由平衡条件可得

$$\sum F_y = 0$$

$$F_Q(x) - F_Q(x+dx) + q(x)dx = 0$$

$$\sum M_C(F) = 0$$

$$M(x+dx) - M(x) - F_Q(x)dx - q(x)dx\left(\frac{dx}{2}\right) = 0$$

化简可得

$$\left.\begin{aligned}\frac{\mathrm{d}F_Q(x)}{\mathrm{d}x}&=q(x)\\\frac{\mathrm{d}M(x)}{\mathrm{d}x}&=F_Q(x)\end{aligned}\right\}\quad\frac{\mathrm{d}^2M(x)}{\mathrm{d}x^2}=\frac{\mathrm{d}F_Q(x)}{\mathrm{d}x}=q(x)\tag{4-29}$$

式(4-29)表明了同一截面处 $F_Q(x)$、$M(x)$和 $q(x)$这 3 者之间的微分关系。

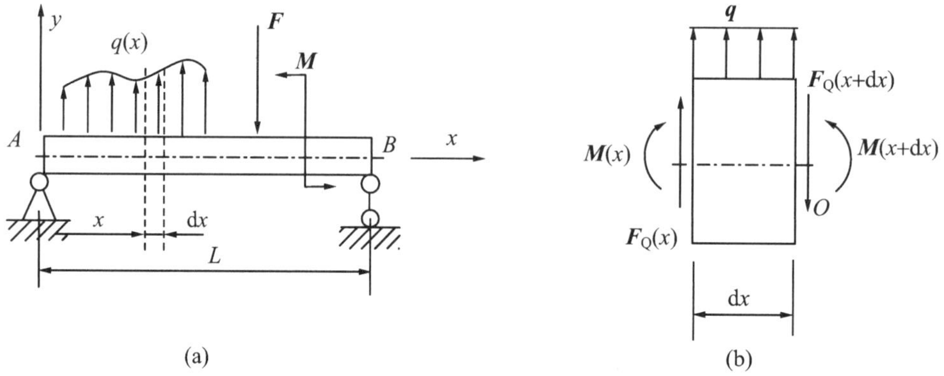

图 4-67　简支梁

4. 剪力图和弯矩图的绘制

根据梁的剪力方程、弯矩方程可以确定梁上的剪力,弯矩的最大值以及任意截面上的剪力、弯矩值。为了更直观地表达剪力、弯矩随截面变化的情况,可分别以平行梁的轴线为 x 轴,剪力、弯矩分别为纵坐标轴建立 $F_Q—x$、$M—x$ 直角坐标系,在此坐标系下画出梁上各截面的剪力、弯矩的变化图线。

具体做法是:取平行于梁轴线的横坐标轴 x 及垂直于梁轴线的纵坐标轴 F_Q 和 M,建立 $F_Q—x$、$M—x$ 直角坐标系,根据剪力方程、弯矩方程,按数学形式,在 $F_Q—x$,$M—x$ 坐标系中画出 $F_Q(x)$、$M(x)$的图形,这就是所谓的剪力图、弯矩图,简称 $\boldsymbol{F}_Q$ 图、$\boldsymbol{M}$ 图。

工程上常利用剪力、弯矩和载荷集度 3 者之间的微分关系,并注意到在集中力 $\boldsymbol{F}$ 的邻域内剪力图有突变,在集中力偶 $\boldsymbol{M}$ 的邻域内弯矩图有突变的性质,列出 $\boldsymbol{F}_Q$、$\boldsymbol{M}$ 图的特征表(表 4-4)来作图。

表 4-4　$\boldsymbol{F}_Q$、$\boldsymbol{M}$ 图的特征表

	$q(x)=0$ 的区间	$q(x)=C$ 的区间	集中力 $\boldsymbol{F}$ 作用处	集中力偶 $\boldsymbol{M}$ 作用处
$\boldsymbol{F}_Q$ 图	水平线	$q(x)>0$,斜直线,斜率>0 $q(x)<0$,斜直线,斜率<0	有突变 突变值$=F$	无影响
$\boldsymbol{M}$ 图	$F_Q>0$,斜直线,斜率>0 $F_Q<0$,斜直线,斜率<0 $F_Q=0$,水平线	$q(x)>0$,抛物线,下凹 $q(x)<0$,抛物线,上凸 $F_Q=0$ 处,抛物线有极值	斜率有突变 图形成直线	有突变 突变值$=M$

由 $\boldsymbol{F}_Q$、$\boldsymbol{M}$ 图的特征表绘制剪力图和弯矩图的步骤是:

① 求梁的支座反力。

② 根据梁上的载荷分布,分段分析各段梁 $\boldsymbol{F}_Q$、$\boldsymbol{M}$ 图线的大致形状。

③ 标值——分段列表计算各段梁始末端面的 $\boldsymbol{F}_Q$、$\boldsymbol{M}$ 值;并同时计算各段梁中的 $\boldsymbol{F}_{Q\max}$、

M_{max}值及确定其所在的截面位置。

④ 分段绘制 F_Q、M 图线。

例 4-12　如图 4-68(a)所示简支梁，已知 F、a、b。试作梁的 F_Q、M 图。

解　① 求梁的支座反力。取整体为研究对象，由平衡方程可得

$$F_A = \frac{Fb}{l}$$

$$F_B = \frac{Fa}{l}$$

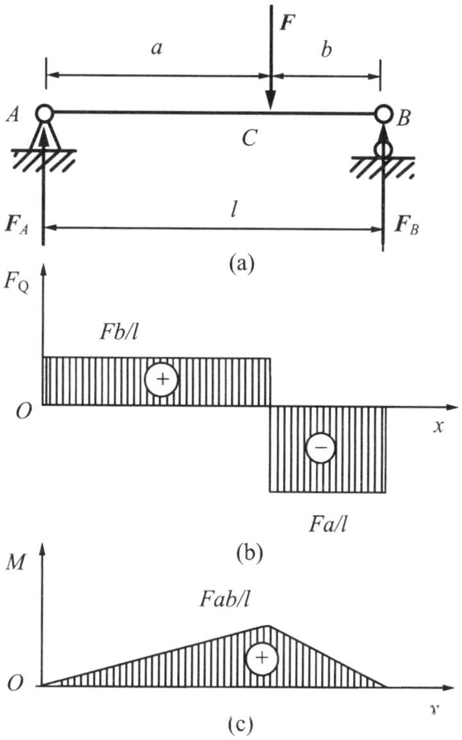

图 4-68　受集中力的简支梁

② 分段。由梁在 C 点承受集中力可将梁分成 AC、BC 两段。AC、BC 两段梁上均没有分布载荷作用，故该两段梁上的 F_Q 图为一条平行于 x 轴的水平直线，M 图为一条斜直线。

③ 标值。计算各段起点和终点的剪力和弯矩值，列表如下(表 4-5)。

表 4-5

分　段	AC		CB	
截面	A_+	C_-	C_+	B_-
F_Q	$\frac{Fb}{l}$		$-\frac{Fa}{l}$	
M	0	$\frac{Fab}{l}$	$\frac{Fab}{l}$	0

将以上结果标注在剪力图和弯矩图上的相应位置。

④ 连线。按各段的形状特征，联接相邻两点，即得剪力图和弯矩图，如图 4-68(b)、图 4-68(c)所示。

例 4-13 如图 4-69(a)所示简支梁，已知 $\boldsymbol{q}$、l。试作梁的 $\boldsymbol{F}_Q$、$\boldsymbol{M}$ 图。

解 ① 求梁的支座反力。取整体为研究对象，由平衡方程可得

$$F_A = F_B = \frac{ql}{2}$$

② 分段。由于梁整段载荷没有变化，所以梁只看作一段 AB。又因 AB 上作用的是负的均布载荷，故该段梁上的 $\boldsymbol{F}_Q$ 图为一条斜率为负的斜直线，$\boldsymbol{M}$ 图为开口向下的抛物线。

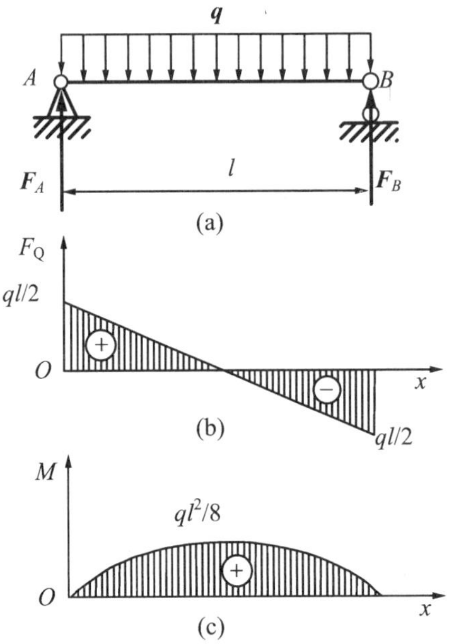

图 4-69 受均布载荷的简支梁

③ 标值。计算 $x=0^+$，和 $x=l^-$ 处的剪力和弯矩得

$$F_{QA} = -F_{QB} = \frac{ql}{2}$$

$$M_A = M_B = 0$$

且 $x=\dfrac{l}{2}$ 处，$F_Q=0$，弯矩有极值

$$M_{\max} = \frac{1}{2}F_A l - \frac{ql}{2}\left(\frac{l}{4}\right) = \frac{1}{8}ql^2$$

将以上结果标注在剪力图和弯矩图上的相应位置。

④ 连线。按各段的形状特征，联接相邻两点，即得剪力图和弯矩图，如图 4-69(b)、4-69(c)所示。

例 4-14 外伸梁受载荷如图 4-70(a)所示。画梁的 $\boldsymbol{F}_Q$、$\boldsymbol{M}$ 图。

解 ① 求梁的支座反力。取整体为研究对象，由平衡方程可得

$$F_A = 2qa$$

$$F_B = qa$$

② 分段。由梁在 A 点承受集中力和集中力偶可将梁分成 CA、AB 两段。CA 段上均没有

分布载荷作用，故该段梁上的 $\boldsymbol{F}_{\mathrm{Q}}$ 图为一条平行于 x 轴的水平直线，$\boldsymbol{M}$ 图为一条斜直线。AB 段上有负的均布载荷作用，故该段梁上的 $\boldsymbol{F}_{\mathrm{Q}}$ 图为一条斜率为负的斜直线，$\boldsymbol{M}$ 图为一条开口向下的抛物线。

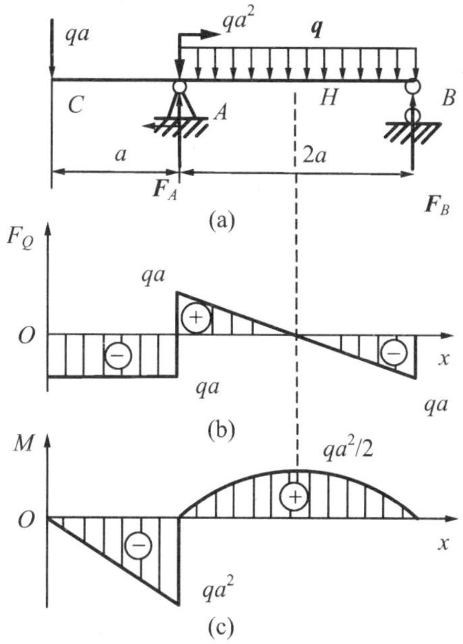

图 4-70　外伸梁

③ 标值。计算各段起点和终点的剪力和弯矩值，列表如下（表 4-6）。

表 4-6

分　段	CA		AB	
横截面	C_+	A_-	A_+	B_-
F_{Q}	$-qa$		qa	$-qa$
M	0	qa^2	0	0

将以上结果标注在剪力图和弯矩图上的相应位置。

④ 连线。如图 4-70(b)所示按各段剪力图的形状特征联接相邻两点，即得剪力图。由图可见，在 AB 段的 H 截面处（AB 段的中点）$F_{\mathrm{Q}}=0$，故 $\boldsymbol{M}$ 图在 H 截面处有极值存在。由截面法得

$$M_H=\frac{qa^2}{2}$$

在图上标出极值点 $\boldsymbol{M}$ 图，连线后得 $\boldsymbol{M}$ 图。

（二）弯曲应力

梁弯曲时的内力为剪力和弯矩。在平面弯曲时，工程上可以近似地认为梁的横截面处的弯矩是由截面上的正应力形成的，而剪力则是由截面上的切应力所形成。

1. 弯曲正应力

梁的强度计算与杆的抗拉(压)强度、轴的扭转强度计算一样，都是以应力分析为基础的。即必须讨论研究应力在横截面上的分布规律，确定其数值，然后讨论梁的强度问题。

梁作平面弯曲时，梁上既有弯矩又有剪力。因此，当梁上既有弯曲变形又有剪切变形时，我们称之为横弯曲；当梁上只有弯矩而无剪力，即只存在弯曲变形时，我们称之为纯弯曲。

通过大量实验及数学推导发现，梁作纯弯曲时横截面上只有弯曲正应力σ而无剪应力τ，即弯矩M在横截面上的分布以正应力σ的形式存在。如图4-71(a)所示横截面为矩形的直梁，当两端加弯矩M时，其表面变形如图4-71(b)所示，应力分布如图4-71(c)所示。由图4-71(b)可知，梁的内层缩短，外层伸长。在弹性范围内，整个梁变形是连续的，显然，必有一层纤维既不伸长又不缩短(如果把梁看成一层一层纤维叠加而成)，这就是O_1O_2所在的一层，即所谓中性层。中性层与横截面的交线称为中性轴(图4-71(d))。而且由图4-71(b)可看到，越靠近中性层变形越小。因此根据应力、应变线性关系$\sigma=E\varepsilon$知，其应力分布应如图4-71(c)所示，即$\sigma\propto y$。另外，载荷越大，截面尺寸越小，应力也应越大，故$\sigma\propto y$，$\sigma\propto I_z$，I_z称为轴惯性矩($I_z=\int_A y^2\mathrm{d}A$)，$y$为欲求应力点到中性轴的距离，故应力计算的基本公式应为

$$\sigma=\frac{My}{I_z} \tag{4-30}$$

它的适用条件是：在弹性范围内的纯弯曲。

注：常见图形的惯性矩。长方形($b\times h$)(图4.71(e))；$I_z=\frac{bh^3}{12}$；图形(ϕd)(图4.71(f))；$I_z=\frac{\pi d^4}{64}$。

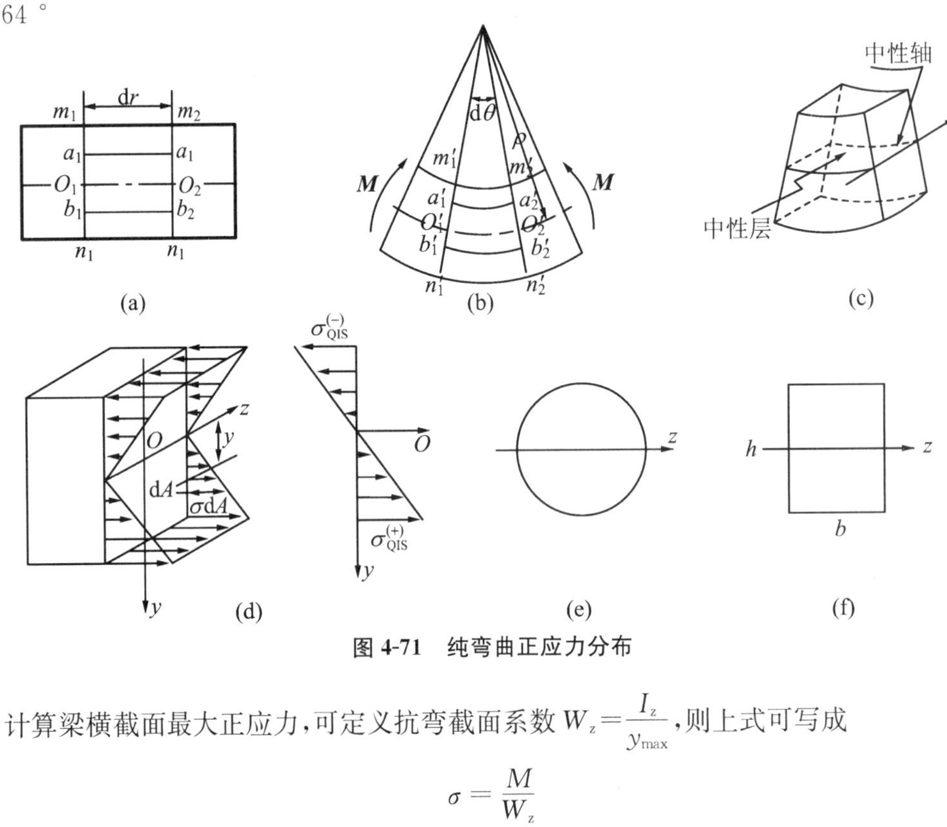

图4-71 纯弯曲正应力分布

计算梁横截面最大正应力，可定义抗弯截面系数$W_z=\frac{I_z}{y_{max}}$，则上式可写成

$$\sigma=\frac{M}{W_z} \tag{4-31}$$

I_z、W_z 是仅与截面有关的几何量，常用型钢的 I_z、W_z 可以在有关的工程手册中查到。

虽然横力弯曲和纯弯曲有一定的差异，但分析表明，利用纯弯曲的正应力公式解决横力弯曲问题是，并不会引起很大误差，能够满足工程问题所需精度。

2. 弯曲切应力简介

横力弯曲内力既有弯矩又有剪力，故横力弯曲横截面上除了正应力外，还存在切应力。一般情况下切应力对强度的影响不大。但对于短梁或载荷靠近支座的梁以及腹板较薄的组合梁则应考虑切应力的存在。

研究表明，对于矩形截面梁（图 4-72），其横截面上的最大切应力发生在中性轴上，为

$$\tau_{\max}=\frac{3F_Q}{2A}$$

同样，工字形截面梁（图 4-73）、圆形截面梁的最大切应力也发生在中性轴上。对于工字形截面梁

$$\tau_{\max}=\frac{F_Q}{A}(A\text{ 为腹板面积})$$

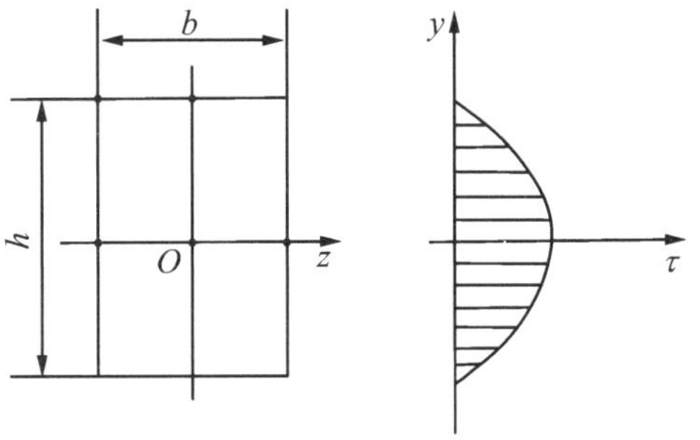

图 4-72　矩形截面梁横截面的切应力分布

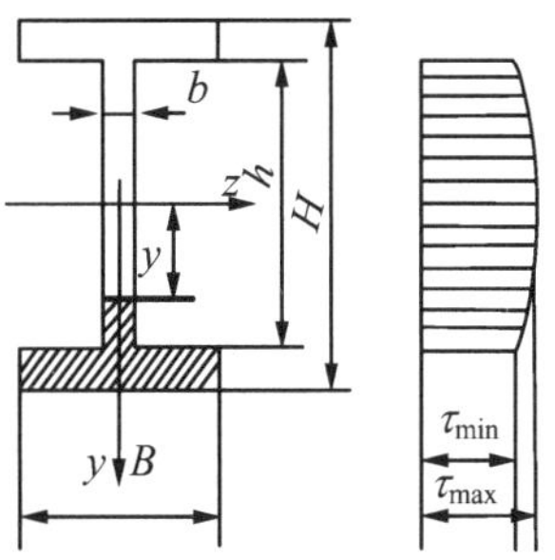

图 4-73　工字形截面梁横截面的切应力分布

对于圆形截面梁

$$\tau_{\max}=\frac{4F_Q}{3A}$$

（三）梁的强度计算

一般对梁而言，弯矩对强度的影响要比剪力的影响大得多。对它进行强度计算时，主要考虑弯曲正应力的影响，可以忽略切应力的影响。因此对梁上的最大正应力必须加以限制，即

$$\sigma_{\max}=\frac{M}{W_z}\leqslant[\sigma] \tag{4-32}$$

这就是只考虑正应力时的强度准则，又称为弯曲强度条件。其中，$[\sigma]$为弯曲许用应力，它等于或略大于拉伸许用应力；$\sigma_{\max}$为梁内最大正应力，它发生在梁的“危险面”上的“危险点”处。

在应用上式弯曲强度条件进行了强度计算时，一般应遵循下列步骤：

① 进行受力分析，确定约束反力；据梁上的载荷，正确画出梁的弯矩图。

② 根据梁的弯矩图，确定可能的危险面：对等截面梁，弯矩最大截面就是危险面；对变截面梁，根据弯矩和截面变化情况，才能确定危险面。

③ 根据应力分布和材料力学性能确定可能的危险点：对于拉、压许用应力相同的材料（塑性材料），最大拉应力点和最大压应力点具有同样危险程度；对于拉、压许用应力不同的材料

(脆性材料),最大拉应力点和最大压应力点(绝对值最大)都有可能是危险点。

④ 应用强度条件可解决对梁进行强度校核、截面尺寸设计以及许可载荷确定 3 类强度问题:对于塑性材料,可直接应用上式进行强度校核;对于脆性材料,强度条件应为

$$\sigma_{\mathrm{lmax}} \leqslant [\sigma_{\mathrm{l}}]$$

$$\sigma_{\mathrm{ymax}} \leqslant [\sigma_{\mathrm{y}}]$$

σ_{lmax}、σ_{ymax}表示截面最大的拉应力和最大的压应力;$[\sigma_{\mathrm{l}}]$、$[\sigma_{\mathrm{y}}]$表示材料的拉、压许用应力。

例 4-15 如图 4-74(a)所示,一吊车用 32C 工字钢制成,简化为一简支梁,梁长 $l=10$ m,自重不计。最大起重载荷 $F=35$ kN,许用应力为$[\sigma]=130$ MPa,试校核梁的强度(32C 工字钢 $W_z=760\ \mathrm{cm}^3$)。

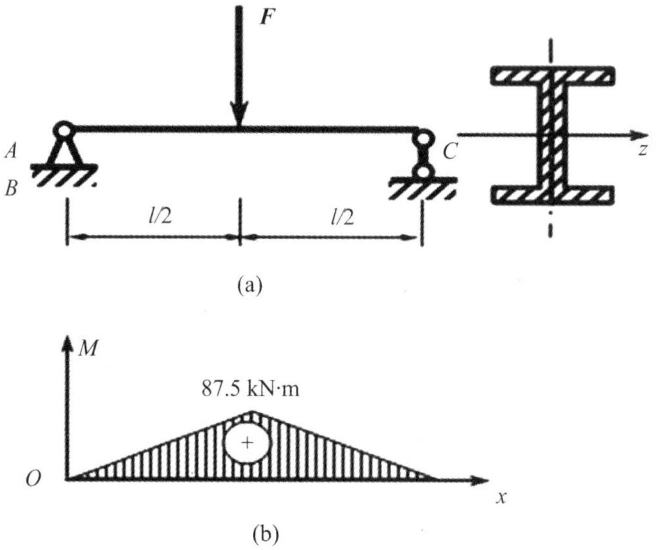

图 4-74 吊车梁

解 ① 画出梁的弯矩图。当集中力 ***F*** 作用于梁的中点截面时产生的弯矩值最大,故应按此种情况绘制 ***M*** 图,如图 4-74(b)所示。

$$M_{\max} = \frac{Fl}{4} = \frac{35 \times 10}{4} = 87.5\ (\mathrm{kN \cdot m})$$

② 校核梁的强度。

$$\sigma_{\max} = \frac{M_{\max}}{W_z} = \frac{87.5 \times 10^6}{760 \times 10^3} = 115\ (\mathrm{MPa}) \leqslant [\sigma]$$

由计算结果可得,该梁的强度满足要求。

梁在有必要考虑切应力时,其切应力的强度条件为

$$\tau_{\max} \leqslant [\tau] \tag{4-33}$$

(四) 梁弯曲变形的简介

梁除了满足强度条件外,有时还有刚度要求,即受载后弯曲变形不能过大,否则构件同样不能正常工作。如轧钢机的轧辊,若变形过大,轧出的钢板厚薄就不均匀;又如齿轮传动轴,若变形过大,将影响齿轮的啮合、轴与轴承的配合,造成磨损不均匀,将严重影响它们的寿命,或影响机床的加工精度。

1. 梁弯曲变形的度量——挠度和转角

在研究梁的变形时，通常只考虑弯矩因素的影响，而忽略其剪应力因素产生的微小变形。这样，梁的轴线弯曲变形后可理解为变成了一条连续而光滑的曲线，这条曲线叫做挠曲线。下面以悬臂梁为例说明有关概念，如图 4-75 所示。

取梁变形前的轴线为 x 轴，建立 Oxy 坐标系，得梁的挠曲线方程，即

$$y = f(x)$$

梁的变形可用以下两个量来度量：

① 挠度。梁变形后，任意横截面的形心在垂直于梁轴线（x 轴）方向的位移，用 y 表示，单位为毫米(mm)。

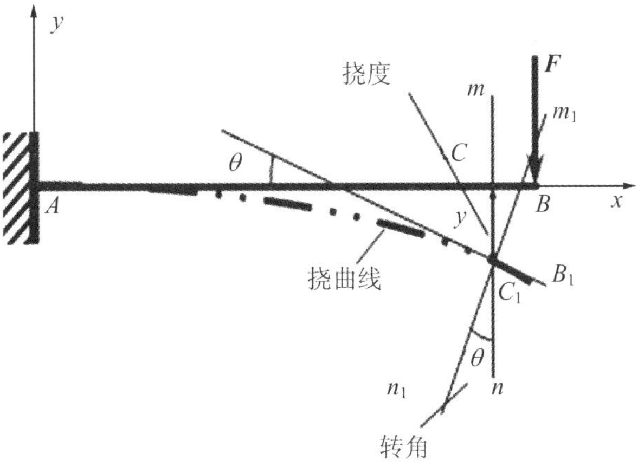

图 4-75　挠度和转角

② 转角。梁变形后，横截面绕中性轴所转过的角度，用 θ 表示，单位为弧度(rad)。根据平面假设，变形后的横截面仍垂直于挠曲线，故转角 θ 等于挠曲线在该点的切线与 x 轴的夹角

$$\tan\theta = \frac{\mathrm{d}y}{\mathrm{d}x} = f'(x)$$

由于 θ 角很小，故

$$\theta \approx \tan\theta = f'(x)$$

在图示坐标中，y 向上为正，θ 逆时针转为正；反之则为负。

2. 梁的刚度条件

梁的刚度条件为

$$\left.\begin{aligned} y_{\max} &\leqslant [y] \\ \theta_{\max} &\leqslant [\theta] \end{aligned}\right\} \tag{4-33}$$

式中，$[y]$、$[\theta]$分别为许用挠度和许用转角，其值可根据工作要求或参照有关手册确定。

在设计梁时，一般应先满足强度条件，再校核刚度条件。如所选截面不能满足刚度条件，再考虑重新选择。

四、练习与提高

(1) 作出如图 4-76 所示各梁的剪力图和弯矩图，**q**、**F**、a、l 已知。

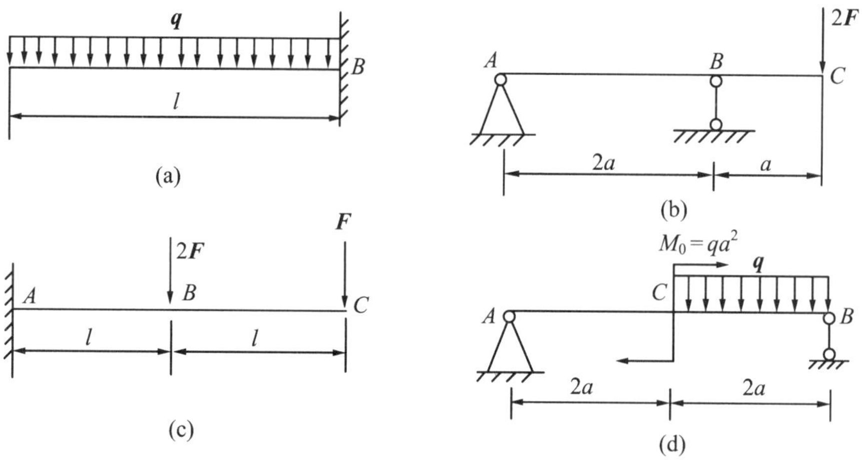

图 4-76

(2) 圆截面简支梁受载如图 4-77 所示，试计算支座 B 处梁截面上的最大正应力。

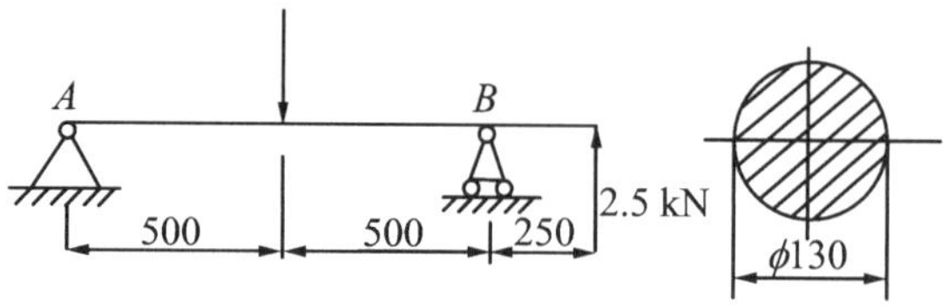

图 4-77

(3) 由工字钢 20b($W_z = 250\ \text{cm}^3$)制成的外伸梁(图 4-78)，在外伸端 C 处作用集中载荷 **F**，已知材料的许用应力$[\sigma]=160$ MPa，外伸端的长度为 2 m。求最大许用载荷$[F]$。

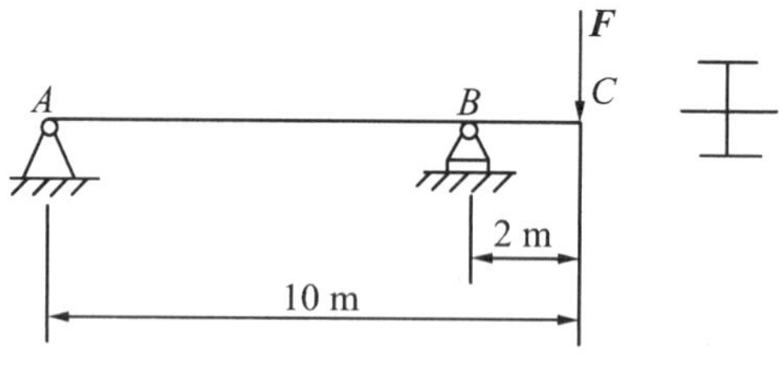

图 4-78

项目五　主轴箱的认知与分析

一、项目描述

车床主轴箱又称床头箱，它的主要任务是将主电机传来的旋转运动经过一系列的变速机构使主轴得到所需的正反两种转向的不同转速，同时主轴箱分出部分动力将运动传给进给箱。床头箱由一系列齿轮组成轮系实现变速。齿轮传动是最常用的机械传动装置之一，齿轮传动和蜗杆传动组成的轮系可以实现各种复杂的速度变换，广泛应用于各类机器中。通过本项目的学习，我们可以了解齿轮传动、蜗杆传动和轮系的相关知识。

二、项目工作任务方案设计

项目工作任务方案设计如表 5-1 所示。

表 5-1　项目工作任务方案设计

序　号	工作任务	学习要求
一	齿轮传动的认知与分析	1. 了解齿轮传动的特点和基本类型； 2. 了解渐开线齿轮齿廓的形成及特点； 3. 了解渐开线齿轮的加工方法； 4. 了解变位齿轮传动的特点及其应用； 5. 了解常用齿轮材料及其热处理方法； 6. 了解齿轮传动的精度及其选择； 7. 了解齿轮结构设计； 8. 了解齿轮传动的润滑及效率； 9. 理解渐开线直齿圆柱齿轮的啮合传动； 10. 理解标准齿轮不发生根切的最少齿数； 11. 理解齿轮的失效形式及设计准则； 12. 掌握渐开线标准直齿圆柱齿轮、斜齿圆柱齿轮、直齿圆锥齿轮的主要参数及几何尺寸计算； 13. 掌握齿轮正确啮合条件及连续传动条件； 14. 掌握齿轮传动的受力分析； 15. 会进行齿轮传动的强度计算； 16. 会标准齿轮传动的设计
二	蜗杆传动的认知与分析	1. 了解蜗杆传动的类型、特点及应用； 2. 了解蜗杆传动的精度等级； 3. 了解蜗杆传动的材料与结构；

续表

序　号	工作任务	学习要求
二	蜗杆传动的认知与分析	4. 了解蜗杆传动的润滑、安装和维护； 5. 理解失效形式及设计准则； 6. 理解蜗杆传动的效率、热平衡计算； 7. 掌握蜗杆传动的主要参数和几何尺寸计算； 8. 掌握蜗杆传动的受力分析； 9. 会进行蜗杆传动的强度计算
三	轮系的认知与分析	1. 了解轮系的分类； 2. 掌握定轴轮系、行星轮系、混合轮系传动比的计算，并判断从动轮的转向； 3. 了解其他新型齿轮传动装置； 4. 了解轮系的应用； 5. 了解减速器的类型、结构及应用

任务一　齿轮传动

一、任务资讯

齿轮传动是最常用的机械传动装置之一。通过本任务的学习，让同学们了解齿轮传动的类型和应用；了解齿轮传动的失效形式和设计准则，掌握圆柱齿轮传动的设计方法；对斜齿圆柱齿轮传动的设计方法有所了解和掌握；掌握圆锥齿轮传动的特点。

二、任务分析与计划

齿轮机构是历史上应用最早的传动机构之一，被广泛地应用于传递空间任意两轴间的运动和动力。它与其他机械传动相比，具有传递功率大、效率高、传动比准确、使用寿命长、工作安全可靠等特点。但是要求有较高的制造和安装精度，成本较高，不宜在两轴中心距很大的场合使用。

在所有众多的齿轮机构中，直齿圆柱齿轮机构是最基本、也是最常用的一种，所以本项目中我们以直齿圆柱齿轮传动作为研究的重点。

齿轮传动类型很多，有不同的分类方法。

（一）按照一对齿轮传动的角速比是否恒定分类

可将齿轮传动分为以下几种：

（1）定传动比齿轮传动，如图5-1(a)～图5-1(h)所示。

（2）变角速比齿轮传动，如图5-1(i)～图5-1(j)所示，当主动轮作匀角速度转动时，从动轮按一定角速度比作变速运动。

（二）按照一对齿轮传动时两轮轴线的相对位置分类

可将齿轮传动分为以下几种：

（1）两轴平行齿轮传动，如直齿、斜齿、人字齿圆柱齿轮传动，如图 5-1(a)～图 5-1(c)所示，此外还有内齿圆柱齿轮传动和齿轮齿条传动。

（2）两轴相交的齿轮传动，如直齿、曲齿圆锥齿轮传动，如图 5-1(d)～图 5-1(e)所示。

（3）两轴交错的齿轮传动，如螺旋齿轮、双曲线齿轮和蜗杆传动，如图 5-1(f)～图 5-1(h)所示。

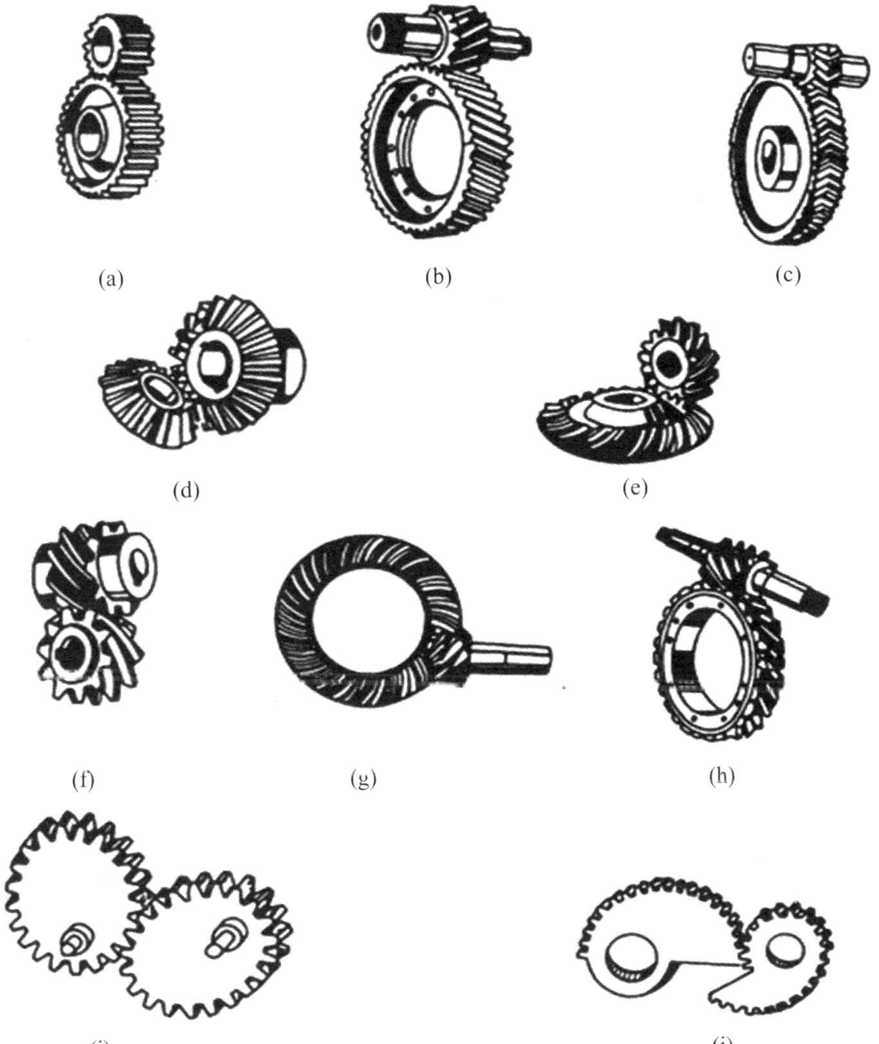

图 5-1　齿轮传动的类型

（三）按齿廓曲线分类

可分为渐开线齿、摆线齿、圆弧齿，其中渐开线齿轮传动应用最为广泛。

（四）按齿轮传动机构的工作条件分类

可分为闭式传动、开式传动、半开式传动。

（五）按齿面硬度分类

分为软齿面（≤350HBS）和硬齿面（>350HBS）。

（六）按使用要求分类

可分为传递运动为主的传动齿轮，要求运动准确；传递功率为主的动力齿轮，要求强度寿命。

由于动力渐开线圆柱齿轮传动的应用十分广泛，同时又是讨论其他类型齿轮传动的基础，所以我们在本任务中主要讨论这类齿轮传动。

齿轮传动是靠主、从动轮的轮齿依次啮合来传递连续回转运动和动力的。因此，为了使传递的回转运动每一瞬时都保持稳定不变的速比，避免产生振动和冲击，并能够传递一定的动力（功率），使轮齿承受一定大小的力，特对齿轮传动提出了以下的要求：

(1) 传动平稳、可靠，能保证实现瞬时角速比（传动比）恒定。即对不同用途的齿轮，要求不同程度的工作平稳性指标，使齿轮传动中产生的振动、噪声在允许的范围内，保证机器的正常工作。

(2) 有足够的承载能力。即要求齿轮尺寸小、重量轻，能传递较大的力，有较长的使用寿命。也就是在工作过程中不折齿、齿面不点蚀，不产生严重磨损而失效。

三、齿轮传动的相关知识

（一）齿廓啮合基本定理

一个齿轮的最关键部位是其轮廓的齿廓曲线，这是因为一对齿轮之间是依靠主动轮轮齿的齿廓推动从动轮轮齿的齿廓来实现的。这样一对互相啮合的、能实现预定传动比的齿廓就称为共轭齿廓。因此，实际应用中的任何一对齿轮机构中，互相啮合的齿廓都是共轭齿廓。那么，齿轮的齿廓曲线究竟与一对齿轮的传动比有什么关系呢？

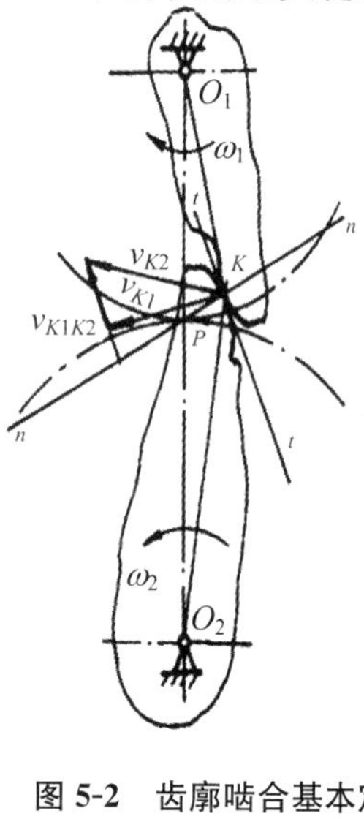

图 5-2　齿廓啮合基本定律

图 5-2 所示为一对互相啮合的齿轮，主动轮 1 以角速度 ω_1 转动并推动从动轮 2 以角速度 ω_2 反向回转，O_1、O_2 分别为两轮的回转中心。两轮轮齿的齿廓 C_1、C_2 在任意一点 K 接触，在 K 点处，两轮的线速度分别为 v_{K1} 和 v_{K2}。

过 K 点作两齿廓的公法线 $n—n$。我们知道，要使两齿廓实现正常的接触传动，它们彼此既不分离，也不能互相嵌入。因此，v_{K1} 和 v_{K2} 在公法线 $n—n$ 上的分速度（即投影）应该相等。所以齿廓接触点间相对速度 v_{K2K1} 必与公法线 $n—n$ 垂直，即满足齿廓啮合方程：$v_{K2K1\cdots n}=0$

根据三心定理，啮合齿廓公法线 $n—n$ 与两轮连心线 O_1O_2 的交点 P 即为两齿轮的相对瞬心，点 P 称为啮合节点(简称节点)。故两齿轮的传动比为：

$$i_{12}=\frac{\omega_1}{\omega_2}=\frac{\overline{O_2P}}{\overline{O_1P}} \tag{5-1}$$

由此，我们可以得到齿廓啮合基本定理：任意一瞬时相互啮合传动的一对齿轮，其传动比与两啮合齿轮齿廓接触点公法线分两轮连心线的两线段长成反比。

由于两齿轮在传动过程中，其轴心 O_1、O_2 均为定点，由式 5-1 可知，传动比随 P 点位置的不同而变化。若要求两齿轮的传动比为常数，P 点应为定点。所以，我们得到两齿轮作定传动比传动的齿廓啮合条件是：两齿廓在任一位置接触点处的公法线必须与两齿轮的连心线始终交于一固定点。

当两轮作定传动比传动时，节点 P 在两轮的运动平面上的轨迹是两个圆，我们分别称其为轮 1 和轮 2 的节圆，节圆半径分别为 $r_1'=\overline{O_1P}$ 和 $r_2'=\overline{O_2P}$。由于两节圆在 P 点相切，并且 P 点处两轮的圆周速度相等，即

$$\omega_1\,\overline{O_1P}=\omega_2\,\overline{O_2P}$$

故两齿轮啮合传动可视为两轮的节圆在作纯滚动。

当两轮作变传动比传动时，节点 P 在两轮的运动平面上的轨迹则为非圆曲线，称之为节线。

一般说来，只要给出一条齿廓曲线，就可以根据啮合的基本定律求出与其共轭的另一条齿廓曲线。此处我们主要研究传动比为恒定的齿轮传动，也就是节圆为圆形的齿轮传动。在这类传动中，目前常用的齿廓曲线有渐开线、摆线等，随着生产和科学的发展，新的齿廓曲线将会不断出现。

由于用渐开线作为齿廓曲线不但传动性良好、容易制造，而且便于设计、制造、测量和安装，具有良好的互换性。所以，目前绝大多数齿轮都采用渐开线作齿廓曲线。对渐开线齿廓的研究和应用已有近 300 年的历史。

(二) 渐开线的形成及特性

1. 渐开线的形成

如图 5-3 所示以 r_b 为半径画一个圆，这个圆称为基圆。当一直线 NK 沿基圆圆周作纯滚动时，该直线上任一点 K 的轨迹 KA，就称为该基圆的渐开线，直线 NK 称为发生线。

渐开线齿轮上每个齿轮的齿廓由同一基圆产生的两条对称的渐开线组成。

2. 渐开线的特性

根据渐开线的形成过程，可知渐开线具有下列特性：

(1) 发生线沿基圆滚过的长度，等于该基圆上被滚过圆弧的长度，即$\overline{NK}=\overset{\frown}{AN}$。

(2) 发生线 NK 是渐开线在任意点 K 的法线，也就是说：渐开线上任意点的法线，一定是基圆的切线(发生线)。

(3) 发生线与基圆的切点 N 是渐开线在点 K 的曲率中心，而线段$\overline{NK}$是渐开线在 K 点的曲率半径。渐开线上越接近基圆的点，其曲率半径越小，渐开线在基圆上点 A 的曲率半径为零。

(4) 同一基圆上任意两条渐开线之间各处的公法线长度相等。

(5) 渐开线的形状取决于基圆的大小。如图 5-4 所示,在相同展角处,基圆半径越大,其渐开线的曲率半径越大,当基圆半径趋于无穷大时,其渐开线变成直线。故齿条的齿廓就是变成直线的渐开线。

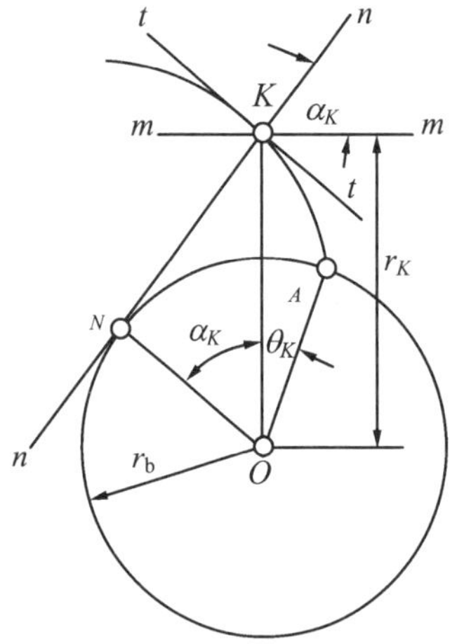

图 5-3　渐开线的形成

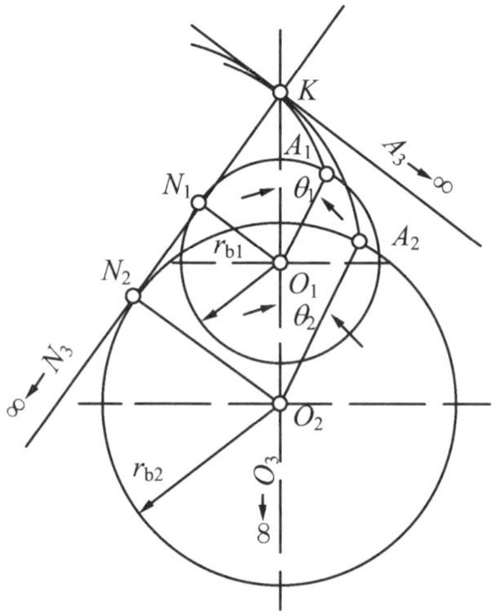

图 5-4　基圆大小与渐开线形状的关系

(6) 基圆内没有渐开线。

以上 6 条特性是我们研究渐开线齿轮啮合原理的出发点。

3. 渐开线的极坐标参数方程

在研究渐开线齿轮啮合原理和几何尺寸计算时,采用极坐标较为方便。这里介绍渐开线极坐标参数方程。如图 5-3 所示,渐开线上 K 点的极坐标,可用 r_K 和 θ_K 表示。r_K 为 K 点的向径,θ_K 称为渐开线在 K 点的展角,由图示几何关系可得

$$r_K = \frac{\overline{ON}}{\cos\alpha} = \frac{r_b}{\cos\alpha}$$

$$\tan\alpha_K = \frac{\overline{NK}}{r_b} = \frac{r_b(\theta_K + \alpha_K)}{r_b} = \theta_K + \alpha_K$$

因此,渐开线的极坐标参数方程为

$$r_K = \frac{r}{\cos\alpha_K} \tag{5-2}$$

$$\theta_K = \mathrm{inv}\alpha_K = \tan\alpha_K - \alpha_K \tag{5-3}$$

上式中 $\theta_K = \mathrm{inv}\alpha_K$,又称为 α_K 的渐开线函数。

(三) 渐开线齿廓啮合传动

1. 渐开线齿廓满足啮合基本定理并能保证定传动比传动

在我们了解了渐开线的形成及性质之后,就不难证明用渐开线作为齿廓曲线,是满足啮合基本定理并能保证定传动比传动的。

如图 5-5 所示,两齿轮连心线为 O_1O_2,两轮基圆半径分别为 r_{b1}、r_{b2}。两轮的渐开线齿廓 C_1、C_2 在任意点 K 啮合,根据渐开线特性,齿廓啮合点 K 的公法线 $n—n$ 必同时与两基圆相切,切点为 N_1、N_2,即$\overline{N_1N_2}$为两基圆的内公切线。

由于两轮的基圆为定圆，其在同一方向只有一条内公切线。因此，两齿廓在任意点 K 啮合，其公法线 $n—n$ 必为定直线，其与 O_1O_2 线交点必为定点，则两轮的传动比为常数，即

$$i_{12}=\frac{\omega_1}{\omega_2}=\frac{\overline{O_2P}}{\overline{O_1P}}=\text{常数}$$

渐开线齿廓啮合传动的这一特性称为定传动比性。这一特性在工程实际中具有重要意义，可减少因传动比变化而引起的动载荷、振动和噪声，提高传动精度和齿轮使用寿命。

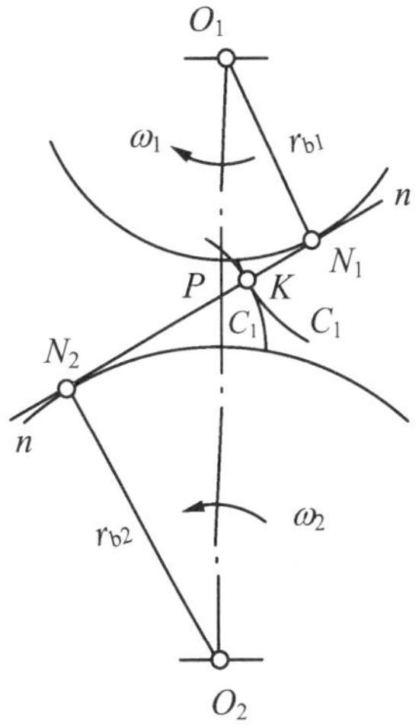

图 5-5　渐开线齿廓啮合传动

2. 渐开线齿廓传动具有可分性

在图 5-5 中，$\triangle O_1N_1P \backsim \triangle O_2N_2P$，因此两轮的传动比又可写成：

$$i_{12}=\frac{\omega_1}{\omega_2}=\frac{\overline{O_2P}}{\overline{O_1P}}=\frac{r'_2}{r'_1}=\frac{r_{b2}}{r_{b1}}$$

由此可知，渐开线齿轮的传动比又与两轮基圆半径成反比。渐开线加工完毕之后，其基圆的大小是不变的，所以当两轮的实际中心距与设计中心距不一致时，两轮的传动比却保持不变。这一特性称为传动的可分性。这一特性对齿轮的加工和装配是十分重要的。

3. 渐开线齿廓传动具有平稳性

由于一对渐开线齿轮的齿廓在任意啮合点处的公法线都是同一直线 $n—n$，因此两齿廓上所有啮合点均在$\overline{N_1N_2}$上，或者说两齿廓在$\overline{N_1N_2}$上啮合。因此，线段$\overline{N_1N_2}$是两齿廓啮合点的轨迹，故$\overline{N_1N_2}$线又称作啮合线。而在齿轮传动中，啮合齿廓间的正压力方向是啮合点公法线方向，故在齿轮传动过程中，两啮合齿廓间的正压力方向始终不变。这一特性称为渐开线齿轮传动的受力平稳性。该特性对延长渐开线齿轮使用寿命有利。

渐开线齿廓的上述特性是在机械工程中广泛应用渐开线齿轮的重要原因。

(四) 渐开线标准齿轮的参数和几何尺寸

为了进一步研究齿轮的传动原理和齿轮的设计问题，必须要首先了解和掌握齿轮各部分的名称、符号及其尺寸间的关系。关于渐开线标准直齿圆柱齿轮各部分的名称和几何尺寸的计算，是最基本的内容，必须熟悉和掌握。

1. 齿轮各部分名称和符号

图 5-6 所示为标准直齿圆柱齿轮的一部分，其主要包含以下部分：

齿顶圆：齿轮所有各齿的顶端都在同一个圆上，这个过齿轮各齿顶端的圆称作齿顶圆，用 d_a 或 r_a 表示其直径或半径。

齿根圆：齿轮所有各齿之间的齿槽底部也在同一圆上，这个圆称作齿根圆，用 d_f 或 r_f 表示其直径或半径。

基圆：前面我们已经提到过这个圆。也就是形成渐开线的基础圆，其直径和半径分别用 d_b 和 r_b 表示。

分度圆：为便于齿轮几何尺寸的计算、测量所规定的一个基准圆，其直径和半径分别用符

号 d 和 r 表示。

齿厚：轮齿在任意圆周上的弧长，用 s_k 表示。

齿槽宽：又称齿间宽，齿槽在任意圆周上的弧长，用 e_k 表示。

齿距：任意圆周上相邻两齿间同侧齿廓之间的弧长，用 p_k 表示。显然 $p_k=s_k+e_k=s_i+e_i$

法向齿距：相邻两齿间同侧齿廓之间的法向距离，用 p_n 表示。根据渐开线的性质，法向齿距等于基圆齿距 p_b，即

$$p_n = p_b$$

齿顶高：分度圆与齿顶圆之间的径向高度，用 h_a 表示。

齿根高：分度圆与齿根圆之间的径向高度，用 h_f 表示。

齿全高：齿顶圆与齿根圆之间的径向高度，用 h 表示。

齿宽：轮齿沿轴线方向的宽度，用 B 表示。

分度圆上齿厚、齿槽宽和齿距分别用 s、e、p 表示。

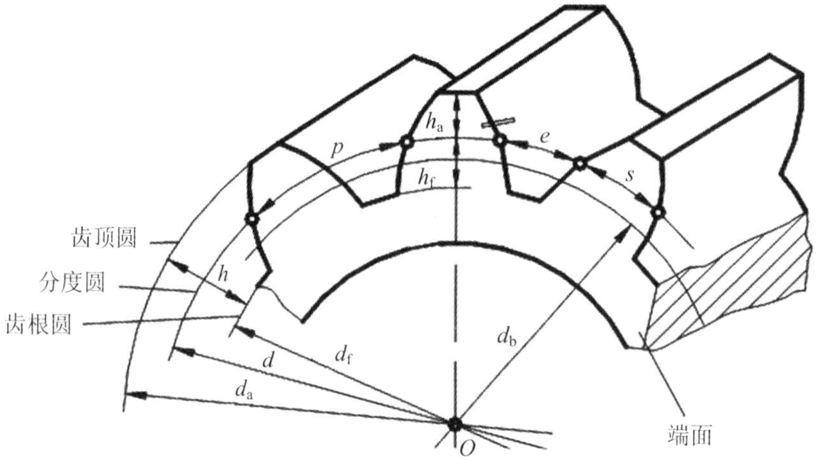

图 5-6　齿轮各部分的名称

2. 齿轮基本参数

齿数：齿轮整个圆周上轮齿的总数，用 z 表示。它影响传动比和齿轮尺寸。

模数：模数是分度圆作为齿轮几何尺寸计算依据的基准而引入的参数。因为

$$分度圆周长 = \pi d = zp$$

故

$$d = z \cdot \frac{p}{\pi}$$

由于 π 是无理数，为了便于计算、制造和检测，我们人为地规定比值 $\frac{p}{\pi}$ 为一简单的数值，并把这个比值称作模数，用 m 表示。即

$$m = \frac{p}{\pi}$$

所以得到

$$d = mz \tag{5-4}$$

图 5-7 所示为齿数 z 相同，模数 m 不同的 3 个齿轮。可以看出：模数 m 是决定齿轮几何尺寸的重要参数，模数的单位为 mm。

齿轮的模数已经标准化，我国规定的标准模数有两个系列，要求优先选用第一系列，括号内的最好不要使用，需要时可以查表。表 5-2 为我国国家标准中的标准模数系列。

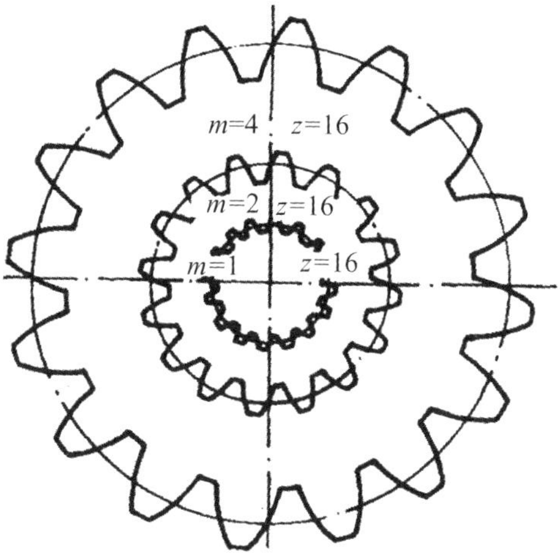

图 5-7

表 5-2　标准模数系列(GB/T 1357-2008)

第一系列	1，1.25，1.5，2，2.5，3，4，5，6，8，10，12，16，20，25，32，40，50
第二系列	1.125，1.375，1.75，2.25，2.75，3.5，4.5，5.5，(6.5)，7，9，11，14，18，22，28，36，45

注：① 本表适用于渐开线圆柱齿轮，对斜齿轮是指法面模数；
② 优先采用第一系列，括号内的模数尽可能不用。

由于任何一个齿轮的齿数 z 和模数 m 是一定的，由 $d=mz$ 可知：任何齿轮都有而且只有一个分度圆。

压力角 α：由式 $r_K=\dfrac{r_b}{\cos\alpha_K}$ 可知，渐开线齿廓上任意一点 K 处的压力角为 $\alpha_K=\arccos\dfrac{r_b}{r_K}$。对于同一渐开线齿廓，$r_K$ 不同，α_K 也不同。显然，基圆上渐开线的压力角等于零。我们通常所说的齿轮压力角是指在分度圆上的压力角，用 α 表示。所以有

$$r_b = r\cdot\cos\alpha = \frac{mz}{2}\cos\alpha \tag{5-5}$$

由上式可知，模数、齿数不变的齿轮，若其压力角不同，其基圆的大小也不同，因而其齿廓渐开线的形状也不同。因此，压力角是决定渐开线齿廓形状的重要参数。

国家标准(GB 1356-88)中规定分度圆压力角为标准值，一般情况下为 $\alpha=20°$，个别情况也用 $\alpha=14.5°$、$15°$、$22.5°$、$25°$等。

齿顶高系数 h_a^* 和顶隙系数 c^*：为了以模数 m 表示齿轮的几何尺寸，规定齿顶高和齿根高

$$h_a = h_a^*\cdot m \tag{5-6}$$

$$h_f = (h_a^* + c^*)m \tag{5-7}$$

这两个参数也已经标准化，其值见表 5-3。

以上 5 个参数为齿轮的基本参数。

3. 几何尺寸计算公式

根据图 5-6，很容易推导出齿轮的齿顶圆、齿根圆及齿全高等其他尺寸的计算公式。渐开线直齿标准圆柱齿轮的几何尺寸计算公式已经列在表 5-4 中，在有关的机械设计手册中也有公式汇集，供我们在实际工作中使用。

表 5-3　齿轮参数标准值

正常齿	$h_a^* = 1.0$	$c^* = 0.25$
短　齿	$h_a^* = 0.8$	$c^* = 0.30$

表 5-4　标准直齿圆柱齿轮传动的几何尺寸计算公式

名　称	代　号	公式与说明	
		外齿轮	内齿轮
齿数	z	根据工作要求确定	
模数	m	由轮齿的承载能力确定，并按表 5-2 取标准值	
压力角	α	$\alpha = 20°$	
分度圆直径	d	$d_1 = mz_1$；　$d_2 = mz_2$	
齿顶高	h_a	$h_a = h_a^* m$	
齿根高	h_f	$h_f = (h_a^* + c^*)m$	
齿全高	h	$h = h_a + h_f$	
基圆直径	d_b	$d_{b1} = d_1 \cos\alpha = mz_1 \cos\alpha, d_{b2} = mz_2 \cos\alpha$	
分度圆齿距	p	$p = \pi m$	
分度圆齿厚	s	$s = \dfrac{\pi m}{2}$	
齿顶圆直径	d_a	$d_a = d + 2h_a = m(z + 2h_a^*)$	$d_a = m(z - 2h_a^*)$
齿根圆直径	d_f	$d_f = d - 2h_f = m(z - 2h_a^* - 2c^*)$	$d_f = m(z + 2h_a^* + 2c^*)$
中心距	a	$a = \dfrac{d_1 + d_2}{2}$	$a = \dfrac{d_2 - d_1}{2}$

我们通常所说的标准齿轮是指：m、α、h_a^*、c^* 都为标准值，而且 $e = s$ 的齿轮。

由表 5-4 中公式可见，渐开线标准直齿齿轮的几何尺寸和齿廓形状完全由 z、m、α、h_a^*、c^* 这 5 个基本参数确定。

（五）内齿轮与齿条

图 5-8 所示为一圆柱内齿轮，其轮齿和齿槽相当于外齿轮的齿槽和轮齿，故内齿轮的齿廓为内凹的，并且齿根圆大于分度圆，分度圆大于齿顶圆，而齿顶圆必须大于基圆才能保证其啮合齿廓全部为渐开线。

图 5-9 所示为一齿条，当齿轮的齿数增大到无穷大时，其圆心将位于无穷远处，这时该齿轮的各个圆周都变成直线，渐开线齿廓也变成直线齿廓，并且齿条运动为平动，所以齿条直线齿廓上各点的压力角相等，其大小等于齿廓倾斜角，也即齿形角，故齿形角为标准值。由于齿条上同侧齿廓平行，所以在与分度线平行的其他直线上的齿距均相等，为 $p = \pi m$，但只有在分

度线上 $e=s=\frac{1}{2}m\pi$。其他尺寸可参照直齿标准齿轮计算。

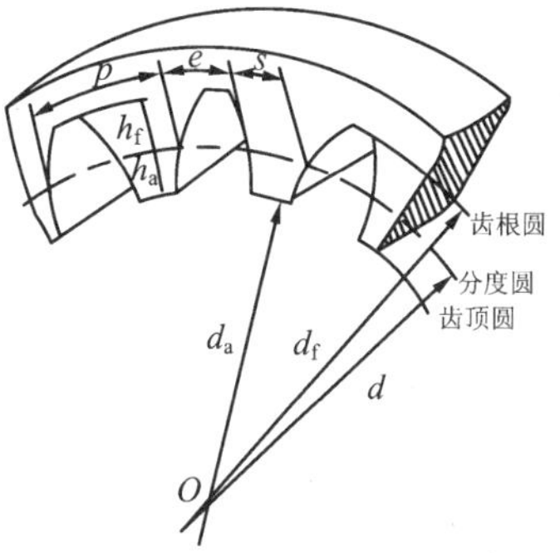

图 5-8　内齿轮各部分的名称和符号

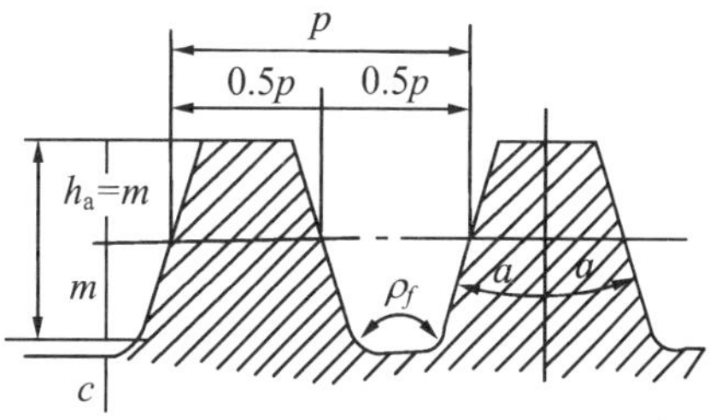

图 5-9　齿条各部分的名称和符号

（六）渐开线标准齿轮的公法线长度

在检验齿轮的制造精度时，常需测量齿轮的公法线长度。在齿轮上跨过若干个齿数 K 所量得的渐开线的法线距离，称为齿轮的公法线长度。标准直齿圆柱齿轮的公法线长度一般用游标卡尺或公法线千分尺的两个卡脚卡住 K 个轮齿进行测量。如图 5-10 所示，卡尺的两个卡脚跨过 K 个齿数(图中为 3 个齿)，卡尺与齿廓相切于 A 和 B 两点，则两卡脚间的距离即为被测量的齿轮的公法线长度，用 W 表示。

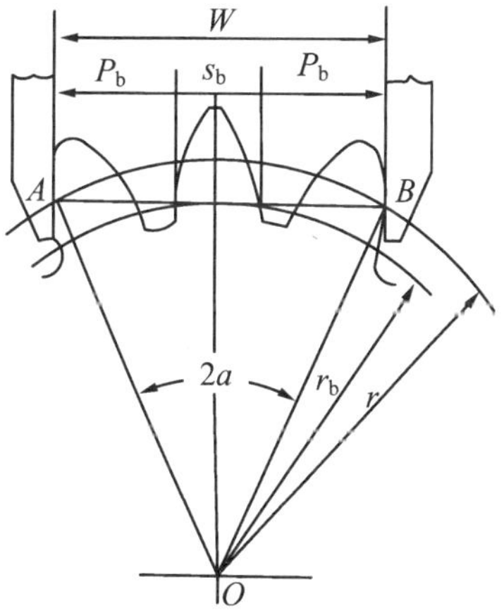

图 5-10　齿轮的公法线长度

由图 5-10 可知

$$W=(K-1)p_b+s_b$$

式中，p_b 为基圆齿距，s_b 为基圆上的齿厚，K 为跨齿数。将上式进一步推导，得公法线长度的计算式

$$W=m\cos\alpha[(K-0.5)\pi+z\,\mathrm{inv}\,\alpha]$$

式中，m 为模数，α 为压力角，z 为齿数。当 $\alpha=20°$时

$$W=m[2.952\,1(K-0.5)+0.014z] \tag{5-8}$$

为使卡尺的卡脚切于渐开线齿轮的分度圆附近，以保证测量准确，可推导出跨齿数的计算

公式为

$$K = 0.111z + 0.5 \tag{5-9}$$

计算出的跨齿数应圆整为整数。W 和 K 的值也可以直接从机械设计手册中查得。

（七）渐开线圆柱直齿轮的啮合传动

前面我们仅主要对单个渐开线齿轮进行了研究，但单个齿轮无法组成传动机构，所以我们还必须研究两个或两个以上的渐开线齿轮的啮合传动情况。

1. 一对渐开线齿轮正确啮合的条件

在前面的内容中，我们已经得出结论：一对渐开线齿廓是满足啮合的基本定律并能保证定传动比传动的。但这并不意味着任意两个渐开线齿轮都能搭配起来并能正确地传动。那么，一对渐开线齿轮要正确啮合传动，应该具备什么条件呢？

为了解决这一问题，我们现对图 5-11 所示的那对齿轮进行分析。

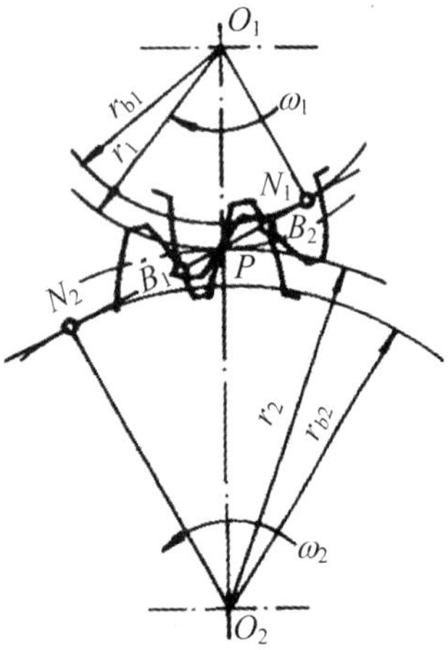

图 5-11　正确啮合

如前所述，一对渐开线齿轮在传动时，它们的齿廓啮合点都应该在$\overline{N_1N_2}$啮合线上。因此，要使处于啮合线上的各对齿轮轮齿都能正确地进入啮合，显然两齿轮的相邻两齿同侧齿廓间的法线距离应相等。

我们在此定义：齿轮上相邻两齿同侧齿廓间的法线距离称为齿轮的法节（齿距）。

如果两齿轮的法节相等，则当图示的前一对轮齿在啮合线上的 B_1点啮合时，后一对轮齿就可以正确地在啮合线上的 B_2点进入啮合。由图 5-11 可知，$\overline{B_1B_2}$即是轮 1 的法节，又是轮 2 的法节。

由上分析可知：两齿轮要正确地啮合，它们的法节（法向齿距、基圆齿距）必须相等。

根据渐开线的性质，齿轮的法节与其基圆上的基节 p_b（周节）相等，于是法节也以 p_b 表示，即有

$$p_{b1} = p_{b2}$$

又因为

$$p_b = \frac{\pi d_b}{z} = \frac{\pi d}{z}\cos\alpha = \pi m\cos\alpha$$

$$d_b = d\cos\alpha$$

$$p_{b1} = \pi m_1\cos\alpha_1$$

$$p_{b2} = \pi m_2\cos\alpha_2$$

所以可以得到两轮正确啮合的条件为

$$m_1\cos\alpha_1 = m_2\cos\alpha_2$$

前面我们已经讲过，m 和 α 都已标准化了，所以要满足上式必须有：

$$\left.\begin{aligned} m_1 = m_2 = m \\ \alpha_1 = \alpha_2 = \alpha \end{aligned}\right\} \tag{5-10}$$

也就是说，渐开线齿轮正确啮合的条件为：两轮的模数和压力角必须分别相等。

2. 重合度、连续传动

一对满足正确啮合条件的齿轮，只能保证在传动时其各对齿轮能依次正确的啮合，但并不能说明齿轮传动是否连续。为了研究齿轮传动的连续性，我们首先必须了解两轮轮齿的啮合过程。

(1) 轮齿的啮合过程。图 5-12 反映了轮齿的啮合过程。

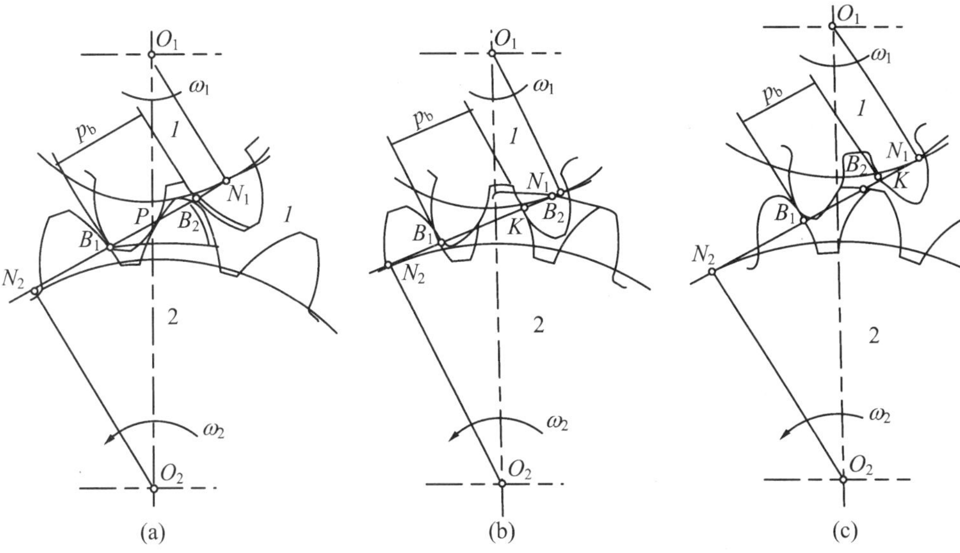

图 5-12　轮齿的啮合过程

图 5-12(a)显示了一对渐开线齿轮的啮合情况。设轮 1 为主动轮，以角速度 ω_1 顺时针回转；轮 2 为从动轮，以角速度 ω_2 逆时针回转；$\overline{N_1N_2}$为啮合线。在两轮轮齿开始进入啮合时，先是主动轮 1 的齿根部分与从动轮 2 的齿顶部分接触，即主动轮 1 的齿根推动从动轮 2 的齿顶。而轮齿进入啮合的起点为从动轮的齿顶圆与啮合线$\overline{N_1N_2}$的交点 B_2。随着啮合传动的进行，轮齿的啮合点沿啮合线$\overline{N_1N_2}$移动，即主动轮轮齿上的啮合点逐渐向齿顶部分移动，而从动轮轮齿上的啮合点则逐渐向齿根部分移动。当啮合进行到主动轮的齿顶与啮合线的交点 B_1 时，两轮齿即将脱离接触，故 B_1 点为轮齿接触的终点。

从一对轮齿的啮合过程来看，啮合点实际走过的轨迹只是啮合线$\overline{N_1N_2}$的一部分线段$\overline{B_1B_2}$，故把$\overline{B_1B_2}$称为实际啮合线段。

当两轮齿顶圆加大，如图 5-12(b)所示时，B_1 及 B_2 点愈接近于啮合线与两基圆的切点，实际啮合线段就越长。

但因为基圆内部没有渐开线，所以两轮的齿顶圆不得超过 N_1、N_2 点。因此啮合线$\overline{N_1N_2}$是理论上可能的最大啮合线段，称作理论啮合线段，而 N_1、N_2 称作啮合极限点。

(2) 渐开线齿轮连续传动的条件。由上述齿轮啮合的过程可以看出，一对齿轮的啮合只能推动从动轮转过一定的角度，而要使齿轮连续地进行转动，就必须在前一对轮齿尚未脱离啮合时，后一对轮齿能及时地进入啮合。显然，为此必须使$\overline{B_1B_2} \geqslant p_b$，即要求实际的啮合线段$\overline{B_1B_2}$大于或等于齿轮的法线齿距(即基圆齿距 p_b)。

如果$\overline{B_1B_2} = p_b$，如图 5-12(a)所示，则表明始终只有一对轮齿处于啮合状态；如果$\overline{B_1B_2} > p_b$，如图 5-12(b)所示，则表明有时为一对轮齿啮合，有时为多于一对轮齿啮合；如果$\overline{B_1B_2} < p_b$，如图 5-12(c)所示，则前一对轮齿在 B_1 脱离啮合时，后一对轮齿还未进入啮合，结果

将使传动中断，从而引起轮齿间的冲击，影响传动的平稳性。

由上可知，齿轮连续传动的条件是：两齿轮的实际啮合线$\overline{B_1B_2}$应大于或至少等于齿轮的法节 p_b。即：我们用符号 ε_α 表示$\overline{B_1B_2}$与 p_b 的比值，称为重合度（也称作端面重叠系数）：

$$\varepsilon_\alpha = \frac{\overline{B_1B_2}}{p_b} \geqslant 1 \tag{5-11}$$

为了保证齿轮的连续传动，实际工作中 ε_α 应满足 $\varepsilon_\alpha \geqslant [\varepsilon_\alpha]$，$[\varepsilon_\alpha]$为许用值。根据机械行业需求的不同，$[\varepsilon_\alpha]$一般可在 1.1～1.4 内选取，也可以查阅相关的手册、标准等资料。

对于一般的机械制造业：$[\varepsilon_\alpha]=1.4$。

汽车拖拉机：$[\varepsilon_\alpha]=1.1\sim1.2$。

机床：$[\varepsilon_\alpha]=1.3$。

（3）重合度 ε_α 的计算。由图 5-13 可知

$$\overline{B_1B_2} = \overline{PB_1} + \overline{PB_2}$$

而

$$\overline{PB_1} = r_{b1}(\tan\alpha_{a1} - \tan\alpha') = \frac{mz_1}{2}(\tan\alpha_{a1} - \tan\alpha')$$

$$\overline{PB_2} = r_{b2}(\tan\alpha_{a2} - \tan\alpha') = \frac{mz_2}{2}(\tan\alpha_{a2} - \tan\alpha')$$

$$\varepsilon_\alpha = \frac{1}{2\pi}[z_1(\tan\alpha_{a1} - \tan\alpha') + z_2(\tan\alpha_{a2} - \tan\alpha')] \tag{5-12}$$

式中 α'、α_{a1}、α_{a2}分别为啮合角和两轮齿顶圆压力角。

由式(5-12)可以看出，ε_α 与模数无关，但随齿数 z 的增多而加大。

对于齿条传动

$$\varepsilon_\alpha = \frac{1}{2\pi}\left[z_1(\tan\alpha_{a1} - \tan\alpha') + \frac{2h_a^*}{\sin\alpha\cos\alpha}\right] \tag{5-13}$$

增大重合度，对提高齿轮传动的承载能力具有重要意义。

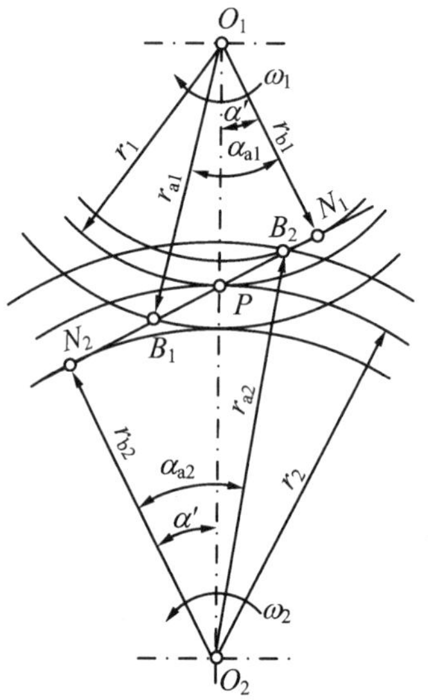

图 5-13　连续传动的条件

3. 齿轮传动的标准中心距及啮合角

（1）标准顶隙与无侧隙啮合条件。在齿轮传动中，为避免一轮的齿顶与另一轮齿根的过渡曲线相抵触，故在一轮齿顶与另一轮齿根圆之间应留有一定的间隙 c，称作顶隙。$c=c^* m$ 称为标准顶隙。顶隙在传动中还可以起到储存润滑油的作用。

在齿轮传动中，为避免或减小轮齿的冲击，应使两轮齿侧间隙为零；而为防止轮齿受力变形、发热膨胀以及其他因素引起轮齿间的挤轧现象，两轮非工作齿廓间要留有一定的齿侧间隙。这个齿侧间隙一般很小，通常由制造公差来保证。所以在我们的实际设计中，齿轮的公称尺寸是按无侧隙计算的。

由于轮齿传动时，仅两轮节圆作纯滚动，故无侧隙啮合条件是：一个齿轮节圆上的齿厚等于另一个齿轮节圆上的齿槽宽，即

$$s'_1 = e'_2$$
$$s'_2 = e'_1$$

（2）中心距和啮合角。

中心距 a 是齿轮传动的一个重要参数，它直接影响两齿轮传动是否为标准顶隙和无侧隙啮合。

图 5-14 所示为一对标准外啮合齿轮传动的情况，当保证标准顶隙 $c=c^* m$ 时，两轮的中心距应为：

$$a = r_{a1} + c + r_{f2} = r_1 + h_a^* m + c^* m + r_2 - h_a^* m - c^* m$$

即

$$a = r_1 + r_2 = \frac{m}{2}(z_1 + z_2) \qquad (5\text{-}14)$$

也就是说：两轮的中心距 a 应等于两轮分度圆半径之和。这个中心距称为标准中心距，按照标准中心距进行安装称标准安装。

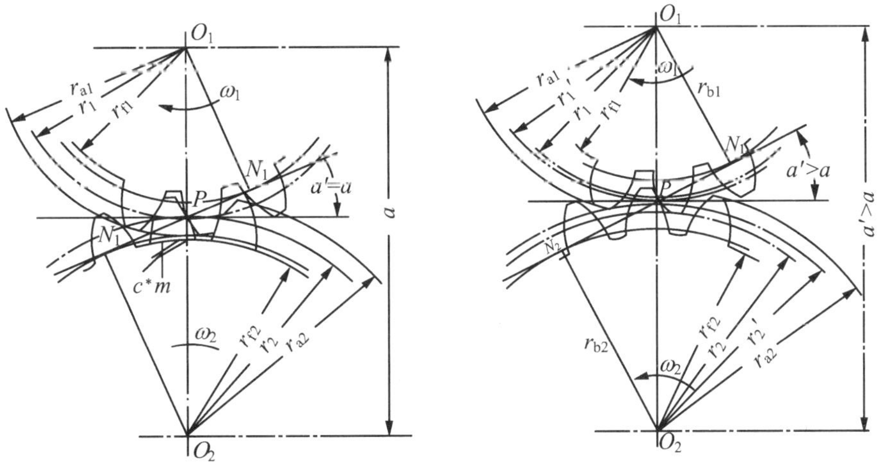

图 5-14　外啮合传动

我们知道：一对齿轮啮合时两轮的节圆总是相切的，即两轮的中心距总是等于两轮节圆半径之和。当两轮按标准中心距安装时，由上式可知两轮的分度圆也是相切的，故两轮的节圆与

分度圆相重合。由此可知，节圆与分度圆上的齿厚和齿槽宽分别相等，满足无侧隙啮合条件。可以得到结论：一对渐开线标准齿轮按照标准中心距安装能同时满足标准顶隙和无侧隙啮合条件。

不论齿轮是否参加啮合传动，分度圆是单个齿轮所固有的、大小确定的圆，与传动的中心距变化无关；而节圆是两齿轮啮合传动时才有的，其大小与中心距的变化有关，单个齿轮没有节圆。

接下来我们介绍有关啮合角的概念。

所谓啮合角是两轮节点 P 的圆周速度方向与啮合线 N_1N_2 之间所夹的锐角，用 α'表示，当标准齿轮按照标准中心距安装时，节圆与分度圆重合，故 $\alpha=\alpha'$，如图 5-14(a)所示。

由于齿轮制造和安装的误差，运转时径向力引起轴的变形以及轴承磨损等原因，两轮的实际中心距 a'往往与标准中心距 a 不一致，而是略有变动，如图 5-14(b)所示。

当两轮实际中心距 a'大于或小于标准中心距 a 时，两轮的节圆虽相切，但两轮的分度圆却分离或相割，出现分度圆与节圆不重合情况。

因为

$$r_{b1}+r_{b2}=(r_1+r_2)\cos\alpha=(r_1'+r_2')\cos\alpha'$$

所以

$$a'\cos\alpha'=a\cos\alpha \tag{5-15}$$

该式表明了啮合角随中心距改变的关系。

齿轮与齿条的啮合传动如图 5-15 所示，其啮合线为垂直齿条齿廓并与齿轮基圆相切的直线 N_1N_2，N_2点在无穷远处。过齿轮轴心并垂直于齿条分度线的直线与啮合线的交点即为节点 P。

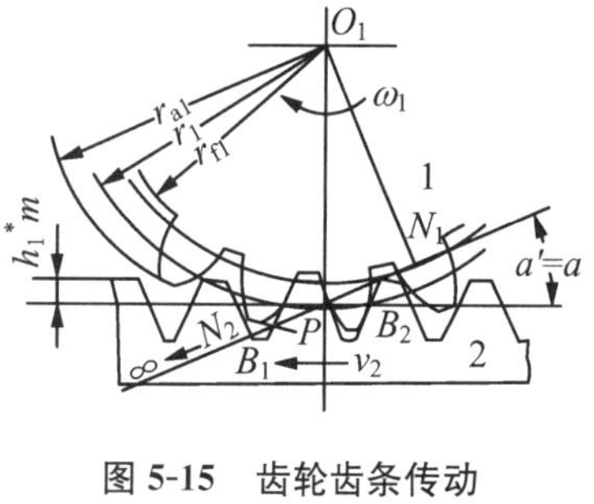

图 5-15　齿轮齿条传动

当齿轮分度圆与齿条分度线相切时称为标准安装，标准安装时，保证了标准顶隙和无侧隙啮合，同时齿轮的节圆与分度圆重合，齿条节线与分度线重合。故传动啮合角 α'等于齿轮分度圆压力角 α，也等于齿条的齿形角。

当非标准安装时，由于齿条的齿廓是直线，齿条位置改变后其齿廓总是与原始位置平行。故啮合线 N_1N_2 的位置总是不变的，而节点 P 的位置也不变，因此齿轮节圆大小也不变，并且恒与分度圆重合，其啮合角 α'也恒等于齿轮分度圆压力角 α，但齿条的节线与其分度线不再重合。

（八）渐开线齿轮的切齿原理和齿轮变位原理

1. 齿廓的切削加工原理

近代齿轮的加工方法很多，有铸造法、热轧法、冲压法、模锻法和切齿法等。其中最常用的是切削方法，就其原理可以概括分为仿形法和范成法两大类。

(1) 仿形法。顾名思义，仿形法就是刀具的轴剖面刀刃形状和被切齿槽的形状相同。其刀具有盘状铣刀和指状铣刀等。

如图 5-16 所示，切削时，铣刀转动，同时毛坯沿它的轴线方向移动一个行程，这样就切出一个齿间，也就是切出相邻两齿的各一侧齿槽；然后毛坯退回原来的位置，并用分度机构将毛坯转过$\frac{360^\circ}{z}$，再继续切削第二个齿间(槽)。依次进行即可切削出所有轮齿。

在图 5-17 中，显示的是指状铣刀切削加工的情形。其加工方法与盘状铣刀加工时基本相同。不过指状铣刀常用于加工模数较大($m>20$ mm)的齿轮，并可用于切制人字齿轮。

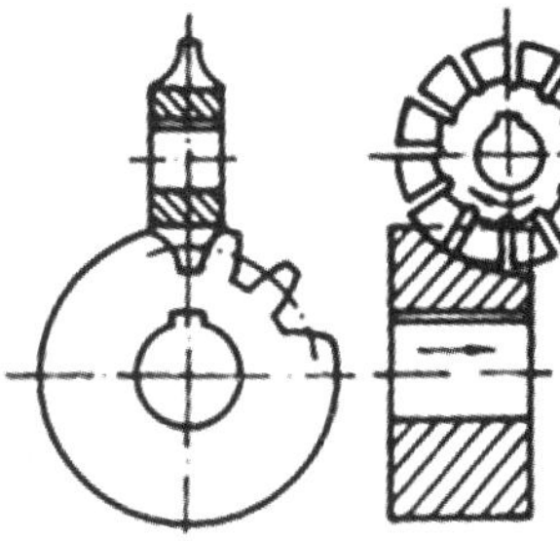

图 5-16　盘状铣刀

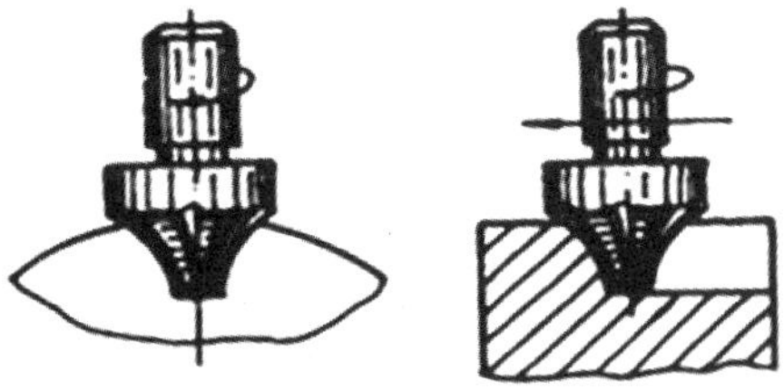

图 5-17　指状铣刀

由于轮齿渐开线的形状是随基圆的大小不同而不同的，而基圆的半径

$$r_b = r \cdot \cos\alpha = \frac{mz}{2}\cos\alpha$$

所以当 m 及 α 一定时，渐开线齿廓的形状将随齿轮齿数而变化。

那么，如果我们想要切出完全准确的齿廓，则在加工 m 与 α 相同而 z 不同的齿轮时，每一种齿数的齿轮就需要一把铣刀。显然，这在实际上是做不到的。所以，在工程上加工同样 m 与 α 的齿轮时，根据齿数不同，一般备有 8 把或 15 把一套的铣刀，来满足加工不同齿数齿轮的需要(表 5-5)。

表 5-5　刀号与轮齿数对应表

刀　号	1	2	3	4	5	6	7	8
轮齿数	12～13	14～16	17～20	21～25	26～34	35～54	55～134	≥135

每一号铣刀的齿形与其对应齿数范围中最少齿数的轮齿齿形相同。因此，用该号铣刀切削同组其他齿数的齿轮时，其齿形均有误差。但这种误差都是偏向轮齿齿体的，因此不会引起轮齿传动干涉。

这种方法的缺点为：加工精度低；加工不连续，生产率低；加工成本高；优点为：可以用普通铣床加工。故该方法主要用于修配和小批量生产。

(2) 范成法(又称展成法、共轭法或包络法)。这种方法是加工齿轮中最常用的一种方法。它是根据前面所述的共轭曲线原理，利用一对齿轮互相啮合传动时，两轮的齿廓互为包络线的原理来加工的。设想将一对互相啮合传动的齿轮之一变为刀具，而另一个作为轮坯，并使二者仍按原传动比进行传动，则在传动过程中，刀具的齿廓便将在轮坯上包络出与其共轭的齿廓。

常用的刀具有齿轮插刀、齿条插刀和齿轮滚刀。

① 齿轮插刀。图 5-18 所示为用齿轮插刀进行轮齿加工的情形。齿轮插刀的外形就像一个具有刀刃的外齿轮，当我们用一把齿数为 z_c 的齿轮插刀去加工一个模数为 m，压力角 α 与该插刀相同而齿数为 z 的齿轮时，将插刀和轮坯装在专用的插齿机床上，通过机车的传动系统使插刀与轮坯按恒定的传动比 $i=\frac{\omega_c}{\omega}=\frac{z}{z_c}$ 回转，并使插刀沿轮坯的齿宽方向作往复切削运动。这

样，刀具的渐开线齿廓就在轮坯上包络出与刀具渐开线齿廓相共轭的渐开线齿廓。

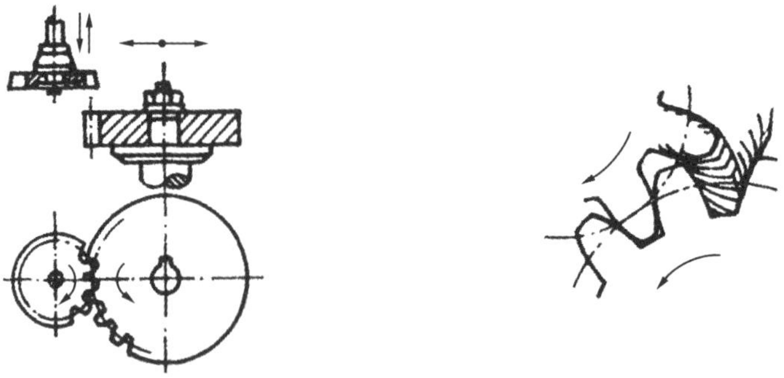

(a)　　　　(b)

图 5-18　齿轮插刀

在用齿轮插刀加工齿轮时，刀具与轮坯之间的相对运动主要有：

a. 范成运动：即齿轮插刀与轮坯以恒定的传动比 $i=\frac{\omega_c}{\omega}=\frac{z}{z_c}$ 作回转运动，就如同一对齿轮啮合一样（展成运动）。

b. 切削运动：即齿轮插刀沿着轮坯的齿宽方向作往复切削运动。

c. 进给运动：即为了切出轮齿的高度，在切削过程中，齿轮插刀还需要向轮坯的中心移动，直至达到规定的中心距为止。

d. 让刀运动：轮坯的径向退刀运动，以免损伤加工好的齿面。

② 齿条插刀。齿条插刀加工齿轮的原理与用齿轮插刀加工相同，仅仅是展成运动变为齿条与齿轮的啮合运动，并且齿条的移动速度为 $v=\frac{\omega mz}{2}$。

由加工过程可以看出，以上两种方法其切削都不是连续的，这样就影响了生产率的提高。因此，在生产中更广泛地采用齿轮滚刀来加工齿轮。

③ 齿轮滚刀。图 5-19 所示为齿轮滚刀，滚刀形状如一个开有刀口的螺旋且在其轴剖面（即轮坯端面）内的形状相当于一齿条，其加工原理与用齿条插刀加工时基本相同。但滚刀转动时，刀刃的螺旋运动代替了齿条插刀的展成运动和切削运动。滚刀回转时，还需沿轮坯轴向方向缓慢进给运动，以便切削一定的齿宽。加工直齿轮时，滚刀轴线与轮坯端面之间的夹角应等于滚刀的螺旋升角 γ，以使其螺旋的切线方向与轮坯径向相同。

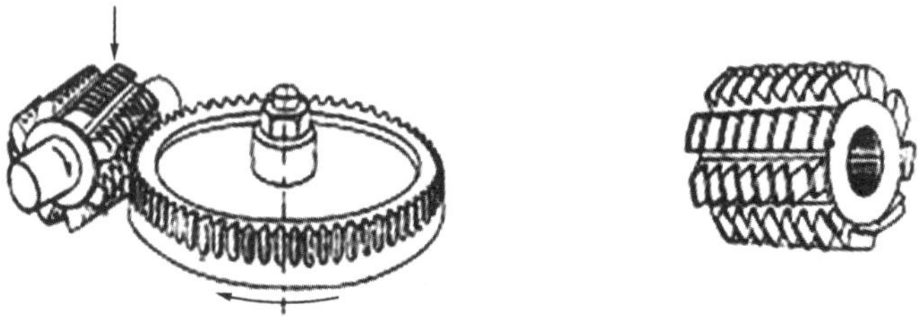

(a)　　　　(b)

图 5-19　齿轮滚刀

滚刀的回转就像一个无穷长的齿条刀在移动，所以这种加工方法是连续的，具有很高的生产率。利用范成法加工齿轮，只要刀具和被加工齿轮的模数及压力角相同，就可以利用一把刀具来加工。

2. 根切与 z_{min}

用范成法加工齿轮时，有时会发现刀具的顶部切入了轮齿的根部，把齿根切去了一部分，破坏了渐开线齿廓，这种现象称为根切。

根切的齿轮会削弱轮齿的抗弯强度、降低传动的重合度和平稳性。所以在设计制造中应力求避免根切。

(1) 根切的成因。要避免根切，应了解根切的成因。如图 5-20 所示为用齿条加工标准齿轮的情形，刀具中线与轮坯分度圆相切并作纯滚动。当刀具由左向右移动切削加工时，其直线齿廓到极限啮合点 N_1时，轮坯渐开线齿廓全部加工完成。当范成运动继续进行时，刀具齿顶没能退出而继续切削加工。设轮坯转过一定角度，则已加工好的渐开线齿廓$\overline{N'_1K}$段即被刀具齿顶部分切去，形成根切。

故知：渐开线齿廓上点 N'_1 必落在刀刃左下方而被切掉，而发生这种情况的根本原因是刀具齿顶超过了 N_1点。由此得出结论：用范成法加工齿轮，若刀具的齿顶超过啮合极限点 N_1，则被切齿轮必定发生轮齿根切。

(2) 渐开线标准齿轮不根切的最少齿数 z_{min}。由前述可知，只要刀具齿顶线不超过啮合极限点 N_1，轮齿将不发生根切，如图 5-21 所示。

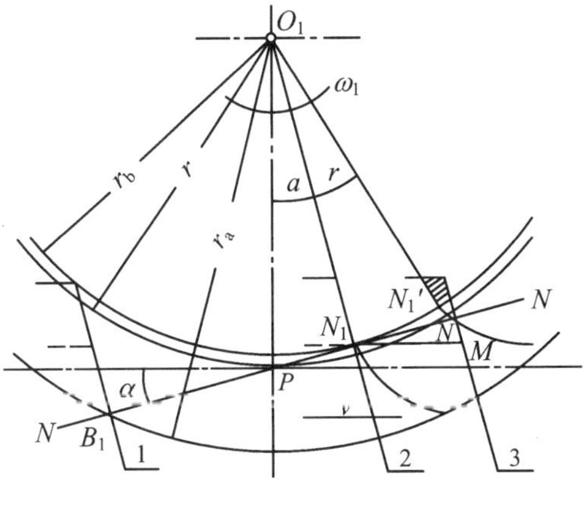

图 5-20　根切的产生

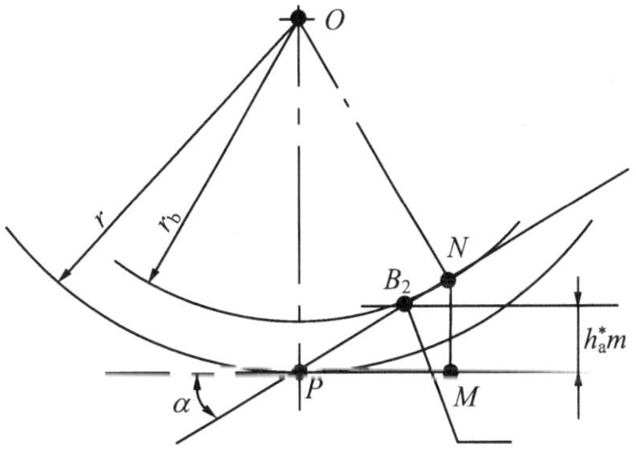

图 5-21　不发生根切的最少齿数

不根切的条件可以表示为$\overline{PB_1} \leqslant \overline{PN_1}$

$$\overline{PB_1} = \frac{h_a^* m}{\sin\alpha}$$

$$\overline{PN_1} = r\sin\alpha = \frac{mz\sin\alpha}{2}$$

所以有

$$\frac{h_a^* m}{\sin\alpha} \leqslant \frac{mz\sin\alpha}{2}$$

从而

$$z \geqslant \frac{2h_a^*}{\sin^2\alpha} \tag{5-16}$$

因此，渐开线标准齿轮不根切的最少齿数为：

$$z_{min} = \frac{2h_a^*}{\sin^2\alpha} \tag{5-17}$$

$\alpha=20°, h_a^*=1.0$ 时，$z_{min}=17$。

$\alpha=20°, h_a^*=0.8$ 时，$z_{min}=14$。

由式(5-17)可以看出，增大 α 或减小 h_a^* 都可以减少最少根切齿数。

（九）变位齿轮简介

1. 问题的提出(渐开线标准齿轮的局限性)

渐开线标准齿轮有很多优点，但也存在如下不足：

(1) 用范成法加工时，当 $z<z_{min}$ 时，标准齿轮将发生根切；

(2) 标准齿轮不适合中心距 $a'\neq a=\dfrac{m(z_1+z_2)}{2}$ 的场合。当 $a'<a$ 时无法安装；当 $a'>a$ 时，侧隙大，重合度减小，平稳性差；

(3) 小齿轮渐开线齿廓曲率半径较小，齿根厚度较薄，参与啮合的次数多，故强度较低。并且齿根的滑动系数大，所以小齿轮易损坏。

为了改善和解决标准齿轮的这些不足，工程上广泛使用变位修正齿轮，有效地解决了这些问题。

2. 变位修正法

在实际机械中，常常要用到 $z<z_{min}$ 的齿轮。为避免根切，应该设法减小 z_{min}。由 $z_{min}=\dfrac{2h_a^*}{\sin^2\alpha}$ 知，增大 α 或减小 h_a^* 都可以减少最小根切齿数，但是 h_a^* 的减小会降低传动的重合度，影响平稳性，而 α 的增大将增大齿廓间的受力及功率损耗。更重要的是不能用标准刀具加工齿轮。

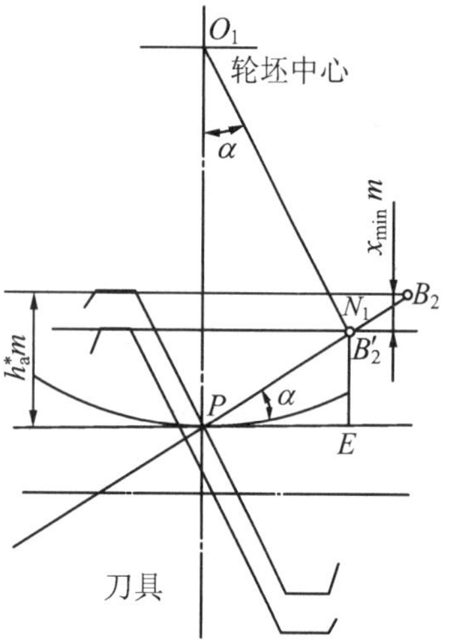

图 5-22　变位的概念

我们知道，轮齿根切的根本原因是刀具的齿顶线超过了啮合极限点 N_1，如图 5-22 所示。

当标准刀具从发生根切的位置相对于轮坯中心向外移动至刀具齿顶线不超过啮合极限点 N_1 的位置，则切出的齿轮就不发生根切。这种用改变刀具与轮坯相对位置的齿轮加工方法称为变位修正法。加工出的齿轮称作变位齿轮。刀具移动的距离称作变位量，用 x_m 表示，x 称作变位系数。相对于轮坯中心，刀具向外移动称作正变位，$x>0$；刀具向里移动，称作负变位，$x<0$；正变位加工出的齿轮称作正变位齿轮，负变位加工出来的齿轮称作负变位齿轮。

3. 变位齿轮传动

变位齿轮传动的类型根据总变位因数 $x_\Sigma=x_1+x_2$ 的不同，分为零传动、正传动和负传动 3 种。

$x_\Sigma=x_1+x_2=0$ 时，称为零传动。

$x_1=x_2=0$ 时，为标准齿轮传动。

$x_\Sigma=x_1+x_2=0, x_1=-x_2$ 时，为高度变位齿轮传动。

$x_\Sigma=x_1+x_2\neq0$ 为角度变位齿轮传动。

$x_\Sigma=x_1+x_2>0$ 为正角度变位齿轮传动。

$x_\Sigma=x_1+x_2<0$ 为负角度变位齿轮传动。

（十）齿轮传动精度

1. 精度等级

齿轮在制造、安装中，总要产生误差。例如，齿形、齿距、齿向误差和轴线变形产生的误差。这将产生3个方面的影响：①相啮合齿轮在一转范围内，实际转角和理论转角不一致，影响传动的准确性；②不能保持瞬时传动比恒定，出现速度波动，引起振动、冲击等，影响传动平稳性；③齿向误差造成载荷的不均匀性。

GB 10095-88 规定了渐开线圆柱齿轮传动的精度等级和公差。GB 11365-89 规定了锥齿轮传动的精度等级和公差。两标准将齿轮精度等级分为12个级别，1级最高，12级最低，其中常用为6～9级。

按误差特性和它们对传动性能的影响，将齿轮的各项公差分为3个组，如表5-6所示。根据使用要求不同，允许各项公差组选用不同的精度等级，但在同一公差组内，各项公差与极限偏差应保持相同的精度等级。

表5-6　齿轮公差组及其对传动性能的影响

公差组	误 差 特 性	对传动性能的影响
Ⅰ	以齿轮一转为周期的误差(运动精度)	传动的准确性
Ⅱ	以齿轮一转内多次周期性出现的误差(工作平稳性精度)	传动的平稳性
Ⅲ	齿向误差(接触精度)	载荷分布的均匀性

齿轮的精度等级，应根据齿轮传动的用途、使用条件、传递的功率、圆周速度以及经济性等技术要求选择。具体选择时可根据齿轮的圆周速度参考表5-7。

表5-7　齿轮传动常用精度等级及其应用

精度等级	圆周速度 v(m·s^{-1})			应 用 举 例
	直齿圆柱	斜齿圆柱	直齿锥齿轮	
6	≤15	≤30	≤9	要求运转精确或在高速重载下工作的齿轮传动；精密仪器和飞机、汽车、机床中重要齿轮
7	≤10	≤20	≤6	一般机械中的重要齿轮；标准系列减速器齿轮；飞机、汽车和机床中的齿轮
8	≤5	≤9	≤3	一般机械中的重要齿轮；飞机、汽车和机床中的不重要齿轮；纺织机械中的齿轮；农业机械中的重要齿轮
9	≤3	≤6	≤2.5	工作要求不高的齿轮；农业机械中的齿轮

注意：锥齿轮传动的圆周速度按齿宽中点分度圆直径计算。

2. 侧隙

为了保证齿轮副在啮合传动时不因工作升温造成热变形而卡死，也不因齿轮副换向时有过大的空行程而产生冲击、振动和噪声，要求齿轮副的轮齿齿侧间隙在法向(传力方向)留有一定的间隙，称为侧隙。

圆柱齿轮的侧隙由齿厚的上下偏差和中心距极限偏差来保证。GB 10095-88 规定了14种齿厚极限偏差，按偏差数值大小为序，依次用字母 C、D、E、…、S 表示。D 为基准(偏差为

0),C 为正偏差,E～S 为负偏差。

锥齿轮的侧隙由最小法向侧隙和法向侧隙公差来保证。GB 11365-89 规定 6 种最小法向侧隙分别用字母 a、b、c、d、e 和 h 表示,a 的值最大,h 的值为 0。相啮合两轮齿间的法向侧隙公差有 5 种,分别用字母 A、B、C、D 和 H 表示。

在高速、高温、重载条件下工作的传动齿轮,应有较大的侧隙;对于一般齿轮传动,应有中等大小的侧隙;对经常正、反转,转速不高的齿轮,应有较小的侧隙。

(十一) 齿轮传动失效形式及设计准则、材料及热处理

1. 失效形式及设计准则

齿轮传动的失效主要是指齿轮轮齿的破坏。齿轮的其他部分通常都是按经验进行设计的,所以确定的尺寸对强度来说都是很富裕的,在实际工程中也极少会被破坏。针对轮齿失效形式不同,决定轮齿强度的设计准则和计算方法也不同。所以,首先我们要了解轮齿的主要失效形式。工程上主要有两大类(5 小类)失效形式。

(1) 轮齿折断(打牙)。轮齿就好像一个悬臂梁,在受外载作用时,在其轮齿根部产生的弯曲应力最大。同时,在齿根部位过渡尺寸发生急剧变化以及加工时沿齿宽方向留下加工刀痕而造成应力集中的作用,当轮齿重复受载,在脉动循环或对称循环应力作用下,在根部会造成疲劳断裂。

轮齿受到突然过载,齿根应力如果超过材料强度极限,也会发生脆断现象。

在斜齿轮传动中,轮齿的接触线为一斜线,轮齿受载后会发生局部折断;即使是直齿圆柱齿轮,若制造及安装不良或由于轴的刚度不足而产生过大的弯曲变形,也会出现轮齿局部受载过重,造成局部折断。

轮齿的折断都是其弯曲应力超过了材料相应的极限应力,是最危险的一种失效形式。一旦发生断齿,传动立即失效。根据这种失效形式确定的设计准则及计算方法即为轮齿的弯曲强度计算。由于疲劳破坏是断齿的主要原因,故齿根弯曲疲劳强度计算是后面所要讨论的主要问题之一。

(2) 轮齿工作表面的破坏。轮齿的破坏,除断齿外,还有轮齿表面的破坏而造成传动的失效。轮齿表面的破坏主要有 4 类:点蚀、胶合、塑性变形和磨损。

① 齿面点蚀。在润滑良好的闭式齿轮传动中,由于齿面材料在交变接触应力作用下,因为接触疲劳产生贝壳形状凹坑的破坏形式称为点蚀,也是常见的一种齿面破坏形式,如图 5-23 所示。齿面上最初出现的点蚀随材料不同而不同,一般出现在靠近节线的齿根面上,最初为细小的尖状麻点。

图 5-23　齿面点蚀

当齿面硬度较低、材料塑性良好时,齿面经跑合后,接触应力趋于均匀,麻点不再继续扩展,这是一种收敛性点蚀,不会导致传动失效。但当齿面硬度较高、材料塑性较差时,点蚀就会

不断扩大，这是一种破坏性点蚀，是一种危险的失效形式。

由于油膜的存在，增大了齿面上实际承受压力的面积，可以减缓点蚀破坏。在合理的限度内，油的黏度越高，效果越好。

低速时可用高黏度油；高速(如 $v>12$ m/s)时，则要选用黏度较低的油，采用喷油润滑，可同时起到散热的作用。

针对点蚀破坏而拟订的设计准则和计算方法即为齿面接触疲劳强度计算。

② 齿面胶合。对于某些高速重载的齿轮传动，齿面间的压力大，瞬时温度高，油变稀而降低了润滑效果，导致摩擦增大，发热增多，将会使某些齿面上接触的点熔合焊在一起。在两齿面间相对滑动时，焊在一起的地方又被撕开。于是，在齿面上沿相对滑动的方向形成伤痕，这种现象称作胶合，如图 5-24 所示。缺少供油，也会导致胶合。

图 5-24　齿面胶合

③ 齿面磨损。在开式传动中，这是一种主要的破坏形式(图 5-25)，现在还没有简明的计算方法。改用闭式传动是避免轮齿磨损的最有效办法。加大齿面硬度也有助于减少磨损。

④ 齿面塑性变形。若轮齿的材料较软，载荷及摩擦力又都很大时，齿面材料就会沿着摩擦力的方向产生塑性变形，这种情况一般发生在硬度较低的齿面上，如图 5-26 所示。

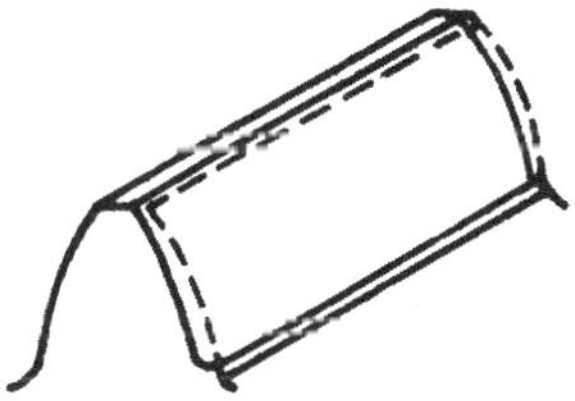

图 5-25　齿面磨损

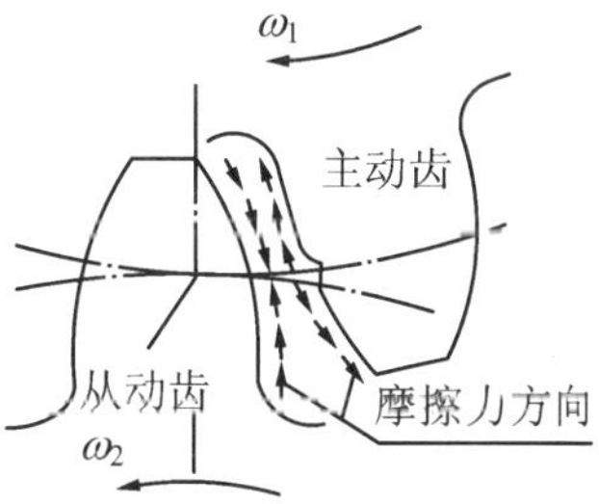

图 5-26　齿面塑性变形

以上所列举的是齿轮失效的几种主要形式。这些失效形式都有可能在传动中发生，但在一定条件下，总有一种形式是主要的。

随着强度计算理论的发展和计算方法的完善，现在各国都已制订有针对轮齿折断和点蚀的两种计算方法和标准，也是比较成熟和完善的两种。针对其他种类的失效也在研究之中，并已经拟订了在设计部门推广使用的胶合承载能力计算方法。我们只介绍前两种基本的计算方法。

针对不同的齿轮传动失效形式，设计准则也有所不同，具体设计准则如下：

在闭式齿轮传动中，对于软齿面(≤350 HBS)齿轮，按齿面接触疲劳强度进行设计，齿根弯曲疲劳强度校核；而对于硬齿面(>350 HBS)齿轮，按齿根弯曲疲劳强度进行设计，齿面接触疲劳强度校核。开式(半开式)齿轮传动，按齿根弯曲疲劳强度进行设计，不必校核齿面接触疲劳强度。

2. 材料选择及热处理

根据轮齿失效形式的分析可以知道，齿轮材料应具备如下。

性能：①齿面具有足够的硬度，以获得较高的抗点蚀、抗磨损、抗胶合的能力；②齿芯部有足够的韧性，以获得较高的抗弯曲和抗冲击载荷的能力；③具有良好的加工工艺性能和热处理工艺性能；④较为经济。

总的要求就是齿面硬度高、齿芯韧性要好，由于钢材经过适当的热处理就具有这种综合性能，所以，主要用各种钢材。在特殊场合也有使用其他材料的，如铸铁、工程塑料等。

(1) 材料的选择必须满足一般工作要求和特殊工作要求，即机器的工作要求、可靠性等要求；

(2) 要考虑齿轮尺寸的大小、毛坯成型方法、热处理及加工等因素；

(3) 要考虑齿轮载荷的大小、工况条件等因素的影响；

(4) 齿轮的重要程度；

(5) 传动比及配对情况。

提高齿面硬度，既可以提高接触强度，又可以提高抗磨粒磨损及抗塑性变形的能力。硬齿面齿轮与软齿面齿轮比较，其综合承载能力可提高 2～3 倍或更多。在相同承载能力的条件下，硬齿面齿轮尺寸比软齿面齿轮尺寸小的多。所以除非生产条件受到限制，一般采用硬齿面齿轮传动。经过表面硬化的齿轮齿面硬度一般不低于 45HRC(相当于 424HBS)。对金属制的直齿轮，配对的两齿轮齿面的硬度差应保持在 30～50 或更多(即 HBS1～HBS2)，这是普遍要求。因为当小齿轮与大齿轮的齿面具有较大的硬度差时(如小齿轮淬火磨制，大齿轮为常化或调质)，在运转过程中较硬的小齿轮齿面对较软的大齿轮齿面，会有显著的冷作硬化效应，提高大齿面的疲劳极限，其接触疲劳强度约可以提高 20%。

选取齿轮材料及热处理方法时，要根据需要及可能而定。钢制齿轮总要进行适当的热处理以改善材料性能，常用的方法有：调质、淬火、渗碳淬火、氮化等。表 5-8 列出了常用齿轮材料及其热处理后的硬度。

表 5-8　常用的齿轮材料

材　料	机械性能(MPa)		热处理方法	硬　度	
	σ_b	σ_s		HBS	HRC
45	580	290	正火	160～217	
	640	350	调质	217～255	
			表面淬火		40～50
40Cr	700	500	调质	240～286	
			表面淬火		48～55
35SiMn	750	450	调质	217～269	
42SiMn	785	510	调质	229～286	
20Cr	637	392	渗碳、淬火、回火		56～62
20 CrMnTi	1100	850	渗碳、淬火、回火		56～62
40MnB	735	490	调质	241～286	
ZG45	569	314	正火	163～197	

续表

材　料	机械性能(MPa)		热处理方法	硬　度	
	σ_b	σ_s		HBS	HRC
ZG35SiMn	569	343	正火、回火	163～217	
	637	412	调质	197～248	
HT200	200			170～230	
HT300	300			187～255	
QT500-5	500			147～241	
QT600-2	600			229～302	

(十二) 直齿圆柱齿轮传动的载荷分析

1. 公称载荷(也叫名义载荷)

用理论力学方法求出的(载荷—法向载荷)直齿圆柱齿轮在传动时所受的公称载荷,在不计及齿面摩擦力时,即为作用于齿面法线方向上的法向载荷 F_n。渐开线齿形任何一点上的法线均与基圆相切,如图 5-27 所示。

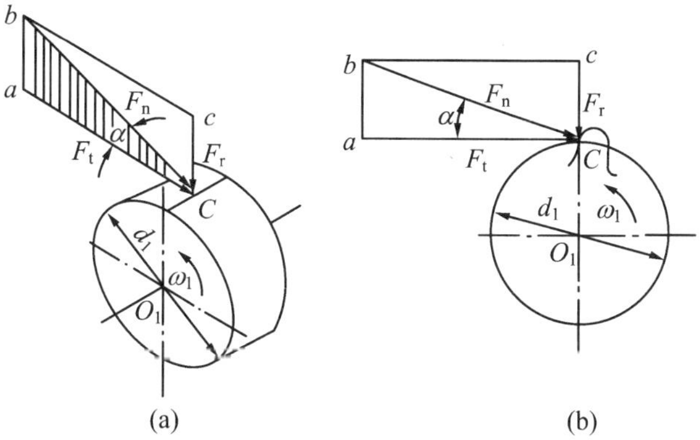

图 5-27　直齿圆柱齿轮的受力分析

设齿轮传动时,当已知小齿轮传递的名义功率为 P_1(kW)、转速为 n_1(r/min),则小齿轮名义转矩 T 为

$$T_1 = 9.55 \times 10^6 \frac{P_1}{n_1} (\text{N} \cdot \text{mm})$$

法向载荷 F_n 对轮轴的矩即等于齿轮轴上所受的扭矩 T,因为

$$T_1 = F_{n1} \cdot r_{b1}$$

所以

$$F_{n1} = \frac{T_1}{r_{b1}} \tag{5-18}$$

T(N・mm),r_b(mm),F_n 分解(在节点 P)。

圆周力:

$$F_t = F_n \cos\alpha = \frac{T_1}{r_{b1}} \cos\alpha = \frac{T_1}{r_1} = \frac{2T_1}{d_1} \tag{5-19}$$

d 为分度圆直径。

径向力：

$$F_r = F_n \sin\alpha = F_t \tan\alpha \tag{5-20}$$

力的方向判定：作用在主动轮和从动轮上的各对分力等值反向。主动轮上的切向力 F_{t1} 为工作阻力，其方向与其回转方向相反；从动轮上的切向力 F_{t2} 为驱动力，与其回转方向相同。两轮的径向力 F_{r1} 和 F_{r2} 分别指向各自的轮心。

2. 计算载荷

齿轮传动在实际工作时，由于原动机和工作机的工作特性不同，会产生附加载荷。齿轮、轴、轴承的加工、安装误差及弹性变形会引起载荷集中，使实际载荷增加。

计算载荷用符号 F_{nc} 表示。即

$$F_{nc} = KF_n \tag{5-21}$$

式中，K 为载荷因数，其值可由表 5-9 查取。

表 5-9　载荷因数

载荷状态	工作机举例	原动机		
		电动机	多缸内燃机	单缸内燃机
平稳轻微冲击	均匀加料的运输机和喂料机、发电机、透平鼓风机	1～1.2	1.2～1.6	1.6～1.8
中等冲击	不均匀加料的运输机和喂料机，重型卷扬机	1.2～1.6	1.6～1.8	1.8～2.0
较大冲击	冲床、剪床、钻床、轧机等	1.6～1.8	1.9～2.1	2.2～2.4

（十三）直齿圆柱齿轮传动的强度计算

直齿圆柱齿轮的强度计算方法是其他各类齿轮传动计算方法的基础，斜齿圆柱齿轮、直齿圆锥齿轮等强度计算，可以折合成当量直齿圆柱齿轮来进行计算。

强度计算的目的在于保证齿轮传动在工作载荷的作用下，在预定的工作条件下不发生各种失效。工作载荷是指作用在齿上的载荷大小及其在齿上的分布情况。失效形式主要是前面所述的断齿及齿面点蚀。

由于齿轮工作情况和使用要求千差万别，影响齿轮强度的因素又十分复杂和难以确定，世界标准化组织以及各国都制定了相应的计算标准。其齿根弯曲强度的计算多以刘易斯(W. Lewis)公式为基础，而齿面接触强度的计算多是以赫兹(H. Hertz)公式为基础。

1. 齿根弯曲疲劳强度计算

齿根弯曲疲劳强度的计算是针对轮齿疲劳折断进行的。计算时假设全部载荷仅由一对轮齿承担，并作用在轮齿的齿顶，受载轮齿视作悬臂梁。实验研究表明，轮齿的危险截面在与轮齿对称中心成 30°夹角且与齿根圆角相切的切点间连线的位置，如图 5-28 所示。计算时将 F_n 移至轮齿的对称线上，并分解为两个分力，即径向力 $F_n \sin\alpha_F$ 和切向力 $F_n \cos\alpha_F$。切向力使齿根产生弯曲应力和切应力，径向力对齿根产生压应力。由于弯曲应力起主要作用，因此防止齿根疲劳折断的强度条件为：齿根危险截面的最大弯曲应力应小于或等于轮齿材料的许用弯曲应力，即 $\sigma_{bb} \leqslant [\sigma_{bb}]$ 齿根最大弯曲应力，由材料力学中弯曲应力公式求得：

$$\sigma_{bb}=\frac{M}{W}=\frac{F_n\cos\alpha_F h_F}{\frac{1}{6}bS_F^2} \tag{5-22}$$

现引入齿形系数 Y_F，令

$$Y_F=\frac{\frac{6h_F\cos\alpha_F}{m}}{\left(\frac{S_F}{m}\right)^2\cos\alpha} \tag{5-23}$$

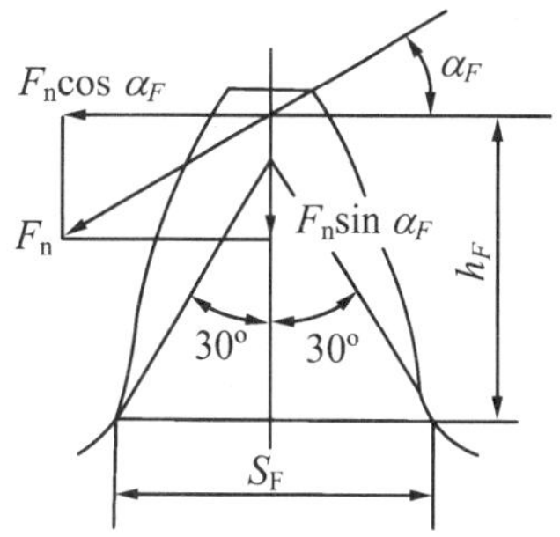

图 5-28　齿根弯曲疲劳强度

齿形系数 Y_F 是考虑齿形对齿根弯曲应力影响的系数。由于 h_F、S_F 都与模数成正比，故齿形系数 Y_F 只与齿廓形状有关，而与模数大小无关，是一个无因次的系数。齿形系数取决于齿数和变位系数，对于标准齿轮仅取决于齿数，标准外齿轮的齿形系数值见表 5-10。

表 5-10　标准外齿轮的齿形系数值

z	12	14	16	17	18	19	20	22	25	28
Y_F	3.47	3.22	3.03	2.97	2.91	2.85	2.81	2.75	2.65	2.58
z	30	35	40	45	50	60	80	100	≥200	
Y_F	2.54	2.47	2.41	2.37	2.30	2.25	2.18	2.14		

考虑齿根应力集中和危险截面上压应力与切应力的影响，引入应力修正系数 Y_S（表 5-11）。

表 5-11　标准外齿轮的应力修正系数值

z	12	14	16	17	18	19	20	22	25	28
Y_S	1.44	1.47	1.51	1.53	1.54	1.55	1.56	1.58	1.59	1.61
z	30	35	40	45	50	60	80	100	≥200	
Y_S	1.63	1.65	1.67	1.69	1.71	1.73	1.77	1.80	1.88	

计入载荷系数 K，即可得轮齿齿根弯曲疲劳强度的校核公式为

$$\sigma_{bb}=\frac{2KT_1}{bmd_1}Y_FY_S=\frac{2KT_1}{bm^2z_1}Y_FY_S\leqslant[\sigma_{bb}] \tag{5-24}$$

引入齿宽系数 $\psi_d=b/d_1$ 并带入上式，得到齿根弯曲疲劳强度的设计公式为

$$m\geqslant\sqrt[3]{\frac{2KT_1Y_FY_S}{\psi_d z_1^2[\sigma_{bb}]}} \tag{5-25}$$

许用弯曲应力计算公式为

$$[\sigma_{bb}]=\frac{Y_N\sigma_{bblim}}{S_{Fmin}} \tag{5-26}$$

式(5-26)中，σ_{bblim} 为试验齿轮的弯曲疲劳极限应力，单位为 MPa，由图 5-29 查出，它是指某种材料的齿轮，在特定试验条件下，经长期持续的脉动载荷作用，齿根保持不破坏的极限应力。当轮齿承受双向弯曲时，由图中查出的 σ_{bblim} 值需乘以 0.7。Y_N 为弯曲疲劳寿命系数，由图 5-30 查出。其中应力循环系数 N 按下式计算

$$N=60njt_h \tag{5-27}$$

式(5-27)中，n 为齿轮转速(r/min)，j 为齿轮每转一周，同一侧齿面啮合的次数；t_h 为齿轮在设

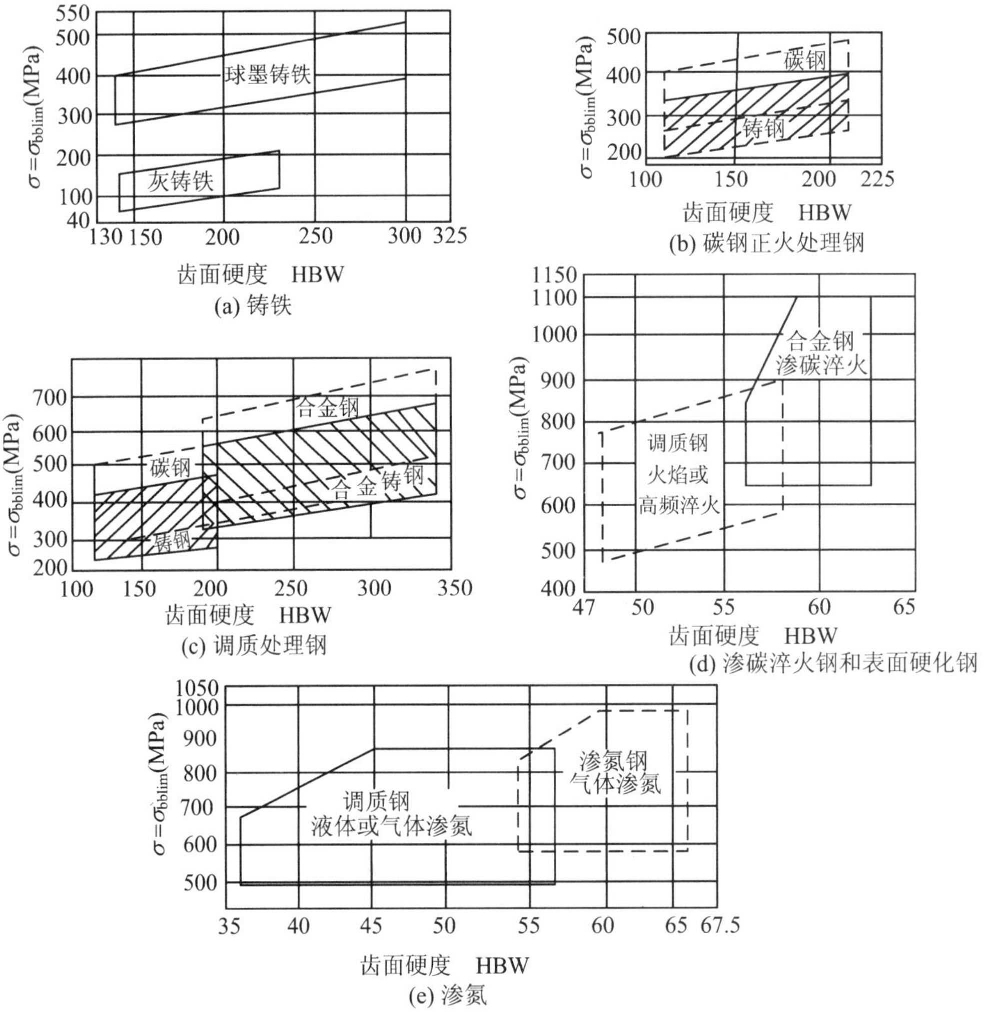

图 5-29 弯曲疲劳极限应力

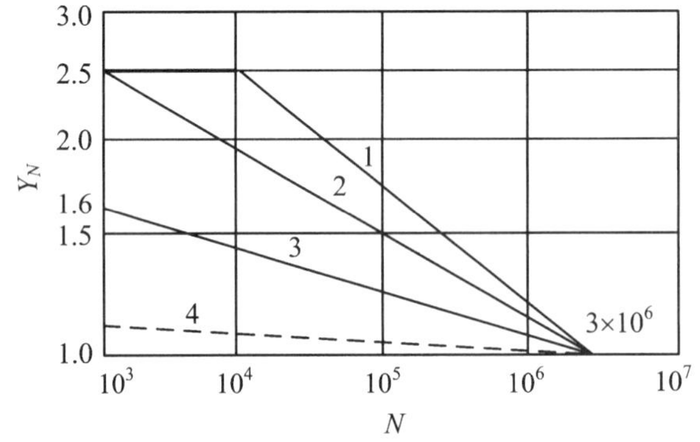

1. 碳钢经正火、调质，球墨铸铁；2. 钢经表面淬火、渗碳；
3. 渗碳钢气体渗氮，灰铸铁；4. 碳钢调质后液体渗氮

图 5-30 弯曲疲劳寿命系数

计期限内的总工作小时数(h),每年按300天计算。

S_F 为弯曲疲劳强度安全系数,通常取1,对于损坏后引起严重后果的可取1.5。对于软齿面的闭式齿轮传动,由于分度圆直径 d_1 主要取决于齿面接触强度,所以一般选小轮齿数不小于24。

对于硬齿面的闭式齿轮传动,由于尺寸主要取决于弯曲强度,所以应选择较小的小轮齿数 z_1,但最好能大于根切齿数。

注意式中各参数的量纲。

设计时,认为两齿轮的齿宽 b 相等,F_t 相同。但由于 $\frac{Y_F Y_S}{[\sigma_{bb}]}$ 对两齿轮不同,所以应分别求出,取二者中较大的代入上式计算 m。

注意:在实际传动中,为了安装时两轮不致沿端面错开,往往把小齿轮齿宽长度的在设计宽度 b 的基础上人为地加宽一些(5~10 mm),但在计算时仍按设计齿宽计算。

2. 直齿圆柱齿轮齿面接触疲劳强度计算

齿面接触疲劳强度计算是针对齿面疲劳点蚀进行的。一对渐开线圆柱齿轮啮合时,其齿面接触状况可近似认为与圆柱体的接触相当,故其齿面的接触应力 σ_H 可近似地用赫兹公式进行计算。前文述及,点蚀往往在节线附近的齿根表面出现,所以接触疲劳强度的计算通常以节点为计算点。因此,防止齿面点蚀的强度条件为:节点处的计算接触应力应小于或等于齿轮材料的许用接触应力,即

$$\sigma_H \leqslant [\sigma_H]$$

$$\sigma_H = \sqrt{\frac{F_n}{\pi b} \frac{\frac{1}{\rho_1} \pm \frac{1}{\rho_2}}{\left(\frac{1-\mu_1^2}{E_1} + \frac{1-\mu_2^2}{E_2}\right)}} \leqslant [\sigma_H] \tag{5-28}$$

式中:ρ_1,ρ_2 代表两接触圆柱体的半径(接触点曲率半径);E,μ 分别代表材料的弹性模量和泊桑比;±号中的"+"用于外接触,"—"号用于内接触。

前面我们在分析齿轮失效时已经说过,点蚀往往先发生在靠近节线的齿根面上,所以可以把在节点 P 处的接触应力值作为计算的依据。

在节点处齿廓的曲率半径分别为:

$$\rho_1 = N_1 P = \frac{d_1}{2} \sin \alpha$$

$$\rho_2 = N_2 P = \frac{d_2}{2} \sin \alpha = \frac{\mu \cdot d_1}{2} \sin \alpha = \mu \cdot \rho_1$$

所以

$$\frac{1}{\rho_1} \pm \frac{1}{\rho_2} = \frac{(\mu \pm 1)}{2} \cdot \frac{2}{d_1 \sin \alpha}$$

令 $F_n = p_{max}$,将上式和 p_{max} 代入赫兹公式有:

$$\sigma_H = \sqrt{\frac{2KT_1}{bd_1 \cos \alpha} \cdot \frac{u \pm 1}{u} \cdot \frac{2}{d_1 \sin \alpha} \cdot \frac{1}{\left(\frac{1-\mu_1^2}{E_1} + \frac{1-\mu_2^2}{E_2}\right)\pi}}$$

令

$$Z_H = \sqrt{\frac{2}{\sin \alpha \cdot \cos \alpha}}$$

$$Z_E = \sqrt{\frac{1}{\pi\left(\frac{1-\mu_1^2}{E_1}+\frac{1-\mu_2^2}{E_2}\right)}}$$

所以

$$\sigma_H = Z_H Z_E \sqrt{\frac{2KT_1}{bd_1^2}\cdot\frac{u\pm1}{u}}\text{(MPa)}$$

因为

$$F_t = \frac{2T_1}{d_1}$$

所以

$$\sigma_H = Z_H Z_E \sqrt{\frac{KF_t}{bd_1}\cdot\frac{u\pm1}{u}}$$

将 $F_t=\frac{2T_1}{d_1}=\frac{2T_1}{mz_1}$代入整理得到

$$\sigma_H = Z_H Z_E \sqrt{\frac{2KT_1}{bd_1^2}\cdot\frac{u\pm1}{u}} \tag{5-29}$$

其中，Z_H 称作节点啮合系数，$\alpha=20°$时，$Z_H=2.5$；$\alpha=25°$时，$Z_H=2.285$。Z_E 称作弹性影响系数（可以查表）。

Z_E 钢对钢时，$Z_E=189.8$。

Z_E 钢对灰铸铁时，$Z_E=162$。

强度条件式为

$$\sigma_H=[\sigma_H]$$

在传动中，大、小两齿轮齿面上的接触应力是相同的，而两轮的材料一般是大齿轮稍差，所以大轮的$[\sigma_H]$较低，故要按大齿轮材料的$[\sigma_H]$计算。

引入齿宽系数 $\psi_d=\frac{b}{d_1}$，代入接触强度校核公式整理可以得到设计计算公式如下：

$$d_1 \geqslant \sqrt[3]{\frac{2KT_1}{\psi_d}\cdot\frac{u\pm1}{u}\cdot\left(\frac{Z_H Z_E}{[\sigma_H]}\right)^2} \tag{5-30}$$

一般中低硬度闭式齿轮传动，接触疲劳点蚀是主要的失效方式，计算时常常先按接触疲劳强度计算公式求出小齿轮直径 d_1 和宽度 b，再按弯曲疲劳强度计算公式校核。对于硬度很高的闭式齿轮传动，轮齿折断为主要的失效形式，可以先按弯曲疲劳强度计算公式求出模数，经圆整后再按接触疲劳强度进行校核。开式齿轮传动只计算弯曲疲劳强度，为了补偿因齿面磨损减薄而造成强度削弱，通常将计算得到的模数加大 10%～15%。为了防止轮齿太小引起意外断齿，传递动力的齿轮模数一般不小于 1.5～2 mm。

3. 许用应力

许用应力值随材料成分、力学性能、硬度、残余应力及应力计算方法而有所不同；而齿轮的热处理质量及机械加工质量等对许用应力也有影响。即使齿轮材料及硬度相同，由试验所得的许用应力值也有很大的离散性。因此在设计时，必须考虑以上这些因素的影响。国家齿轮标准规定的许用应力是用齿轮试件进行运转实验获得的持久极限应力，失效概率为 1%。试验参数为 $m=3\sim5$ mm，$\alpha=20°$，$b=10\sim50$ mm，$v=10$ m/s，齿根圆角粗糙度参数值平均为 10 μm，在设计中应作必要的修正以求得许用应力。

许用接触应力的计算式为

$$[\sigma_{\mathrm{H}}]=\frac{\sigma_{\mathrm{Hlim}}}{S_{\mathrm{Hmim}}}Z_N \tag{5-31}$$

式中，σ_{Hlim}为接触疲劳极限值，通过实验获得。其值在实验时具有很大的离散性，在图 5-31 中可以查到。使用时需要注意表下面备注的条件。

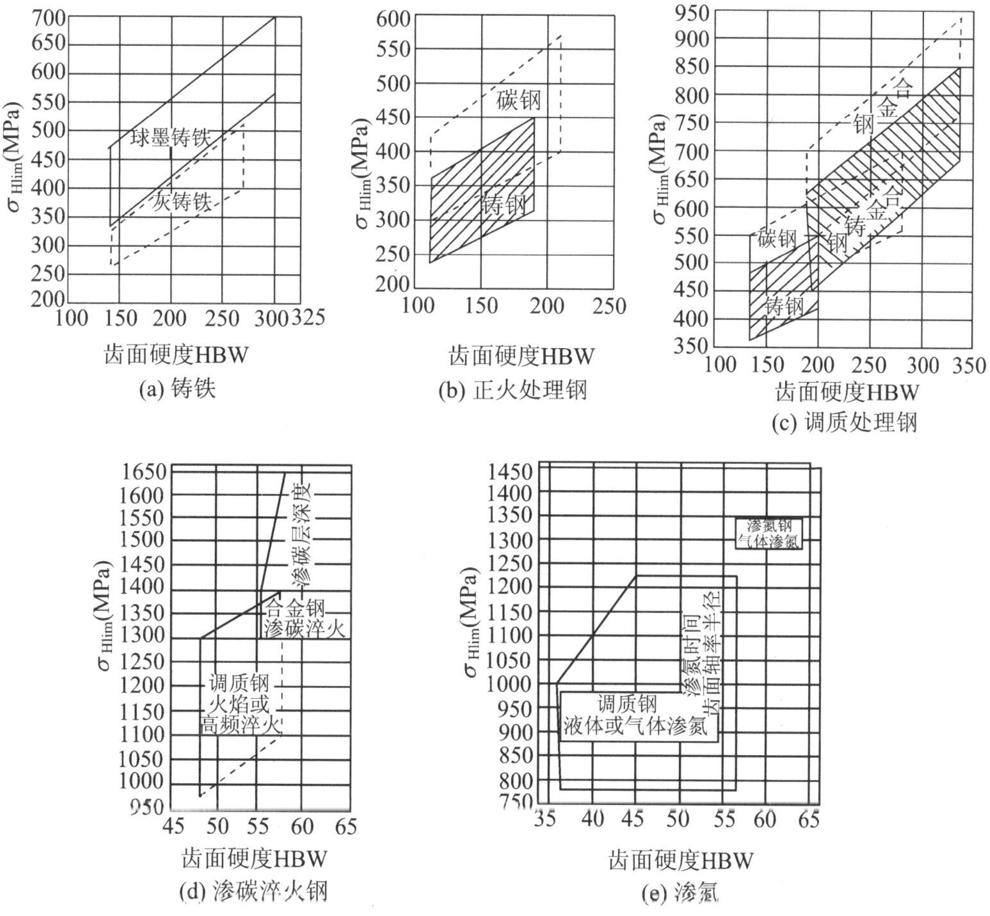

图 5-31　齿面接触疲劳极限 σ_{Hlim}

S_{Hmim}为接触疲劳用的安全系数（一般齿轮传动取 $S_{\mathrm{Hmim}}=1.0\sim1.2$，重要传动取 $S_{\mathrm{Hmim}}=1.3\sim1.6$）。$Z_N(K_{\mathrm{HN}})$为接触疲劳计算时的寿命系数（图 5-32），一般取 $Z_N=1$。

（或者：$K_{\mathrm{HN}}=\sqrt[6]{\frac{N_0}{N}}$，$N=60nt_{\mathrm{h}}$，$N_0$ 为应力循环基数，一般可以取 $N_0=30\cdot(\mathrm{HBS})^{2.4}$，当 $N>N_0$ 时，取 $N=N_0$，此时 $K_{\mathrm{HN}}=1$。t_{h} 为齿轮在规定的寿命内的工作时数。）

若两齿轮材料都选用钢，则 $Z_{\mathrm{E}}=189.8$ Mpa，带入式(5-25)后，整理得一对钢制齿轮的校核公式为

$$\sigma_{\mathrm{H}}=671\sqrt{\frac{KT_1(u\pm1)}{bd_1^2u}}\leqslant[\sigma_{\mathrm{H}}] \tag{5-32}$$

设计公式为

$$d_1 \geqslant 76.43\sqrt[3]{\frac{KT_1(u \pm 1)}{\psi_d u[\sigma_H]^2}} \tag{5-33}$$

应用上述公式时应注意以下几点：①两齿轮齿面的接触应力 $\sigma_{H1}=\sigma_{H2}$；②两齿轮齿面的许用接触应力$[\sigma_{H1}]$、$[\sigma_{H2}]$一般不同，进行强度计算时应选用较小值；③由式(5-29)可知，当其他条件一定时，齿面接触疲劳强度取决于小齿轮直径 d_1（或中心距 a），d_1（或中心距 a）减小，则 σ_H 增大，齿面接触强度相应减小。

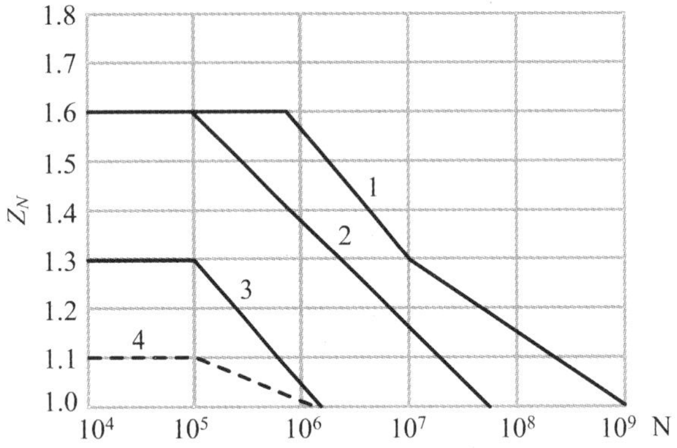

1. 碳钢经正火、调质、表面淬火及渗碳，球墨铸铁(允许一定的点蚀)；2. 碳钢经正火、调质、表面淬火及渗碳、球墨铸铁(不允许出现点蚀)；3. 碳钢调质后气体渗氮，灰铸铁；4. 碳钢调质后液体渗氮

图 5-32　接触疲劳寿命系数 Z_N

4. 基本设计参数选择

(1) 精度等级。根据使用条件、受载情况、重要程度等因素确定。

(2) 齿数比 u。齿轮减速传动时，$u=i$；增速传动时 $u=\frac{1}{i}$。

单级闭式传动，一般取 $i\leqslant 5$(直齿)、$i\leqslant 7$(斜齿)。传动比过大，则大小齿轮尺寸悬殊，会使传动的总体尺寸增大，且大小齿轮强度差别过大，不利于传动。所以，需要更大的传动比时，可采用二级或以上的传动。开式传动或手动机械可以达到 8～12。

对传动比无严格要求的一般齿轮传动，实际传动比 i 允许有±(3%～5%)的误差。

(3) 齿数 z_1 和模数 m。对于软齿面闭式齿轮传动，传动尺寸主要取决于接触疲劳强度，而弯曲疲劳强度往往比较富裕。这时，在传动尺寸不变并满足弯曲疲劳强度要求的前提下，小齿轮齿数可取多一些以增大端面重合系数，改善传动平稳性；模数减小后，降低齿高，使齿顶圆直径减小，从而减少了齿轮毛坯直径，减少切削用量，节省制造费用。通常选取 $z_1=20\sim40$；对于硬齿面闭式齿轮传动，首先应具有足够大的模数以保证齿根弯曲疲劳强度，为减小传动尺寸，其齿数一般可取 $z_1=17\sim25$。

为了提高开式齿轮传动的耐磨性，要求有较大的模数，因而齿数应尽可能的少，一般取 $z_1=17\sim20$。允许有少量根切的手动机械，可以少于 17。

模数 m 的最小允许值应根据抗弯曲疲劳强度确定。

减速器中的齿轮传动，通常取 $m=(0.007\sim0.02)a$(a 为中心距，单位为 mm)。载荷平稳、中心距大、软齿面齿轮传动取小值；冲击载荷较大、中心距小、硬齿面传动取较大值。开式齿轮传动取 $m=0.02a$。

动力传动中，通常应使 m 不小于 1.5～2.0 mm。

(4) 齿宽系数 ψ_d 及齿宽 b。齿宽系数取大值时，齿宽 b 增加，可减小两轮分度圆直径和中心距，进而减小传动装置的径向尺寸，而且齿轮越宽承载能力越高，所以齿轮不宜过窄；但是增大齿宽会使载荷沿齿宽方向分布不均匀更加严重，导致偏载发生。所以，齿宽系数应取得适当。

此参数可以根据布置形式、齿面性质查表 5-12 得到。

表 5-12　圆柱齿轮的齿宽系数 ψ_d

齿轮相对轴承的位置	大轮或两轮齿面硬度≤350 HBS	两轮齿面硬度>350 HBS
对称布置	0.8～1.4	0.4～1.9
不对称布置	0.6～1.2	0.3～0.6
悬臂布置	0.3～0.4	0.2～0.5

对于多级齿轮传动，由于转矩从高速级向低速级增大，因此设计时应使低速级的齿宽系数比高速级大些，以便协调各级的尺寸。

四、项目实施

例 5-1　某带式运输机减速器高速级直齿圆柱齿轮传动装置，已知 $i=4.6$，$n_1=1\,440$ r/min，传递功率为 $P=5$ kW，单班工作制，每班 8 小时，预期寿命 10 年，每年工作 300 天，单方向传动，载荷平稳，试设计该齿轮传动。

解　选择材料、热处理。

所设计的齿轮传动属闭式传动，通常采用软齿面的钢制齿轮，查阅表 5-8，选用价格便宜便于制造的材料，小齿轮材料为 45 钢，调质处理，硬度为 260 HBS，大齿轮材料也为 45 钢，正火处理，硬度为 215 HBS，硬度差为 45 HBS 较合适

选精度等级。运输机是一般机械，速度不高，故选择 8 级精度。

按齿面接触疲劳强度设计(软齿面齿轮传动)。本传动为闭式传动，软齿面，因此主要失效形式为疲劳点蚀，应按齿面接触疲劳强度设计。

接触疲劳设计计算公式为

$$d_1 \geqslant \sqrt[3]{\frac{KT_1}{\psi_d} \cdot \frac{u \pm 1}{u} \cdot \left(\frac{671}{[\sigma]_H}\right)^2}$$

$$T_1 = 9.550 \times 10^6 \times \frac{P}{n_1} = \frac{9.55 \times 10^6 \times 5}{1\,440} = 33\,159.7\ (\mathrm{N \cdot mm})$$

查齿宽系数表：由于是软齿面齿轮对称安装，故取 $\psi_d=1.1$。

根据工况条件查 $K=1.2$(由表 5-9)。

由图 5-31 可以查取：

$$\sigma_{Hlim1} = 610\ \mathrm{MPa}$$

$$\sigma_{Hlim2} = 500\ \mathrm{MPa}$$

齿面接触许用应力为

$$[\sigma_H] = \frac{\sigma_{Hlim}}{S_{Hmim}} Z_N$$

小齿轮应力循环次数：

$$N_1 = 60 \times 1\,440 \times 1 \times 10 \times 300 \times 8 = 2.07 \times 10^9$$

大齿轮应力循环次数：

$$N_2 = \frac{N_1}{i} = 4.5 \times 10^8$$

可以取为(图上查取)：

$$\begin{cases} Z_{N1} = 1 \\ Z_{N2} = 1.03 \end{cases} \quad (N_1 > N_0, N_0 = 10^9)$$

按一般可靠性要求，取安全系数取 $S_H = 1$。

所以

$$[\sigma_{H1}] = \frac{610 \times 1}{1} = 610\ (\text{MPa})$$

$$[\sigma_{H2}] = \frac{500 \times 1.03}{1} = 515\ (\text{MPa})$$

计算小齿轮分度圆直径 d_1：

$$d_1 \geqslant \sqrt[3]{\frac{KT_1}{\psi_d} \times \frac{u+1}{u} \times \left(\frac{671}{[\sigma_H]}\right)^2} = \sqrt[3]{\left(\frac{671}{515}\right)^2 \times \frac{1.2 \times 33\,159.7}{1.1} \times \frac{4.6+1}{4.6}}\ \text{mm} = 42.08\ \text{mm}$$

确定主要参数。

齿数：取 $z_1 = 20$，则

$$z_2 = 20 \times 4.6 = 92$$

模数：

$$m = \frac{d_1}{z_1} \geqslant \frac{42.08}{20} = 2.10\ (\text{mm})$$

查表 5-2，取第二系列标准值 $m = 2.25$ mm，读者也可按优先选用原则选第一系列标准模数 2.5 mm。

分度圆直径：

$$d_1 = z_1 m = 20 \times 2.25 = 45\ (\text{mm})$$

$$d_2 = z_2 m = 92 \times 2.25 = 207\ (\text{mm})$$

计算圆周速度 v：

$$v = \frac{\pi n_1 d_1}{60 \times 1\,000} = \frac{3.14 \times 1\,440 \times 45}{60 \times 1\,000} = 3.39\ (\text{m/s})$$

因 $v < 5$ m/s，故取 8 级精度合适。

中心距：

$$a = \frac{m}{2}(z_1 + z_2) = \frac{2.25}{2}(20 + 92) = 126\ (\text{mm})$$

齿宽：

$$b = \psi_d \times d_1 = 1.1 \times 45 = 49.5\ (\text{mm})$$

所以，取大齿轮宽度 $b_2 = 50$ (mm)，小齿轮宽度 $b_1 = b_2 + 5 = 55$ (mm)。

校核弯曲疲劳强度。

根据式

$$\sigma_{bb} = \frac{2KT_1}{bmd_1} Y_F Y_S \leqslant [\sigma_{bb}]$$

标准外齿轮的齿形系数值 Y_F 查表 5-10 得 $Y_{F1}=2.81$，$Y_{F2}=2.16$。
标准外齿轮的应力修正系数值 Y_S 查表 5-11 得 $Y_{S1}=1.56$，$Y_{S2}=1.79$。

弯曲疲劳许用应力

$$[\sigma_{bb}]=\frac{Y_N\sigma_{bblim}}{S_{Fmin}}$$

由图 5-29 得弯曲疲劳极限应力

$$\sigma_{bblim1}=490\ \text{MPa}$$
$$\sigma_{bblim2}=410\ \text{MPa}$$

由图 5-30 得弯曲疲劳寿命系数

$$Y_{N1}=1(N_1>N_0, N_0=3\times10^6)$$
$$Y_{N2}=1(N_2>N_0, N_0=3\times10^6)$$

弯曲疲劳的最小安全系数按一般可靠性要求取 $S_{Fmin}=1$，计算得弯曲疲劳许用应力为：

$$[\sigma_{bb1}]=\frac{\sigma_{bblim1}}{S_{Fmin}}Y_{N1}=\frac{490}{1}\times1=490\ (\text{MPa})$$

$$[\sigma_{bb2}]=\frac{\sigma_{bblim2}}{S_{Fmin}}Y_{N1}=\frac{410}{1}\times1=410\ (\text{MPa})$$

校核计算。

$$\begin{aligned}\sigma_{bb1}&=\frac{2KT_1}{bmd_1}Y_{F1}Y_{S1}\\&=\frac{2\times1.2\times33\,159.7}{50\times2.25\times45}\times2.81\times1.56\\&=62.65\ (\text{MPa})<[\sigma_{bb1}]\end{aligned}$$

$$\begin{aligned}\sigma_{bb2}&=\frac{2KT_1}{bm\,d_1}Y_{F2}Y_{S2}\\&=\frac{2\times1.2\times33\,159.7}{50\times2.25\times45}\times2.16\times1.79\\&=60.87\ (\text{MPa})<[\sigma_{bb2}]\end{aligned}$$

故弯曲疲劳强度足够。

结构设计与工作图(略)。

五、知识与能力拓展

(一) 斜齿圆柱齿轮传动设计

前面我们已经比较系统地讨论了直齿圆柱齿轮的相关内容。接下来在我们研究另外一种常用的齿轮传动，即斜齿圆柱齿轮传动。

1. 齿面形成及啮合特点

我们前面研究渐开线直齿圆柱齿轮时，仅讨论了齿轮端面上的渐开线齿廓及其啮合。但是，实际上齿轮都有一定的宽度。因此，前述的发生线实际应该为发生面，前面的基圆应该为基圆柱，发生线上的 K 点就成了直线 $\overline{KK}$，如图 5-33 所示。

发生面沿基圆柱纯滚动，发生面上与基圆柱轴线平行的直线 $\overline{KK}$ 所形成的轨迹，即为直齿轮齿面，它是渐开线曲面。

斜齿圆柱齿轮齿面形成的原理与直齿轮相似，所不同的是直线$\overline{KK}$与轴线不平行，而有一个夹角β_b，如图 5-33(b)所示。

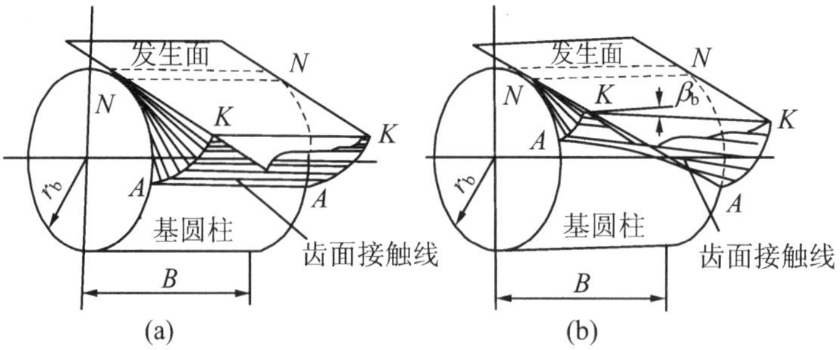

图 5-33　圆柱齿轮齿廓曲面的形成

当发生面沿基圆柱纯滚动时，斜直线$\overline{KK}$的轨迹即为斜齿轮齿面，它是一个渐开线螺旋面。该螺旋面与基圆柱的交线 AA 为一条螺旋线，其螺旋角为β_b，称为基圆柱上的螺旋角。

同理，该螺旋面与分度圆柱的交线也是一条螺旋线，该螺旋线的螺旋角用β表示，β称为分度圆柱上的螺旋角，通常称为斜齿轮的螺旋角。

根据螺旋线左右旋向，β有正负之分。

啮合特点为：

① 当两直齿轮啮合时，其齿面接触线是与整个齿轮轴线平行的直线，如图 5-34(a)所示。因此，直齿轮啮合时，整个齿宽同时进入和退出啮合，所以容易引起冲击、振动和噪声，从而影响传动的平稳性，不适宜于高速传动。

② 当两斜齿轮啮合时，由于轮齿的倾斜，一端先进入啮合，另一端后进入啮合，其接触线由短变长，再由长变短，如图 5-34(b)所示，极大地降低冲击、振动和噪声，改善了传动的平稳性。相对于直齿轮而言更适合高速传动。

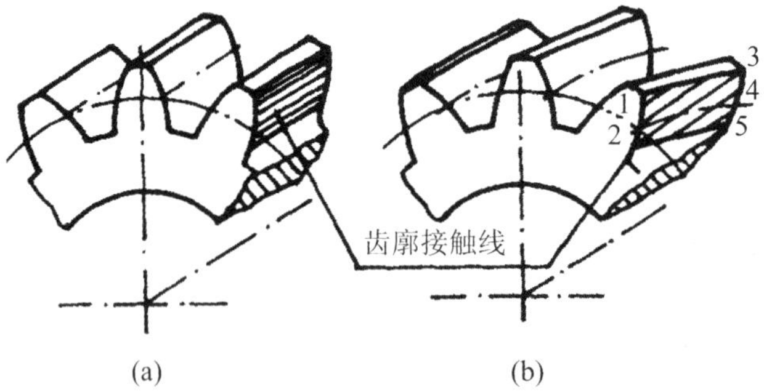

图 5-34　齿廓接触线

③ 斜齿圆柱齿轮相对于直齿圆柱齿轮而言，可以增大重合度、降低根切齿数，可以提高齿轮承载能力、减小结构尺寸。

2. 斜齿轮的基本参数

斜齿轮与直齿轮有共同之处，例如在端面上两者均具有渐开线齿廓的齿型等。但是，由于斜齿轮的轮齿是螺旋形的，故在垂直于轮齿螺旋线方向的法面上，齿廓曲线及齿型都与端面不同。

由于加工斜齿轮时，常用齿条型刀具或盘形齿轮铣刀来切齿，且刀具沿齿向方向进刀，所以必须按斜齿轮法面参数选择刀具，故此，我们规定斜齿轮法面参数为标准值。而斜齿轮几何尺寸又要按端面参数计算，因此必须建立法面参数与端面参数的换算关系。

(1) 法面模数 m_n 与端面模数 m_t。为了便于说明问题，我们把斜齿轮分度圆柱面展开，成为一个矩形如图 5-35 所示。它的宽度是斜齿轮的轮宽 B；长是分度圆的周长 πd。

这时分度圆柱面上轮齿的螺旋线便展成一条斜直线，其与平行于轴的直线的夹角为 β，即称为分度圆柱面上的螺旋角(简称螺旋角)。通常就用这个螺旋角 β 来表示斜齿轮轮齿的倾斜程度。

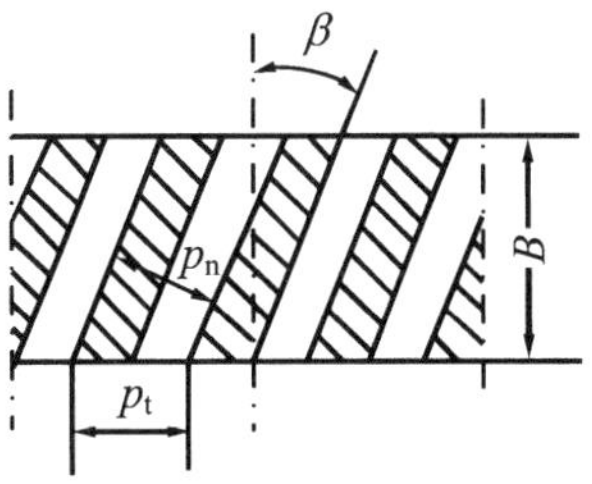

图 5-35

由图 5-36 所示的几何关系，可得

$$\tan\beta = \frac{\pi d}{l} \tag{5-34}$$

式(5-34)中 l 为螺旋线的导程，即螺旋线绕分度圆柱一整周后上升的高度。

同一个斜齿轮，任何一圆柱面上的螺旋线导程 l 都是一样的，因此基圆柱上的螺旋角 β_b(图 5-36(b))为

$$\tan\beta_b = \frac{\pi d_b}{l} \tag{5-35}$$

而

$$\cos\alpha_t = \frac{d_b}{d}$$

由上面两式可以得到

$$\tan\beta_b = \tan\beta \cdot \cos\alpha_t \tag{5-36}$$

从图 5-36 上可以看出

$$p_n = p_t \cos\beta$$

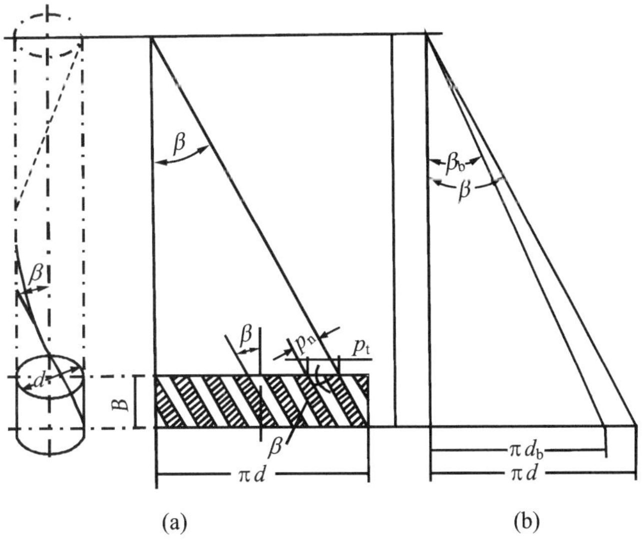

图 5-36　斜齿轮展开图

因为 $p_n = \pi m_n$，$p_t = \pi m_t$，所以

$$m_n = m_t \cos\beta \tag{5-37}$$

可以看出，传动时的轴向分力与 β 有关，为了减小轴向力，β 不宜过大，一般取 $\beta=7^\circ\sim20^\circ$（最大不超过 30°）。但是，对噪声有特殊要求的齿轮，可以适当放大。例如，目前小轿车齿轮已经达到 $35^\circ\sim37^\circ$。

（2）法面压力角 α_n 与端面压力角 α_t。为了便于分析 α_n 和 α_t 的关系，我们利用斜齿条来说明。因为斜齿轮与斜齿条正确啮合时，两者的法面压力角和端面压力角一定分别相等，它们之间的关系也相同。

图 5-37(a)所示为一直齿条，其上法面和端面是同一个平面，所以有

$$\alpha_n = \alpha_t = \alpha$$

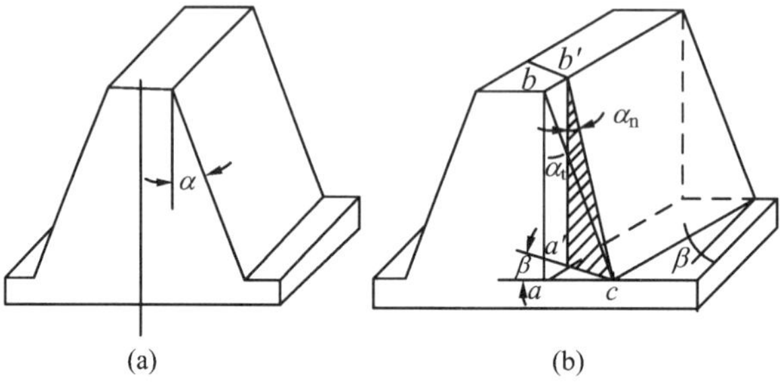

图 5-37　直齿条与斜齿条

对于斜齿条来说，因为轮齿倾斜了一个 β 角，于是就有端面与法面之分，如图 5-37(b)所示的斜齿条。

abc 平面为端面，$a'b'c$ 为法面。$\angle abc$ 即为端面压力角 α_t，$\angle a'b'c$ 为法面压力角 α_n。

由于 $\triangle abc$ 和 $\triangle a'b'c$ 这两个直角三角形等高，即

$$ab = a'b'$$

于是，通过三角关系可以得到

$$\frac{\overline{ab}}{\tan\alpha_t} = \frac{\overline{a'b'}}{\tan\alpha_n}$$

而

$$\overline{a'c} = \overline{ac}\cos\beta$$

所以

$$\tan\alpha_n = \tan\alpha_t \cdot \cos\beta \tag{5-38}$$

（3）法面 h_{an}^*、c_n^* 与端面 h_{at}^*、c_t^*。斜齿轮的齿顶高和齿根高，在法面和端面上是相同的，计算方法和直齿轮相同。有

$$h_a = h_{an}^* m_n = h_{at}^* m_t$$

$$h_f = (h_{an}^* + c_n^*)m_n = (h_{at}^* + c_t^*)m_t$$

即

$$\left.\begin{aligned} h_{at}^* &= h_{an}^*\cos\beta \\ c_t^* &= c_n^*\cos\beta \end{aligned}\right\} \tag{5-39}$$

式中 h_{an}^*、c_n^* 为标准值。

3. 斜齿圆柱齿轮的几何尺寸计算

（1）几何尺寸计算。具体计算公式如表 5-13 所示。其中特别要注意：公式中的法面参数为标准值。

(2) 中心距 a。

$$a=\frac{d_1+d_2}{2}=\frac{m_n(z_1+z_2)}{2\cos\beta} \tag{5-40}$$

由式(5-40)可以看出，设计斜齿轮传动时，可通过改变螺旋角 β 来调整中心距的大小，以满足对中心距的要求。

表 5-13　外啮合标准斜齿圆柱齿轮的几何尺寸计算公式

名　称	符　号	公　式
分度圆直径	d	$d=m_t z=\left(\frac{m_n}{\cos\beta}\right)z$
基圆直径	d_b	$d_b=d\cos\alpha_t$
齿顶高	h_a	$h_a=h_{an}^* m_n$
齿根高	h_f	$h_f=(h_{an}^*+c_n^*)m_n$
全齿高	h	$h=h_a+h_f=(2h_{an}^*+c_n^*)m_n$
齿顶圆直径	d_a	$d_a=d+2h_a$
中心距	a	$a=\frac{(d_1+d_2)}{2}=m_n\frac{(z_1+z_2)}{2}\cos\beta$

4. 斜齿圆柱齿轮的当量齿数

上面我们对斜齿轮的有关几何尺寸进行了简单的说明。但对于斜齿轮而言，还有一个十分重要的参数——当量齿轮。

用仿形法切制斜齿轮时，刀刃位于轮齿的法面内，并沿分度圆柱螺旋线方向切齿，故斜齿轮法面上的模数、压力角和法面齿型应与刀具参数和齿型分别相同。因此，选择齿轮铣刀时，刀具的模数和压力角应等于斜齿轮法面模数和压力角。但铣刀的刀号需由齿数来确定，因此应找出一个与斜齿轮法面齿型相当的直齿轮，该虚拟的直齿轮称为斜齿轮的当量齿轮，当量齿轮的齿数称为当量齿数，用 z_v 表示。铣刀刀号应按照 z_v 选取。

为确定当量齿数 z_v，如图 5-38 所示，过斜齿轮分度圆上 C 点，作斜齿轮法面剖面，得到一椭圆。该剖面上 C 点附近的齿型可以视为斜齿轮的法面齿型。以椭圆上点 C 的曲率半径 ρ 作为虚拟直齿轮的分度圆半径，并设该虚拟直齿轮的模数和压力角分别等于斜齿轮的法面模数和压力角，该虚拟直齿轮即为当量齿轮，其齿数即为当量齿数。

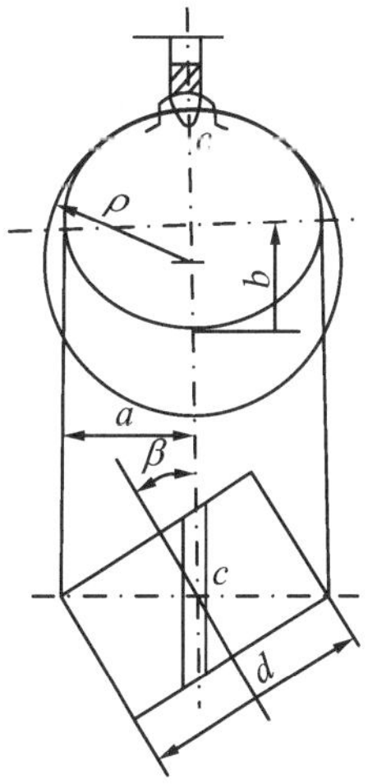

图 5-38　当量齿轮

根据几何学，由图 5-37 可知：

椭圆长半轴为

$$a=\frac{d}{2\cos\beta}$$

短半轴为

$$b=\frac{d}{2}$$

而

$$\rho=\frac{a^2}{b}=\frac{d}{2\cos^2\beta}$$

所以得到

$$z_v=\frac{2\rho}{m_n}=\frac{d}{m_n\cos^2\beta}=\frac{z}{\cos^3\beta} \tag{5-41}$$

正常齿压力角 $\alpha_n=20^\circ$ 的标准斜齿轮，其不发生根切的最少齿数 z_{min} 是根据其最少当量齿数 $z_{vmin}=17$，运用式(5-38)求得的，即

$$z_{min}=z_{vmin}\cos^3\beta=17\cos^3\beta \tag{5-42}$$

当量齿数的作用有：

① 用来选取齿轮铣刀的刀号；

② 用来计算斜齿轮的强度；

③ 用来确定斜齿轮不根切的最少齿数。

5. 斜齿圆柱齿轮啮合传动

(1) 正确啮合的条件。斜齿轮传动的正确啮合条件，除了两齿轮的模数和压力角分别相等外，他们的螺旋角必须相匹配，否则两啮合齿轮的齿向不同，依然不能进行啮合。因此斜齿轮传动正确啮合的条件为

$$\left.\begin{aligned}\beta_1&=\pm\beta_2\\ m_{n1}&=m_{n2}=m_n\\ \alpha_{n1}&=\alpha_{n2}=\alpha_n\end{aligned}\right\} \tag{5-43}$$

β 前的"＋"号用于内啮合，"－"号用于外啮合。

(2) 重合度。前面我们已经介绍过直齿圆柱齿轮的重合度。现在，我们利用直齿轮传动与斜齿轮传动来进行对比分析，如图 5-39 所示。

直线 B_2B_2、B_1B_1 分别表示轮齿进入啮合过程和退出啮合的位置，啮合区的长度为 L。

对于直齿轮传动，沿整个齿宽 B 同时进入啮合，同时退出啮合，重合度仍为：

$$\varepsilon_\alpha=\frac{\overline{B_1B_2}}{p_{bt}}=\frac{L}{p_{bt}}$$

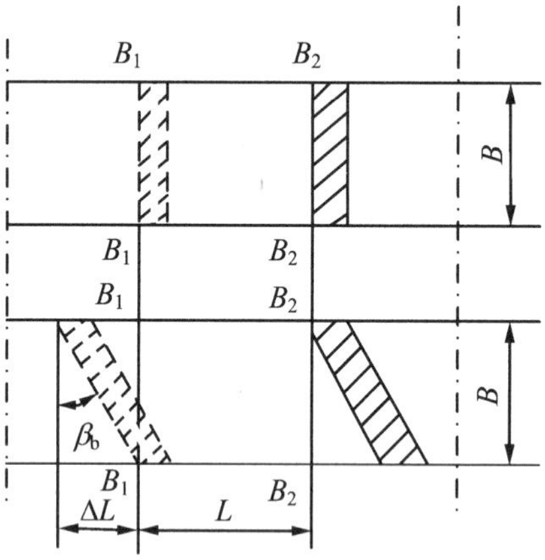

图 5-39 重合度

对于斜齿轮传动，轮齿前端 B_2 先进入啮合，待整个轮齿全部退出啮合，啮合区增长了 $\Delta L=B\tan\beta_b$ 一段。由于轮齿倾斜而增加的重合度用 ε_β 表示，即

$$\varepsilon_\beta=\frac{\Delta L}{p_{bt}}=\frac{B\sin\beta}{\pi m_t}$$

所以斜齿轮的重合度为

$$\varepsilon_r = \varepsilon_\alpha + \varepsilon_\beta \tag{5-44}$$

式中 ε_α 为端面重合度；ε_β 称作轴向重合度。

(3) 传动特点。与直齿轮传动相比较，斜齿轮的优点有以下几点：

① 啮合性好：轮齿开始和退出啮合都是逐渐的，所以传动平稳，噪声小，对齿廓的制造误差反应小。

② 重合度大：相对提高了承载能力，延长了使用寿命。

③ 结构紧凑：斜齿标准齿轮的最少齿数比直齿轮少，相对而言，在同样的条件下，斜齿轮传动结构更紧凑。

其缺点是会产生轴向推力。β 越大，推力越大。

要消除轴向推力的影响，可以采用左右对称的人字形齿轮或反向同时使用两个斜齿轮传动。

6. 斜齿圆柱齿轮传动的受力分析

(1) 受力分析。

如图 5-40 所示，斜齿轮传动时，作用于齿面上的法向载荷 F_n 仍垂直指向齿面。由于齿向有偏斜，故 F_n 不再与齿轮轴线垂直，而在啮合面 $b'bP$ 上，与端面齿形的法线 $b'P$ 偏一基圆螺旋角 β_b。可以把作用于节点 P 的 F_n 分解成圆周力 F_t、径向力 F_r 及轴向力 F_a。

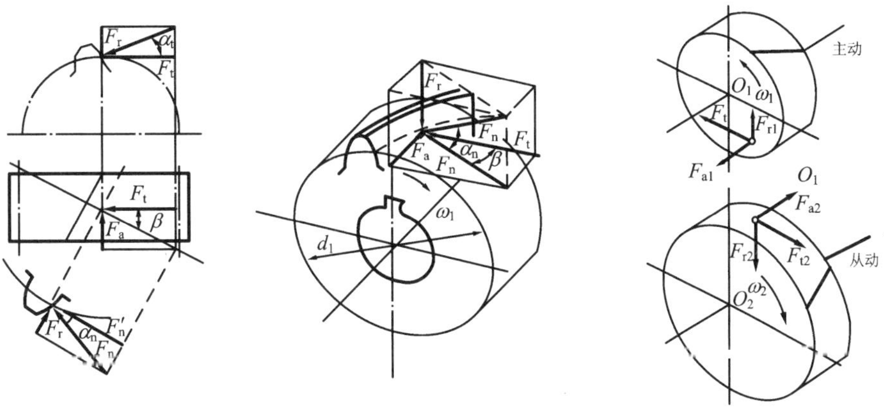

(a)　(b)　(c)

图 5-40　斜齿圆柱齿轮的受力分析

根据图中力的关系可知：

圆周力：

$$F_t = \frac{2T_1}{d_1} \tag{5-45}$$

径向力：

$$F_r = F'\tan\alpha_n = F_t\frac{\tan\alpha_n}{\cos\beta} \tag{5-46}$$

轴向力：

$$F_a = F_t\tan\beta \tag{5-47}$$

法向力：

$$F_n = \frac{F'}{\cos\alpha_n} = \frac{F_t}{\cos\alpha_n\cos\beta} = \frac{F_t}{\cos\alpha_t\cos\beta_b} \tag{5-48}$$

其中 $\sin\beta_b = \sin\beta\cos\alpha_n$，$\tan\alpha_t = \dfrac{\tan\alpha_n}{\cos\beta}$，$\beta$ 为节圆螺旋角，对标准齿轮传动即为分度圆螺旋角；β_b 为基圆螺旋角，α_n 为法面压力角，也即标准压力角；α_t 为端面压力角。

由于轴向载荷 F_a 与螺旋角的正切成正比，为了不使轴向力过大而使（齿轮）轴的轴承设计产生困难，通常规定 $\beta=8^\circ\sim20^\circ$，对于人字齿轮，$\beta=15^\circ\sim40^\circ$。

(a)　　(b)　　(c)

图 5-41　圆锥齿轮传动

圆周力 F_t 的方向，在主动轮上与转动方向相反，在从动轮上与转向相同。径向力 F_r 的方向均指向各自的轮心。轴向力 F_a 的方向取决于齿轮的回转方向和轮齿的螺旋方向，可按“主动轮左右手螺旋定则”来判断。

（二）圆锥齿轮传动设计

圆锥齿轮机构主要用来传递两相交轴之间的运动和动力，如图 5-42 所示。圆锥齿轮的轮齿是分布在一个截锥体上的，这是圆锥齿轮区别于圆柱齿轮的特殊点之一。所以，相应于圆柱齿轮中的各有关“圆柱”，在这里都变成了“圆锥”，例如，齿顶圆锥、分度圆锥、齿根圆锥等。

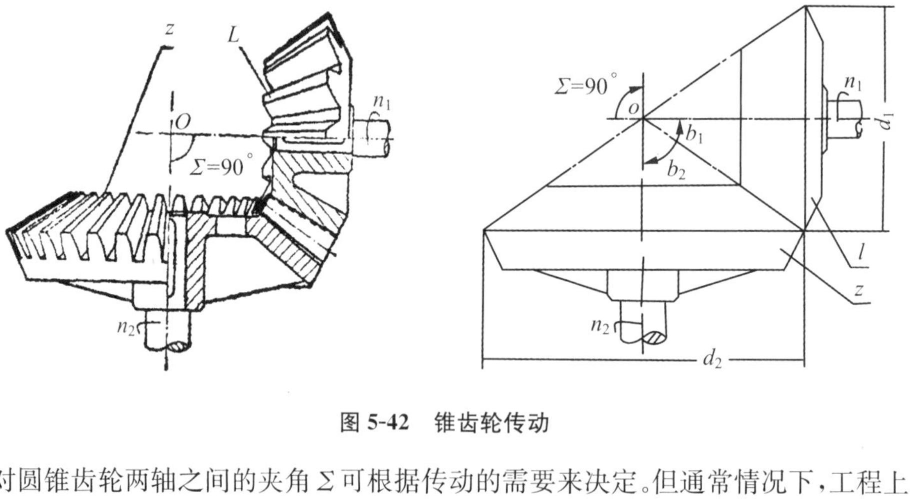

图 5-42　锥齿轮传动

一对圆锥齿轮两轴之间的夹角 Σ 可根据传动的需要来决定。但通常情况下，工程上多采用的是 $\Sigma=90^\circ$ 的传动。

圆锥齿轮按两轮啮合的形式不同，可分别为外啮合、内啮合及平面啮合 3 种，圆锥齿轮的轮齿有直齿、斜齿及曲齿（圆弧齿）等多种形式。由于直齿圆锥齿轮的设计、制造和安装均较简便，故应用的最为广泛。曲齿圆锥齿轮由于传动平稳、承载能力较高，故常用于高速重载的传动场合，如汽车、拖拉机中的差速器齿轮、中央传动等。我们主要介绍用途最广，也是最基本的直齿圆锥齿轮。

1. 直齿圆锥齿轮齿廓的形成

如图 5-43 所示，锥齿轮的齿廓是发生面 S 在基圆锥上作纯滚动时形成的，发生面上 K 点将在空间展开成一渐开线 AK。显然，渐开线是在以锥顶 O 为中心，锥距 R 为半径的球面上，所以该渐开线也称为球面渐开线。同样，在 K 点内侧临近的各点均展开成球面渐开线，这样就形成了球面渐开线齿廓。

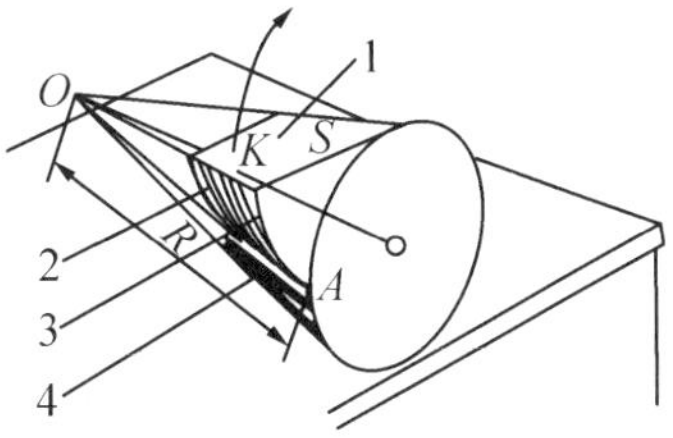

1. 发生面 S；2、3. 球面渐开面；4. 基圆锥

图 5-43　球面渐开线的形

2. 背锥与当量齿数

与圆柱齿轮一样，圆锥齿轮有齿顶圆锥、齿根圆锥和分度圆锥。在图 5-44 中的锥齿轮轴剖面 OAC 和 OBC 分别为两轮的分度圆锥。

由于圆锥齿轮的齿廓曲线为球面曲线，但是球面无法展开成平面，致使圆锥齿轮的设计和制造产生许多困难。为了使球面齿廓的问题转化成平面问题，就引入了背锥的概念。所谓背锥是过锥齿轮的大端，其母线与锥齿轮分度圆锥母线垂直的圆锥。

图中 O_1AC 和 O_2BC 即为两轮的背锥。

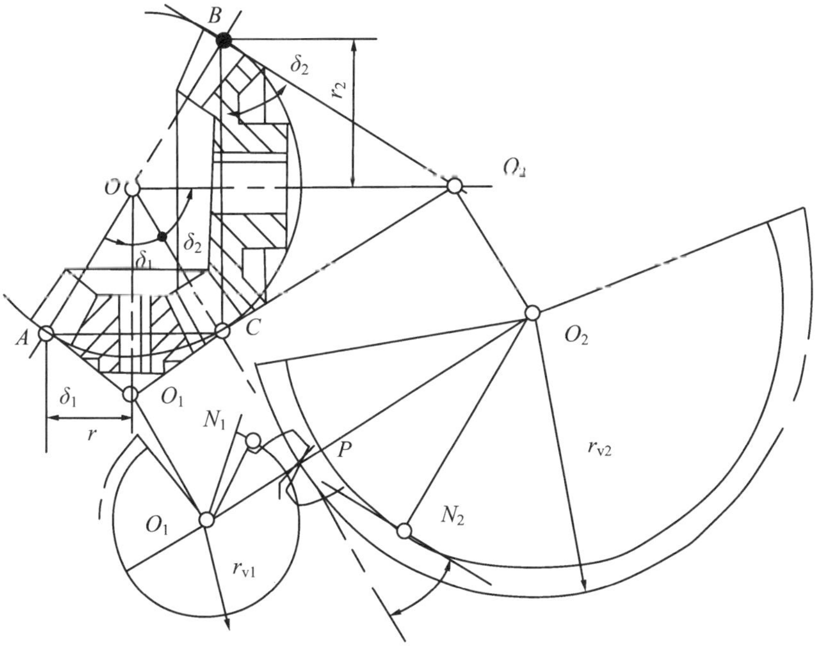

图 5-44　直齿锥齿轮的当量齿轮

将两锥齿轮大端球面渐开线齿廓向两背锥上投影，得到近似渐开线齿廓。接下来将两背锥展成两扇形齿轮，设想把扇形齿轮补足成一个完整的圆柱齿轮。该假想的圆柱齿轮称作圆

锥齿轮的当量齿轮,其齿数称作圆锥齿轮的当量齿数,用 z_v 表示。

这样,当量齿轮的齿型与圆锥齿轮大端齿型相当,其模数和压力角与圆锥齿轮大端的模数和压力角相一致。因此,圆锥齿轮的啮合传动可利用其当量齿轮的啮合传动来研究。

由图 5-44 可以看出

$$r_{v1} = \overline{O_1P} = \frac{r_1}{\cos\delta_1} = \frac{mz}{2\cos\delta_1}$$

又因为

$$r_{v1} = \frac{mz_{v1}}{2}$$

所以

$$\left.\begin{aligned} z_{v1} &= \frac{z_1}{\cos\delta_1} \\ z_{v2} &= \frac{z_2}{\cos\delta_2} \end{aligned}\right\} \tag{5-49}$$

其中:δ_1 和 δ_2 分别为两圆锥齿轮的锥顶角。

3. 直齿圆锥齿轮传动

(1) 正确啮合的条件。前面已经讲过,一对圆锥齿轮的啮合传动相当于一对当量圆柱齿轮的啮合传动,故其正确啮合的条件为:两圆锥齿轮大端的模数和压力角分别相等。

(2) 重合度 ε。直齿圆锥齿轮传动的重合度可近似地按当量圆柱齿轮传动的重合度计算,即

$$\varepsilon = \frac{1}{2\pi}[z_{v1}(\tan\alpha_{a1} - \tan\alpha) + z_{v2}(\tan\alpha_{a2} - \tan\alpha)] \tag{5-50}$$

(3) 传动比。如图 5-44 所示

$$r_1 = \overline{OP}\sin\delta_1, r_2 = \overline{OP}\sin\delta_2$$

所以圆锥齿轮传动的传动比为

$$i_{12} = \frac{\omega_1}{\omega_2} = \frac{z_2}{z_1} = \frac{r_2}{r_1} = \frac{\sin\delta_2}{\sin\delta_1} \tag{5-51}$$

当轴交角 $\Sigma = \delta_1 + \delta_2 = 90^\circ$ 时,有

$$i_{12} = \tan\delta_2$$

4. 直齿圆锥齿轮传动的参数及几何尺寸

根据国家标准规定,现多采用等顶隙圆锥齿轮传动形式,即:两轮顶隙从轮齿大端到小端都是相等的,如图 5-45 所示。

(1) 基本参数。

圆锥齿轮的基本参数规定是:大端参数为标准值,模数 m 按表(GB 12368-90)中查询选择,压力角一般为 $\alpha=20^\circ$。

对于正常齿,当 $m\leqslant1$ 时,$h_a^*=1, c^*=0.25$;当 $m>1$ 时,$h_a^*=1, c^*=0.2$。对于短齿,$h_a^*=0.8$。

为避免根切,圆锥齿轮应满足当量齿数 $z_v\geqslant z_{vmin}$。为了保持两轮等移距变位,还应满足 $z_{v1}+z_{v2}\geqslant2z_{vmin}$。$z_{vmin}$ 为直齿圆柱齿轮不根切的最少齿数。

(2) 几何参数计算。圆锥齿轮的几何尺寸计算规定以大端为基准,计算公式列在表 5-14 中,此处就不作进一步讲述了。

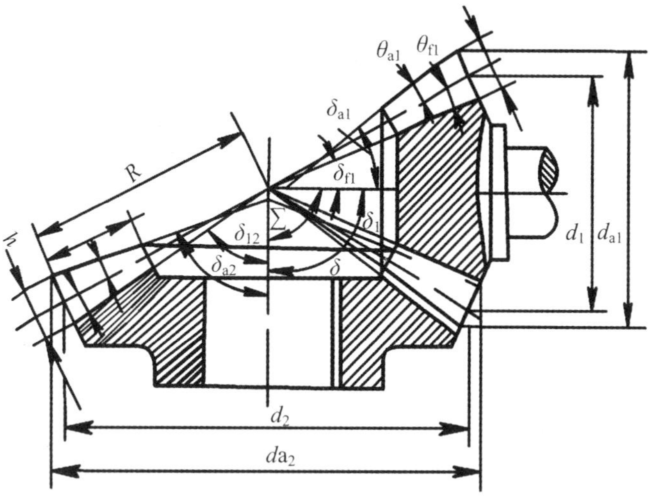

图 5-45　等顶隙收缩齿圆锥齿轮

表 5-14　圆锥齿轮主要尺寸计算公式

名　称	符　号	计算公式
分度圆锥角	δ	$\delta_1 = \text{arccot}\,\frac{z_2}{z_1}, \delta_2 = 90° - \delta_1$
分度圆直径	d	$d_1 = mz_1, d_2 = mz_2$
齿顶高	h_a	$h_a = h_a^* m$
齿根高	h_f	$h_f = (h_a^* + c^*)m$
齿顶圆直径	d_a	$d_{a1} = d_1 + 2h_a \cos\delta_1, d_{a2} = d_2 + 2h_a \cos\delta_2$
齿根圆直径	d_f	$d_{f1} = d_1 - 2h_f \cos\delta_1, d_{f2} = d_2 - 2h_f \cos\delta_2$
锥距	R	$R = \frac{m}{2}\sqrt{z_1^2 + z_2^2}$
齿顶角	θ_a	$\theta_{a1} = \theta_{f1} = \arctan\left(\frac{h_a}{R}\right)$
齿顶圆锥角	δ_a	$\delta_{a1} = \delta_1 + \theta_a, \delta_{a2} = \delta_2 + \theta_a$
齿根圆锥角	δ_f	$\delta_{f1} = \delta_1 - \theta_f, \delta_{f2} = \delta_2 - \theta_f$
当量齿数	z_v	$z_{v1} = \frac{z_1}{\cos\delta_1}, z_{v2} = \frac{z_1}{\cos\delta_2}$

5. 直齿圆锥齿轮的受力分析

根据几何和平衡关系，有：作用于齿面上的法向载荷，设其作用在齿宽中点处，可以分解成 3 个互相垂直的分力，如图 5-46 所示。

圆周力：

$$F_{t1} = -F_{t2} = \frac{2T_1}{d_{m1}} \tag{5-52}$$

$$d_{m1} = d_1(1 - 0.5\psi_R)$$

$$\psi_R = \frac{d}{R}$$

$$F' = F_{t1}\tan\alpha$$

径向力：

$$F_{r1} = -F_{a2} = F'\cos\delta_1 = F_{t1}\tan\alpha\cos\delta_1 \tag{5-53}$$

轴向力：

$$F_{a1} = -F_{r2} = F'\sin\delta_1 = F_{t1}\tan\alpha\sin\delta_1 \tag{5-54}$$

法向力：

$$F_n = \frac{F_{t1}}{\cos\alpha} \tag{5-55}$$

式(5-52)中 T_1 为主动轮传递的转矩(N・mm)。

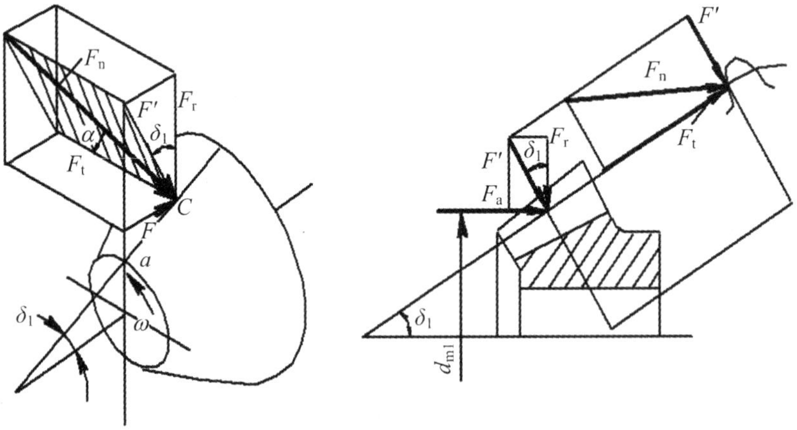

图 5-46　直齿圆锥齿轮受力分析

各力方向可用图矢方便标出：圆周力方向，主动轮上 F_{t1} 与其回转方向相反，从动轮上 F_{t2} 与其回转方向相同；径向力方向，都指向各自的轮心；轴向力方向，分别沿各自的轴线指向大端。

如前所述，锥齿轮沿齿宽方向的齿廓大小不同，轮齿各截面刚度不同，受载后变形复杂，故载荷沿齿宽分布情况复杂。由于制造精度较低，工作中同时啮合的各对轮齿之间载荷分布情况也难以确定。因此，锥齿轮的强度计算比较复杂。为简化计算，通常按照如下情况处理：

(1) 强度计算按齿宽中点(即平均直径 d_m)处的当量直齿圆柱齿轮进行，因此锥齿轮的强度计算可引用直齿圆柱齿轮的类似公式；

(2) 假定整个啮合过程中载荷由一对轮齿承担，即忽略重合度影响；

(3) 取强度计算的有效齿宽 $b_e=0.85b$(b 为锥齿轮齿宽)。

(三) 齿轮结构设计

1. 齿轮结构设计

在前面内容中，我们介绍的齿轮设计只是轮齿部分，但是作为一个完整的齿轮零件，除了轮齿以外还必须有轮缘、轮辐及轮毂等部分，才能完成传递功率或运动的任务。

轮缘、轮辐和轮毂部分设计不当，轮齿也会在这些部位出现破坏，例如，轮缘开裂、轮辐折断、轮毂破坏等。同时，轮缘的刚性还会影响轮齿在工作时的刚性以及加工齿时的整体刚性，从而影响轮齿上载荷的分布以及动载荷的大小。

对于中等模数的传动齿轮，这几个部分一般是参考毛坯制造方法、根据经验关系来设计的。

（1）锻造齿轮。对于齿轮齿顶圆直径小于 500 mm 的齿轮，一般采用锻造毛坯，并根据齿轮直径的大小常采用以下几种结构形式。圆柱齿轮的结构及其尺寸参阅表 5-15。

表 5-15　圆柱齿轮的结构

<table>
<tr><th>名称</th><th>结构形式</th><th>结构尺寸</th></tr>
<tr><td>齿轮轴</td><td rowspan="2">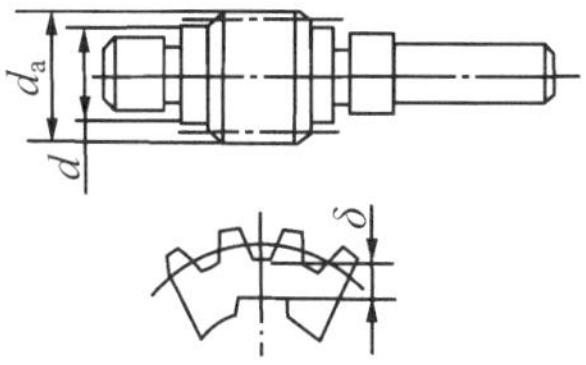

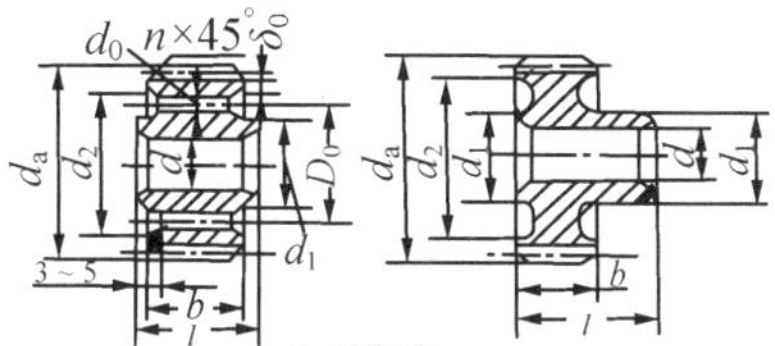

$d_a \leqslant 200$</td><td>$d_a < 2d$ 或 $\delta < (2 \sim 2.5)m_t$ 时，轴与齿轮做成一体
$d_1 = kd$
<table>
<tr><td>d(mm)</td><td><20</td><td>20～32</td><td>>32～50</td><td>>50～80</td><td>>80～120</td><td>>120～200</td></tr>
<tr><td>k</td><td>2.0</td><td>1.9</td><td>1.8</td><td>1.7</td><td>1.6</td><td>1.5</td></tr>
</table></td></tr>
<tr><td>实心式</td><td>$(1.2 \sim 1.5)d \geqslant l \geqslant b$
$\delta_0 = 2.5m_t$，但不小于 8 mm
$D_0 = 0.5(d_1 + d_2)$
当 $d_0 < 10$ mm 时不钻孔
$n = 0.5m_t$</td></tr>
<tr><td rowspan="2">腹板式</td><td>锻造
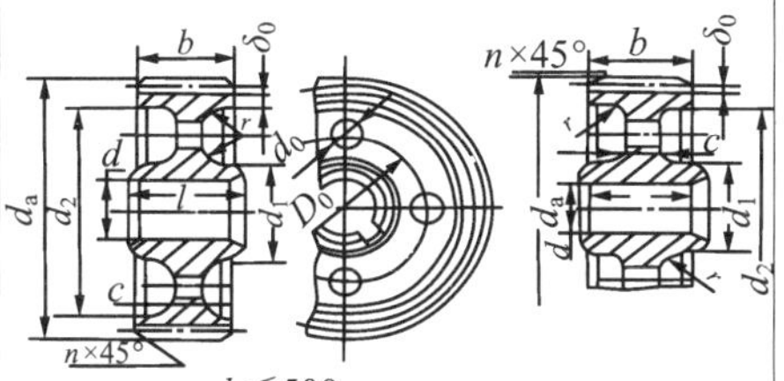

$d_a \leqslant 500$</td><td>$d_1 = 1.6d$
$1.5d > l \geqslant b$
$\delta_0 = (3 \sim 4)m_t$，但不小于 8 mm
$D_0 = 0.5(d_1 + d_2)$
$d_0 = 15 \sim 25$ mm
$c = 0.2b$（模锻）、$c = 0.3b$（自由锻），但不小于8 mm
$n = 0.5m_t$
$r \approx 0.5c$</td></tr>
<tr><td>铸造
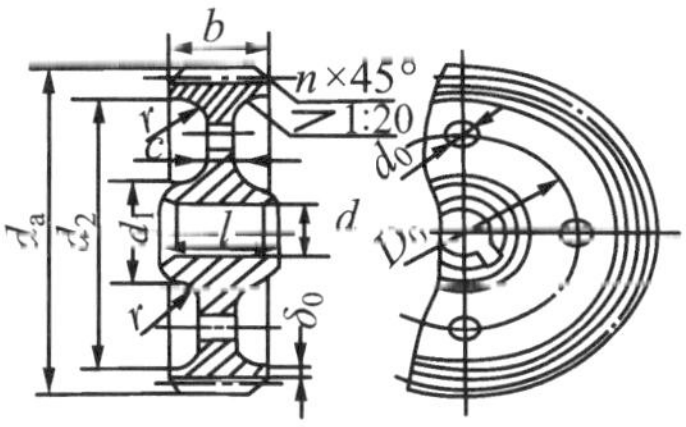

$d_a < 500$</td><td>$d_1 = 1.6d$（铸钢）、$d_1 = 1.8d$（铸铁）
$1.5d > l \geqslant b$
$\delta_0 = (3 \sim 4)m_t$，但不小于 8 mm
$D_0 = 0.5(d_1 + d_2)$
$d_0 = (0.25 \sim 0.35)(d_2 - d_1)$
$c = 0.2b$，但不小于 10 mm
$n = 0.5m_t$
$r \approx 0.5c$</td></tr>
<tr><td>轮辐式</td><td>铸造
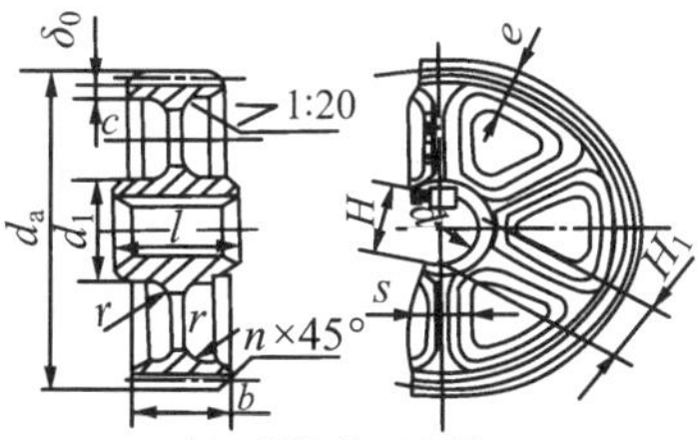

$d_a > 500$, b<240</td><td>$d_1 = 1.6d$（铸钢）、$d_1 = 1.8d$（铸铁）
$1.5d > l \geqslant b$
$\delta_0 = (3 \sim 4)m_t$，但不小于 8 mm
$H = 0.8d$（铸钢）、$H = 0.9d$（铸铁）
$H_1 = 0.8H$
$c = (1 \sim 1.3)\delta_0$、$s = 0.8c$
$e = (1 \sim 1.2)\delta_0$
$n = 0.5m_t$
$r \approx 0.5c$</td></tr>
</table>

① 齿轮轴。当齿轮的齿根直径与轴径很接近时，可以将齿轮与轴作成一体的，称为齿轮轴。齿轮与轴的材料相同，可能会造成材料的浪费和增加加工工艺的难度。

② 实体式齿轮。齿顶圆直径小于 200 mm(当轮缘内径 D 与轮毂外径 D_3 相差不大时，而轮毂长度要大于等于 1.6 倍的轴径尺寸)时可以采用这种实体式结构，齿根与键槽顶部距离 δ 不能过小。如果 δ 尺寸无法保证，就要采用齿轮轴结构，即把齿轮与轴作为一体。

③ 腹板式结构。当直径大于 200 mm 时，为了减轻重量，节约材料，同时由于不易锻出辐条，常采用腹板式结构。

对于腹板式结构，当直径接近 500 mm 时，可以在腹板上开出减轻孔，一般也不设加强筋，而是将腹板做的厚一些。此时，轮毂长度一般不应小于齿轮宽度，可以略大，也可以对称，也可以偏向一侧。

锻造齿轮的腹板式结构又分为模锻和自由锻两种，其中模锻用于大批量生产。

(2) 铸造齿轮。而当直径大于 500 mm 或随直径小于 500 mm，但形状复杂，不便于锻造的齿轮，常采用铸造毛坯。其中齿顶圆直径大于 300 mm 时可以做成带加强肋的腹板结构；当齿顶圆大于 400 mm 时常做成轮辐结构。

圆锥齿轮：轮辐常用腹板代替轮辐，同时在腹板上铸出加强筋，以增强轮体的轴向刚度。

对于铸造和锻造齿轮设计可以参照例图中给出的经验公式进行，结构尺寸计算后要圆整成最近的标准整数(对于机械设计，国家规定有标准尺寸系列，一般情况下，都要符合国家标准)。

六、任务实施

(一) 本任务的学习目标

通过齿轮传动知识的认知与分析，确定本任务的学习目标(表 5-16)。

表 5-16　学习任务和目标

序　号	类　别	目　标
一	专业知识	1. 齿轮传动的特点和基本类型； 2. 渐开线齿轮齿廓的形成及特点； 3. 渐开线齿轮的加工方法； 4. 齿轮传动的精度及其选择； 5. 齿轮结构设计； 6. 轮传动的润滑及效率
二	专业能力	1. 认知生活中的齿轮传动的类型和特点； 2. 掌握渐开线标准直齿圆柱齿轮、斜齿圆柱齿轮、直齿圆锥齿轮的主要参数及几何尺寸计算； 3. 理解渐开线直齿圆柱齿轮的啮合传动； 4. 理解标准齿轮不发生根切的最少齿数
三	方法能力	1. 会进行齿轮传动的强度计算； 2. 掌握齿轮传动的受力分析； 3. 学会自主学习，掌握一定的学习技巧，具有继续学习的能力；

续表

序　号	类　别	目　标
三	方法能力	4. 培养设计一般工作计划,初步具有对方案进行可行性分析的能力; 5. 培养评估总结工作结果的能力; 6. 会标准齿轮传动的设计
四	社会能力	1. 养成实事求是、尊重自然规律的科学态度; 2. 养成勇于克服困难的精神,具有较强的吃苦耐劳,战胜困难的能力; 3. 养成及时完成阶段性工作任务的习惯和责任意识; 4. 培养信用意识、敬业意识、效率意识与良好的职业道德; 5. 培养良好的团队合作精神; 6. 培养较好的语言表达能力,善于交流

(二) 任务技能训练

通过齿轮基本参数测定,计算齿轮的基本参数,判断该对齿轮能否正确啮合(表 5-17)。

表 5-17　任务技能训练表

任务名称	齿轮基本参数测定
任务实施条件	1. 理实一体教室; 2. 齿轮实物或模型; 3. 测量工具
任务目标	1. 掌握齿轮参数测定的方法和步骤; 2. 能正确使用游标卡尺等测量工具; 3. 正确计算齿轮的基本参数; 4. 判断该对齿轮能否正确啮合; 5. 培养良好的协作精神; 6. 培养严谨的工作态度; 7. 养成及时完成阶段性工作任务的习惯和责任意识; 8. 培养评估总结工作结果的能力
任务实施	1. 分析齿轮传动类型、特点; 2. 测量公法线长度; 3. 计算齿轮的几何尺寸和基本参数; 4. 判断该对齿轮能否正确啮合
任务要求	1. 公法线长度测量准确; 2. 参数计算过程完整,结果正确; 3. 测量工具使用正确

七、任务评价与总结

(一) 任务评价

任务评价如表 5-18 所示。

表 5-18　任务评价表

评价项目	评价内容	配　　分	得　　分
成果评价(60%)	齿轮传动类型判断和特点分析	20%	
	齿轮传动的啮合过程分析	20%	
	齿轮传动参数和几何尺寸计算	20%	
自我评价(10%)	学习活动的目的性	2%	
	是否独立寻求解决问题的方法	4%	
	设计方案、方法的正确性	2%	
	个人在团队中的作用	2%	
小组评价(10%)	按时保证质量完成任务	2%	
	组织讨论,分工明确	4%	
	组内给予其他成员指导	2%	
	团队合作氛围	2%	
教师评价(20%)	工作态度是否正确	10%	
	工作量是否饱满	3%	
	工作难度是否适当	2%	
	自主学习	5%	
总　　分			
备　　注			

(二) 任务总结

(1) 组织学生进行讨论、分析、总结、评估;
(2) 评价任务完成情况;
(3) 对项目的完成情况给出结论。

八、任务拓展

(一) 相关知识与内容

略。

(二) 练习与提高

(1) 什么是分度圆? 标准齿轮的分度圆在什么位置上?

(2) 一渐开线,其基圆半径 $r_b=40$ mm,试求此渐开线压力角 $\alpha=20°$处的半径 r 和曲率半径 ρ 的大小。

(3) 有一个标准渐开线直齿圆柱齿轮,测量其齿顶圆直径 $d_a=106.40$ mm,齿数 $z=25$,问是哪一种齿制的齿轮? 基本参数是多少?

(4) 两个标准直齿圆柱齿轮，已测得齿数 $z_1=22$、$z_2=98$，小齿轮齿顶圆直径 $d_{a1}=240$ mm，大齿轮全齿高 $h=22.5$ mm，试判断这两个齿轮能否正确啮合传动？

(5) 有一对正常齿制渐开线标准直齿圆柱齿轮，它们的齿数为 $z_1=19$、$z_2=81$，模数 $m=5$ mm，压力角 $\alpha=20°$。若将其安装成 $a'=250$ mm 的齿轮传动，问能否实现无侧隙啮合？为什么？此时的顶隙(径向间隙)C 是多少？

(6) 已知 C6150 车床主轴箱内一对外啮合标准直齿圆柱齿轮，其齿数 $z_1=21$、$z_2=66$，模数 $m=3.5$ mm，压力角 $\alpha=20°$，正常齿。试确定这对齿轮的传动比、分度圆直径、齿顶圆直径、全齿高、中心距、分度圆齿厚和分度圆齿槽宽。

(7) 已知一标准渐开线直齿圆柱齿轮，其齿顶圆直径 $d_{a1}=77.5$ mm，齿数 $z_1=29$。现要求设计一个大齿轮与其相啮合，传动的安装中心距 $a=145$ mm，试计算这对齿轮的主要参数及大齿轮的主要尺寸。

(8) 某标准直齿圆柱齿轮，已知齿距 $p=12.566$ mm，齿数 $z=25$，正常齿制。求该齿轮的分度圆直径、齿顶圆直径、齿根圆直径、基圆直径、齿高以及齿厚。

(9) 当用滚刀或齿条插刀加工标准齿轮时，其不产生根切的最少齿数怎样确定？当被加工标准齿轮的压力角 $\alpha=20°$、齿顶高因数 $h_a^*=0.8$ 时，不产生根切的最少齿数为多少？

(10) 变位齿轮的模数、压力角、分度圆直径、齿数、基圆直径与标准齿轮是否一样？

(11) 设计用于螺旋输送机的减速器中的一对直齿圆柱齿轮。已知传递的功率 $P=10$ kW，小齿轮由电动机驱动，其转速 $n_1=960$ r/min，$n_2=240$ r/min。单向传动，载荷比较平稳。

(12) 单级直齿圆柱齿轮减速器中，两齿轮的齿数 $z_1=35$、$z_2=97$，模数 $m=3$ mm，压力角 $\alpha=20°$，齿宽 $b_1=110$ mm、$b_2=105$ mm，转速 $n_1=720$ r/min，单向传动，载荷中等冲击。减速器由电动机驱动。两齿轮均用 45 钢，小齿轮调质处理，齿面硬度为 220～250HBS，大齿轮正火处理，齿面硬度 180～200 HBS。试确定这对齿轮允许传递的功率。

(13) 已知一对正常齿标准斜齿圆柱齿轮的模数 $m=3$ mm，齿数 $z_1=23$、$z_2=76$，分度圆螺旋角 $\beta=8°6'34''$。试求其中心距、端面压力角、当量齿数、分度圆直径、齿顶圆直径和齿根圆直径。

(14) 图 5-47 所示为斜齿圆柱齿轮减速器：①已知主动轮 1 的螺旋角旋向及转向，为了使轮 2 和轮 3 的中间轴的轴向力最小，试确定轮 2、轮 3、轮 4 的螺旋角旋向和各轮产生的轴向力方向。②已知 $m_{n2}=3$ mm，$z_2=57$，$\beta_2=18°$，$m_{n3}=4$ mm，$z_3=20$，β_3 应为多少时，才能使中间轴上两齿轮产生的轴向力互相抵消？

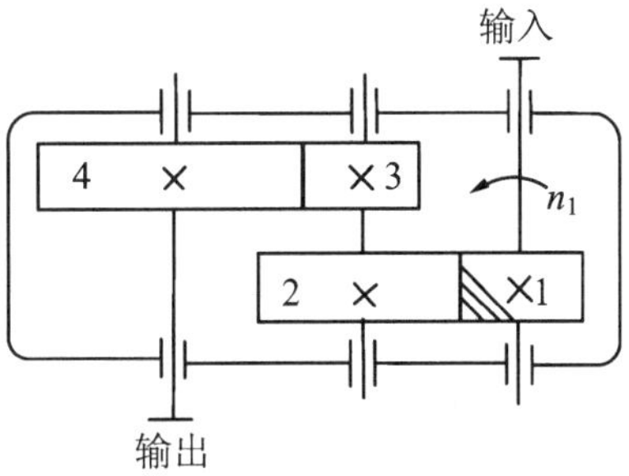

图 5-47

(15) 在一般传动中，如果同时有圆锥齿轮传动和圆柱齿轮传动，圆锥齿轮传动应放在高速级还是低速级？为什么？

(16) 试设计直齿圆柱齿轮减速器中的一对直齿轮。已知两齿轮的转速 $n_1=720$ r/min，$n_2=200$ r/min，传递的功率 $P=5$ kW，单向传动，载荷有中等冲击，由电动机驱动，预期寿命 10 年，两班制工作。

任务二　蜗杆传动

一、任务资讯

通过本任务的学习，让同学了解掌握蜗杆传动的啮合特点、运动关系和几何参数；掌握蜗杆传动的受力分析和热平衡计算方法。

二、任务分析与计划

蜗杆传动是由蜗杆 1 和蜗轮 2 组成，如图 5-47 所示。常用于交错轴 $\Sigma=90^\circ$ 的两轴之间传递运动和动力。一般蜗杆为主动件，作减速运动。蜗杆运动具有传动比大而结构紧凑等优点，所以在各类机械，如机床、冶金、矿山、起重运输机械中得到广泛使用。

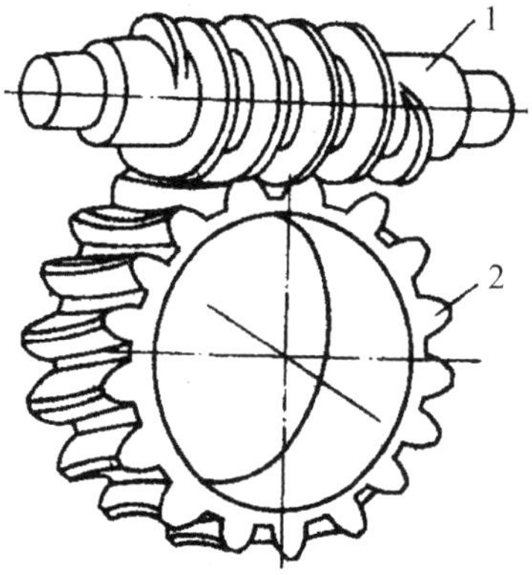

图 5-47　蜗杆传动

蜗杆传动是在齿轮传动的基础上发展起来的，它具有齿轮传动的某些特点，即在中间平面(通过蜗杆轴线并垂直于蜗轮轴线的平面)内的啮合情况与齿轮齿条的啮合相类似，又有区别与齿轮传动的特性，即其运动特性相当于螺旋副的工况。蜗杆相当于单头或多头螺杆，蜗轮相当于一个“不完整的螺母”包在蜗杆上。蜗杆本身轴线转动一周，蜗轮相应转过一个或多个齿(图 5-48)。

(一) 蜗杆传动的特点

与齿轮传动相比较，蜗杆传动具有传动比大，在动力传递中传动比在 8～100 之间，在分度机构中传动比可以达到 1 000；传动平稳、噪声低；结构紧凑；在一定条件下可以实现自锁等优点因而得到广泛使用。但蜗杆传动也有效率低、发热量大和磨损严重；蜗轮齿圈部分经常需用耐磨性能好的有色金属(如青铜)制造,成本高等缺点。

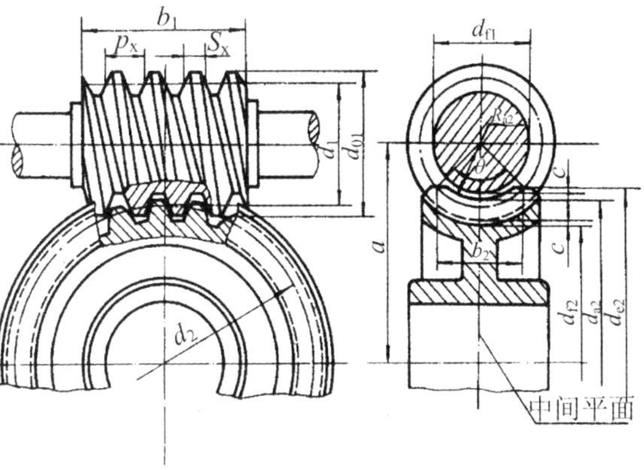

图 5-48　普通圆柱蜗杆传动

(二) 蜗杆传动的类型

按蜗杆分度曲面的形状不同,蜗杆传动可以分为:圆柱蜗杆传动(图 5-49(a))、环面蜗杆传动(图 5-49(b))、锥蜗杆传动(图 5-49(c))3 种类型。

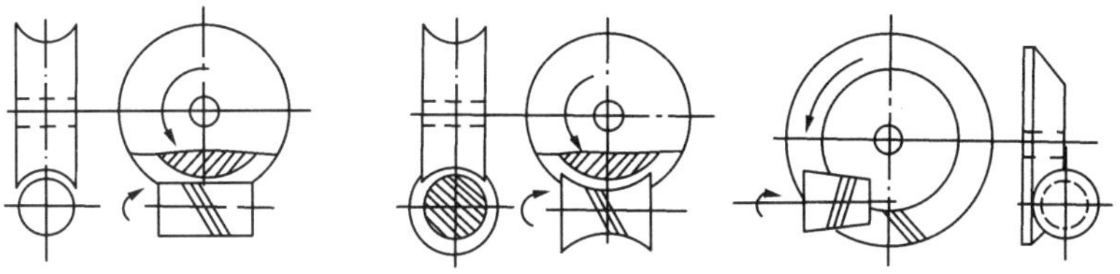

图 5-49　蜗杆传动的类型

1. 圆柱蜗杆传动

普通圆柱蜗杆传动主要分为 3 种(图 5-50)。

(1) 阿基米德圆柱蜗杆(ZA 蜗杆)。如图 5-50(a)所示,其齿面为阿基米德螺旋面。加工时,梯形车刀切削刃的顶平面通过蜗杆轴线,在轴向剖面 $I—I$ 具有直线齿廓,法向剖面 $N—N$ 上齿廓为外凸线,端面上齿廓为阿基米德螺旋线。这种蜗杆切制简单,但难以用砂轮磨削出精确齿形,精度较低(图 5-51)。

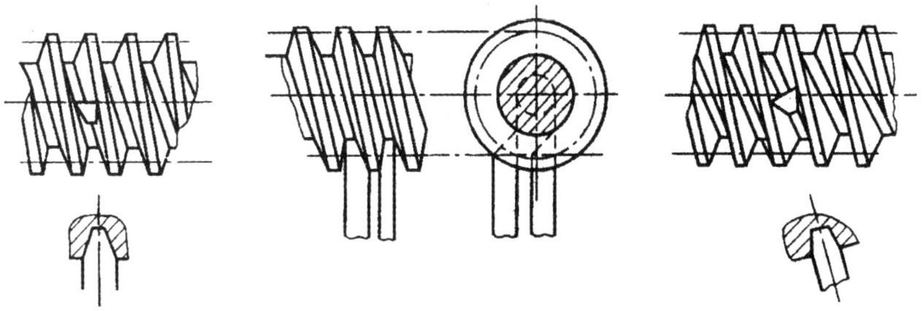

图 5-50　普通圆柱蜗杆传动

(2) 渐开线圆柱蜗杆(ZI 蜗杆)。如图 5-50(b)所示。加工时,车刀刀刃平面与基圆或上或下相切,被切出的蜗杆齿面是渐开线螺旋面,端面上齿廓为渐开线。这种蜗杆可以磨削,易保证加工精度。

(3) 法向直廓圆柱蜗杆(ZN 蜗杆)。又称延伸渐开线蜗杆,如图 5-50(c)所示。车制时刀刃顶面置于螺旋线的法面上,蜗杆在法向剖面上具有直线齿廓,在端面上为延伸渐开线齿廓。这种蜗杆可用砂轮磨齿,加工较简单,常用作机床的多头精密蜗杆传动。

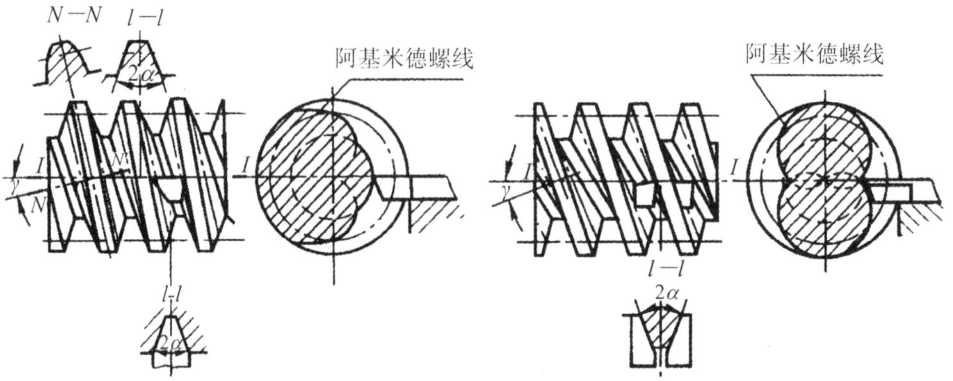

(a) 当$\gamma \leqslant 3°$时用一把刀车削　　(b) 当$\gamma > 3°$时用两把刀车削

图 5-51　阿基米德圆柱蜗杆

2. 环面蜗杆传动

蜗杆分度曲面是圆环面的蜗杆称为环面蜗杆,和相应的蜗轮组成的传动称为环面蜗杆传动(图 5-52)。它又分为:直廓环面蜗杆传动(俗称球面蜗杆传动)、平面包络环面蜗杆传动(又称为一、二次包络)、渐开线包络环面蜗杆传动和锥面包络环面蜗杆传动。下面我们看一下直廓环面蜗杆传动的特点。

一个环面蜗杆,当其轴向齿廓为直线时称为直廓环面蜗杆,和相应的蜗轮组成的传动称为直廓环面蜗杆传动,如图 5-52 所示。

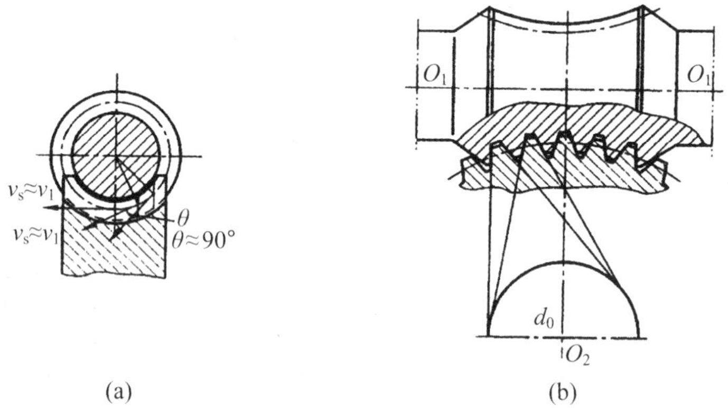

(a)　　(b)

图 5-52　环面蜗杆传动

这种蜗杆传动的特点是:由于其蜗杆和蜗轮的外形都是环面回转体,可以互相包容,实现多齿接触和双接触线接触,接触面积大;又由于接触线与相对滑动速度 v_s 之间的夹角约为 90°,易于形成油膜,齿面间综合曲率半径也增大等。因此,在相同的尺寸下,其承载能力可提高 1.5～3 倍(小值适于小中心距,大值适于大中心距);若传递同样的功率,中心距可减小 20%

~40%。它的缺点是:制造工艺复杂,不可展齿面难以实现磨削,故不宜用于精度很高的传动。只有批量生产时,才能发挥其优越性,其应用现在已日益增加。

3. 锥蜗杆传动

锥蜗杆传动中的蜗杆为一等导程的锥形螺旋,蜗轮则与一曲线齿圆锥齿轮相似。由于普通圆柱蜗杆传动加工制造简单,用的最为广泛,所以我们主要介绍以阿基米德蜗杆为代表的普通圆柱蜗杆传动。

三、蜗杆传动的相关知识

如图 5-53 所示,在中间平面上,普通圆柱蜗杆传动就相当于齿条与齿轮的啮合传动。故此,在设计蜗杆传动时,均取中间平面上的参数(如模数、压力角)和尺寸(如齿顶圆、分度圆等)为基准,并沿用齿轮传动的计算关系,其主要依据是国家标准 GB 10087-88 和 GB 10088-88。

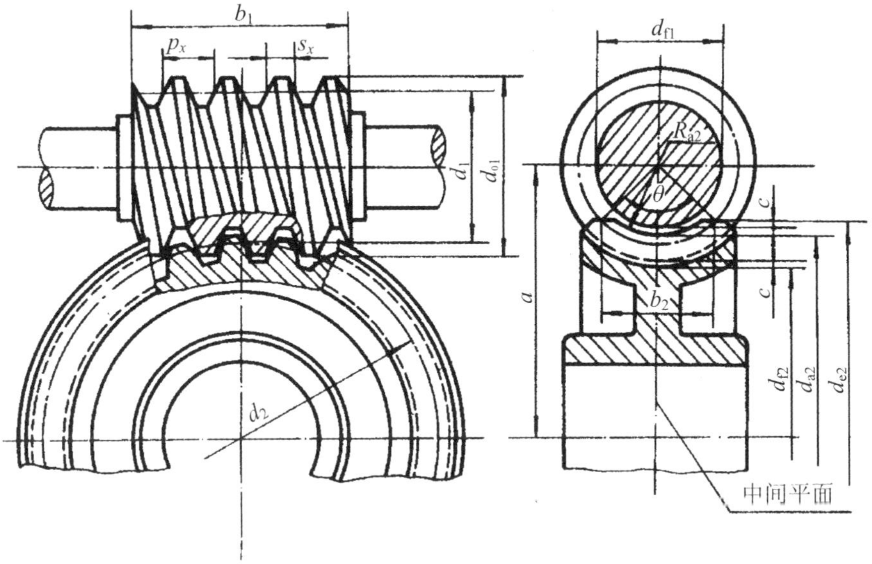

图 5-53　圆柱蜗杆传动的基本参数

普通圆柱蜗杆传动的主要参数及选择如下:

普通圆柱蜗杆传动的主要参数有:模数 m、压力角 α、蜗杆头数 z_1、蜗轮齿数 z_2 及蜗杆的直径 d_1 等。进行蜗杆传动设计时,首先要正确地选择参数。这些参数之间是相互联系地,不能孤立地去确定,而应该根据蜗杆传动地工作条件和加工条件,考虑参数之间地相互影响,综合分析,合理选定。

(一) 模数 m 和压力角 α

在中间平面中,为保证蜗杆蜗轮传动的正确啮合,蜗杆的轴向模数 m_{a1} 和压力角 α_{a1} 应分别相等于蜗轮的法面模数 m_{t2} 和压力角 α_{t2},即正确啮合条件为

$$\left.\begin{aligned} m_{a1} &= m_{t2} = m \\ \alpha_{a1} &= \alpha_{t2} \\ \beta &= \gamma \end{aligned}\right\} \tag{5-56}$$

蜗杆轴向压力角与法向压力角的关系为

$$\mathrm{tg}\alpha_{\mathrm{a}}=\frac{\mathrm{tg}\alpha_{\mathrm{n}}}{\cos\gamma}$$

式中 γ 为导程角。

（二）蜗杆的分度圆直径 d_1 和直径系数 q

蜗杆与蜗轮的正确啮合，要用与蜗杆尺寸相同的蜗杆滚刀来加工蜗轮。由于相同的模数，可以有许多不同的蜗杆直径，这样就造成要配备很多的蜗轮滚刀以适应不同的蜗杆直径。显然，这样很不经济。

为了减少蜗轮滚刀的个数和便于滚刀的标准化，就对每一标准的模数规定了一定数量的蜗杆分度圆直径 d_1，而把分度圆直径和模数的比称为蜗杆直径系数 q，即

$$q=\frac{d_1}{m}$$

常用的标准模数 m 和蜗杆分度圆直径 d_1 及直径系数 q 可见表 5-19。

表 5-19　蜗杆分度圆直径 d_1 及直径系数 q 匹配表

中心距 a(mm)	模数 m(mm)	分度圆直径 d_1(mm)	m^2d_1 (mm^3)	蜗杆头数 z_1	直径系数 q	分度圆导程角 γ	蜗轮齿数 z_2	变位系数 x_2
40 50	1	18	18	1	18.00	3°10′47″	62 82	0 0
40		20	31.25	1	16.00	3°34′35″	49	−0.500
50 63	1.25	22.4	35	2	17.92	3°11′35″ 4°34′26″	62 82	−0.040 +0.440 −0.500
50		20	51.2	4	12.50	9°05′25″ 17°44′41″	51	
63 80	1.6	28	71.68	1	17.50	3°16′14″	61 82	+0.125 +0.250
40 (50) (63)	2	22.4	89.6	1 2 4 6	11.20	5°06′08″ 10°07′29″ 19°39′14″ 28°10′43″	29 (39) (51)	−0.100 (−0.100) (+0.400)
80 100		35.5	142	1	17.75	3°1328″	62 82	+0.125

（三）蜗杆头数 z_1 和蜗轮齿数 z_2

可根据要求的传动比和效率来选择，一般取 $z_1=1\sim10$，推荐 $z_1=1$、2、4、6。选择的原则是：当要求传动比较大，或要求传递大的转矩时，则 z_1 取小值；要求传动自锁时取 $z_1=1$；要求具有高的传动效率，或高速传动时，则 z_1 取较大值。

蜗轮齿数的多少，影响运转的平稳性，并受到两个限制：最少齿数应避免发生根切与干涉，理论上应使 $z_{2\min}\geqslant17$，但当 $z_2<26$ 时，啮合区显著减小，影响平稳性，而在 $z_2\geqslant30$ 时，则可始终保持有两对齿以上啮合，因之通常规定 $z_2>28$。另一方面 z_2 也不能过多，当 $z_2>80$ 时（对于动力传动），蜗轮直径将增大过多，在结构上相应就须增大蜗杆两支承点间的跨距，影响蜗杆轴的

刚度和啮合精度；对一定直径的蜗轮，如 z_2 取得过多，模数 m 就会减小甚多，将影响轮齿的弯曲强度，故对于动力传动，z_2 常用的范围为 28～70。对于传递运动的传动，z_2 可达 200、300，甚至可到 1 000。

（四）导程角 γ

蜗杆的形成原理与螺旋相同，所以蜗杆轴向齿距 p_a 与蜗杆导程 p_z 的关系为 $p_z=z_1p_a$，由图 5-54 可知

$$\tan\gamma=\frac{p\cdot z}{\pi d_1}=\frac{z_1p_a}{\pi d_1}=\frac{z_1m}{d_1}=\frac{z_1}{q}$$

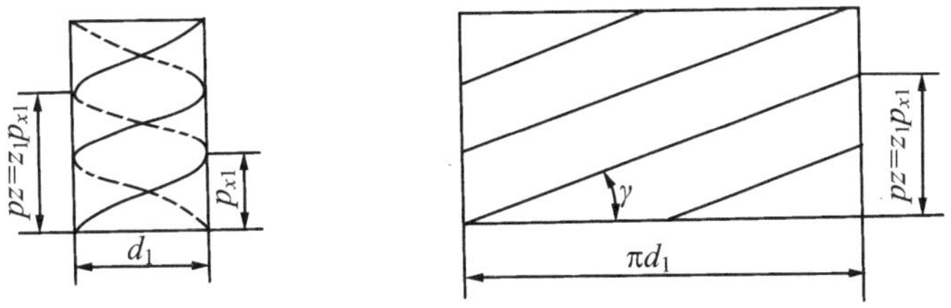

图 5-54　蜗杆导程角与导程的关系

导程角 γ 的范围为 3.5°～33°。导程角的大小与效率有关。导程角大时，效率高，通常 $\gamma=15°\sim30°$，并多采用多头蜗杆。但导程角过大，蜗杆车削困难。导程角小时，效率低，但可以自锁，通常 $\gamma=3.5°\sim4.5°$。

传动比：

$$i=\frac{n_1}{n_2}$$

蜗杆为主动的减速运动中：

$$i=\frac{n_1}{n_2}=\frac{z_2}{z_1}=u$$

式中 n_1 为蜗杆转速；n_2 为蜗轮转速。

减速运动的动力蜗杆传动，通常取 $5\leqslant u\leqslant70$，优先采用 $15\leqslant u\leqslant50$；增速传动 $5\leqslant u\leqslant15$。

普通圆柱蜗杆基本尺寸和参数及其与蜗轮参数可参考相关的匹配表。

（五）普通圆柱蜗杆传动的几何尺寸计算

普通圆柱蜗杆传动基本几何尺寸计算关系式见表 5-20：

表 5-20　蜗杆传动基本几何尺寸

名　称	代　号	计算关系式	说　明
中心距	a	$a=\dfrac{d_1+d_2+2x_2m}{2}$	按规定选取
蜗杆头数	z_1	常用 $z_1=1;2;4;6$	按规定选取
蜗杆齿数	z_2	$z_2=i\cdot z_1$	按传动比确定
齿形角	α	$\alpha_a=20°$ 或 $\alpha_n=20°$	按蜗杆类型确定
模数	m	$m=m_a=m_n/\cos\gamma$	按规定选取

续表

名　称	代　号	计算关系式	说　明
传动比	i	$i=n_1/n_2$	蜗杆为主动，按规定选取
齿数比	u	$u=z_2/z_1$ 当蜗杆主动时，$i=u$	
蜗轮变位系数	x_2	$x_2=\frac{a}{m}-\frac{d_1+d_2}{2m}$	
蜗杆直径系数	q	$q=d_1/m$	
蜗杆轴向齿距	p_a	$p_a=\pi m$	
蜗杆导程	p_z	$p_z=\pi m z_1$	
蜗杆分度圆直径	d_1	$d_1=mq$	按规定选取
蜗杆齿顶圆直径	d_{a1}	$d_{a1}=d_1+2h_{a1}=d_1+2h_a^* m$	
蜗杆齿根圆直径	d_{f1}	$d_{f1}=d_1-2h_{f1}=d_1-2(h_a^* m+c)$	
顶隙	c	$c=c^* m$	按规定
渐开线蜗杆基圆直径	d_{b1}	$d_{b1}=\frac{d_1 \cdot \tan\gamma}{\tan\gamma_b}=\frac{m_{z1}}{\tan\gamma_b}$	
蜗杆齿顶高	h_{a1}	$h_{a1}=h_a^* \cdot m=0.5(d_{a1}-d_1)$	按规定
蜗杆齿根高	h_{f1}	$h_{f1}=(h_a^*+c^*)m=0.5(d_1-d_{f1})$	
蜗杆齿高	h_1	$h_1=h_{a1}+h_{f1}=0.5(d_{a1}-d_{f1})$	
蜗杆导程角	γ	$\mathrm{tg}\,\gamma=\frac{m_{z1}}{d_1}=\frac{z_1}{q}$	
渐开线蜗杆基圆导程角	γ_b	$\cos\gamma_b=\cos\gamma\cos\alpha_n$	
蜗杆齿宽	b_1	$b_1\approx 2m\sqrt{z_2+1}$	由设计确定
蜗轮分度圆直径	d_2	$d_2=m \cdot z_2$	
蜗轮喉圆直径	d_{a2}	$d_{a2}=d_2+2h_{a2}$	
蜗轮齿根圆直径	d_{f2}	$d_{f2}=d_2-2h_{f2}$	
蜗轮齿顶高	h_{a2}	$h_{a2}=0.5(d_{a2}-d_2)$	
蜗轮齿根高	h_{f2}	$h_{f2}=0.5(d_2-d_{f2})$	
蜗轮齿高	h_2	$h_2=h_{a2}+h_{f2}=0.5(d_{a2}-d_{f2})$	
蜗轮咽喉母圆半径	r_{g2}	$r_{g2}=a-0.5d_{a2}$	
蜗轮齿宽	b_2	$z_1=1\sim2$ 时，$b_2=0.75da_1$； $z_1=4\sim6$ 时，$b\leqslant 0.67da_1$	由设计确定
蜗轮齿宽角	θ	$\theta=2\arcsin(b_2/d_1)$	
蜗杆轴向齿厚	s_a	$s_a=0.5\pi m$	
蜗杆法向齿厚	s_n	$s_n=s_a \cdot \cos\gamma$	
蜗轮齿厚	s_t	按蜗杆节圆处轴向齿槽宽 e_a' 确定	

（六）蜗杆传动的正确啮合条件

从上述可知，蜗杆传动的正确啮合条件为：蜗杆的轴向模数与蜗轮的端面模数必须相等；蜗杆的轴向压力角与蜗轮的端面压力角必须相等；两轴线交错 90°时，蜗杆分度圆柱的导程角与蜗轮分度圆柱螺旋角等值且方向相同。

（七）蜗杆传动的失效形式、设计准则及材料选择

1. 失效形式

和齿轮传动一样，蜗杆传动的失效形式主要有：胶合、磨损、疲劳点蚀和轮齿折断等。由于蜗杆传动啮合面间的相对滑动速度较大，效率低，发热量大，再润滑和散热不良时，胶合和磨损为主要失效形式。

2. 设计准则

由于蜗轮无论在材料的强度和结构方面均较蜗杆弱，所以失效多发生在蜗轮轮齿上，设计时只需要对蜗轮进行承载能力计算。由于目前对胶合与磨损的计算还缺乏适当的方法和数据，因而还是按照齿轮传动中弯曲和接触疲劳强度进行。蜗杆传动的设计准则为：闭式蜗杆传动按蜗轮轮齿的齿面接触疲劳强度进行设计计算，按齿根弯曲疲劳强度校核，并进行热平衡验算；开式蜗杆传动，按保证齿根弯曲疲劳强度进行设计。

3. 蜗杆和蜗轮材料的选择

由失效形式知道，蜗杆、蜗轮的材料不仅要求有足够的强度，更重要的是具有良好的磨合（跑合）、减磨性、耐磨性和抗胶合能力等。

一般来说：蜗杆一般是用碳钢或合金钢制成。高速重载蜗杆常用 15Cr 或 20Cr、20Cr MnTi 等，并经渗碳淬火；也可以 40Cr、45Cr 或 40Cr 并经淬火。这样可以提高表面硬度，增加耐磨性。通常要求蜗杆淬火后的硬度为 40～55 HRC，经氮化处理后的硬度为 55～62 HRC。一般不太重要的低速中载的蜗杆，可采用 40、45 钢，并经调质处理，其硬度为 220～300 HBS。

常用的蜗轮材料为铸造锡青铜（ZCuSn10P1，ZCuSn5Pb5Zn5），铸造铝铁青铜（ZCuAl1010Fe3）及灰铸铁（HT150、HT200）等。锡青铜耐磨性最好，但价格较高，常用于滑动速度大于 3 m/s 的重要传动；铝铁青铜的耐磨性较锡青铜差一些，但价格便宜，一般用于滑动速度小于 4 m/s 的传动；如果滑动速度不高（小于 2 m/s），对效率要求也不高时，可以采用灰铸铁。为了防止变形，常对蜗轮进行时效处理。

相对滑动速度为

$$v_s = \sqrt{v_1^2 + v_2^2} = \frac{v_1}{\cos\gamma} \tag{5-57}$$

4. 蜗杆传动精度等级的选择

圆柱蜗杆传动在 GB 10089-88 中规定了 12 个精度等级，1 级精度最高，12 级精度最低。对于动力蜗杆传动，一般选用 6～9 级。如表 5-21 所示列出了 6～9 级精度的应用范围、加工方法及允许的相对滑动速度，可以共我们设计时参考。

表 5-21　蜗杆传动的精度等级和应用

精度等级	滑动速度 $v_s(m\cdot s^{-1})$	加工方法		应　用
		蜗　杆	蜗　轮	
6	>10	淬光、磨光和抛光	滚切后用蜗杆形剃齿刀精加工，加载跑合	速度较高的精密传动，中等精密的机床分度机构；发动机调速器的传动
7	⩽10	淬光、磨光和抛光	滚切后用蜗杆形剃齿刀精加工或加载跑合	速度较高的中等功率传动，中等精度的工业运输机的传动
8	⩽5	调质、精车	滚切后建议加载跑合	速度较低或短时间工作的动力传动；或一般不太重要的传动
9	⩽2	调质，精车	滚切后建议加载跑合	不重要的低速传动或手动

（八）蜗杆传动的受力分析

如图 5-55 所示，蜗杆传动的受力与斜齿圆柱齿轮相似，若不计齿面间的摩擦力，蜗杆作用于蜗轮齿面上的法向力 F_{n2} 在节点 C 处可以分解成 3 个互相垂直的分力：圆周力 F_{t2}、径向力 F_{r2}、轴向力 F_{x2}（或 F_{a2}）。由图 5-55 可知，蜗轮上的圆周力 F_{t2} 等于蜗杆上的轴向力 F_{x1}（或 F_{a1}）；蜗轮上的径向力 F_{r2} 等于蜗杆上的径向力 F_{r1}；蜗轮上的轴向力 F_{x2}（或 F_{a2}）等于蜗杆上的圆周力 F_{t1}。这些对应的力大小相等、方向相反。

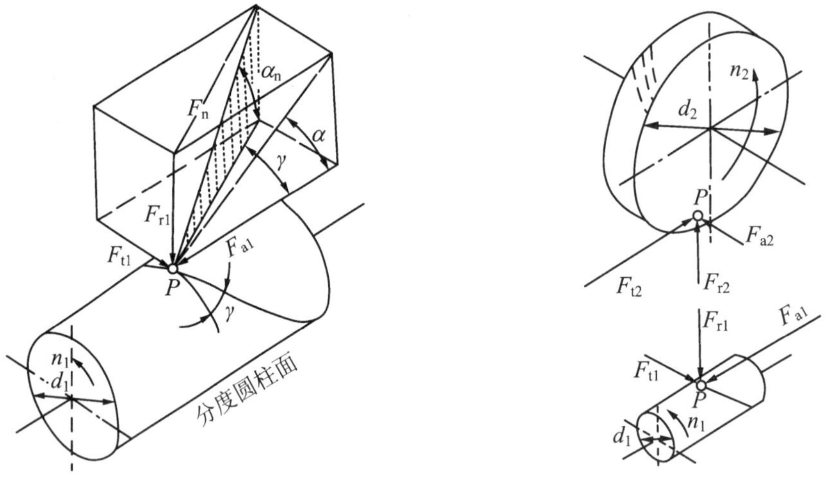

图 5-55　蜗杆传动的受力分析

各力之间的关系为

$$\left.\begin{aligned} F_{t1} &= \frac{2T_1}{d_1} = -F_{a2} \\ F_{a1} &= -F_{t2} = -\frac{2T_2}{d_2} \\ F_{r1} &= -F_{r2} = -F_{t2}\tan\alpha \end{aligned}\right\} \tag{5-58}$$

式中 T_2＝蜗轮转矩(N·mm)；T_1 为蜗杆转矩(N·mm)；P_1 为蜗杆输入功率(kW)；η_1 为啮合传动效率。

当蜗杆主动时各力的方向为：蜗杆上圆周力 F_{t1} 的方向与蜗杆的转向相反；蜗轮上的圆周力 F_{t2} 的方向与蜗轮的转向相同；蜗杆和蜗轮上的径向力 F_{r2} 和 F_{r1} 的方向分别指向各自的轴心；蜗杆轴向力 F_{x1}(或 F_{a1})的方向与蜗杆的螺旋线方向和转向有关，可以用“主动轮左(右)手法则”判断，即蜗杆为右(左)旋时用右(左)手，并以四指弯曲方向表示蜗杆转向，则拇指所指的方向为轴向力 F_{x1}(或 F_{a1})的方向，如图 5-56 所示。

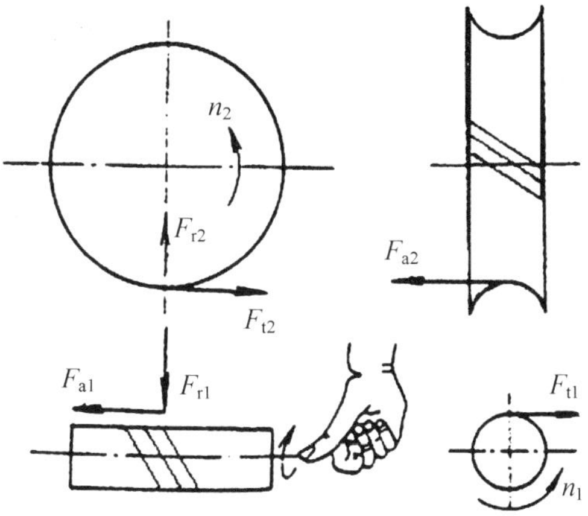

图 5-56　蜗杆传动作用力方向的判断

2. 蜗杆传动的强度计算

针对前述的蜗杆传动失效形式与设计准则，蜗杆传动的强度计算包括以下两个方面。

(1) 蜗轮齿面接触疲劳强度计算。普通蜗杆传动在中间平面上如同斜齿轮与齿条啮合，沿用赫兹公式，得钢制蜗杆与青铜或铸铁蜗轮(齿圈)配对的齿面接触疲劳强度的校核公式

$$\sigma_H = 480\sqrt{\frac{KT_2\cos\gamma}{d_1 d_2^2}} \leqslant [\sigma_H] \tag{5-59}$$

蜗轮轮齿面接触疲劳强度的设计公式为

$$m^2 d_1 \geqslant KT_2\cos\gamma\left(\frac{480}{z_2[\sigma_H]}\right)^2 \tag{5-60}$$

式(5-59)与式(5-60)中，T_2 为蜗轮传递的转矩(N·mm)；K 为载荷因数，一般取 $K=1\sim1.4$，当载荷平稳，蜗轮圆周速度 $v_2\leqslant3$ m/s，7 级精度以上时取较小值，否则取较大值；d_1、d_2 分别为蜗杆和蜗轮分度圆直径(mm)；z_2 为蜗轮齿数；γ 为蜗杆导程角(°)，$[\sigma_H]$ 为蜗轮材料的许用接触应力(MPa)。

(2) 蜗轮齿根弯曲疲劳强度计算。蜗轮轮齿的弯曲疲劳强度取决于轮齿模数的大小。由于轮齿齿形比较复杂，且在距中间平面不同截面上的齿厚并不相同，因此，蜗轮轮齿的弯曲疲劳强度难以精确计算，只能进行条件性的概略估算，简化公式如下：

蜗轮齿根弯曲强度的校核公式

$$\sigma_{bb} = \frac{1.64KT_2}{d_1 d_2 m}\cdot Y_{Fs}Y_\beta \leqslant [\sigma_{bb}] \tag{5-61}$$

设计公式

$$m^2 d_1 \geqslant \frac{1.64KT_2}{z_2[\sigma_{bb}]}\cdot Y_{Fs}Y_\beta \tag{5-62}$$

式(5-61)与(5-62)中,Y_{Fs}为蜗轮复合齿形因数,按当量齿数查 Y_β 为螺旋角因数

$$Y_\beta = 1 - \frac{\gamma}{140^\circ}$$

d_1、d_2分别为蜗杆和蜗轮分度圆直径(mm);$[\sigma_{bb}]$为蜗轮材料的许用弯曲应力(MPa)。

(九) 蜗杆传动的润滑、效率及热平衡计算

1. 润滑

由于蜗杆传动时的相对滑动速度大、效率低、发热量大,故润滑特别重要。若润滑不良,会进一步导致效率降低,并会产生急剧磨损,甚至出现胶合,故需选择合适的润滑油及润滑方式。

对于开式蜗杆传动,采用黏度较高的润滑油或润滑脂。对于闭式蜗杆传动,根据工作条件和滑动速度参考表格中推荐值选定润滑油和润滑方式。

当采用油池润滑时,在搅油损失不大的情况下,应有适当的油量,以利于形成动压油膜,且有助于散热。对于下置式或侧置式蜗杆传动,浸油深度应为蜗杆的一个齿高;当蜗杆圆周转速大于 4 m/s 时,为减少搅油损失,常将蜗杆上置,其浸油深度约为蜗轮外径的三分之一。

2. 传动效率

闭式蜗杆传动的总效率 η 包括:轮齿啮合效率 η_1、轴承摩擦效率 η_2(0.98～0.995)和搅油损耗效率 η_3(0.96～0.99),即

$$\eta = \eta_1 \eta_2 \eta_3 \tag{5-63}$$

当蜗杆主动时,η_1 可近似按螺旋副的效率计算,即

$$\eta_1 = \frac{\tan\gamma}{\tan(\gamma + \varphi_v)}$$

当对蜗杆传动的效率进行初步计算时,可近似取以下数值:① 闭式传动,当 $z_1=1$ 时,$\eta=0.7$～0.75;当 $z_1=2$ 时,$\eta=0.75$～0.82;当 $z_1=4$ 时,$\eta=0.87$～0.92;自锁时 $\eta<0.5$。② 开式传动,当 $z_1=1$、2 时,$\eta=0.6$～0.7。

3. 蜗杆传动的热平衡计算

由于蜗杆传动效率较低,发热量大,润滑油温升增加,黏度下降,润滑状态恶劣,导致齿面胶合失效。所以对连续运转的蜗杆传动必须作热平衡计算。

蜗杆传动中,摩擦损耗功率为

$$P_s = 1\,000 P_1 (1-\eta)$$

自然冷却时,从箱体外壁散发的热量折合的相当功率为

$$P_c = K_s A (t_1 - t_0)$$

热平衡的条件是:在允许的润滑油工作温升范围内,箱体外表面散发出热量的相当功率应大于或等于传动损耗的功率,即

$$P_c \geqslant P_s$$

也即

$$1\,000 P_1 (1-\eta) \geqslant K_s A (t_1 - t_0) \quad \longrightarrow \quad t_1 \geqslant \frac{1\,000 P_1 (1-\eta)}{K_s A} + t_0$$

其中:K_s 为箱体表面散热系数,一般取 $K_s=8.5$～17.5 W/(m² · ℃),通风条件良好(如箱体周围空气循环好、外壳上无灰尘杂物等)时,可以取大值,否则取小值。

A 为箱体散热面积(m^2),散热面积是指箱体内表面被润滑油浸到(或飞溅到),而外表面又能被自然循环的空气所冷却的面积。一般可按下式估算:

$$A = 0.33\left(\frac{a}{100}\right)^{1.75}$$

t_0 为周围空气的温度，一般取 20℃。

t_1 为热平衡时的工作温度(℃)，一般应小于 60～75 ℃，最高不超过 80 ℃。

若润滑油的工作温度 t_1 超过允许值或散热面积不足时，应该采用下列办法提高散热能力，如图 5-57 所示。

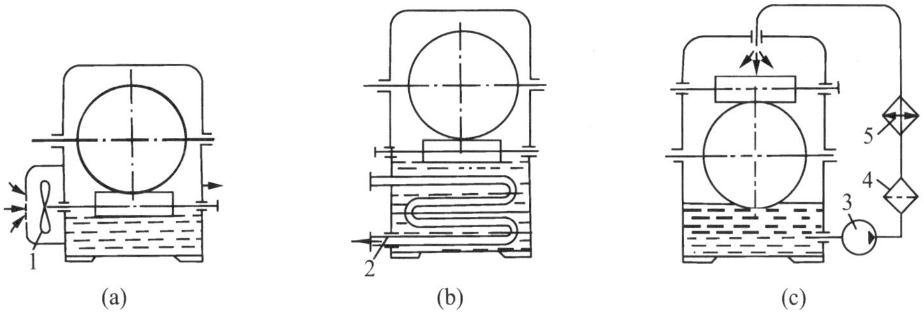

图 5-57　蜗杆传动冷却的方法

① 在箱体外表面加散热片以增加散热面积；

② 在蜗杆的端面安装风扇，如图 5-61(a)所示，加速空气流通，提高散热系数，可取 $K_s = 18 \sim 35\ \mathrm{W/(m^2 \cdot ℃)}$。

③ 在油池中安放蛇形水管，用循环水冷却，如图 5-57(b)所示。

④ 采用压力喷油循环冷却，如图 5-61(c)所示。

(十) 蜗杆及蜗轮的结构

蜗杆因为直径不大，常与轴做成一体，称为蜗杆轴，常用车或铣加工。铣制蜗杆没有退刀槽，且轴的直径可以大于蜗杆的齿根圆直径，所以其刚度较大。车制蜗杆时，为了便于车螺旋部分时退刀，留有退刀槽而使轴径小于蜗杆根圆直径，削弱了蜗杆的刚度。

蜗轮的结构如表 5-22 所示。对于尺寸大的青铜齿轮，多采用组合式结构。用铸铁的或尺寸小的青铜蜗轮多采用整体式结构。

表 5-22　蜗轮的典型结构

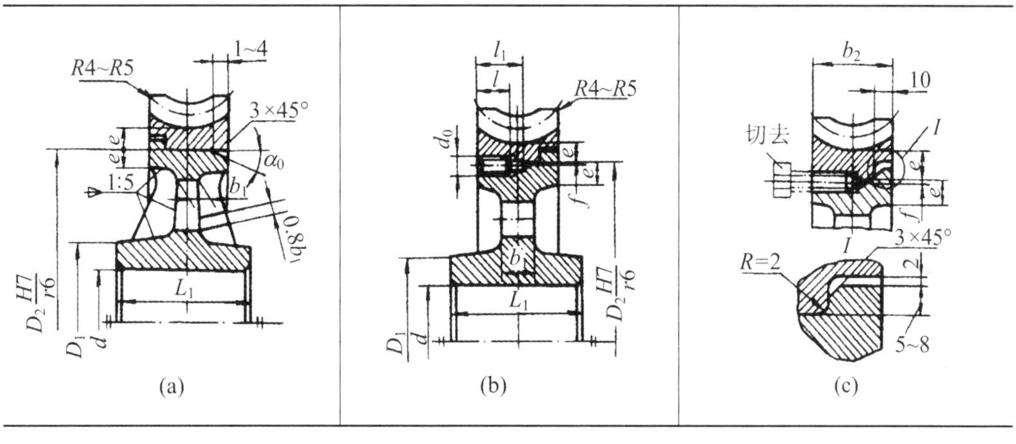

续表

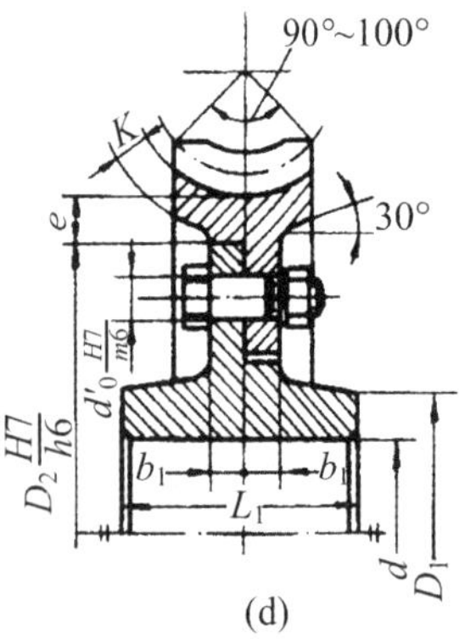

(d)

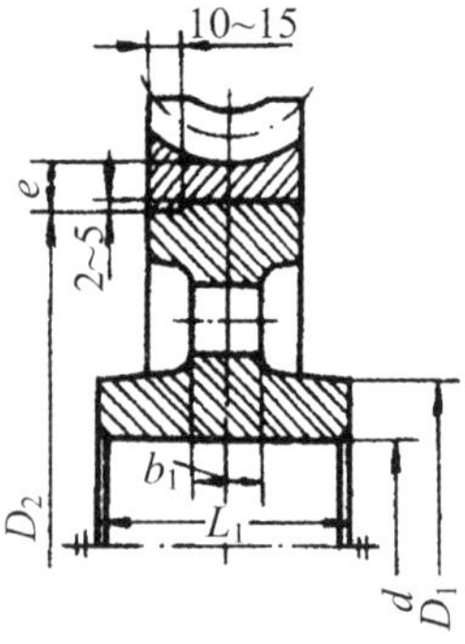

(e)

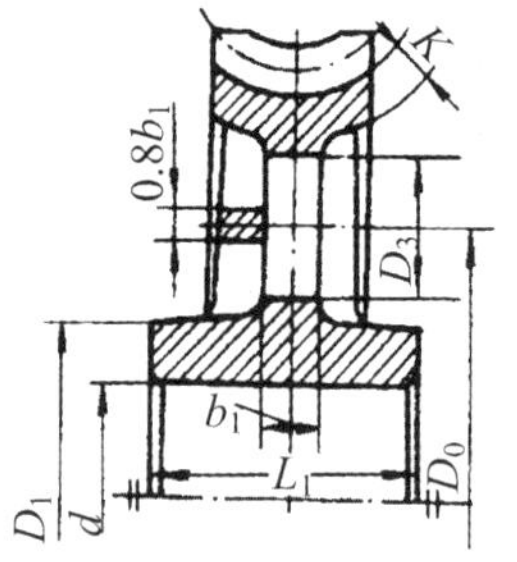

(f)

经验公式			
	$K=2m>10$ mm	$l=3d_0$	$D_1=(1.6\sim2)d$
	$e=2m>10$ mm	$l_1=l+0.5d_0$	$d\approx\frac{1}{2}(D_1+D_2)$，$D_3=\frac{D_0}{4}$
	$f=2\sim3$ mm	$\alpha_0=10°$	$L_1=(1.2\sim1.8)d$
	$d_0=(1.2\sim1.5)$m	$b_1=1.7$ m	d'_0—按螺栓强度计算确定

结构形式	特点及应用范围
轮箍式图(a)、图(b)、图(c)	青铜轮缘与铁芯组合，通常采用 H7/r6 配合，为防止轮缘滑动，加台肩和螺钉固定，螺钉数目可取 4～6 个
螺栓联接式图(d)	采用铰制孔用螺栓联接，螺栓与孔用 H7/m6 的配合，螺栓数目用抗剪强度计算确定，并以轮缘受挤压条件校核，蜗轮材料的许用挤压应力为$[\sigma_p]=0.3\sigma_s$（σ_s 为轮缘材料的屈服点），这种方式应用较多
镶铸式图(e)	青铜轮缘镶铸在铸铁芯上，轮芯上预制出榫槽以防滑动，这种方式适用于大批生产
整体式图(f)	适用于直径小于 100 mm 的青铜蜗轮和任意直径的铸铁蜗轮，直径小时可用实体或腹板式结构；直径较大时可用腹板加肋结构

四、任务实施

（一）本任务的学习目标

本任务的学习目标见表 5-23。

表 5-23　任务学习目标

序　号	类　别	目　标
一	专业知识	1. 传动的类型、特点及应用； 2. 蜗杆传动的精度等级； 3. 蜗杆传动的材料与结构； 4. 传动的润滑、安装和维护； 5. 理解失效形式及设计准则； 6. 理解蜗杆传动的效率、热平衡计算

续表

序　号	类　别	目　标
二	专业能力	1. 掌握蜗杆传动的主要参数和几何尺寸计算； 2. 掌握蜗杆传动的受力分析； 3. 会进行蜗杆传动的强度计算
三	方法能力	1. 初步具有分析机械的工作原理，进行传动装置设计的能力，将思维形象转化为工程语言的能力； 2. 将机械设计知识应用于日常生活、生产活动，具有分析问题、解决问题的能力； 3. 学会自主学习，掌握一定的学习技巧，具有继续学习的能力； 4. 设计一般工作计划，初步具有对方案进行可行性分析的能力； 5. 培养评估总结工作结果的能力
四	社会能力	1. 养成实事求是、尊重自然规律的科学态度； 2. 养成勇于克服困难的精神，具有较强的吃苦耐劳，战胜困难的能力； 3. 养成及时完成阶段性工作任务的习惯和责任意识； 4. 培养信用意识、敬业意识、效率意识与良好的职业道德； 5. 培养良好的团队合作精神； 6. 培养较好的语言表达能力，善于交流

（二）任务技能训练

通过平面结构实物或模型的测绘，绘制平面机构运动简图，判断机构是否具有确定的相对运动(表5-24)。

表5-24

任务名称	蜗杆传动设计计算
任务实施条件	1. 理实一体教室； 2. 蜗杆传动实物或模型； 3. 计算工具； 4. 绘图工具
任务目标	1. 熟悉蜗杆传动特点、类型，并能够合理选择； 2. 掌握蜗杆传动装置的设计方法和步骤； 3. 掌握蜗杆传动强度计算及几何尺寸计算； 4. 能够准确计算蜗杆传动的效率及热平衡； 5. 培养良好的协作精神； 6. 培养严谨的工作态度； 7. 养成及时完成阶段性工作任务的习惯和责任意识； 8. 培养评估总结工作结果的能力
任务实施	1. 根据失效形式进行强度计算出合适的几何尺寸并进行校核； 2. 计算效率，做热平衡计算； 3. 确定蜗杆传动的精度等级； 4. 确定蜗杆和蜗轮的结构； 5. 画出蜗杆和蜗轮的零件工作图

续表

任务名称	蜗杆传动设计计算
任务要求	1. 强度、几何尺寸计算准确，强度足够； 2. 效率计算准确，传动满足热平衡条件； 3. 精度选择合适； 4. 零件工作图规范，符合国家标准

五、任务评价与总结

（一）任务评价

任务评价见表 5-25。

表 5-25　任务评价表

评价项目	评价内容	配　分	得　分
成果评价（60%）	强度、几何尺寸计算	20%	
	效率热平衡计算及精度选择	20%	
	蜗杆和蜗轮零件工作图	20%	
自我评价（10%）	学习活动的目的性	2%	
	是否独立寻求解决问题的方法	4%	
	设计方案、方法的正确性	2%	
	个人在团队中的作用	2%	
小组评价（10%）	按时保证质量完成任务	2%	
	组织讨论，分工明确	4%	
	组内给予其他成员指导	2%	
	团队合作氛围	2%	
教师评价（20%）	工作态度是否正确	10%	
	工作量是否饱满	3%	
	工作难度是否适当	2%	
	自主学习	5%	
总　分			
备　注			

（二）任务总结

（1）组织学生进行讨论、分析、总结、评估；
（2）评价任务完成情况；
（3）对项目的完成情况给出结论。

六、任务拓展

（一）相关知识与内容

略。

（二）练习与提高

（1）蜗杆传动的主要失效形式有哪几种？选择蜗杆和蜗轮材料组合时，较理想的蜗杆副材料是什么？

（2）蜗杆传动有哪些特点？

（3）普通圆柱蜗杆传动的哪一个平面称为中间平面？

（4）蜗杆传动有哪些应用？

（5）蜗杆传动为什么要考虑散热问题？有哪些散热方法？

（6）观察生活中，有哪些机器中应用了蜗杆传动？铣床中有吗？

（7）测得一双头蜗杆的轴向模数是 2 mm，$d_{a1}=28$ mm，求蜗杆的直径系数、导程角和分度圆直径。

（8）图 5-58 所示为一蜗杆传动的起重装置，当重物上升时，确定蜗轮、蜗杆的转向。当驱动蜗杆的电动机停电时，重物是否掉下？为什么？

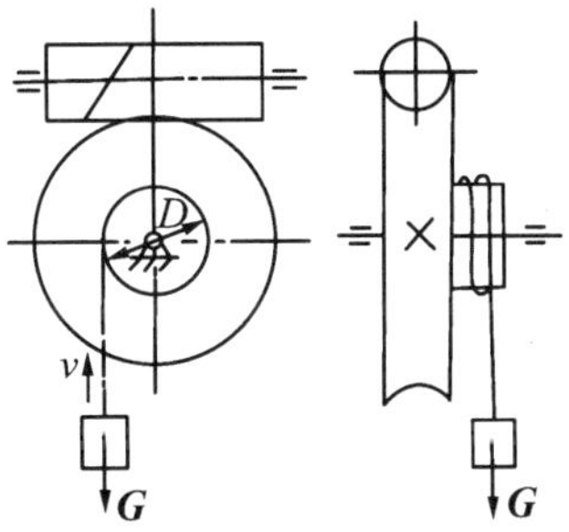

图 5-58

（9）图 5-59 所示为一蜗杆斜齿轮传动，蜗杆由电动机驱动，按逆时针方向转动。已知蜗轮轮齿的螺旋线方向为右旋，当Ⅱ轴受力最小时，试选择判断斜齿轮 z_3 的旋向和转向。

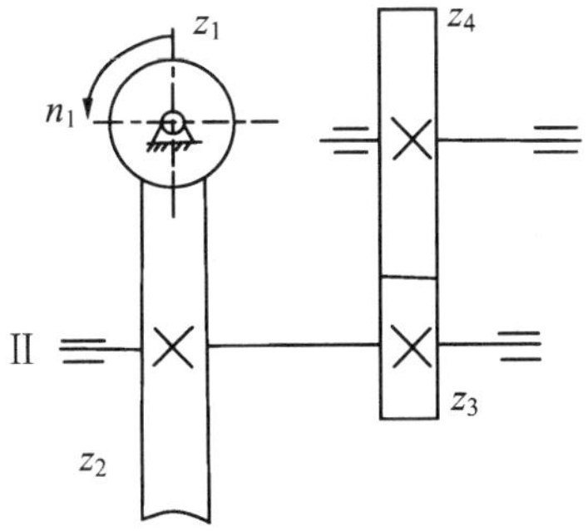

图 5-59

任务三　轮　系

一、任务资讯

通过本课题的学习,能正确划分轮系,能计算定轴轮系、行星轮系、混合轮系的传动比;对轮系的主要功用有所了解。

二、任务分析与计划

我们在前面讨论了一对齿轮啮合传动、蜗杆传动等相关设计问题。但是,在实际的机械工程中,为了满足各种不同的工作需要,仅仅使用一对齿轮是不够的。例如,在各种机床中,为了将电动机的一种转速变为主轴的多级转速;在机械式钟表中,为了使时针、分针、秒针之间的转速具有确定的比例关系;在汽车的传动系中等,都是依靠一系列的彼此相互啮合的齿轮所组成的齿轮机构来实现的。这种由一系列的齿轮所组成的传动系统称为齿轮系,简称轮系。

在工程上,我们根据轮系中各齿轮轴线在空间的位置是否固定,将轮系分为两大类:定轴轮系和行星轮系。如图 5-58 和图 5-59 所示。十分明显,所有齿轮轴线相对于机架都是固定不动的轮系称为定轴轮系,定轴轮系也称作普通轮系;反之,只要有一个齿轮的轴线是绕其他齿轮的轴线转动的轮系即为行星轮系。

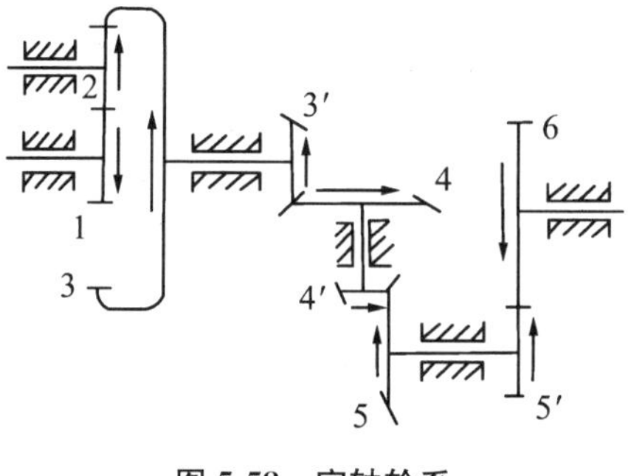

图 5-58　定轴轮系

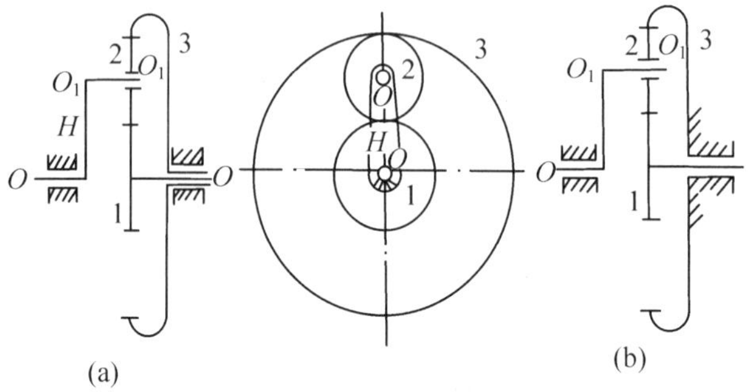

图 5-59　行星轮

如果在轮系中，兼有定轴轮系和行星轮系两个部分，则称作混合轮系。

轮系可以由各种类型的齿轮所组成——圆柱齿轮、圆锥齿轮、蜗杆传动等组成。本部分内容仅从运动分析的角度研究轮系设计，即只讨论轮系的传动比计算方法和轮系在机械传动中的作用。

三、轮系的相关知识

（一）定轴轮系传动比的计算

1. 传动比大小的计算

前面我们已经介绍，一对齿轮的传动比是指该两齿轮的角速度之比，而轮系的传动比是指所研究轮系中的首末两构件的角速度（或转速）之比，用 i_{ab} 表示。为了完整的描述 a、b 两构件的运动关系，计算传动比时不仅要确定两构件的角速度比的大小，而且要确定他们的转向关系。也就是说轮系传动比的计算内容包括：大小和方向。

下面我们首先以图 5-64 所示的定轴轮系为例介绍传动比的计算。

齿轮 1、2、3、4、5′、6 为圆柱齿轮；齿轮 3′、4、4′、5 为圆锥齿轮。设齿轮 1 为主动轮（首轮），齿轮 6 为从动轮（末轮），其轮系的传动比为：

$$i_{16}=\frac{\omega_1}{\omega_6}$$

从图 5-60 中可以看出，齿轮 1、2 为外啮合，齿轮 2、3 为内啮合。根据前面所介绍的内容，可以求得图 5-60 中各对啮合齿轮的传动比大小：

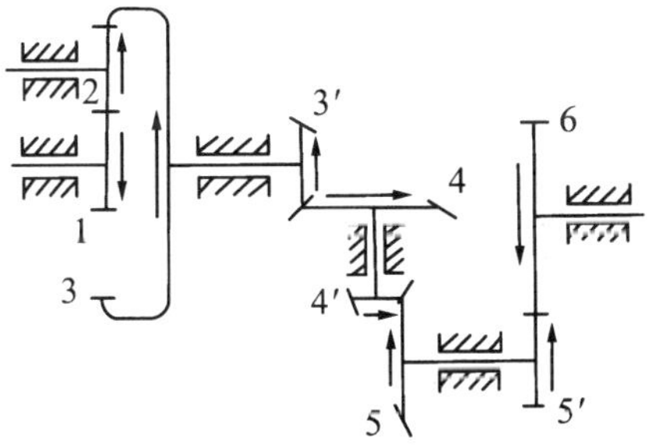

图 5-60　空间定轴轮系

1、2 齿轮：

$$i_{12}=\frac{\omega_1}{\omega_2}=\frac{z_2}{z_1}$$

2、3 齿轮：

$$i_{23}=\frac{\omega_2}{\omega_3}=\frac{z_3}{z_2}$$

3′、4 齿轮：

$$i_{3'4}=\frac{\omega_{3'}}{\omega_4}=\frac{z_4}{z_{3'}}$$

4′、5 齿轮：

$$i_{4'5}=\frac{\omega_{4'}}{\omega_5}=\frac{z_5}{z_{4'}}$$

5′、6 齿轮：

$$i_{5'6}=\frac{\omega_{5'}}{\omega_6}=\frac{z_6}{z_{5'}}$$

因为 $\omega_3=\omega_{3'}$、$\omega_4=\omega_{4'}$，观察分析以上式子可以看出，ω_2、ω_3、ω_4 3 个参数在这些式子的分子和分母中各出现一次。

我们的目的是求 i_{16}，我们将上面的式子连乘起来，于是可以得到

$$i_{12}i_{23}i_{3'4}i_{4'5}i_{5'6}=\frac{\omega_1}{\omega_2}\cdot\frac{\omega_2}{\omega_3}\cdot\frac{\omega_3}{\omega_4}\cdot\frac{\omega_4}{\omega_5}\cdot\frac{\omega_5}{\omega_6}=\frac{\omega_1}{\omega_6}=\frac{z_2}{z_1}\cdot\frac{z_3}{z_2}\cdot\frac{z_4}{z_{3'}}\cdot\frac{z_5}{z_{4'}}\cdot\frac{z_6}{z_{5'}} \tag{5-64}$$

所以

$$i_{16}=\frac{\omega_1}{\omega_6}=\frac{z_3z_4z_5z_6}{z_1z_{3'}z_{4'}z_{5'}}$$

上式说明，定轴轮系的传动比等于组成该轮系的各对啮合齿轮传动比的连乘积。其大小等于各对啮合齿轮所有从动轮齿数的连乘积与所有主动轮齿数连乘积之比。即通式为

$$i_{1k}=\frac{\omega_1}{\omega_k}=\frac{n_1}{n_k}=\frac{\text{从首轮至末轮所有从动轮齿数的乘积}}{\text{从首轮至末轮所有主动轮齿数的乘积}} \tag{5-65}$$

2. 转向关系的确定

齿轮传动的转向关系有用正负号表示或用画箭头表示两种方法。

(1) 箭头法。在图 5-61 所示的轮系中，设首轮 1(主动轮)的转向已知，并用箭头方向代表齿轮可见一侧的圆周速度方向，则首末轮及其他轮的转向关系可用箭头表示。因为任何一对啮合齿轮，其节点处圆周速度相同，则表示两轮转向的箭头应同时指向或背离节点。

由图 5-61 可见，轮 1、6 的转向相同。

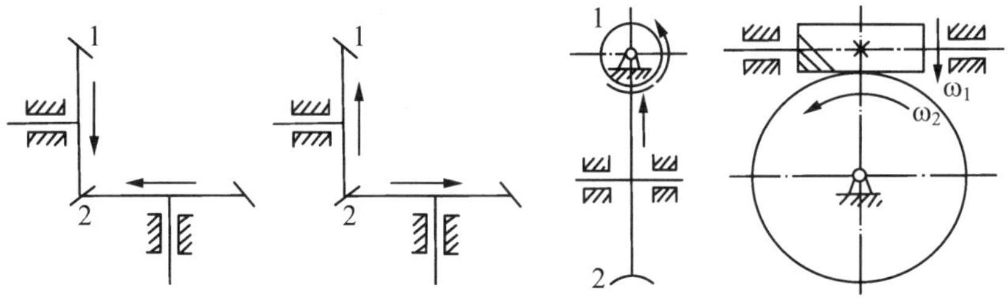

图 5-61　箭头法判断轮系的转向

(2) 正、负号法。对于轮系所有齿轮轴线平行的轮系，由于两轮的转向或者相同、或者相反，因此我们规定：两轮转向相同，其传动比取“＋”；转向相反，其传动比取“－”。其“＋”、“－”可以用箭头法判断出的两轮转向关系来确定，如图 5-62 所示的轮系；也可以直接计算而得到：由于在所有齿轮轴线平行的轮系中，每出现一对外啮合齿轮，齿轮的转向改变一次。如果有 m 对外啮合齿轮，可以用 $(-1)^m$ 表示传动比的正负号。

注意：在轮系中，轴线不平行的两个齿轮的转向没有相同或相反的意义，所以只能用箭头法，如图 5-61 所示。

箭头法对任何一种轮系都是适用的。

例 5-2　在如图 5-63 所示的轮系中，已知蜗杆的转速为 $n_1=900$ r/min (顺时针)，$z_1=2$，$z_2=60$，$z_{2'}=20$，$z_3=24$，$z_{3'}=20$，$z_4=24$，$z_{4'}=30$，$z_5=35$，$z_{5'}=28$，$z_6=135$。求 n_6 的大小和

方向。

解　分析传动关系：

指定蜗杆 1 为主动轮，内齿轮 6 为最末的从动轮，轮系的传动关系为：

$$1\rightarrow 2=2'\rightarrow 3=3'\rightarrow 4=4'\rightarrow 5=5'\rightarrow 6$$

计算传动比 i_{16}。

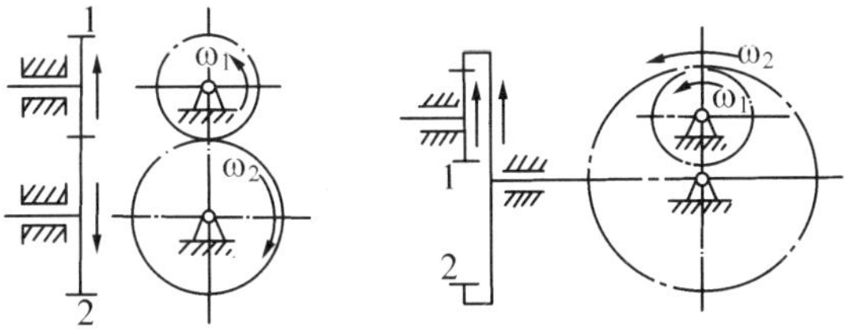

图 5-62

该轮系含有空间齿轮，且首末两轮轴线不平行，我们可以利用公式求出传动比的大小，然后求出 n_6：

$$i_{16}=\frac{n_1}{n_6}=\frac{z_2z_3z_4z_5z_6}{z_1z_{2'}z_{3'}z_{4'}z_{5'}}=\frac{60\times 24\times 24\times 35\times 135}{2\times 20\times 20\times 30\times 28}=243$$

所以

$$n_6=\frac{n_1}{i_{16}}=3.7\ (\mathrm{r/min})$$

在图中画箭头指示 n_6 的方向（如图 5-63 所示）。

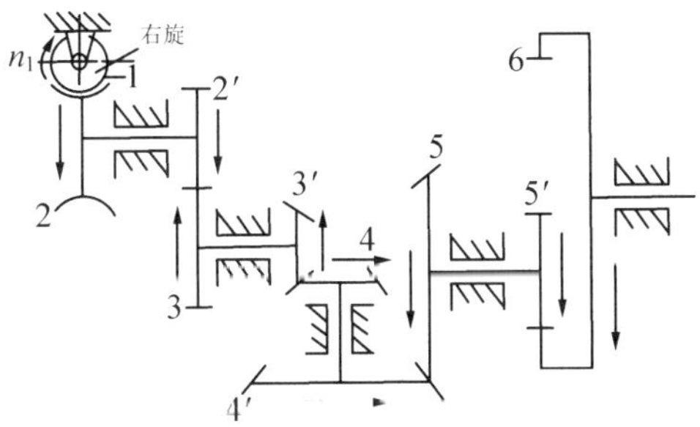

图 5-63　首末两轮轴线不平行的定轴轮系

（二）行星轮系传动比的计算

所谓行星轮系是指轮系中一个或几个齿轮的轴线位置相对机架不是固定的，而是绕其他齿轮的轴线转动的。这种轮系也可以称作“动轴轮系”。行星轮系相对要复杂一些，所以我们首先需要了解行星轮系的组成。

1. 行星轮系的组成

如图 5-64(a)所示轮系，为一基本行星轮系。外齿轮 1、内齿轮 3 都是绕固定轴线 OO 回转的，在行星轮系中称作太阳轮或中心轮。

齿轮 2 安装在构件 H 上，绕 O_1O_1 进行自转，同时由于 H 本身绕 OO 有回转，齿轮 2 会随着 H 绕 OO 转动，就像天上的行星一样，兼有自转和公转，故此称作行星轮。而安装行星轮的构件 H 称作行星架（或称作系杆、转臂）。

在行星轮系中，一般都以太阳轮或行星架作为运动的输入和输出构件，所以它们就是行星轮系的基本构件。OO 轴线称作主轴线。

由上可以看出，一个基本行星轮系必须具有一个行星架、具有一个或若干个行星轮以及与行星轮啮合的太阳轮。

根据基本的行星轮系的自由度数目，我们可以将其划分为两大类：

(1) 如果轮系中两个太阳轮都可以转动，其自由度为 2，如基本图所示的轮系，我们称之为差动轮系(图 5-64(a))。该轮系需要两个输入，才有确定的输出。

(2) 如果有一个中心轮是固定的，则其自由度为 1，就称作行星轮系(图 5-64(b))。

另外，行星轮系还常根据其中构件的组成情况分为：2K-H 型、3K 型和 K-H-V 型等，其中 K 代表太阳轮，H 代表行星架，V 代表输出构件。具体我们就不进行深入的讨论了。

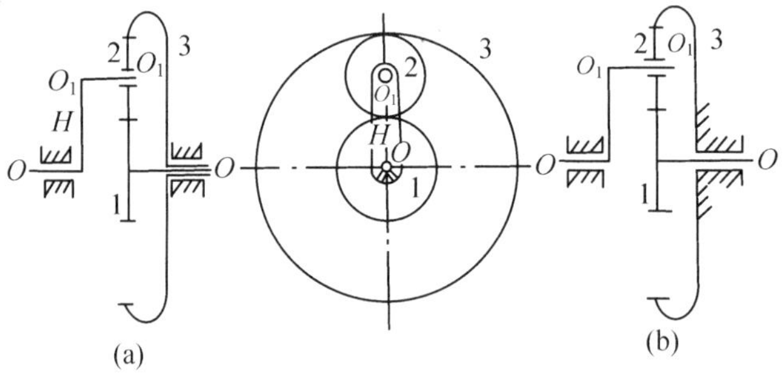

图 5-64　行星轮系

2. 行星轮系传动比的计算

通过对行星轮系和定轴轮系的观察分析发现，它们之间的根本区别就在于行星轮系中有着转动的系杆，使得行星轮既有自转又有公转，那么各轮之间的传动比计算就不再是与齿数成反比的简单关系了。由于这个差别，行星轮系的传动比就不能直接利用定轴轮系的方法进行计算。但是根据相对运动原理，假如我们给整个行星轮系加上一个公共的角速度“$-\omega_H$”，则各个齿轮、构件之间的相对运动关系仍将不变，但这时行星架的绝对运动角速度为 $\omega_H-\omega_H=0$，即行星架相对变为“静止不动”，于是行星轮系便转化为定轴轮系了。我们称这种经过一定条件转化得到的假想定轴轮系为原行星轮系的转化机构或转化轮系。利用这种方法求解轮系的方法称为转化轮系法。

如图 5-65 所示的一基本轮系。按照上述方法转化后得到定轴轮系如图 5-66 所示，在转化轮系中，各构件的角速度变化情况如表 5-26 所示。

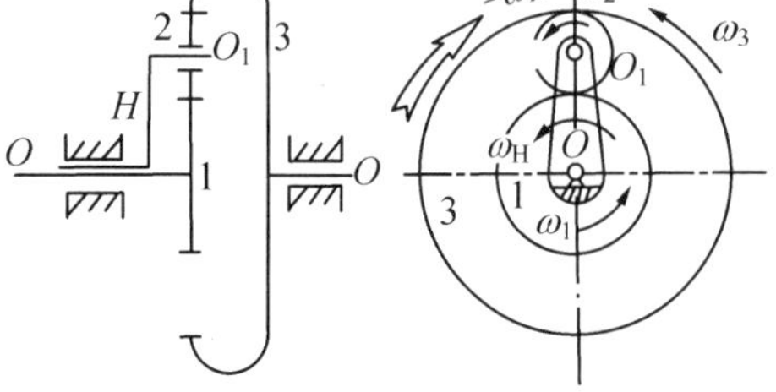

图 5-65　行星轮系

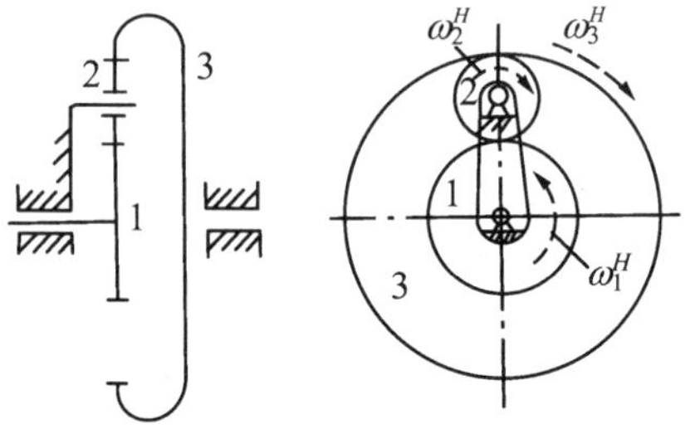

图 5-66　转化轮系

表 5-26　转化前后轮系中各构件间的转速

构　件	原有角速度	转换后角速度
行星架	ω_H	$\omega_H-\omega_H=0$
齿轮 1	ω_1	$\omega_1^H=\omega_1-\omega_H$
齿轮 2	ω_2	$\omega_2^H=\omega_2-\omega_H$
齿轮 3	ω_3	$\omega_3^H=\omega_3-\omega_H$
机架 4	ω_4	$\omega_4=-\omega_H$

故此，我们可以求出此转化轮系的传动比 i_{13}^H 为：

$$i_{13}^H=\frac{\omega_1^H}{\omega_3^H}=\frac{\omega_1-\omega_H}{\omega_3-\omega_H}=-\frac{z_2z_3}{z_1z_2}=-\frac{z_3}{z_1}$$

“－”号表示在转化轮系中 ω_1^H 和 ω_3^H 转向相反。

作为差动轮系，任意给定两个基本构件的角速度(包括大小和方向)，则另一个构件的基本角速度(包括大小和方向)便可以求出。从而就可以求出该轮系中 3 个基本构件中任意两个构件间的传动比。

从上可以看出，转化轮系中构件之间传动比的求解通式为

$$i_{mn}^H=\frac{\omega_m-\omega_H}{\omega_n-\omega_H} \tag{5-66}$$

若上述差动轮系中的太阳轮 1 和太阳轮 3 之中的一个固定，如令 $\omega_3=0$，则轮系就转化为简单行星轮系，此时行星轮系的传动比为

$$i_{13}^H=\frac{\omega_1^H}{\omega_3^H}=\frac{\omega_1-\omega_H}{0-\omega_H}=-\frac{z_3}{z_1}$$

即

$$i_{1H}=\frac{\omega_1}{\omega_H}=1-i_{13}^H$$

综上所述，我们可以得到行星轮系传动比的通用表达式。设行星轮系中太阳轮分别为 a、b，行星架为 H，则转化轮系的传动比为

$$i_{ab}=\frac{\omega_a^H}{\omega_b^H}=\pm\frac{\text{转化轮系中 } a \text{ 到 } b \text{ 各从动轮齿数连乘积}}{\text{转化轮系中 } a \text{ 到 } b \text{ 各主动轮齿数连乘积}} \tag{5-67}$$

对 $\omega_b=0$ 或 $\omega_a=0$ 的行星轮系，根据上式可推出其传动比的通用表达式分别为：

$$\left.\begin{aligned} i_{aH}&=\frac{\omega_a}{\omega_H}=1-i_{ab}^H\\ i_{bH}&=\frac{\omega_b}{\omega_H}=1-i_{ba}^H\end{aligned}\right\} \tag{5-68}$$

特别注意：

① 通用表达式中的“±”号，不仅表明转化轮系中两太阳轮的转向关系，而且直接影响 ω_a、ω_b、ω_H 之间的数值关系，进而影响传动比计算结果的正确性，因此不能漏判或错判。

② ω_a、ω_b、ω_H 均为代数值，使用公式时要带相应的“±”。

③ 式中“±”不表示行星轮系中轮 a、b 之间的转向关系，仅表示转化轮系中轮 a、b 之间的转向关系。

④ 行星轮系与定轴轮系的差别就在于有无行星轮存在。

例 5-3 在如图 5-67 所示的轮系中，如已知各轮齿数 $z_1=50$，$z_2=30$，$z_{2'}=20$，$z_3=100$；且已知轮 1 与轮 3 的转数分别为 $|n_1|=100\ \mathrm{r/min}$，$|n_3|=200\ \mathrm{r/min}$。试求：当(1) n_1、n_3 同向转动；(2) n_1、n_3 反向转动时，行星架 H 的转速及转向。

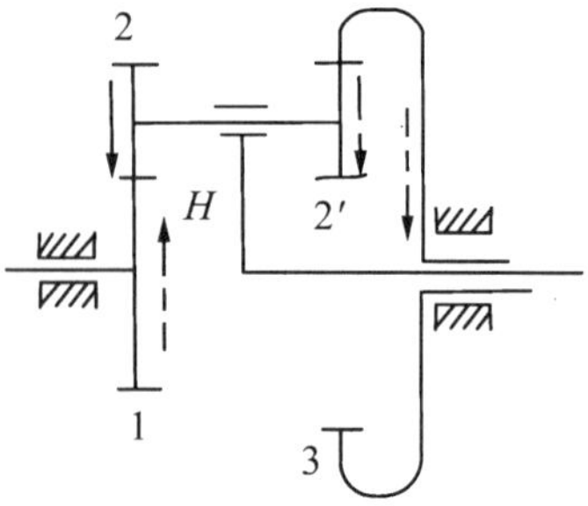

图 5-67

解 这是一个行星轮系，因两中心轮都不固定，其自由度为 2，故属差动轮系。现给出了两个原动件的转速 n_1、n_3，故可以求得 n_H。根据转化轮系基本公式可得：

$$i_{13}^H=\frac{n_1^H}{n_3^H}=\frac{n_1-n_H}{n_3-n_H}=(-1)^m\frac{z_2z_3}{z_1z_{2'}}=-\frac{30\times100}{50\times20}=-3$$

齿数前的符号确定方法同前，即按定轴轮系传动比计算公式来确定符号。在此，$m=1$，故取负号。

(1) 当 n_1、n_3 同向转动时，他们的负号相同，取为正，代入上式得

$$\frac{100-n_H}{200-n_H}=-3$$

求得：$n_H=175\ \mathrm{r/min}$。

由于 n_H 符号为正，说明 n_H 的转向与 n_1、n_3 相同。

(2) 当 n_1、n_3 反向时，他们的符号相反，取 n_1 为正、n_3 为负，代入上式可以求得 $n_H=-125\ \mathrm{r/min}$。

由于 n_H 符号为负，说明 n_H 的转向与 n_1 相反，而与 n_3 相同。

例 5-4 在图 5-68 所示的行星轮系中，已知 $z_1=z_{2'}=100$，$z_2=99$，$z_3=101$，行星架 H 为原动件，试求传动比 i_{H1}。

解 根据式 $i_{13}^H=\frac{\omega_1^H}{\omega_3^H}$得

$$\frac{n_1-n_H}{n_3-n_H}=\frac{n_1-n_H}{0-n_H}=\frac{z_2z_3}{z_1z_{2'}}=\frac{99\times101}{10\ 000}$$

所以

$$i_{1H}=1-\frac{99\times101}{10\ 000}=\frac{1}{10\ 000}$$

则

$$i_{H1}=10\ 000$$

计算结果说明，这种轮系的传动比极大，系杆 H 转 10 000 转，齿轮 1 转过 1 转。

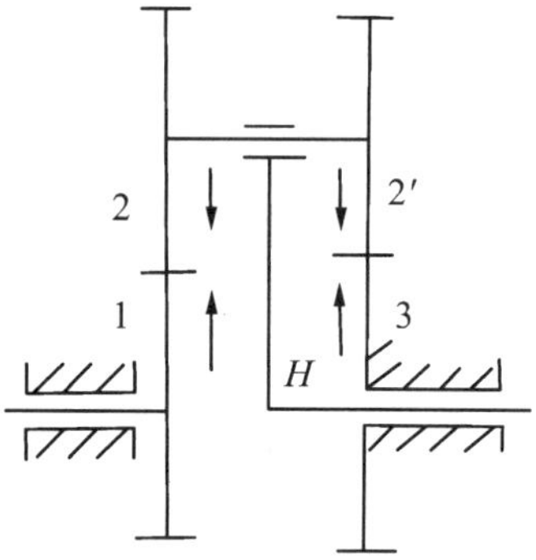

图 5-68

例 5-5 如图 5-69 所示的差速器中 $z_1=48$，$z_2=42$，$z_{2'}=18$，$z_3=21$，$n_1=100\ \mathrm{r/min}$，$n_3=80\ \mathrm{r/min}$，其转向如图所示，求 n_H。

解 这个差速器由锥齿轮 1、2、2′、3、行星架 H 以及机架 4 组成。双联齿轮 2—2′的轴线运动，所以 2—2′是行星轮，与其啮合的两个活动太阳轮 1、3 的几何轴线重合，这是一个差动轮系，可以使用轮系基本公式进行计算。齿数比之前的符号取“负号”，因为 i_{13}^H可视为行星架固定不动，轮 1 和轮 3 的传动比，如图 5-69(b)所示，用箭头表示。可知 n_3^H 与 n_1^H 方向相反。从图 5-69(a)可知，n_1 和 n_3 方向相反，如设 n_1 为正，则 n_3 为负值。代入基本公式有

$$i_{13}^{H}=\frac{n_1-n_H}{n_3-n_H}=-\frac{z_2z_3}{z_1z_2'}$$

即

$$\frac{100-n_H}{-80-n_H}=-\frac{42\times21}{48\times18}$$

解得

$$n_H=9.07\ \text{r/min}$$

n_H 为正值,表示与 n_1 转向相同。

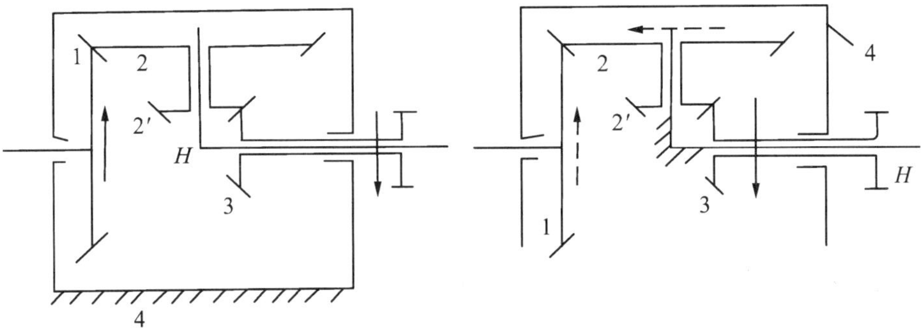

图 5-69　差速器示意图

(三) 混合轮系

一个轮系中同时包含有定轴轮系和行星轮系时,我们称之为混合轮系(或复合轮系)。一个混合轮系可能同时包含一个定轴轮系和若干个基本行星轮系。

对于这种复杂的混合轮系,求解其传动比时,既不可能单纯地采用定轴轮系传动比的计算方法,也不可能单纯地按照基本行星轮系传动比的计算方法来计算。其求解的方法是:

① 将该混合轮系所包含的各个定轴轮系和各个基本行星轮系一一划分出来;

② 找出各基本轮系之间的联接关系;

③ 分别计算各定轴轮系和行星轮系传动比的计算关系式;

④ 联立求解这些关系式,从而求出该混合轮系的传动比。

划分定轴轮系的基本方法:若一系列互相啮合的齿轮的几何轴线都是固定不动的,则这些齿轮和机架便组成一个基本定轴轮系。

划分行星轮系的方法:首先需要找出既有自转、又有公转的行星轮(有时行星轮有多个);然后找出支持行星轮作公转的构件——行星架;最后找出与行星轮相啮合的两个太阳轮(有时只有一个太阳轮),这些构件便构成一个基本行星轮系,而且每一个基本行星轮系只含有一个行星架。

(四) 轮系的功用

由于轮系具有传动准确等其他机构无法替代的特点,轮系在工程中应用的十分广泛,下面我们就对轮系的功用进行大概介绍。

1. 获得大的传动比

当两轴之间需要较大传动比时,仅用一对齿轮传动,必然会使两轮的尺寸相差过大,这时小齿轮就易于损坏。这时利用轮系就可以避免这个缺陷。

利用行星轮系可以由很少几个齿轮获得较大的传动比，而且机构十分紧凑。如图 5-68 所示的行星轮系，只用了 4 个齿轮，其传动比可达 $i_{H1}=10\,000$。

$$i_{1H}=1-i_{13}^{H}$$

而

$$i_{13}^{H}=\frac{z_2 z_3}{z_1 z_{2'}}=\frac{101\times 99}{100\times 100}=\frac{9\,999}{10\,000}$$

所以

$$i_{1H}=\frac{1}{10\,000}$$

或

$$i_{H1}=10\,000$$

这就是说，在系杆转 10 000 转时，齿轮 1 才转过一圈。

应该知道：减速比越大，传动的机械效率越低，故只适用于辅助装置的传动机构，不宜作大功率的传动。

2. 实现分路传动

利用轮系可以使一个主动轴带动若干从动轴同时旋转，实现多路输出，带动多个附件同时工作。

如图 5-70 所示的机械钟表轮系结构：在同一主轴带动下，利用轮系可以实现几个从动轴的分路输出运动。

3. 用作运动的合成及分解

对于差动轮系来说，它的 3 个基本构件都是运动的，必须给定其中任意 2 个基本构件的运动，第 3 个构件才有确定的运动。这就是说，第 3 个构件的运动是另两个构件运动的合成。

差动轮系不但可以将两个独立的运动合成一个运动，而且还可以将一个主动的基本构件的转动按所需的比例分解为另两个基本构件的转动(图 5-59)。例如，汽车、拖拉机等车辆上常用的差速装置。

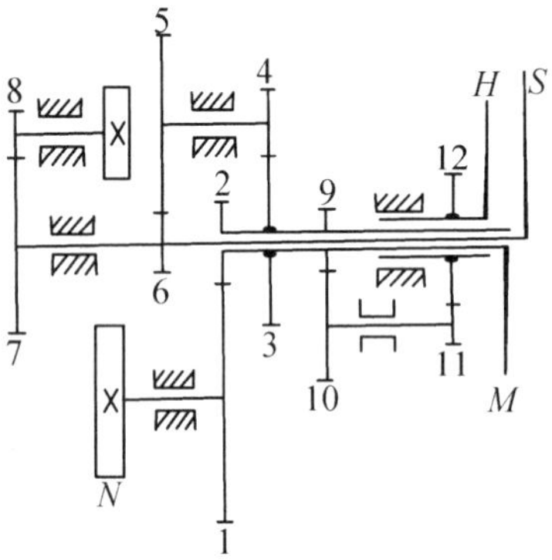

图 5-70 机械式钟表机构

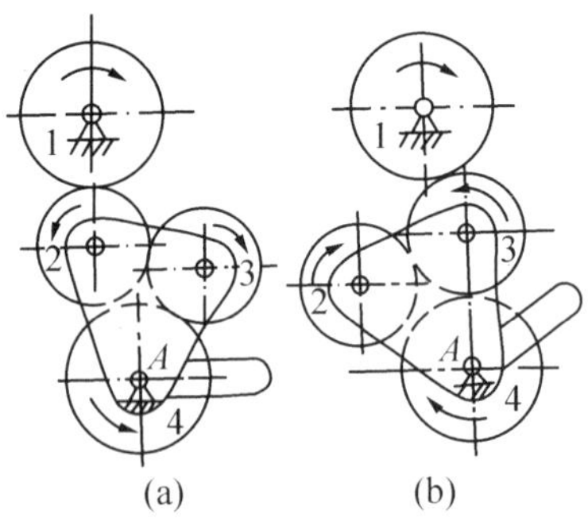

图 5-71 可变向的轮系

4. 实现变速传动

例如，在汽车等类似的机械中，在主轴转速不变的条件下，利用轮系可以使从动轴获得若干个不同的转速。

5. 传递相距较远的两轴间的运动和动力

当两轴间的中心距较大时，如果仅用一对齿轮传动，两个齿轮的尺寸必然很大，将占用较大的结构空间，使机器过于庞大、浪费材料。改用轮系便可以克服这个缺点，如图5-72所示。

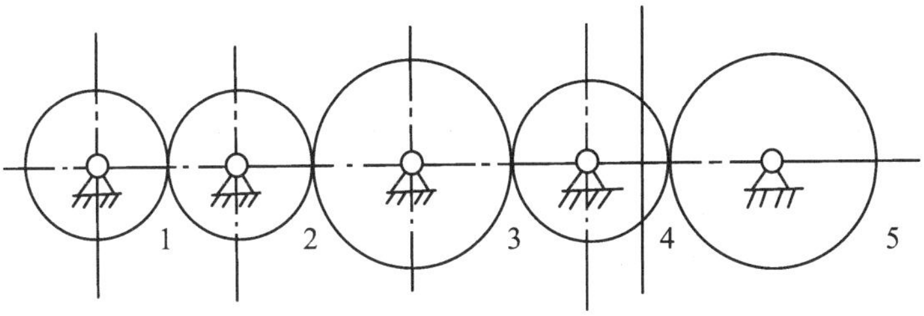

图5-72　远距离两轴间传动

四、任务实施

（一）本任务的学习目标

通过平面机构基本知识的认知与分析，确定本任务的学习目标(表5-27)。

表5-27　任务学习目标

序　号	类　别	目　标
一	专业知识	1. 轮系的分类； 2. 定轴轮系、行星轮系、混合轮系传动比的计算，并判断从动轮的转向； 3. 了解其他新型齿轮传动装置； 4. 了解轮系的应用； 5. 了解减速器的类型、结构及应用
二	专业能力	1. 了解各种常用机械中轮系的类型、结构和作用； 2. 掌握轮系设计的基本方法和思路； 3. 能够独立定轴轮系、行星轮系、混合轮系传动比的计算，并判断从动轮的转向
三	方法能力	1. 初步具有观察机械工作过程，分析机械的工作原理，将思维形象转化为工程语言的能力； 2. 将机械设计知识应用于日常生活、生产活动，具有分析问题、解决问题的能力； 3. 学会自主学习，掌握一定的学习技巧，具有继续学习的能力； 4. 设计一般工作计划，初步具有对方案进行可行性分析的能力； 5. 具有评估总结工作结果的能力
四	社会能力	1. 养成实事求是、尊重自然规律的科学态度； 2. 养成勇于克服困难的精神，具有较强的吃苦耐劳，战胜困难的能力； 3. 养成及时完成阶段性工作任务的习惯和责任意识； 4. 培养信用意识、敬业意识、效率意识与良好的职业道德； 5. 培养良好的团队合作精神； 6. 培养较好的语言表达能力，善于交流

（二）任务技能训练

通过平面结构实物或模型的测绘，绘制平面机构运动简图，判断机构是否具有确定的相对运动(表 5-28)。

表 5-28

任务名称	轮系的认知与设计
任务实施条件	1. 理实一体教室； 2. 齿轮系实物或模型； 3. 计算工具； 4. 绘图工具
任务目标	1. 了解轮系的分类，熟悉各种轮系的特点； 2. 能够看懂并绘制轮系机构运动简图； 3. 能够正确计算定轴轮系、行星轮系、混合轮系传动比，并判断转向； 4. 初步具备分配轮系各级齿轮传动的传动比的能力，并计算各级输入和输出转速，计算各级传动的效率及总效率； 5. 培养良好的协作精神； 6. 培养严谨的工作态度； 7. 养成及时完成阶段性工作任务的习惯和责任意识； 8. 培养评估总结工作结果的能力
任务实施	1. 确定轮系类型，绘制机构运动简图； 2. 计算轮系传动比，并判断从动轮的转向； 3. 分配各级传动比，计算各级转速和效率
任务要求	1. 轮系类型合理，机构运动简图比例选择合适，表达完整； 2. 传动比计算过程完整，结果准确，转向判定正确； 3. 各级传动比分配合理，各级转速和效率准确

五、任务评价与总结

（一）任务评价

任务评价如表 5-29 所示。

表 5-29　任务评价表

评价项目	评价内容	配　分	得　分
成果评价(60%)	轮系类型选择，机构运动简图绘制	20%	
	轮系传动比计算，从动轮的转向判定	20%	
	各级传动比分配，各级转速和效率	20%	
自我评价(10%)	学习活动的目的性	2%	
	是否独立寻求解决问题的方法	4%	
	设计方案、方法的正确性	2%	
	个人在团队中的作用	2%	

续表

评价项目	评价内容	配　分	得　分
小组评价(10%)	按时保证质量完成任务	2%	
	组织讨论，分工明确	4%	
	组内给予其他成员指导	2%	
	团队合作氛围	2%	
教师评价(20%)	工作态度是否正确	10%	
	工作量是否饱满	3%	
	工作难度是否适当	2%	
	自主学习	5%	
总　分			
备　注			

（二）任务总结

(1) 组织学生进行讨论、分析、总结、评估；
(2) 评价任务完成情况；
(3) 对项目的完成情况给出结论。

六、任务拓展

练习与提高

(1) 轮系比单对齿轮，在功能方面有哪些扩展？

(2) 定轴轮系传动比的正、负号代表什么意思？什么情况下可用正、负号，什么情况下不可用正、负号？

(3) 定轴轮系的齿轮转向和反转轮系的转向有什么区别？定轴轮系传动比和反转轮系传动比有什么区别？

(4) i_{13}与i_{13}^{H}有什么不同？

(5) 下图所示轮系中，已知各轮齿数为：$z_1=z_{2'}=z_{3'}=15$，$z_2=25$，$z_3=z_4=30$，$z_{4'}=2$(左旋)，$z_5=60$，$z_{5'}=20$($m=4$ mm)，要求：

① 判断该轮系的类型；

② 若$n_1=500$ r/min，转向如图5-73所示，求齿条6的线速度v；

③ 指出齿条6的移动方向。

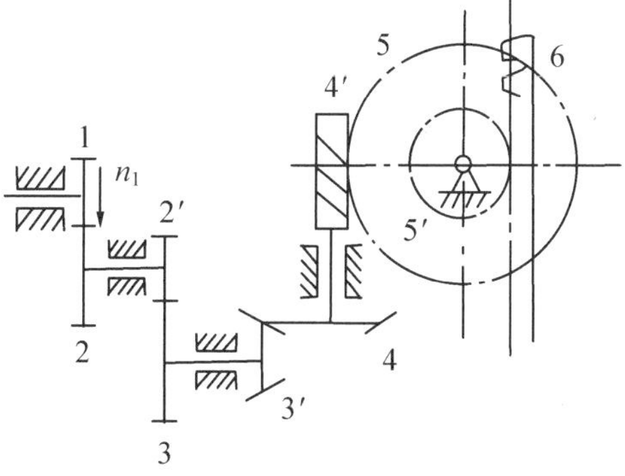

图 5-73

(6) 图5-74所示轮系中，设已知$z_1=15$，$z_2=25$，$z'_2=20$，$z_3=60$，要求：

① 计算传动比i_{13}^{H}。

② 若$n_1=200$ r/min（逆时针），$n_3=-50$

r/min(顺时针),试求行星架 H 的转速 n_H 的大小和方向。

(7) 在图 5-75 所示的轮系中,已知各齿轮的齿数分别为 $z_1=18$,$z_2=20$,$z'_2=32$,$z'_3=2$(右旋),$z_3=36$,$z_4=40$,且已知 $n_1=100$ r/min(A 向看为逆时针),要求:

① 求轮 4 的转速。

② 在图中标出各轮的转向。

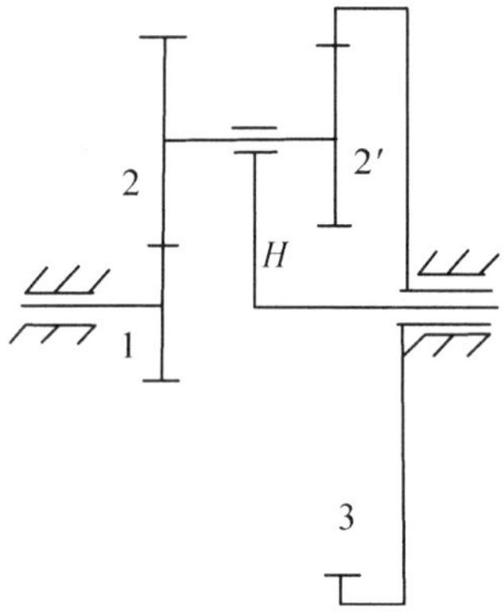

图 5-74

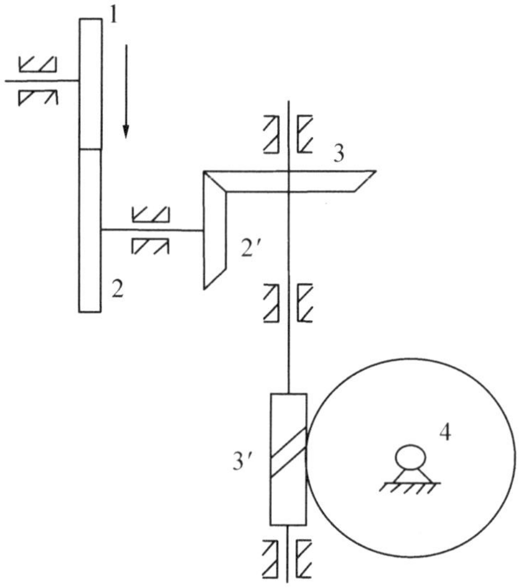

图 5-75

(8) 在图 5-76 所示轮系中,已知 $z_1=18$,$z_2=36$,$z'_2=20$,$z_3=35$,$z_4=40$,$z'_4=45$,$z_5=30$,$z'_5=20$,$z_6=60$,要求:

① 求传动比 i_{16}。

② 若 n_1 的转向如图所示,试画箭头判断 n_6 的方向。

(9) 在图 5-77 所示的轮系中,各轮齿数 $z_1=32$,$z_2=34$,$z_{2'}=36$,$z_3=64$,$z_4=32$,$z_5=17$,$z_6=24$,均为标准齿轮传动。轴 1 按图示方向以 1 250 r/min 的转速回转,而轴Ⅵ按图示方向以 600 r/min 的转速回转。求轮 3 的转速 n_3。

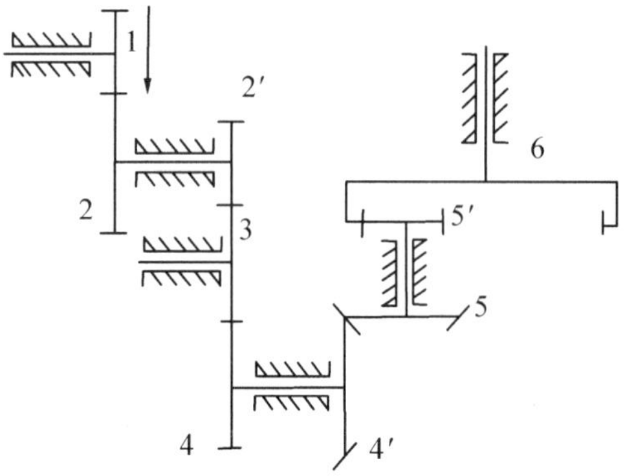

图 5-76

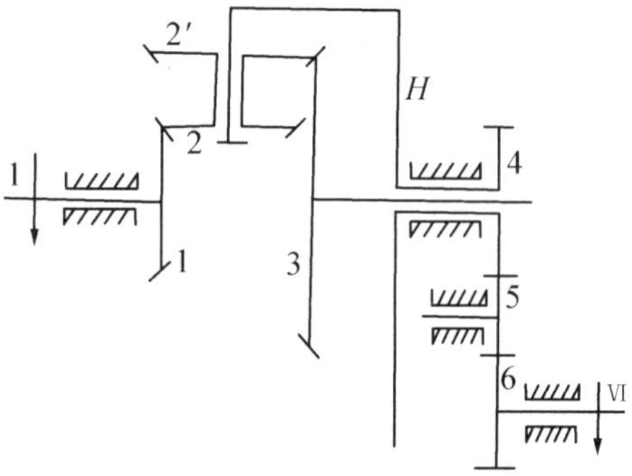

图 5-77

项目六　减速器认知与分析

一、项目描述

减速器是原动机和工作机之间独立的闭式传动装置，用来降低转速和增大转矩，以满足工作需要，在某些场合也用来增速，称为增速器。减速器广泛使用在各类机器中，如汽车、机床等。

减速器的结构随其类型和要求不同而异。单级圆柱齿轮减速器按其轴线在空间相对位置的不同，分为卧式减速器和立式减速器。前者两轴线平面与水平面平行，后者两轴线平面与水平面垂直。一般使用较多的是卧式减速器。单级圆柱齿轮减速器可以采用直齿、斜齿或人字齿圆柱齿轮。

减速器一般由箱体、齿轮、轴、轴承及附件组成。箱体由箱盖与箱座组成。箱体是安置齿轮、轴及轴承等零件的机座，并存放润滑油起到润滑和密封箱体内零件的作用。齿轮的相关设计在项目五中已经介绍，关于轴与轴承的相关知识和设计将于本项目阐述。

二、项目工作任务方案设计

项目工作任务方案设计如表 6-1 所示。

表 6-1　项目工作任务方案设计

序　号	工作任务	学习要求
一	减速器的组成及分析	1. 了解减速器的组成； 2. 理解减速器设计的一般要求
二	轴的认知及其设计	1. 了解轴的概念及其类型； 2. 理解轴的设计方法和步骤； 3. 掌握轴的结构设计相关原理； 4. 理解组合变形的强度计算原理，并掌握轴的强度计算
三	轴承认知及其设计	1. 了解轴承的概念及其分类； 2. 了解滑动轴承的类型及其设计； 3. 了解滚动轴承的类型，理解其类型选择的原理，理解并掌握滚动轴承的代号； 4. 掌握滚动轴承的寿命计算

任务一　轴

一、任务资讯

轴是组成机器的重要零件，它用来支承转动零件（如齿轮、带轮等），大多数轴还要承担传递运动和转矩的任务。在本项目中，我们将完成轴的设计，包括轴的类型、材料的选择、结构的设计和强度的计算。通过对轴的设计和应用，使学生了解和掌握轴的结构特点和设计，理解和掌握组合变形的强度计算方法及轴的强度计算。培养学生具有初步设计轴的能力。

任务内容包括：

减速器的拆装装试验（理实一体教室教学）；

测绘减速器各轴（理实一体教室教学）。

（一）轴的类型

1. 按轴在工作时的承载情况分类

可分为心轴、传动轴和转轴 3 类。

（1）心轴。用来支承转动的零件，只承受弯矩而不承受转矩。心轴可以随转动零件一起转动，如铁路车辆的轴（图 6-1）；也可以是不转动的，如自行车的轴（图 6-2）。

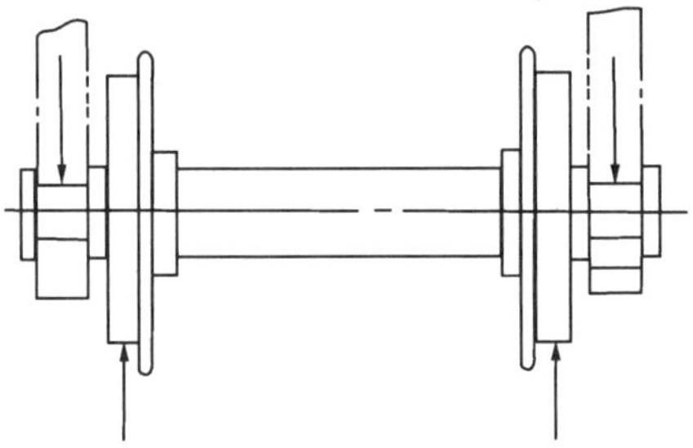

图 6-1　转动心轴

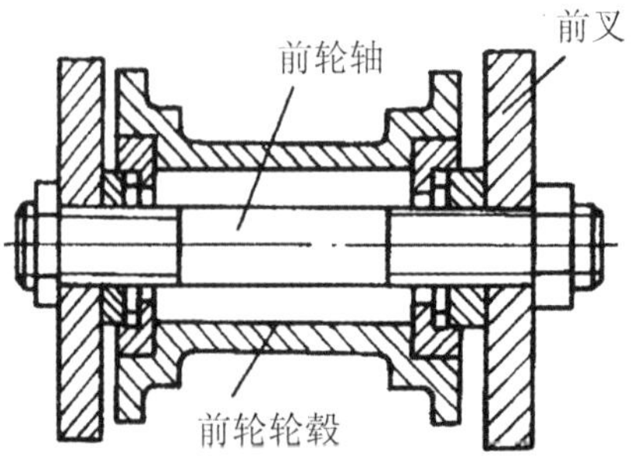

图 6-2　固定心轴

（2）传动轴。主要承受转矩而不承受弯矩或所受弯矩很小的轴，如汽车变速箱与驱动桥（后桥）之间的传动轴（图 6-3）。

(3) 转轴。如图 6-4 所示,工作时即承受弯矩又承受转矩的轴。转轴是机械中最常见的轴,如汽车变速箱中的轴、齿轮减速器中的轴。

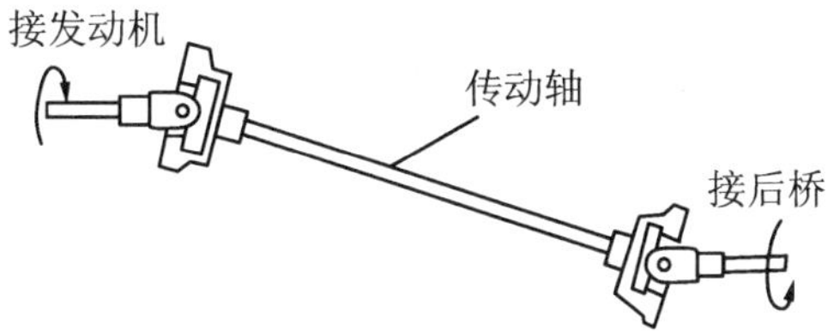

图 6-3　传动轴

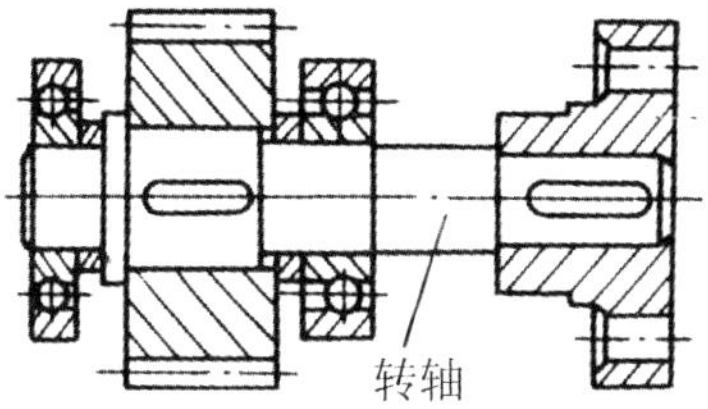

图 6-4　转轴

2. 按轴线形状不同分类

可分为直轴、曲轴和挠性轴 3 类。

(1) 直轴。如图 6-5 所示,直轴包括光轴及阶梯轴。光轴指各处直径相同的轴。阶梯轴指各段直径不同的轴。阶梯轴便于轴上零件的定位、紧固、装拆,在机械中最常见。有时为了减轻重量或满足某种使用要求,将轴制造成空心的,称为空心轴,如汽车的传动轴和一些机床的主轴。

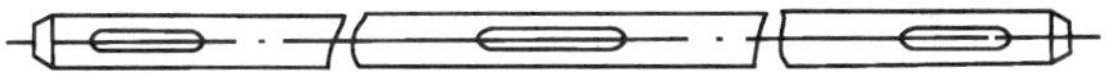

(a) 光轴

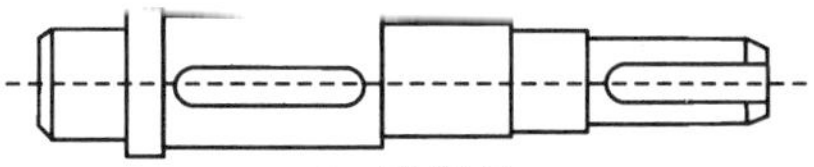

(b) 阶梯轴

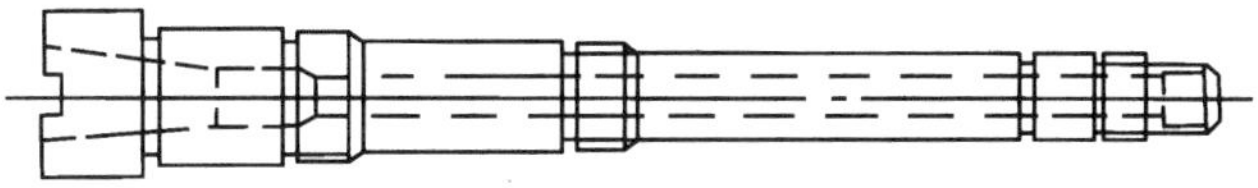

(c) 空心轴

图 6-5　直轴

(2) 曲轴。如图 6-6 所示,曲轴用于活塞式动力机械、曲轴压力机、空气压缩机等机械中,是一种专用零件。

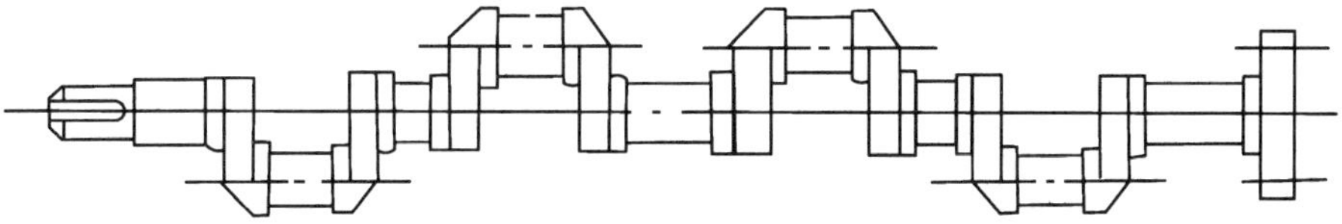

图 6-6　曲轴

(3) 挠性轴。如图 6-7 所示,挠性轴通常是由几层紧贴在一起的钢丝层构成的,可以把转矩和运动灵活地传到任何位置。挠性轴常用于振捣器和医疗设备中。

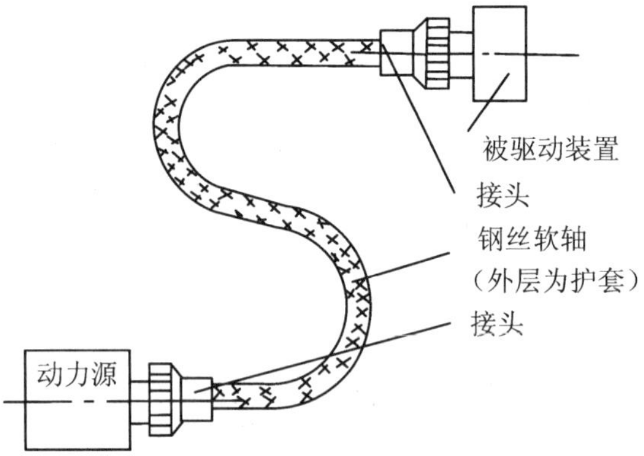

图 6-7　挠性轴

(二) 轴的材料

轴的材料主要是碳素钢和合金钢。常用的优质碳素钢为 45 号钢,一般应进行正火或调质处理以改善其机械性能。不重要的或受载较小的轴,可采用 Q235、Q275 等普通碳素钢。

对于承受较大载荷、要求强度高、结构紧凑或耐磨性较好的轴,可采用合金钢。常用的合金钢有 40Cr、20Cr、20CrMnTi 等。应当指出:当尺寸相同时,采用合金钢不能提高轴的刚度,因为在一般情况下各种钢的弹性模量相差不多;合金钢对应力集中的敏感性较高,因此轴的结构设计更要注意减少应力集中的影响;采用合金钢时必须进行相应的热处理,以便更好地发挥材料的性能。

表 6-2 列出了轴的某些常用材料及机械性能。

表 6-2　轴的常用材料

材料及热处理	毛坯直径(mm)	硬　度(HB)	强度极限 σ_B	屈服极限 σ_s	弯曲疲劳极限 σ_{-1}	应用说明
			(MPa)			
Q235			440	240	200	用于不重要或载荷不大的轴
35 正火	≤100	149～187	520	270	250	塑性好和强度适中可做一般曲轴、转轴等
45 正火	≤100	170～217	600	300	275	用于较重要的轴,应用最为广泛
45 调质	≤200	217～255	650	360	300	
40Cr 调质	25		1 000	800	500	用于载荷较大,而无很大冲击的重要的轴
	≤100	241～286	750	550	350	
	>100～300	241～266	700	550	340	

续表

材料及热处理	毛坯直径(mm)	硬　度(HB)	强度极限 σ_B	屈服极限 σ_s	弯曲疲劳极限 σ_{-1}	应用说明
			(MPa)			
40MnB调质	25		1 000	800	485	性能接近于40Cr，用于重要的轴
	≤200	241～286	750	500	335	
35CrMo调质	≤100	207～269	750	550	390	用于受重载荷的轴
20Cr渗碳淬火回火	15	表面HRC56～62	850	550	375	用于要求强度、韧性及耐磨性均较高的轴
	—		650	400	280	
QT400-100	—	156～197	400	300	145	结构复杂的轴
QT600-2	—	197～269	600	200	215	结构复杂的轴

二、任务分析与计划

（一）轴的结构设计

轴的结构设计是使轴具有合理的形状和尺寸，若结构设计不合理，不能保证正常工作，不能保证足够的刚度、强度，更不能改善加工工艺。

其设计过程一般为：选材料→初定直径→结构设计→精确强度计算。

其中轴的结构设计应考虑：

(1) 轴向固定：轴和轴上零件在工作时有确定的相互位置(不能做轴向窜动)。

(2) 周向固定：轴和轴上传递运动和动力的零件，在旋转时不能产生周向相对运动。

(3) 制作和安装要求：制造简单，装拆容易。

(4) 尽量减少应力集中。

1. 轴直径的初步估算

(1) 拟定轴上装配方案：介绍轴各段名称(图 6-8)。

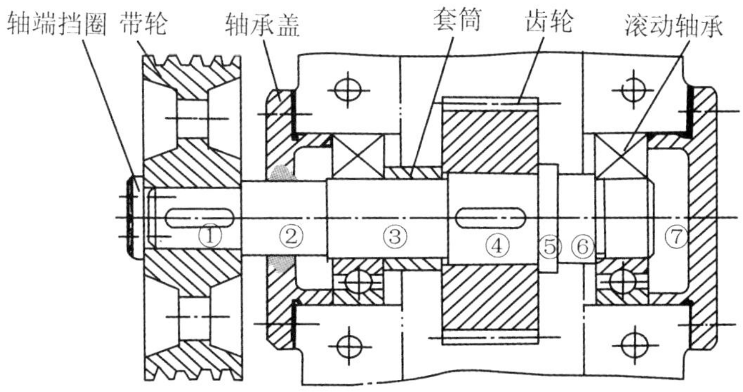

图 6-8　阶梯轴

为了便于零件的装拆、定位常将轴做成阶梯形，对于一般剖分式箱体的轴，它的直径从轴端逐渐向中间扩大。如图 6-8 所示，左边可依次将齿轮、轴套、左端轴承、轴承盖和带轮从轴的左端装拆，另一滚动轴承从右端装拆。为了使轴上零件易于安装，轴端及各轴段的端部应有倒角(45°)，磨削的轴段，应有砂轮越程槽(⑥、⑦交界处)(轴头、轴颈……)。

在满足使用要求的情况下，轴的形状和尺寸应力求简单，以便加工。

(2) 确定各段轴径和长度，为降低轴的应力集中，轴的变化不要太大，r 要尽量大，由经验公式和结构要求而定，直径应尽量采用标准值，如(表 6-3)所示。

表 6-3　轴的标准直径(摘自 GB/T 2822-2005)

(单位：mm)

10	11	12	14	16	18	20	22	25	28	30	32	36
40	45	50	56	60	63	71	75	80	85	90	95	100

(3) 轴向固定。轴向固定：(沿轴线方向固定)可利用轴肩、轴环、套筒、挡圈、卡环、端盖、紧定螺钉、螺母、弹性挡圈、弹性圈等。

在图 6-8 中齿轮沿轴向双向固定。齿轮受轴向力时，向右是通过轴肩⑤(阶梯轴上截面变化处叫轴肩，又叫轴环)，并由⑥、⑦间的轴肩顶在滚动轴承的内圈上；向左侧通过套筒顶在滚动轴承内圈上，无法采用套筒或套筒太长时，可采用圆螺母加以固定。带轮的轴向固定是靠①、②处的轴肩以及轴端挡圈。

采用套筒、螺母、轴端挡圈做轴向固定时，应把零件上的轴段长度做得比零件轮毂短 2～3 mm，以确保套筒、螺母或轴端挡圈能靠紧零件端口(如图 6-8 中所示的齿轮)。

一般要求如下。

① 轴肩：如图 6-9 所示。

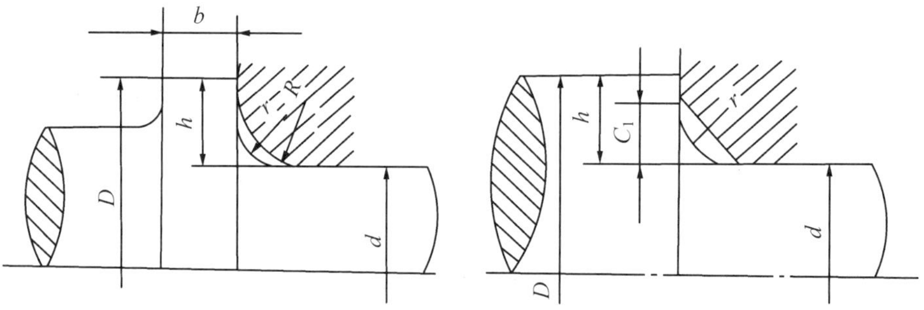

图 6-9　轴肩

$$h \geqslant (2 \sim 3)C_1 (\text{要求定位时})$$

$$h = 0.5 \sim 2\ \text{mm} (\text{不定位时})$$

并且轴肩的圆角半径 r 要小于轴上零件的 R 及 C_1。

② 轴环：

$$(\text{环高})h = (0.07 \sim 0.1)d\ \text{mm}$$

$$(\text{环宽})b = 1.4h$$

③ 套筒：(由结构定)。

④ 其他定位方式：包括轴承端盖和标准件配合，轴径应符合标准件的规范。

为了保证定位可靠，轴段长度应比配合零件的长度短 2～3 mm。

(4) 周向固定:(沿圆周表面的固定)，不会空套。

通过键、花键、过盈配合、紧定螺钉，使轮毂和轴表面不发生圆周方向的运动。

(5) 加工工艺性:

① 提高抗疲劳强度，降低应力集中(增加轴肩圆角半径，以减少局部应力)。

零件截面发生突变的地方都会造成应力集中现象。对阶梯轴来说，截面尺寸变化处应采用圆角过渡，圆角半径不宜过小。

② 为了装配方便，轴端倒角 45°，清除毛刺。

③ 当轴肩有两个键时，键应在一条直线上。

④ 轴上有螺纹或磨削面时，应有砂轮越程槽(有螺纹处应有退刀槽)。

⑤ 改善应力情况。

如:动力需要以两个轮输出时，为了减少轴上扭矩，尽量将输入轮布置在中间。输入扭矩：T_1+T_2，而且 $T_1>T_2$；故轴的最大扭矩：

$$T_{max}=T_1$$

$$T_{max}=T_1+T_2$$

2. 轴的结构设计

轴的结构形状决定于许多因素。归纳起来，轴的结构应满足的基本要求是:保证轴有足够的承载能力；轴和装在轴上的零件能可靠地定位和固定；轴上零件装拆方便，轴应便于加工。

一般来说，只有简单的心轴、传动轴时有时才制成具有同一直径的光轴，而大多数的轴则呈阶梯形状。下面结合图 6-10 所示的轴，对轴的结构设计作一讨论。

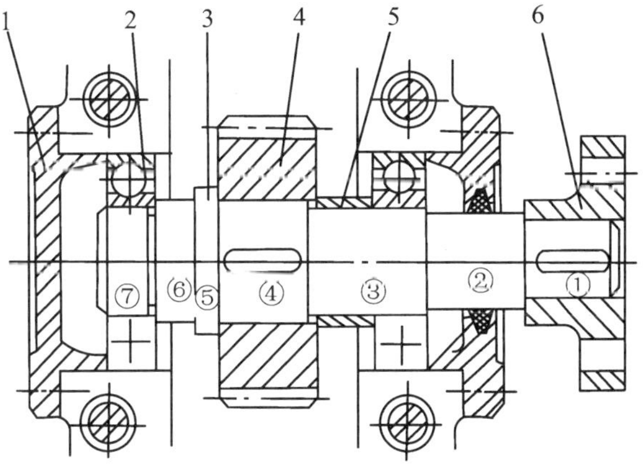

1. 轴承盖；2. 滚动轴承；3. 轴；4. 齿轮；5. 套筒；6. 半联轴器

图 6-10　轴的结构

(1) 轴上零件的定位和固定。为了保证轴上零件能正常工作，零件应具有确定的位置和可靠的固定。零件的固定有轴向和周向固定两种。

零件的轴向定位和固定的方法很多。如图 6-8 中的齿轮 4、滚动轴承 2 和半联轴器 6 均是靠轴肩定位。轴肩定位方便可靠。图中齿轮 4 与滚动轴承 3 之间的位置用套筒 4 来确定。

当齿轮受轴向力时，向右的力将由轴肩承受并传至轴承 6 的内圈，再经轴承 2、端盖及联接螺栓将轴向力传给箱体；向左的轴向力则经套筒传给轴承 2 的内圈，再经轴承 2、端盖 1 和联接螺栓传给箱体。

当不便采用套筒或套筒太长时，可用圆螺母作轴向定位(图 6-11)，其缺点是切制螺纹处有较大的应力集中。此外，还可采用弹性挡圈(图 6-12)、圆锥面及压板等进行轴向定位和固定。弹性挡圈结构紧凑，但只能承受较小的轴向力。图 6-13 是轴端挡圈定位，它适用于轴端，可承受剧烈的振动和冲击载荷。圆锥面及压板(图 6-14)是在轴端部安装零件时常用的固定方法之一。

零件在轴上的周向固定是为了使零件与轴一起转动并传递转矩。周向固定常采用用键、花键、过盈配合等联接(参阅本节“轴毂联接”)。

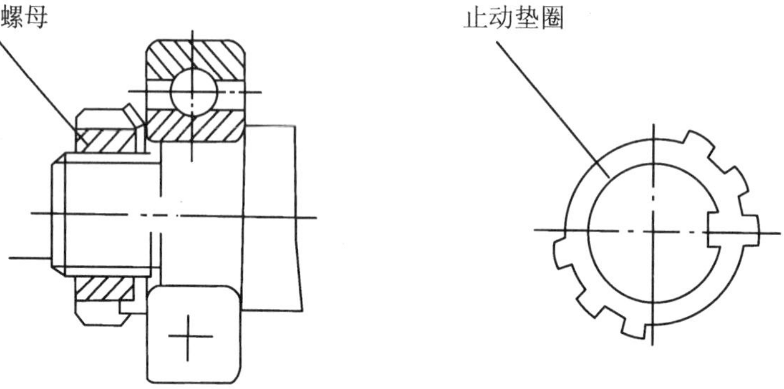

图 6-11　圆螺母轴向定位

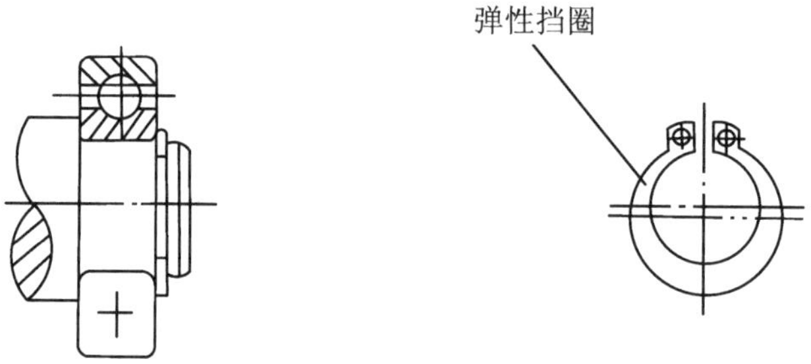

图 6-12　弹性挡圈

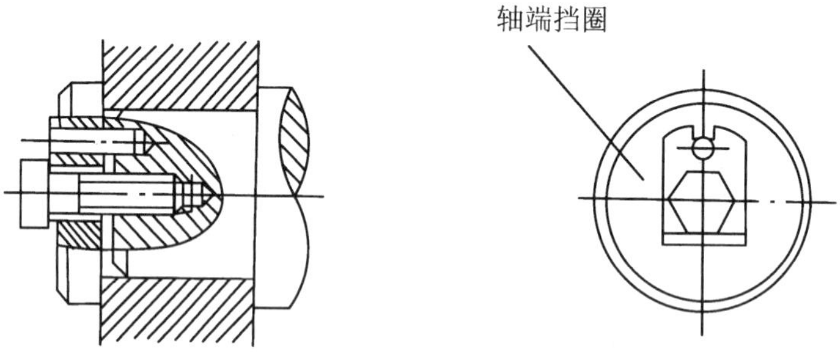

图 6-13　圆锥面及压板

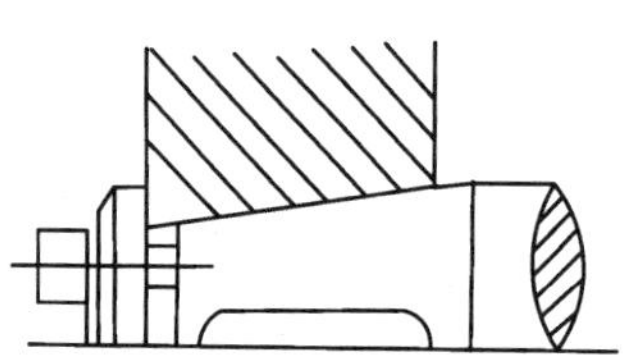

图 6-14　轴端挡圈定位

(2) 装拆和加工要求。为便于轴上零件的装拆，轴一般设计成中间粗两端细的阶梯形，如图 6-8 所示的轴。在配合较紧的部位，如装滚动轴承、齿轮等处，当压入距离较长时，轴上应设置一小台阶以便于装拆。如图 6-10 所示，将安装轴承 2 和齿轮 4 处之前的轴段直径缩小即主要为此目的。

安装滚动轴承处的轴肩高度应低于轴承内圈，以便于拆卸轴承。为了便于装配零件并去掉锐边，轴端即轴肩端面应加工出 45°或 30°的倒角（见图 6-10 所示轴的两端）。同一轴上所有过渡圆角半径应尽量相同，所有键槽宽度应尽可能统一，以利于加工。

（二）轴的强度计算

由轴的类型学习知道，转轴最常见，其结构的设计完成后，需进行强度计算，由于转轴工作时即承受弯矩又承受转矩，属于组合变形的范畴，故其强度计算应用组合变形的强度来解决。

1. 组合变形的强度计算

(1) 概述：在实际工程中，杆件的受力情况往往很复杂，杆件所发生的变形并非只有某种单一的变形，常常是同时发生多种基本变形，这种情况通常称为组合变形。

组合变形——两种或两种以上的基本变形同时形成的复杂变形。

处理组合变形构件的内力、应力和变形（位移）问题时，可以运用基于叠加原理的叠加法。

如图 6-15 所示的悬臂吊车起吊重物时横梁的变形为压、弯组合变形；图 6-16 所示的齿轮轴在传递外力偶矩的变形为弯、扭组合变形。

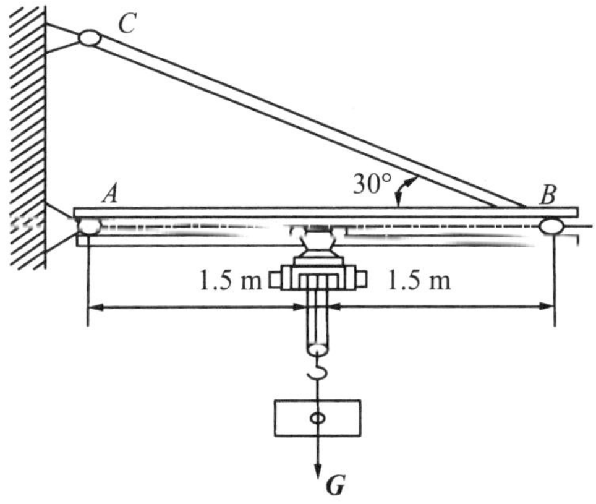

图 6-15　悬臂吊车示意图

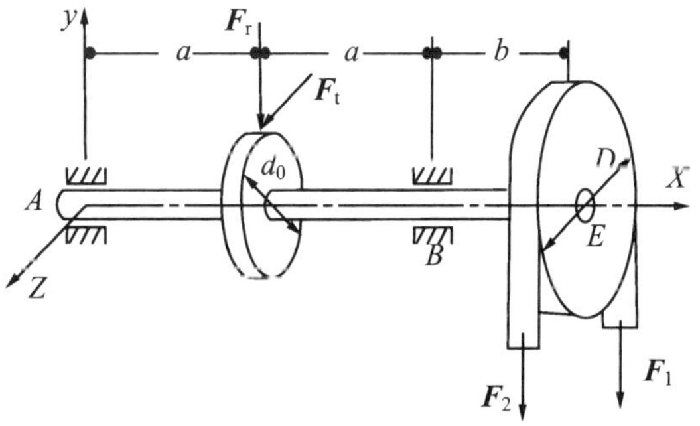

图 6-16　齿轮传动轴示意图

本次任务主要讨论工程中常见的两种组合变形——拉（压）、弯组合变形与弯、扭组合变形。

(2) 拉伸（压缩）与弯曲组合变形的强度计算。如图 6-17 所示矩形截面梁，长为 l，A 端固定，B 端自由，力 F 位于纵向对称平面内。

① 外力分析：将力 $\boldsymbol{F}$ 沿设定的坐标轴 x，y 方向分解，则 $F_x = F\cos\alpha$，$F_y = F\sin\alpha$。显然，F_{Ax}、F_x 使梁产生轴向拉伸变形；$\boldsymbol{F}_{Ay}$、$\boldsymbol{M}_A$、$\boldsymbol{F}_y$ 使梁产生弯曲变形；故该 AB 梁为拉、弯组合变形。

② 内力分析：根据外力分析的结果，作内力图——轴力图和弯矩图，如图 6-18 所示。由 $\boldsymbol{F}_N$ 图、$\boldsymbol{M}$ 图分析可见：

危险截面为固定端 A 面，且

$$F_{NA}=F_N=F\cos\alpha$$
$$M_{max}=M_A=Fl\sin\alpha$$

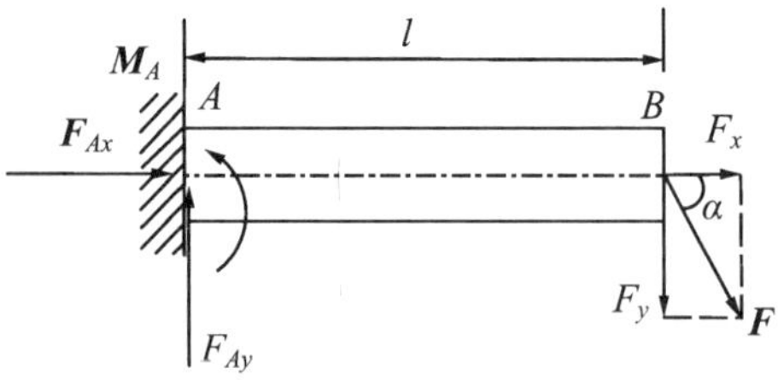

图 6-17 矩形截面梁

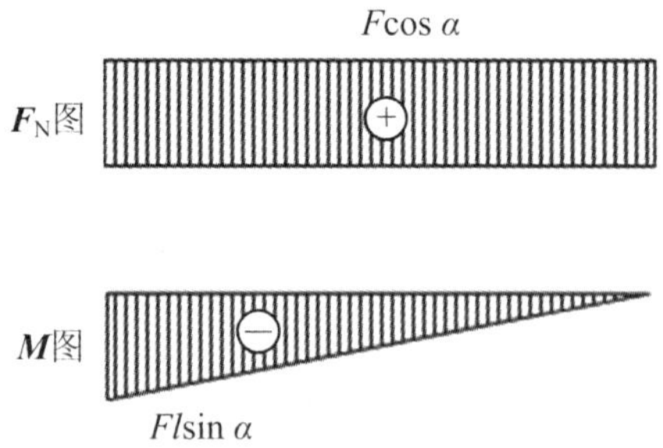

图 6-18 内力图

③ 应力分析：根据轴向拉压横截面上的正应力均匀分布规律和纯弯曲梁横截面上的正应力线性分布规律的特性，可作危险截面上的应力分布图，经分析可见，梁危险截面上的危险点均处于单向应力状态；故可将两种情况下的同向应力叠加成梁的拉、弯组合变形的应力分布图，如图 6-19 所示。

图 6-19 危险截面应力分布

故

$$\sigma_{lmax}=\sigma_N+\sigma_{wlmax}=\frac{F_N}{A}+\frac{M_{max}}{W_z}$$
$$\sigma_{ymax}=\sigma_N-\sigma_{wymax}=\frac{F_N}{A}-\frac{M_{max}}{W_z}$$

同理，若 F_x 为轴向压力时，则有

$$\sigma_{lmax}=\sigma_N+\sigma_{wlmax}=-\frac{F_N}{A}+\frac{M_{max}}{W_z}$$
$$\sigma_{ymax}=\sigma_N-\sigma_{wymax}=-\frac{F_N}{A}-\frac{M_{max}}{W_z}$$

故有

$$\sigma_{max}=\left|\pm\frac{F_N}{A}\pm\frac{M}{W_z}\right|\leqslant[\sigma]$$

④ 强度条件：

由上述应力分析所得最大应力值可得拉(压)、弯组合变形的强度条件如下：

对于塑性材料：$[\sigma_l]=[\sigma_y]=[\sigma]$，有

$$\sigma_{max}=\left|\pm\frac{F_N}{A}\pm\frac{M}{W_z}\right|\leqslant[\sigma] \tag{6-1}$$

对于脆性材料：$[\sigma_l]\neq[\sigma_y]$，拉弯时有

$$\sigma_{\mathrm{lmax}} = \left| \pm \frac{F_N}{A} \pm \frac{M}{W_z} \right| \leqslant [\sigma_l] \tag{6-2a}$$

压弯时有

$$\begin{aligned} \sigma_{\mathrm{lmax}} &= -\frac{F_N}{A} + \frac{M}{W_z} \leqslant [\sigma_l] \\ \sigma_{\mathrm{ymax}} &= \left| -\frac{F_N}{A} - \frac{M}{W_z} \right| \leqslant [\sigma_y] \end{aligned} \tag{6-2b}$$

式中 F_N为轴向拉力时,取“+”号;F_N为轴向压力时,取“−”号。

⑤ 解题方法与步骤:

外力分析——确定构件的变形形式。画构件的计算简图及其受力图,分析其组合变形的形式,并计算出各反力。

内力分析——画内力图(即 $\boldsymbol{F}_N$、$\boldsymbol{M}$ 图),分析确定危险截面及其上的最大内力值。

应力计算——运用公式计算危险截面上的最大应力值。

强度计算——应用拉(压)、弯组合变形的强度条件可解决拉(压)、弯组合变形的 3 类强度问题。

(3) 扭转与弯曲组合变形的强度计算。

如图 6-20(a)所示一圆杆,长为 l,B 端自由,A 端固定,在 A 端装一半径为 R 的圆轮,A 轮边缘处作用有竖直力 $\boldsymbol{F}$。现讨论圆杆 AB 的强度问题。

① 外力分析:画圆轴 AB 的计算简图,将轮边缘处作用力 $\boldsymbol{F}$ 平移到 B 点,得到一作用于 B 点的力 $\boldsymbol{F}$ 和作用于轮面内的力偶,其力偶矩 $M_e = FR$,如图 6-20(b)所示。

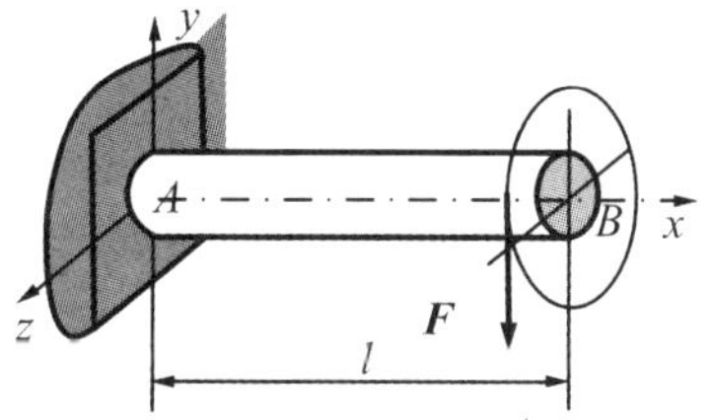

(a)

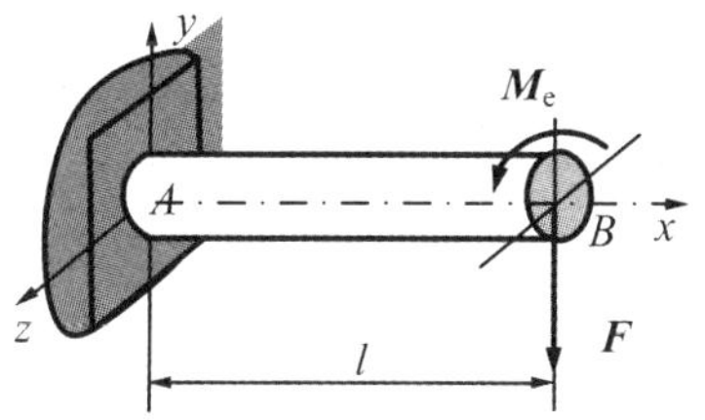

(b)

图 6-20　弯扭组合圆杆

显然,力 $\boldsymbol{F}$ 使杆 AB 产生弯曲变形;力偶 $\boldsymbol{M}_e$使杆 AB 产生扭转变形。

故圆杆 AB 为弯曲与扭转组合变形。

② 内力分析:根据外力分析结果,作内力图——弯矩图和扭矩图,如图 6-21(a)、图 6-21(b)所示。

由 M 图、M_n 图分析可见:危险截面为固定端 A 面,且

$$M_{\max} = M_A = Fl$$

$$M_n = M_e = FR$$

③ 应力分析：由于危险截面固定端 A 同时有弯矩和扭矩的作用，因此该截面上既有弯曲正应力，又有扭转切应力；根据纯弯曲梁横截面上的正应力线性分布规律和圆轴扭转时横截面上的切应力线性分布规律的特性可知，A 面危险点为上、下边缘 a、b 点；应力分布如图 6-21(c)所示。

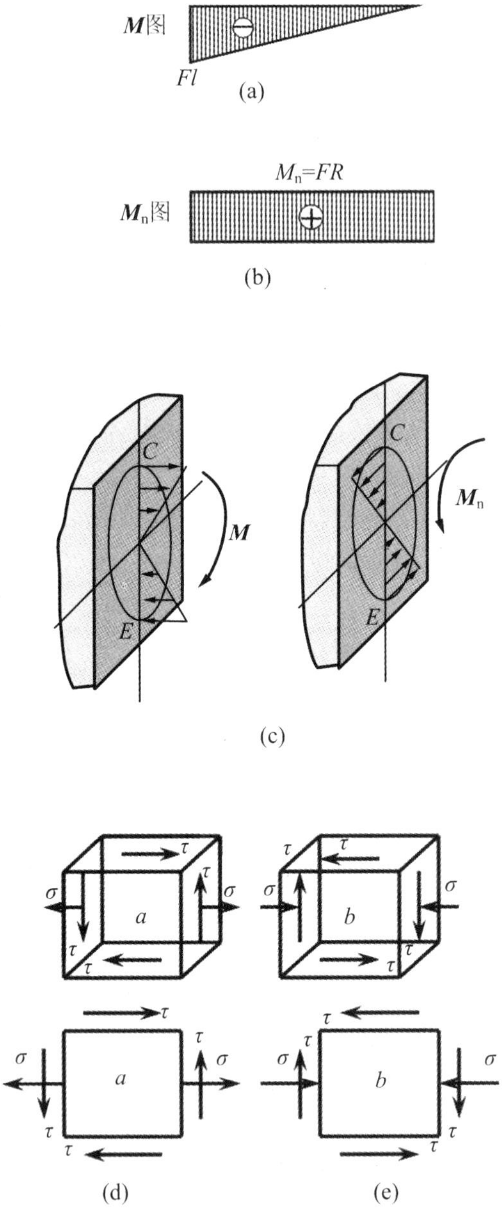

图 6-21　圆杆内力和应力

取 a、b 两点原始单元体，其应力状态如图 6-21(d)、图 6-21(e)所示。

显然 a、b 两点的应力状态为平面应力状态。由于圆杆 AB 为塑性材料，故而讨论 a、b 两点的应力状态所得结果应相同，现就 a 点单元体来研究。

单元体面上已知应力：

$$\sigma = \frac{M_{max}}{W_z}$$

$$\tau = \frac{M_n}{W_n}$$

④ 强度条件：应用第三、第四强度理论可得 σ_{lmax}、τ_{max}。

弯曲与扭转变形的强度条件：

$$\sigma_{xd3} = \sqrt{\sigma^2 + 4\tau^2} \leqslant [\sigma]$$

$$\sigma_{xd4} = \sqrt{\sigma^2 + 3\tau^2} \leqslant [\sigma]$$

对于圆轴有

$$W_n = 2W_z$$

故得：圆轴弯曲与扭转变形的强度条件：

$$\sigma_{xd3} = \frac{\sqrt{M^2 + M_n^2}}{W_z} \leqslant [\sigma] \tag{6-3}$$

$$\sigma_{xd4} = \frac{\sqrt{M^2 + 0.75M_n^2}}{W_z} \leqslant [\sigma] \tag{6-4}$$

⑤ 解题方法与步骤：

a. 外力分析——确定构件的变形形式。画出圆轴的计算简图及其受力图，从而进行分析确定其组合变形的形式，并计算出各反力。

b. 内力分析——画内力图（即 $\boldsymbol{M}$、$\boldsymbol{M}_n$ 图）。分析确定最危险截面，计算该截面上的 M_{max}、M_n 值。

若作用在轴上的诸力使轴的弯曲方向不一样，则应分别作出不同弯曲平面的弯矩图，并分析、计算得出最大的合成弯矩值。

最大的合成弯矩值所在的截面即为圆轴的最危险截面。

c. 强度计算。

应用强度条件式(6-3)、式(6-4)可解决圆轴弯扭组合变形的 3 类强度问题。

例 6-1　图 6-22 所示为一简易起重机，横梁 AB 为 18a 工字钢。滑车自重力与起吊重物的重力合计为 G=30 kN，梁 AB 的材料$[\sigma]$=140 MPa。当滑车移动到梁 AB 的中点时，试校核梁的强度。

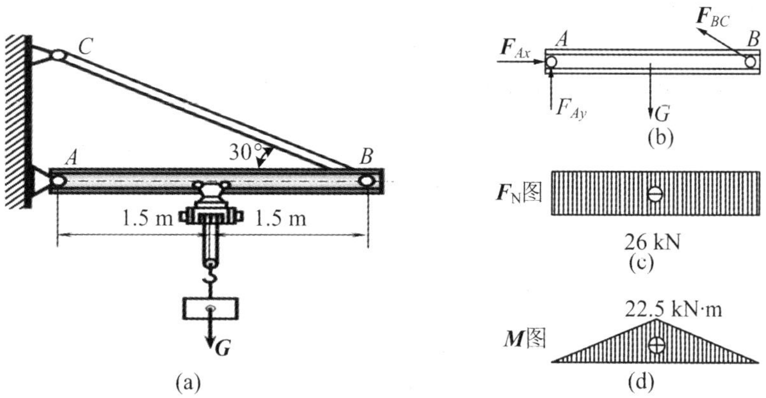

图 6-22　简易起重机

解 ① 外力分析:画横梁 AB 受力图,如图 6-22(b)所示。由此可见:

$\boldsymbol{F}_{Ax}$、$\boldsymbol{F}_{Ax}$ 使梁 AB 产生轴向压缩变形;

$\boldsymbol{F}_{Ay}$、$\boldsymbol{F}_{Ty}$、$\boldsymbol{G}$、使梁 AB 产生弯曲变形;

故该 AB 梁为压、弯组合变形。

列静力平衡方程:

$$\sum M_A(F) = 0$$

$$F_{\mathrm{T}}\sin 30^\circ l - \frac{Gl}{2} = 0 \tag{1}$$

$$\sum F_x = 0$$

$$F_{Ax} - F_{\mathrm{T}}\cos 30^\circ = 0 \tag{2}$$

解得

$$F_{\mathrm{T}} = G = 30\ \mathrm{kN}$$

$$F_{Ax} = 26\ \mathrm{kN}$$

$$F_{Ay} = 15\ \mathrm{kN}$$

② 内力分析:画 F_N、M 图,如图 6-22(c)、图 6-22(d)所示。由此可见:梁的危险截面为中点截面,且

$$F_{\mathrm{N}} = 26\ \mathrm{kN}$$

$$M_{\max} = \frac{Gl}{4} = 30 \times \frac{3}{4} = 22.5\ (\mathrm{kN \cdot m})$$

③ 校核强度计算:拉(压)、弯组合变形强度条件

$$\sigma_{\max} = \left| \frac{F_{\mathrm{N}}}{A} + \frac{M_{\max}}{W_z} \right| \leqslant [\sigma]$$

查型钢表得:18a 工字钢 $A = 3\ 060\ \mathrm{mm}^2$,$W_z = 185\ \mathrm{cm}^3$。

故有

$$\sigma_{\max} = \left| \frac{26 \times 10^3}{3\ 060} + \frac{22.5 \times 10^6}{185 \times 10^3} \right|$$

$$= 8.5 + 121.6 = 130.1\ (\mathrm{MPa}) \leqslant [\sigma]$$

由计算可知,该 AB 梁的强度满足。

例 6-2 如图 6-23 所示某减速齿轮箱中的第Ⅱ轴,轴的转速 $n = 265\ \mathrm{r/min}$,传递的功率 $P = 10\ \mathrm{kW}$(由 C 轮输入,D 轮输出)。齿轮节圆直径 $D_1 = 396\ \mathrm{mm}$,$D_2 = 168\ \mathrm{mm}$,轴径 $d = 50\ \mathrm{mm}$,齿轮压力角 $\alpha = 20^\circ$。若轴的材料$[\tau] = 100\ \mathrm{MPa}$,试用第四强度理论校核轴的强度。

解 ① 外力分析:画轴 AB 的计算简图,如图 6-24 所示。取 $Axyz$ 坐标系。

$$M_C = M_D = 9\ 550\ \frac{P}{n}$$

$$= 9\ 550 \times \frac{10}{265} = 360\ (\mathrm{N \cdot m})$$

$$M_C = \frac{F_C D_1 \cos\alpha}{2} = 360\ (\mathrm{N \cdot m})$$

$$M_D = \frac{F_D D_2 \cos\alpha}{2} = 360\ (\mathrm{N \cdot m})$$

$$F_C = 1\ 935\ \mathrm{N}$$

$$F_D = 4\,561\ \text{N}$$

将两齿轮的受力正交分解，得

$$F_{Cy} = F_C \sin\alpha = 662(\text{N})$$
$$F_{Cz} = F_C \cos\alpha = 1\,818(\text{N})$$
$$F_{Dy} = F_D \cos\alpha = 4\,286(\text{N})$$
$$F_{Dz} = F_D \sin\alpha = 1\,560(\text{N})$$

由静力学方程可得 $F_{Ay}=1\,662\text{N}$，$F_{Az}=1\,747\text{N}$，$F_{By}=3\,286\text{N}$，$F_{Bz}=1\,631\text{N}$。

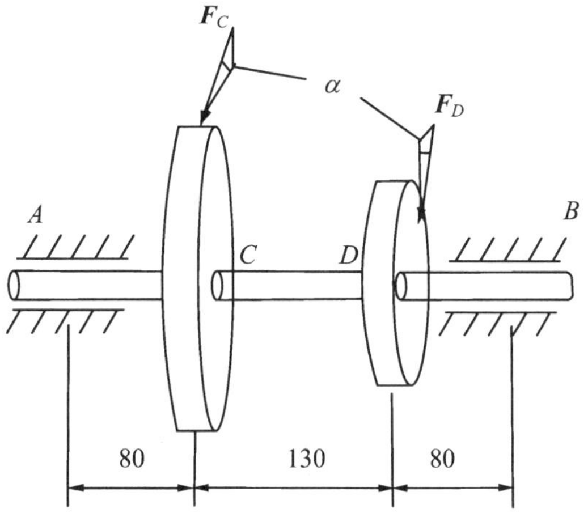

图 6-23　减速齿轮箱中的第Ⅱ轴

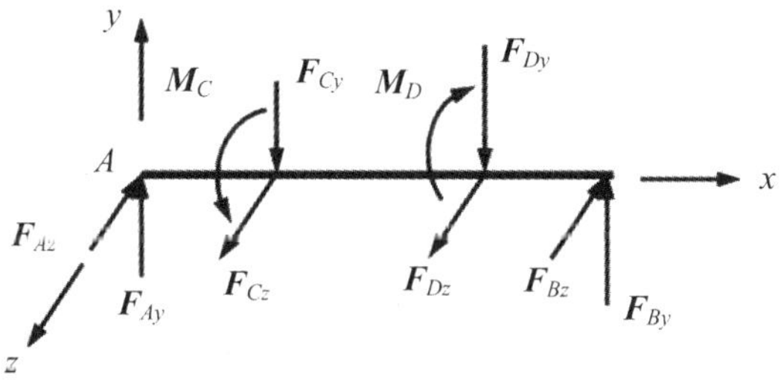

图 6-24　轴的受力图

$\boldsymbol{F}_{Ay}$、$\boldsymbol{F}_{Cy}$、$\boldsymbol{F}_{Dy}$、$\boldsymbol{F}_{By}$ 使轴 AB 在 Axy 平面内弯曲；$\boldsymbol{F}_{Az}$、$\boldsymbol{F}_{Cz}$、$\boldsymbol{F}_{Dz}$、$\boldsymbol{F}_{Bz}$ 使轴 AB 在 Axz 平面内弯曲；$\boldsymbol{M}_C$、$\boldsymbol{M}_D$ 使轴 AB 扭转；故轴 AB 为弯曲与扭转组合变形。

② 内力分析——画 M、M_n 图：分别画出轴在 Axy 平面内、Axz 平面内的弯矩图 $\boldsymbol{M}_z$、$\boldsymbol{M}_y$ 图、扭矩图，如图 6-25 所示。

C、D 合成弯矩

$$M_C = \sqrt{133^2 + 140^2} = 193\ (\text{N}\cdot\text{m})$$
$$M_D = \sqrt{263^2 + 131^2} = 294\ (\text{N}\cdot\text{m})$$

由于 $M_D > M_C$，故 D 截面为最危险截面。

$$M_n = 360\ (\text{N}\cdot\text{m})$$

③ 强度计算：由圆轴弯曲与扭转变形的强度条件

$$\sigma_{xd4} = \frac{\sqrt{M^2 + 0.75M_n^2}}{W_z} = \frac{\sqrt{294\ 000^2 + 0.75 \times 360\ 000^2}}{\frac{\pi}{32} \times 50^3} = 34.9\ (\text{MPa}) < [\sigma]$$

由计算可知，该轴满强度要求。

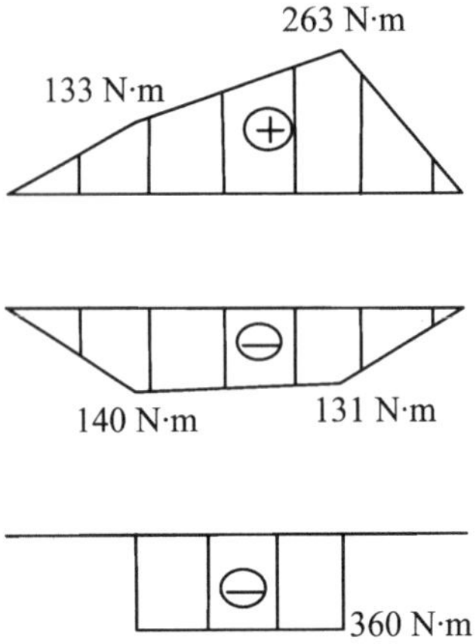

图 6-25　轴的内力图

2. 转轴的强度设计

为了保证轴的正常工作，首先应使轴具有足够的强度。应根据轴的承载情况，采用相应的计算方法。

常用的轴的强度计算方法有：按扭转强度计算、按弯扭合成强度计算以及对轴进行疲劳强度精确校核。计算步骤如下。

① 粗略计算：

支承距离未定，按扭矩初步计算。

支承距离已知，按弯扭合成进行计算。

② 精确计算：在结构设计完成后，考虑各种因素对轴的强度影响（应力集中、材料的均匀性、尺寸因素、表面粗糙度的影响），进行安全系数校核。

(1) 轴的扭转强度计算。这种方法用于只受扭矩或主要受扭矩的不太重要的轴的强度计算。在作轴的结构设计时，通常用这种方法初步估算轴径。轴的扭转强度条件为

$$\tau = \frac{T}{W_T} \approx \frac{9.55 \times 10^6 P}{0.2d^3 n} \leqslant [\tau]$$

实心轴的直径为

$$d \geqslant \sqrt[3]{\frac{T}{0.2[\tau]}} = \sqrt[3]{\frac{9.55 \times 10^6 P}{0.2[\tau]n}} = C\sqrt[3]{\frac{P}{n}} \tag{6-5}$$

C 是由轴的材料和承载情况确定的常数，见表 6-4。应用上式求出的 d 值作为轴最细处的直径。

表 6-4　常用材料的$[\tau]$值和 C 值

轴的材料	Q235，20	Q275，35	45	40Cr，35 SiMn
$[\tau]$ (MPa)	12～20	20～30	30～40	40～52
C	160～135	135～118	118～107	107～98

注：当作用在轴上的弯矩比传递的转矩小或只传递转矩时，C 取较小值；否则取较大值。

为了减少键槽对轴的削弱，可按以下（表 6-5）方式修正轴径。

表 6-5　键槽对轴的削弱

	有一个键槽	有两个键槽
轴径 $d>100$ mm	轴径增大 3%	轴径增大 7%
轴径 $d\leqslant 100$ mm	轴径增大 5%～7%	轴径增大 10%～15%

（2）轴的弯扭合成强度计算。

① 危险截面需要强度校核：完成轴的结构设计后，作用在轴上外载荷（转矩和弯矩）的大小、方向、作用点、载荷种类及支点反力等就已确定，可按弯扭合成的理论进行轴危险截面的强度校核。

② 建立力学模型：进行强度计算时通常把轴当作置于铰链支座上的梁，作用于轴上零件的力作为集中力，其作用点取为零件轮毂宽度的中点。支点反力的作用点一般可近似地取在轴承宽度的中点上。

③ 具体计算步骤如下：

a. 画出轴的空间力系图。将轴上作用力分解为水平面分力和垂直面分力，并求出水平面和垂直面的支点反力。

b. 分别作出水平面的弯矩图和垂直面上的弯矩图。

c. 计算出合成弯矩

$$M=\sqrt{M_{\mathrm{h}}^2+M_{\mathrm{V}}^2}$$

绘出合成弯矩图。

d. 作出转矩（T）图。

e. 计算当量弯矩

$$M_{\mathrm{e}}=\sqrt{M^2+(\alpha T)^2}$$

绘出当量弯矩图。

α 为根据转矩性质而定的折合因数。当扭转切应力为静应力、脉动循环应力、对称循环应力时，分别取 0.3、0.6、1。

f. 校核危险截面的强度条件。

$$\sigma_{\mathrm{e}}=\frac{M_{\mathrm{e}}}{W}=\frac{32\sqrt{M^2+(\alpha T)^2}}{\pi d^3}\leqslant[\sigma_{-1}]_{\mathrm{bb}} \tag{6-6}$$

上式也可改成轴径公式（6-7）

$$d\geqslant\sqrt[3]{\frac{M_{\mathrm{e}}}{0.1\,[\sigma_{-1}]_{\mathrm{bb}}}} \tag{6-7}$$

$[\sigma_{-1}]_{\mathrm{bb}}$是材料在对称循环应力作用下的许用应力，见表 6-6。

表 6-6　轴的许用应力

材　料	σ_{b}(Mpa)	$[\sigma_{-1}]_{\mathrm{bb}}$(Mpa)
碳钢	400	40
	500	45
	600	55
	700	65

续表

材　料	σ_b(Mpa)	$[\sigma_{-1}]_{bb}$(Mpa)
合金钢	800	75
	900	80
	1 000	90
	1 200	110

对于兼受弯矩和转矩的亦可按上法估算轴径，这时，用降低许用扭应力来考虑弯矩的影响。按扭转强度计算的方法较粗略，但很简便，常在轴的设计时用来初步计算轴的直径。对于一般同时承受弯矩和转矩的轴，通常还应按弯扭合成强度进行计算。进行这种计算时应确定轴上所受的弯矩和转矩。

对于重要的轴，尚须按疲劳强度进行精确验算。关于按弯扭合成强度进行计算的方法以及按疲劳强度进行精确验算的方法，可查阅有关参考资料、手册。

轴除了应进行强度计算外，许多轴还应进行刚度计算；对于高转速下工作的轴，还应考虑其振动稳定性。

① 轴的弯曲刚度校核计算。轴的弯曲刚度以挠度 y 和偏转角 θ 来度量。

对于光轴，可直接用材料力学中的公式计算其挠度或偏转角。

对于阶梯轴，可将其转化为当量直径的光轴后计算其挠度或偏转角。

轴的弯曲刚度条件如下。

挠度：$y \leqslant [y]$。

偏转角：$\theta \leqslant [\theta]$。

$[y]$和$[\theta]$分别为轴的许用挠度及许用偏转角。

② 轴的扭转刚度校核计算。轴的扭转刚度以扭转角 φ 来度量。轴的扭转刚度条件为

$$\varphi \leqslant [\varphi]$$

轴的材料主要是碳钢和合金钢，钢轴的毛坯多数用圆钢或锻件，各种热处理和表面强化处理可以显著提高轴的抗疲劳强度。

碳钢比合金钢价廉，对应力集中的敏感性比较低，适用于一般要求的轴。

合金钢比碳钢有更高的力学性能和更好的淬火性能，在传递大功率并要求减小尺寸和质量、要求高的耐磨性以及处于高温、低温和腐蚀条件下的轴常采用合金钢。

在一般工作温度下（低于 200 ℃），各种碳钢和合金钢的弹性模量均相差不多，因此相同尺寸的碳钢和合金钢轴的刚度相差不多。

高强度铸铁和球墨铸铁可用于制造外形复杂的轴，且具有价廉、良好的吸振性和耐磨性以及对应力集中的敏感性较低等优点，但是质较脆。

例 6-3　图 6-26 所示为一电动机通过一级直齿圆柱齿轮减速器带动带传动的简图。已知电动机功率为 30 kW，转速 n=970 r/min，减速器效率为 0.92，传动比 i=4，单向传动，从动齿轮分度圆直径 d_2=410 mm，轮毂长度 105 mm，采用深沟球轴承。试设计从动齿轮轴的结构和尺寸。

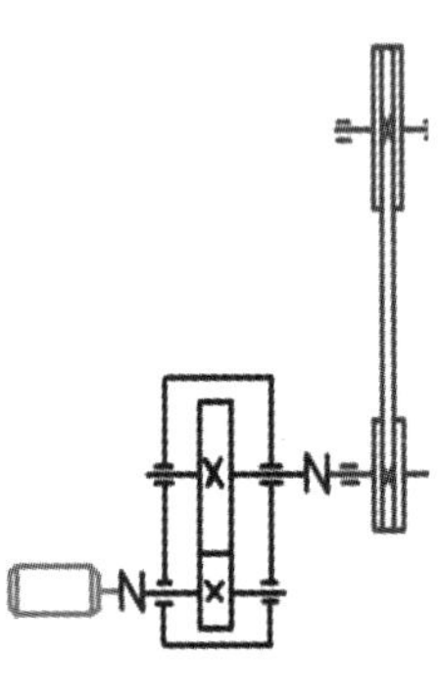

图 6-26　单级齿轮减速器

解　(1) 求输出轴的转速与输出功率。

$$n_2 = \frac{n_1}{i} = \frac{970}{4} = 242.5\ (\text{r/min})$$

$$P_2 = 0.92 \times P_1 = 0.92 \times 30 = 27.6\ (\text{kW})$$

（2）选择轴的材料和热处理方法。

轴采用 45 钢正火处理。查表知 σ_b=600 MPa。

（3）估算轴的最小直径

$$C = 110$$

$$d \geqslant C\sqrt[3]{\frac{P}{n}} = 110\sqrt[3]{\frac{27.6}{242.5}} = 53.5\ (\text{mm})$$

考虑键的削弱

$$d = 53.3 \times 1.05 = 55.9\ (\text{mm})$$

取 d=60 mm。

（4）轴的结构设计及绘制结构草图(图 6-27)。

（5）按弯、扭组合作用验算轴的强度(当量弯矩图如图 6-27 所示)。

转矩：

$$T = 9\,550\,000 \times \frac{27.6}{242.5} = 10\,686\,927.8\ (\text{N}\cdot\text{mm})$$

齿轮载荷：

$$F_t = \frac{2T}{d_2} = \frac{2 \times 9\,550 \times \frac{27.6}{242.5} \times 10^3}{410} = 5\,302\ (\text{N})$$

$$F_N = \frac{F_t}{\cos\alpha} = 5\,641\ (\text{N})$$

合弯矩：

$$M = \frac{F_N}{2} \times 86 = 242\,563\ (\text{N}\cdot\text{mm})$$

当量弯矩：

$$M_e = \sqrt{M^2 + (\alpha T)^2} = 695\,805\ (\text{N}\cdot\text{mm})$$

校核轴径，齿轮处当量弯矩最大，为危险截面，校核该轴径：

$$d \geqslant \sqrt[3]{\frac{M_e}{0.1\,[\sigma_{-1}]_{bb}}} = \sqrt[3]{\frac{695\,805}{0.1 \times 55}} = 50.2\ (\text{mm})$$

修正：

$$d = 50.2 \times 1.05 = 53\ (\text{mm})$$

结构设计确定的直径是 72 mm，强度足够。

（6）绘制轴的工作图。

三、任务实施

（一）本任务的学习目标

任务目标见表 6-7。

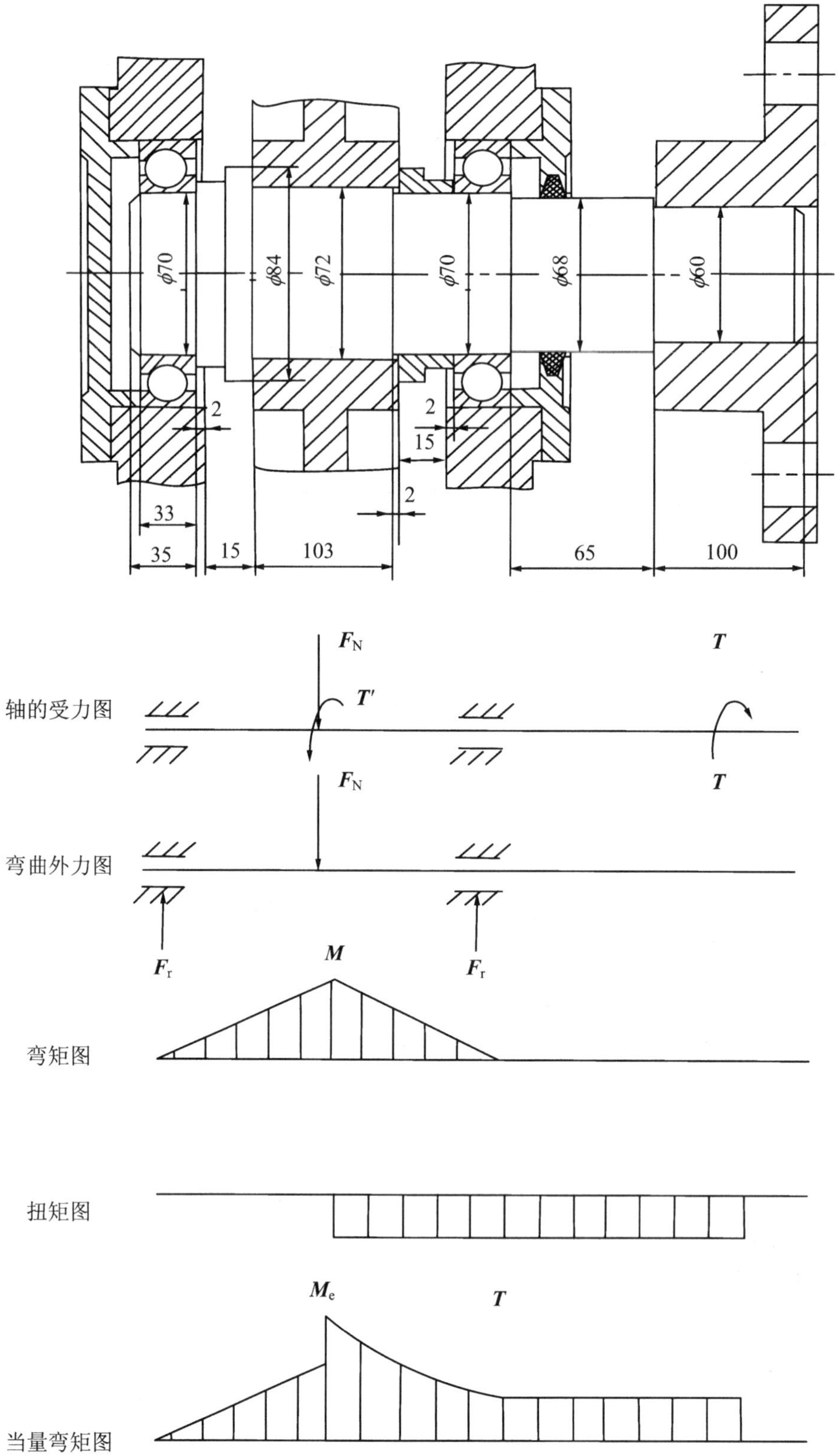

图 6-27　轴的结构草图及当量弯矩图

表 6-7　任务学习目标

序　号	类　别	目　　标
一	专业知识	1. 轴的分类及常用材料； 2. 轴的结构设计； 3. 轴的强度计算
二	专业能力	1. 认识生活中常见的轴的类型及材料； 2. 掌握轴的结构设计原理及方法； 3. 理解组合变形强度计算原理，并掌握轴的强度计算； 4. 联系实际，能熟练掌握常见机械的转轴设计步骤和方法
三	方法能力	1. 初步具有观察减速器的工作过程，分析其工作原理，将思维形象转化为工程语言的能力； 2. 将轴的结构设计知识应用于日常生活、生产活动，具有分析问题、解决问题的能力； 3. 学会自主学习，掌握一定的学习技巧，具有继续学习的能力； 4. 设计一般工作计划，初步具有对方案进行可行性分析的能力； 5. 具有评估总结工作结果的能力
四	社会能力	1. 养成实事求是、尊重自然规律的科学态度； 2. 养成勇于克服困难的精神，具有较强的吃苦耐劳，战胜困难的能力； 3. 养成及时完成阶段性工作任务的习惯和责任意识； 4. 培养信用意识、敬业意识、效率意识与良好的职业道德； 5. 培养良好的团队合作精神； 6. 培养较好的语言表达能力，善于交流

（二）任务技能训练

通过减速器的拆装，转轴的测绘，轴的结构设计和强度计算，最终实施于一般转轴的设计（表 6-8）。

表 6-8　任务技能训练

任务名称	轴的设计
任务实施条件	1. 理实一体教室； 2. 减速器（轴）实物或模型； 3. 测量工具； 4. 绘图工具
任务目标	1. 掌握减速器拆装步骤并能正确测绘轴的结构简图； 2. 理解轴的结构设计原理和方法； 3. 理解轴的强度计算原理和方法； 4. 掌握轴的设计步骤； 5. 培养良好的协作精神； 6. 培养严谨的工作态度； 7. 养成及时完成阶段性工作任务的习惯和责任意识； 8. 培养评估总结工作结果的能力

续表

任务名称	轴的设计
任务实施	1. 分析常见机械轴的类型； 2. 观察分析减速器轴的结构特点并测量其尺寸； 3. 分析阶梯轴各段轴径变化的原因； 4. 运用轴的结构设计要点分析转轴的结构； 5. 计算轴的强度； 6. 设计常用减速器轴
任务要求	1. 轴的结构设计要点，符合国家标准； 2. 轴的强度计算步骤清晰，结果正确

四、任务评价与总结

（一）任务评价

任务评价见表 6-9。

表 6-9　任务评价表

评价项目	评价内容	配　分	得　分
成果评价(60%)	减速器轴的测绘	10%	
	轴的结构设计	30%	
	轴的强度计算	20%	
自我评价(10%)	学习活动的目的性	2%	
	是否独立寻求解决问题的方法	4%	
	设计方案、方法的正确性	2%	
	个人在团队中的作用	2%	
小组评价(10%)	按时保证质量完成任务	2%	
	组织讨论，分工明确	4%	
	组内给予其他成员指导	2%	
	团队合作氛围	2%	
教师评价(20%)	工作态度是否正确	10%	
	工作量是否饱满	3%	
	工作难度是否适当	2%	
	自主学习	5%	
总　分			
备　注			

（二）任务总结

（1）组织学生进行讨论、分析、总结、评估；
（2）评价任务完成情况；
（3）对项目的完成情况给出结论。

五、任务拓展

（1）分析自行车前后轴各属于哪种类型的轴。
（2）轴的结构设计要点是什么？
（3）指出图 6-28 所示轴的结构中标出位置的结构错误并说明。

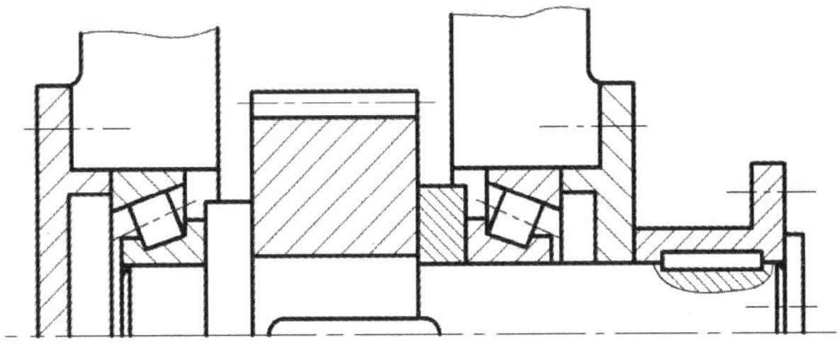

图 6-28

4. 如图 6-29 所示，轴系传递的功率 $P=2.21$ kW，转速 $n=95$ r/min，标准圆柱齿轮的齿数 $z=80$，模数 $m=2$ mm。试设计轴的结构并进行强度校核。

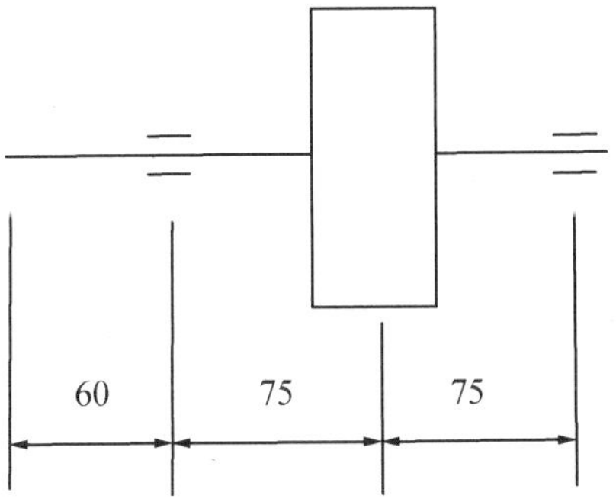

图 6-29　轴

任务二　轴　　承

一、任务资讯

轴承用来支承轴及轴上零件、保持轴的旋转精度和减少转轴与支承之间的摩擦和磨损。轴承是机器不可或缺的零件。在本项目中，我们将完成对轴承结构类型的认识和相关设计，包括滚动轴承的组合设计和寿命计算。通过对轴承的认知、设计和应用。使学生了解轴承的类型、结构和代号、轴承的安装及维护、轴承的组合设计、轴承的失效形式、设计准则及计算方法。培养学生具有设计一般机械中滚动轴承的相关能力。

任务内容包括：

减速器的拆装试验(理实一体教室教学)；

观察减速器使用的不同类型的轴承(理实一体教室教学)；

轴承的类型及使用。

按照工作表面的摩擦性质的不同，轴承分为滑动轴承和滚动轴承两大类。

根据受载方向，轴承上的反作用力方向与轴的中心线垂直的称为向心轴承，与轴的中心线平等的称为推力轴承。

根据润滑状态，滑动轴承分为非液体润滑轴承(轴承的工作表面没有完全被油膜隔开，仍有直接接触的润滑状态)和液体润滑轴承(轴承的工作表面完全被油膜隔开的润滑状态)。

滑动轴承的主要特点是工作平稳，噪音较滚动轴承低，液体油膜有一定的吸振性能，普通滑动轴承起动摩擦力矩较滚动轴承大。

对于精密、高速、重型以及承受冲击或振动的机器中，滑动轴承得到广泛的应用。为了降低成本，一些不重要的低速轴承往往采用普通滑动轴承的形式。此外，滑动轴承还可以在水或者腐蚀介质中工作。

滚动轴承与滑动轴承相比，具有摩擦阻力小、起动灵敏、润滑方法简单和维修更换方便等优点。因此在机械中，滚动轴承比滑动轴承应用普遍。滚动轴承已经标准化，由专门工厂大批生产。在机械设计与使用中，主要是正确选用型号的轴承。

二、任务分析与计划

(一) 滑动轴承

1. 滑动轴承的分类与应用

在滑动轴承中，轴颈与轴瓦表面为工作表面。按工作表面摩擦状态或润滑状态的不同，滑动轴承可分为液体摩擦滑动轴承，或称液体润滑滑动轴承；非液体摩擦滑动轴承，或称非液体润滑滑动轴承。

液体润滑滑动轴承(图 6-30(a))是当两工作表面间有充足的润滑油，而且满足一定的条件时，两金属工作表面能被压力油膜分开的轴承。或者说所形成的压力油膜能将轴颈托起，使其浮在油膜之上运动。此时只有液体与液体之间的内摩擦。由于工作表面避免了直接接触，因而能极大地减少摩擦磨损。

在液体润滑滑动轴承中，利用相对运动使轴承间隙中形成压力油膜，并将工作表面分开的轴承称为动压润滑滑动轴承；利用油泵将压力油压入轴承间隙中，强行使工作表面分开的轴承称为静压润滑滑动轴承。

液体润滑滑动轴承多于高速、大功率(如汽轮机主轴、离心式压缩机主轴等)和低速重载(如轧钢机)的机械。

非液体润滑滑动轴承不具备形成液体润滑的条件，工作表面间虽有润滑油膜存在，但不能完全用油膜隔开，金属表面有时还有直接接触，并产生摩擦磨损，如图 6-30(b)所示。一般来说，由于金属表面有一层润滑油膜，虽然不能免除摩擦磨损，但能起到减缓磨损的作用。此种润滑轴承由于结构简单，故在一般机械中仍有应用。

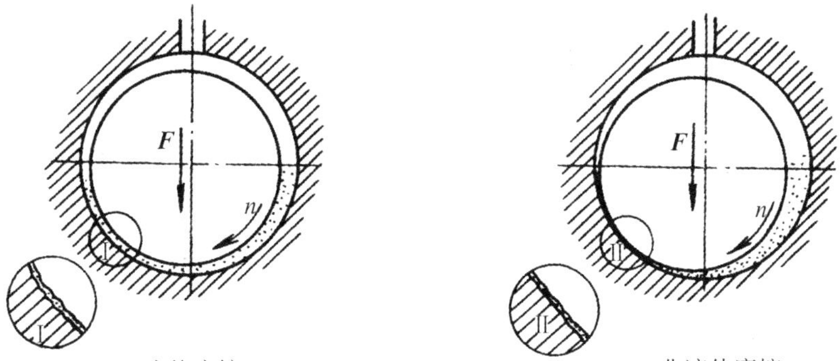

(a) 液体摩擦　　(b) 非液体摩擦

图 6-30　滑动轴承摩擦状态

滑动轴承按承受载荷的方向主要分为：向心滑动轴承，它承受径向载荷；推力滑动轴承，它承受轴向载荷。

2. 向心滑动轴承结构

(1) 剖分式向心滑动轴承。图 6-31 所示为一种常用的剖分式向心滑动轴承。其轴承座 5 和轴承盖 4 剖分为两部分，并用螺栓 3 联为一体。在轴承座与轴承盖内装有剖分式轴瓦 1、2，它是直接支撑轴颈的零件。轴承盖上部的内螺纹孔用来装设润滑油杯，以此供油润滑。

剖分式向心滑动轴承装拆、间隙调整和更换新轴瓦都很方便，故应用广泛。此种轴承的结构尺寸已经标准化。

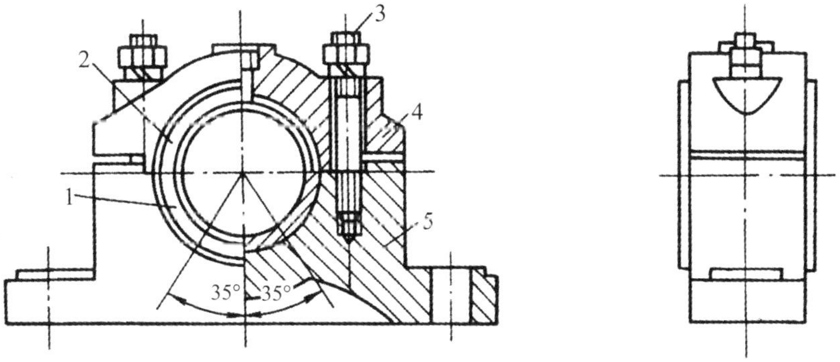

图 6-31　剖分式向心滑动轴承

(2) 整体式向心滑动轴承。图 6-32 所示为整体式向心滑动轴承，其轴承座 1、轴瓦 2 都是做成整体的。在轴承座顶部有内螺纹 4，用来装设润滑油杯。这种轴承的特点是结构十分简单，价格低，但仅能通过轴端进行装拆，轴瓦磨损后无法调整间隙，故只适宜用于低速、轻载和不重要的情况。

(3) 轴瓦。轴瓦是滑动轴承的重要工作零件。它分为整体式和剖分式两种型式。为了使轴瓦具有良好的工作特性，应正确选用轴瓦材料，并使轴瓦有合理的结构。对轴瓦材料的要求是：摩擦系数小、导热性好、热膨胀系数小、耐磨、耐腐蚀、抗胶合能力强；有足够强度和可塑性等。很难有一种材料同时具有这些性能，故应按具体情况下的主要要求来选用材料。

轴瓦常用材料有铸铁、青铜和轴承合金。轴瓦可以是单一材料制成的,也可以是双或三金属轴瓦。

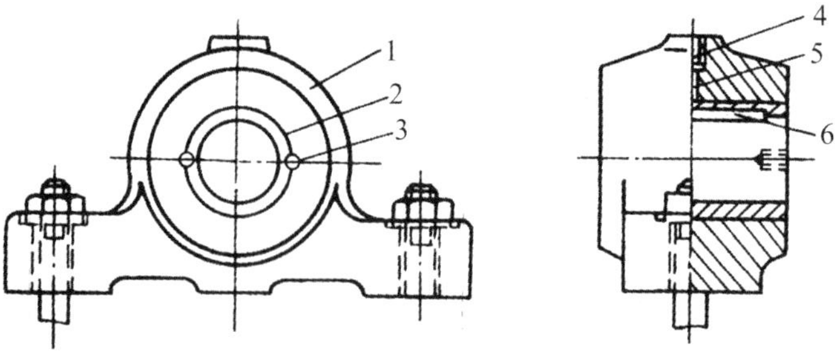

图 6-32　整体式向心滑动轴承

铸铁轴瓦适用于低速、轻载和不重要的地方。青铜轴瓦可分别用锡青铜、铅青铜、铝青铜制成,适用于重载中速传动。轴承合金(又称巴氏合金、白金)是锡、铅、铜的合金,它具有作轴承用的许多良好性能,但其强度低,价格贵,而且是贵重金属。因此常在铸铁底瓦、钢底瓦或黄铜底瓦的内表面浇注一层很薄的轴承合金,称为轴承衬。这样的轴瓦称双金属轴瓦。若在底瓦与轴承衬之间再加一个中间层(如用青铜),即为三金属轴瓦。中间层的作用是提高表层强度。为了使底瓦与轴承衬能紧密结合,在底瓦内表面制成一定形状的沟槽,如图 6-33 所示,此时由轴承衬支撑轴颈工作。这是一种省用贵重金属的方法。

此外,还采用尼龙轴瓦和含油轴瓦,含油轴瓦由铁、铜、石墨等粉末经挤压成型,再烧结而成。这种轴瓦是具有多孔性的物体,浸入油中后,能吸收大量润滑油。工作时,润滑油又自孔中因毛细管作用流出,进行润滑轴颈。这种轴瓦成本低,能节约有色金属。

轴与轴瓦比较起来,轴是较贵重的零件,应有较长的工作寿命,而轴瓦则是磨损零件,磨损后或者修复或者更换。

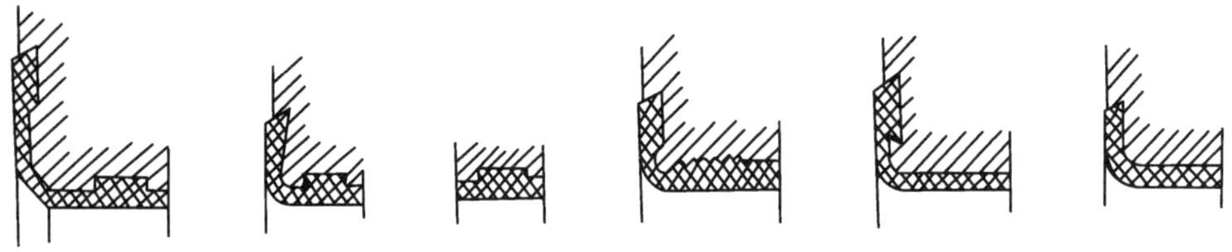

(a)　(b)　(c)　(d)　(e)　(f)

(a)~(d)形式为对钢与铸铁的沟槽;(e)~(f)形式为对青铜的沟槽

图 6-33　底瓦内表面沟槽

轴瓦应开油孔、油沟。为了使润滑油能在轴瓦内表面均匀分布,油沟应开在非承重区。如载荷向下时,由上部开油孔,并在上轴瓦内表面开油沟。常用油沟的形式如图 6-34 所示。一般情况下,油沟不延伸到轴瓦两末端,常为轴瓦长的 80%,以免润滑油流出。

3. 滑动轴承的润滑

轴承润滑的目的是为了减缓磨损,降低摩擦功率损耗,并使轴承保持正常工作状态,润滑的效果与正确选用润滑剂和供油方式有很大关系。常用的润滑剂有润滑油、润滑脂。

润滑油常用的可分为高速机械油、机械油、汽轮机油、齿轮油等。黏度是选择润滑油的主要依据。选用润滑油时,要考虑速度、载荷和工作情况,对于载荷大、温度高的轴承宜选用黏度大的油；载荷小、速度高的轴承宜选黏度较小的油。一般在夏季（温度高）选用黏度高的机油，冬季（温度低）选用黏度低的机油。

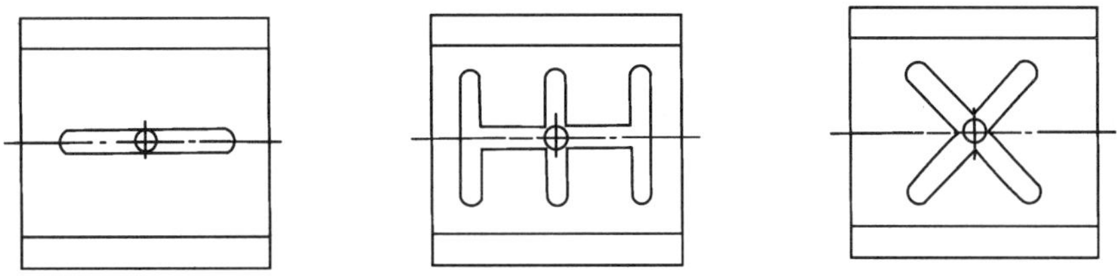

图 6-34　油沟

润滑脂又称黄油，是由润滑油和稠化剂（如钙、钠、铝、锂等）稠化而成的。润滑脂对载荷和速度有较大的适应性，但摩擦损耗较大，不宜用于高速。润滑脂润滑简单，不需经常上油，主要用于一般参数的机械，特别是低速、载荷大的机械。

（二）滚动轴承

1. 滚动轴承的结构

如图 6-35 所示，滚动轴承一般由内圈 1、外圈 2、滚动体 3 和保持架 4 组成。内圈装在轴颈上，外圈装在轴承座或轮毂孔内。一般是内圈与轴颈一同旋转，外圈不动，滚动体在内、外圈的滚道上作滚动，并产生滚动摩擦。但有时也用于外圈回转而内圈不动，或是内、外圈同时回转。保持架的作用是把滚动体均匀分开，避免互相接触发生磨损。

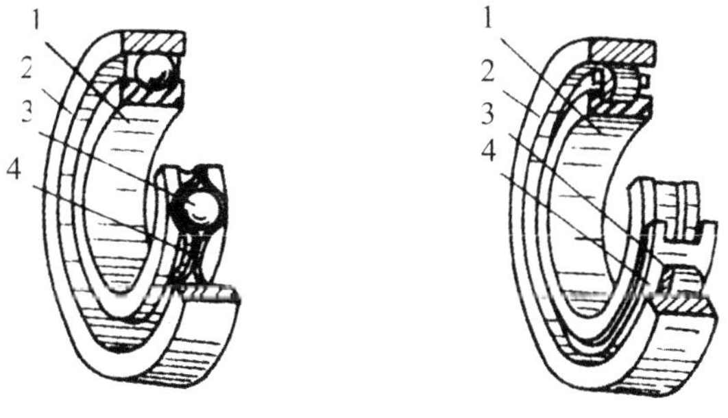

图 6-35　滚动轴承的基本结构

如图 6-36 所示，常用的滚动体按其外形分为：球、圆柱滚子、圆鼓形滚子、圆锥滚子和滚针。

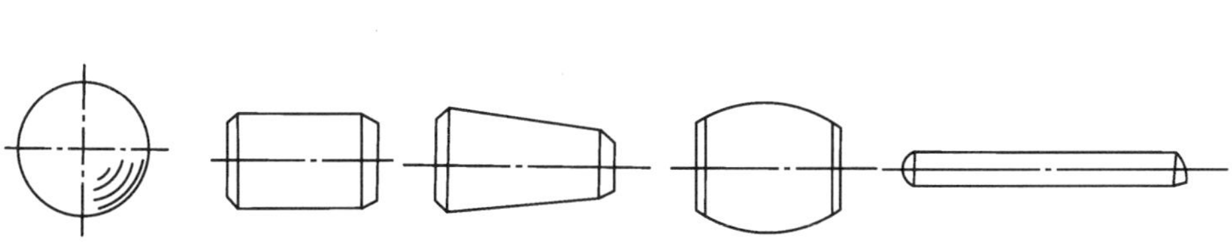

(a) 球　(b) 圆柱滚子　(c) 圆锥滚子　(d) 圆鼓形滚子　(e) 滚针

图 6-36　滚动体的种类

2. 滚动轴承的类型及选择

（1）滚动轴承的分类。

常用的滚动轴承按滚动体外形的不同，可以分为球轴承和滚子轴承两大类。

按照承受载荷的方向可分为向心轴承、推力轴承和向心推力轴承。

按工作是否调心，分为刚性轴承和调心轴承。

综合起来，滚动轴承有 10 大类，各类轴承的结构不同，分别适用于各种载荷、转速及特殊的工作要求。

① 深沟球轴承(6)。主要承受径向载荷，也能承受一定的轴向载荷，结构简单，极限转速高，价格低廉，适用于刚度大、转速高的轴。

② 调心球轴承(1)。可承受 $\boldsymbol{F}_r$、$\boldsymbol{F}_a$，不能承受纯 $\boldsymbol{F}_a$，轴承有双排滚珠，外圈内表面是以轴承中点为心的球面，只要轴承内外圈轴线的偏斜小于 1.5°～3°，就能自动调心并正常工作。这类轴承适用于多支点轴和挠曲变形比较大的传动轴以及不能精确对中的一些支承处。

③ 圆柱滚子轴承(N)。滚动体是短圆柱滚子，内圈或外圈上有凹槽，内外圈一般可沿轴向做相对移动。它的径向承载能力为相同内径深沟球轴承的 1.5～3 倍，但一般不能承受轴向载荷。这类轴承的内外圈之间只允许有极小的偏斜，适用于刚性大，轴孔对中好的地方。

④ 角接触球轴承(7)。除受径向载荷外，还能承受较大的单向轴向载荷。

接触角 α——滚动体与外圈滚道接触点(或线)的法线与轴承径向平面的夹角。

有 α=15°、25°、40°3 种，α 越大，轴向承载能力越强，这类轴承应成对使用。适用于旋转精度高、载荷较大、跨距小、刚度较大的轴。

⑤ 圆锥滚子轴承(3)。其特性与角接触球轴承相同，但承载能力较大。外圈可以分离，安装时调整间隙方便，成对使用。

⑥ 推力球轴承(5)。可承受比较大的轴向载荷。常用于起重吊钩、锥齿轮轴、蜗杆轴、机床主轴等。

⑦ 滚针轴承(NA)。只能承受径向力，承载能力大，径向尺寸小，摩擦系数大，内外圈可分离。

⑧ 推力圆柱滚子轴承(8)。能承受很大的单向轴向载荷。

⑨ 双列深沟球轴承(4)。主要承受径向载荷，也能承受一定的轴向载荷，承载能力较深沟球轴承高。

⑩ 调心滚子轴承(2)。能承受较大的径向载荷和少量的轴向载荷，具有调心性能。

具体的类型和特性如表 6-10 所示。

表 6-10　轴承类型和特性

轴承类型	轴承类型简图	类型代号	标准号	特　性
调心球轴承	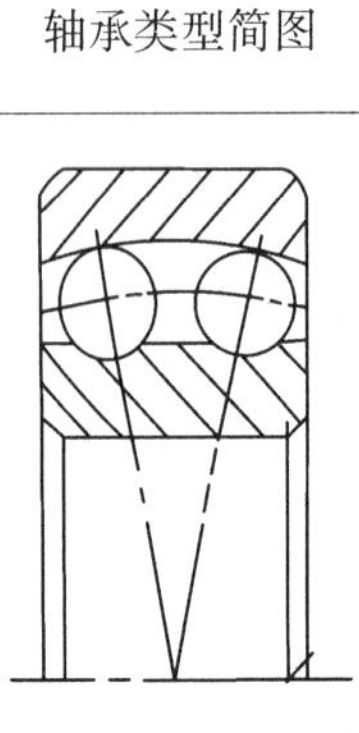	1	GB/T 281	主要承受径向载荷，也可同时承受少量的双向轴向载荷。外圈滚道为球面，具有自动调心性能，适用于弯曲刚度小的轴

续表

轴承类型	轴承类型简图	类型代号	标准号	特　性
调心滚子轴承	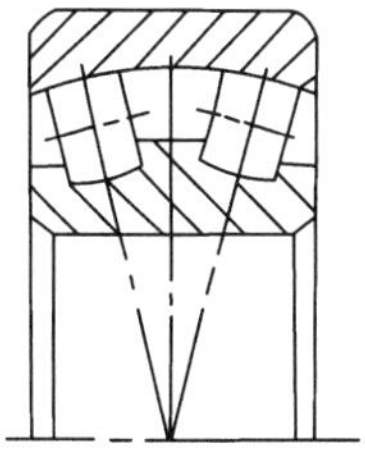	2	GB/T 288	用于承受径向载荷，其承载能力比调心球轴承大，也能承受少量的双向轴向载荷。具有调心性能，适用于弯曲刚度小的轴
圆锥滚子轴承	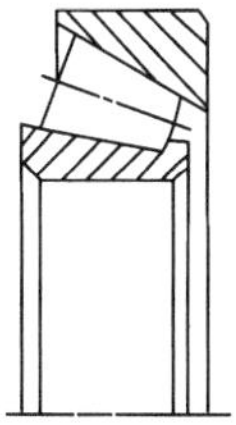	3	GB/T 297	能承受较大的径向载荷和轴向载荷。外圈可分离，故轴承游隙可在安装时调整，通常成对使用，对称安装
双列深沟球轴承	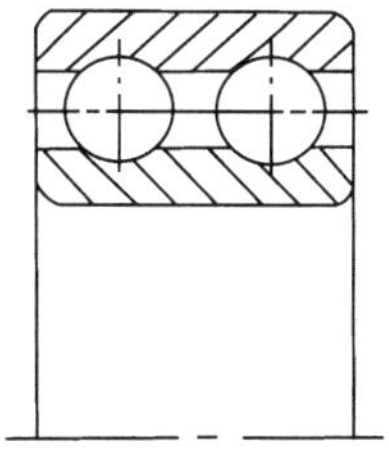	4	—	主要承受径向载荷，也能承受一定的双向轴向载荷。它比深沟球轴承具有更大的承载能力
推力球轴承	单向 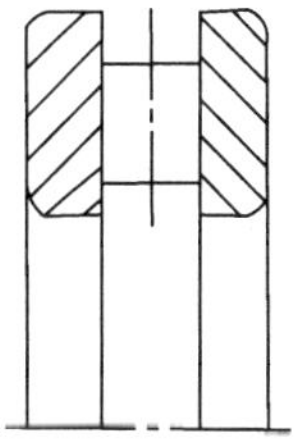	5 (5100)	GB/T 301	只能承受单向轴向载荷，适用于轴向力大而转速较低的场合
	双向 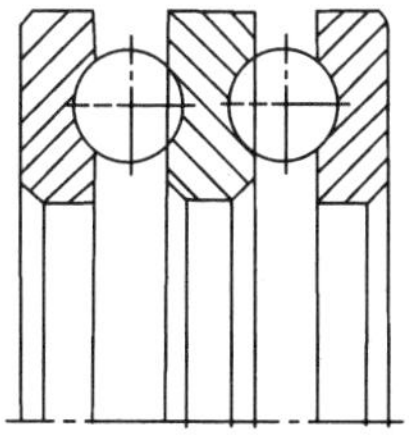	5 (5200)	GB/T 301	可承受双向轴向载荷，常用于轴向载荷大、转速不高处
深沟球轴承	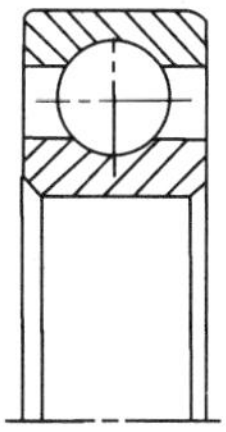	6	GB/T 276	主要承受径向载荷，也可同时承受少量双向轴向载荷。摩擦阻力小，极限转速高，结构简单，价格便宜，应用最广泛

续表

轴承类型	轴承类型简图	类型代号	标准号	特 性
角接触球轴承	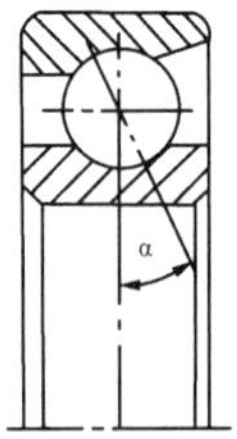	7	GB/T 292	能同时承受径向载荷与轴向载荷，接触角 α 有 15°、25°、40° 3 种。适用于转速较高、同时承受径向和轴向载荷的场合。通常成对使用，对称安装
推力圆柱滚子轴承	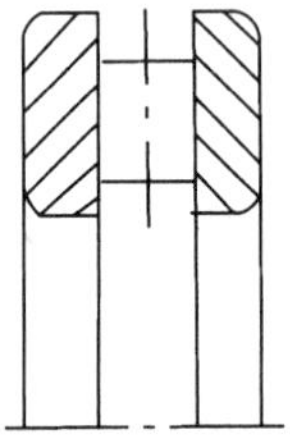	8	GB/T 4663	只能承受单向轴向载荷，承载能力比推力球轴承大得多，不允许轴线偏移。适用于轴向载荷大而不需调心的场合
圆柱滚子轴承	外圈无挡边圆柱滚子轴承 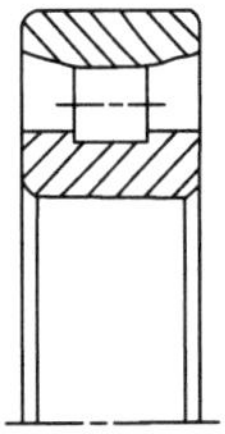	N	GB/T 283	只能承受径向载荷，不能承受轴向载荷。承受载荷能力比同尺寸的球轴承大，尤其是承受冲击载荷能力大

(2) 滚动轴承类型的选择。选用滚动轴承，首先必须选择轴承的类型、类型选择得合理与否，影响轴承的寿命及其工作情况，应综合考虑载荷的大小、性质和方向，转速的高低，支承的刚度及安装精度等因素，根据各类轴承的特点来选择。

① 根据滚动轴承所受载荷的情况选择。滚动轴承所承受载荷的大小、方向和性质是选择轴承类型的主要依据。受纯径向载荷时应选用向心轴承。受纯轴向载荷时应选用推力轴承。对于同时承受径向载荷 R 和轴向载荷 A 的轴承，应根据二者的比值来确定：若 A 相对于 R 较小时，可选用深沟球轴承或接触角不大的角接触球轴承及圆锥滚子轴承；当与 R 相比其 A 值较大时，可选用接触角较大的角接触球轴承及圆锥滚子轴承；当 A 比 R 大很多时，则应考虑采用向心轴承与推力轴承相结合的结构型式，以分别承受径向和轴向载荷。

在外廓尺寸相同的条件下，滚子轴承的承载能力高于球轴承，适用于较大载荷或有冲击载荷的场合；载荷较小时，宜优先用球轴承，因为球轴承价格较低。

② 根据轴承的转速选择。一般转速下，转速的高低对轴承类型选择影响不大，但转速较高时，影响比较显著。因此轴承样本中规定了各种型号轴承的极限转速，要求轴承在低于极限转速 $n_{\lim}$ 下工作，否则会降低轴承的寿命。由于球轴承的极限转速和旋转精度比滚子轴承高，所以高速时应优先选球轴承。其次，在内径相同的情况下，外径愈小，滚动体愈小，极限转速愈高，故高速时宜用超轻、特轻或轻系列，低速重载时宜选用重及特重系列。

③ 根据轴承的刚度和调心性能要求选择。对于轴承刚度要求较高的场合，应选用滚子轴承，因为滚子轴承的刚度高于球轴承，如精密机床的主轴轴承。

当轴的支承跨距较大或轴受载后弯曲变形较大及两轴承座孔中心位置有误差时，为轴承内外圈轴线间的相对角位称，应选用调心轴承。

④ 根据装拆要求选择。对整体式轴承座，需要沿轴向装拆及经常装拆的场合，应选用内、外圈可分离的轴承。轴承安装在长轴上时，为便于装拆，可选用有内锥孔并带有紧定套的轴承。

⑤ 根据其他要求选择。对径向尺寸较小的支承，可选用滚针轴承。此外还有经济性要求。一般球轴承价格低于滚子轴承；精度愈高，价格也愈高，同一类型不同精度等级的轴承的价格比为 1∶1.8∶2.3∶7∶10。在满足使用要求的前提下，应尽量选用更便宜的轴承。

3. 滚动轴承代号

滚动轴承类型甚多，为了表征各类型轴承的特点，便于生产管理和选用，规定了轴承代号及其表示方法。

国家标准 GB/T 272-93 规定，轴承代号由前置代号、基本代号和后置代号组成，用字母和数字表示。

滚动轴承的基本代号包括类型代号、尺寸系列代号、内径代号。

(1) 内径尺寸代号：右起第一、二位数字表示内径尺寸，表示方法见表 6-11。

(2) 尺寸系列代号：右起第三、四位表示尺寸系列(第四位为 0 时可不写出)。为了适应不同承载能力的需要，同一内径尺寸的轴承，可使用不同大小的滚动体，因而使轴承的外径和宽度也随着改变。这种内径相同而外径或宽度不同的变化称为尺寸系列，见表 6-12。

(3) 类型代号：右起第五位表示轴承类型，其代号见表 6-10，代号为 0 时不写出。

(4) 前置代号：成套轴承分部件，见表 6-13。

(5) 后置代号：内部结构、尺寸、公差等，其顺序见表 6-13，常见的轴承内部结构代号和公差等级见表 6-14 和表 6-15。

表 6-11　轴承内径尺寸代号

内径尺寸(mm)	代号表示	举　例	
		代　号	内　径(mm)
10 12 15 17	00 01 02 03	6200	10
20～480(5 的倍数)	内径除以 5 的商	23208	40
22、28、32 及 500 以上	/内径	230/500 62/22	500 22

例 6-4　试说明轴承代号 6203/P4 和 7312C 的意义。

6203/P4：6 为深沟球轴承；2 为窄 0 轻 2；03 为内径 17；P4 为 4 级精度。

7312C：7 为角接触球轴承；3 为窄 0 中 3；12 为内径 60；C 为公称接触角 $\alpha=15°$。

表 6-12　向心轴承、推力轴承尺寸系列代号表示法

<table>
<tr><td rowspan="4">直径系列代号</td><td colspan="7">向心轴承</td><td colspan="4">推力轴承</td></tr>
<tr><td colspan="7">宽度系列代号</td><td colspan="4">高度系列代号</td></tr>
<tr><td>窄 0</td><td>正常 1</td><td>宽 2</td><td>特宽 3</td><td>特宽 4</td><td>特宽 5</td><td>特宽 6</td><td>特低 7</td><td>低 9</td><td>正常 1</td><td>正常 2</td></tr>
<tr><td colspan="11">尺寸系列代号</td></tr>
<tr><td>超特轻 7</td><td>—</td><td>17</td><td>—</td><td>37</td><td>—</td><td>—</td><td>—</td><td>—</td><td>—</td><td>—</td><td>—</td></tr>
<tr><td>超轻 8</td><td>08</td><td>18</td><td>28</td><td>38</td><td>48</td><td>58</td><td>68</td><td>—</td><td>—</td><td>—</td><td>—</td></tr>
<tr><td>超轻 9</td><td>09</td><td>19</td><td>29</td><td>39</td><td>49</td><td>59</td><td>69</td><td>—</td><td>—</td><td>—</td><td>—</td></tr>
<tr><td>特轻 0</td><td>00</td><td>10</td><td>20</td><td>30</td><td>40</td><td>50</td><td>60</td><td>70</td><td>90</td><td>10</td><td>—</td></tr>
<tr><td>特轻 1</td><td>01</td><td>11</td><td>21</td><td>31</td><td>41</td><td>51</td><td>61</td><td>71</td><td>91</td><td>11</td><td>—</td></tr>
<tr><td>轻 2</td><td>02</td><td>12</td><td>22</td><td>32</td><td>42</td><td>52</td><td>62</td><td>72</td><td>92</td><td>12</td><td>22</td></tr>
<tr><td>中 3</td><td>03</td><td>13</td><td>23</td><td>33</td><td>—</td><td>—</td><td>63</td><td>73</td><td>93</td><td>13</td><td>23</td></tr>
<tr><td>重 4</td><td>04</td><td>—</td><td>24</td><td>—</td><td>—</td><td>—</td><td>—</td><td>74</td><td>94</td><td>14</td><td>24</td></tr>
</table>

表 6-13　轴承代号排列

<table>
<tr><td colspan="10">轴承代号</td></tr>
<tr><td rowspan="2">前置代号</td><td rowspan="3">基本代号</td><td colspan="8">后置代号</td></tr>
<tr><td>1</td><td>2</td><td>3</td><td>4</td><td>5</td><td>6</td><td>7</td><td>8</td></tr>
<tr><td>成套轴承分部件</td><td>内部结构</td><td>密封与防尘套圈变型</td><td>保持架及其材料</td><td>轴承材料</td><td>公差等级</td><td>游隙</td><td>配置</td><td>其他</td></tr>
</table>

表 6-14　轴承内部结构代号

代　号	含　义	示　例
C	角接触球轴承公称接触角 $\alpha=15°$ 调心滚子轴承 C 型	7005C 23122C
AC	角接触球轴承公称接触角 $\alpha=25°$	7210AC
B	角接触球轴承公称接触角 $\alpha=40°$ 圆锥滚子轴承接触角加大	7210B 32310B
E	加强型	N207E

表 6-15　轴承公差等级代号

代　号	含　义	示　例
/P0	公差等级符合标准规定的 0 级(可省略不标注)	6205
/P6	公差等级符合标准规定的 6 级	6205/P6
/P6X	公差等级符合标准规定的 6X 级	6205/P6X
/P5	公差等级符合标准规定的 5 级	6205/P5
/P4	公差等级符合标准规定的 4 级	6205/P4
/P2	公差等级符合标准规定的 2 级	6205/P2

4. 滚动轴承的润滑

润滑对滚动轴承的使用寿命有重要意义。润滑的主要目的是减小摩擦与磨损。

滚动轴承的润滑剂可以是润滑脂、润滑油或固体润滑剂。一般情况下，轴承采用润滑脂润滑，但在轴承附近已经具有润滑油源时（如变速箱内本来就有润滑齿轮的油），也可采用润滑油润滑。具体选择可按速度因数 dn 值来定。d 代表轴承内径（mm）；n 代表轴承转速（r/min），dn 值间接地反映了轴颈的圆周速度，当 $dn<(1.5\sim2)\times10^5$ mm · r/min 时，一般滚动轴承可采用润滑脂润滑，超过这一范围宜采用润滑油润滑。

脂润滑因润滑脂不易流失，故便于密封和维护，且一次充填润滑脂可运转较长时间。油润滑的优点是比脂润滑摩擦阻力小，并能散热，主要用于高速或工作温度较高的轴承。

润滑油的黏度可由轴承的速度因数 dn 和工作温度 t 来确定。油量不宜过多，如果采用浸油润滑则油面高度不超过最低滚动体的中心，以免产生过大的搅油损耗和热量。高速轴承通常采用滴油或喷雾方法润滑。

5. 滚动轴承的寿命计算和静载荷能力计算

（1）材料：内、外圈、滚动体：强度高、耐磨性好的铬锰高碳钢制造，常用牌号如：GCr15，GCr15SiMn 等（G 表示专用的滚珠轴承）。

（2）滚动轴承的受载情况和失效形式如下：

① 一般转速时，若轴承只承受径向载荷 F_r 作用，由于各元件的弹性变形，轴承上半圈的滚动体将不受力，而下半圈各滚动体受力的大小则与其所处的位置有关。故轴承运转时，轴承套圈滚道和滚动体受脉动循环的接触应力作用（图 6-37），滚动轴承的主要失效形式是疲劳点蚀。为防止疲劳点蚀现象的发生，滚动轴承应按额定动载荷进行寿命计算。

② 转速较低的滚动轴承，可能因过大的静载荷或冲击载荷，使套圈滚道与滚动体接触处产生过大的塑性变形。因此，低速重载的滚动轴承应进行静强度计算。

③ 高速转动的轴承，可能因润滑不良等原因引起磨损甚至胶合。因此，除进行寿命计算外，还要校核极限转速。

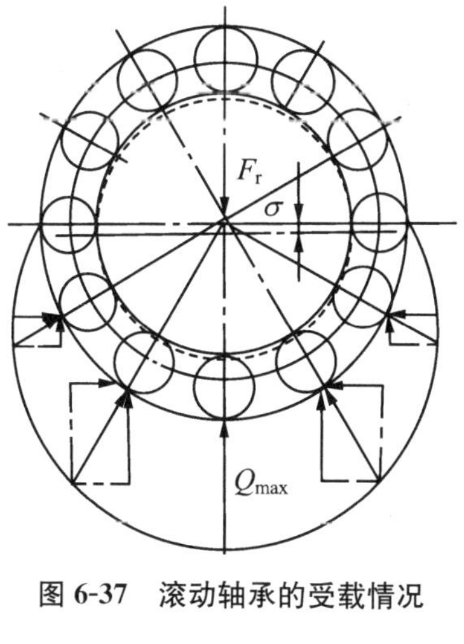

图 6-37　滚动轴承的受载情况

（3）承载能力计算：决定轴承尺寸时，要针对主要失效形式进行必要的计算。对于回转的滚动轴承，疲劳点蚀经常发生，主要进行寿命计算。对于不转动，摆动或转速低的轴承，要求控制塑性变形，应作静强度计算。高速轴承由于发热而造成的磨损、烧伤常常是突出的矛盾，除了应进行寿命计算外，还需校核极限转速。

（4）滚动轴承的寿命计算方式如下：

① 几个定义。

a. 寿命。在安装、维护和润滑正常的情况下，绝大多数轴承都因疲劳点蚀而报废，故滚动轴承的寿命指轴承的内圈、外圈或滚动体中任一元件上出现疲劳点蚀前转过的总转数，或在一定的转速下工作的总小时数。

b. 基本额定寿命。对同一批生产的同一型号的轴承，由于材料的组织不均和工艺过程中存在着差异等原因，即使在完全相同的条件下工作，寿命也不一样，有的相差几十倍，因此对于一个具体的轴承来说，是很难预先知道它的寿命的。在国标中规定以基本额定寿命作为计算依据。基本额定寿命是指一批相同的轴承，在相同的条件下运转，其中 90％的轴承在发生疲劳点蚀前所转过的总转数或在一定转速下运转的总小时数。换句话说，在一批轴承达到基本额定寿命时，其中已有 10％的轴承早已破坏掉了，而剩下的 90％的轴承，则可以达到或超过这一寿命。所以对单个轴承来说，能够达到额定寿命的可靠度为 90％。

c. 额定动载荷。轴承在额定寿命为一百万转（$10^6 r$）时所能承受的最大载荷，称为额定动载荷，用 C 来表示，轴承在额定动载荷作用下，不发生疲劳点蚀的可靠度是 90％。各种类型和不同尺寸轴承的 C 值都可以在设计手册中查到。

d. 额定静载荷。轴承工作时，受载最大的滚动体和内、外圈滚道接触处的接触应力达到一定值时的静载荷，称为额定静载荷，用 C_0 来表示。其值可查设计手册。

e. 当量动载荷。额定动、静载荷是在向心轴承只承受径向载荷或推力轴承只承受轴向载荷的条件下，根据实验确定的。实际上，轴承承受的载荷往往与上述条件不同，故必须将实际载荷等效成一假想载荷，这个假想载荷称为当量动载荷。

② 寿命计算。基本计算公式如下：

在实际应用中，额定寿命常用给定转速下运转的小时数 L_h 来表示。考虑到机器震动和冲击的影响，引入载荷因数 f_P（表 6-16）；考虑到工作温度的影响，引入温度因数 f_T（表 6-17）。实用的寿命计算公式为

$$L_h = \frac{10^6}{60n}\left(\frac{f_T C}{f_P P}\right)^{\varepsilon} \tag{6-8}$$

若当量动载荷 P 与转速 n 均已知，预期寿命 L_h' 已选定，则可根据下式选择轴承型号

$$C_C = \frac{f_P P}{f_T}\sqrt[\varepsilon]{\frac{60nL_h'}{10^6}} \leqslant C \tag{6-9}$$

式中 C_C 为计算额定动载荷（kN）；C 为额定动载荷（kN）；ε 为寿命指数，球轴承 $\varepsilon=3$，滚子轴承 $\varepsilon=10/3$。

表 6-16　载荷因数 f_P

载荷性质	f_P	举　　例
无冲击或有轻微冲击	1.0～1.2	电动机、汽轮机、通风机、水泵
中等冲击和振动	1.2～1.8	车辆、机床、内燃机、起重机、冶金设备、减速器
强大冲击和振动	1.8～3.0	破碎机、轧钢机、石油钻机、振动筛

表 6-17 温度系数 f_T

轴承工作温度(℃)	100	125	150	175	200	225	250	300
温度因数 f_T	1	0.95	0.90	0.85	0.80	0.75	0.70	0.60

(3) 当量动载荷计算:当量动载荷是一假想载荷,在该载荷作用下,轴承的寿命与实际载荷作用下的寿命相同。当量动载荷 P 的计算式为

$$P = xF_r + yF_a \tag{6-10}$$

式中 x 为径向载荷因数(表 6-18);y 为轴向载荷因数(表 6-18);F_r为轴承承受的径向载荷;F_a为轴承承受的轴向载荷。

对于只承受径向载荷的轴承,当量动载荷为轴承的径向载荷 F_r,即 $P=F_r$;对于只承受轴向载荷的轴承,当量动载荷为轴承的轴向载荷 F_a,即 $P=F_a$。

表 6-18 径向载荷因数 x 和轴向载荷因数 y

轴承类型		F_a/C_0	判别值 e	$F_a/F_r \leqslant e$		$F_a/F_r > e$	
				x	y	x	y
		0.014	0.19				2.30
		0.028	0.22				1.99
		0.056	0.26				1.71
		0.084	0.28				1.55
深沟球轴承		0.11	0.30	1	0	0.56	1.45
		0.17	0.34				1.31
		0.28	0.38				1.15
		0.42	0.42				1.04
		0.56	0.44				1.00
		0.015	0.38				1.47
		0.029	0.40				1.40
		0.058	0.43				1.30
		0.087	0.46				1.23
	$\alpha=15°$	0.12	0.47	1	0	0.44	1.19
角接触球轴承		0.17	0.50				1.12
		0.29	0.55				1.02
		0.44	0.56				1.00
		0.58	0.56				1.00
	$\alpha=25°$	—	0.68	1	0	0.41	0.87
	$\alpha=40°$	—	1.14	1	0	0.35	0.57
圆锥滚子轴承		—	查手册	1	0	0.40	查手册

(4) 滚动轴承的静强度计算:静强度计算的目的是防止轴承产生过大的塑性变形。对非低速转动的轴承,若承受的载荷变化太大时,在按寿命计算选择出轴承的型号后,还应进行静强度计算。

额定静载荷是轴承静强度的计算依据。

与当量动载荷相似,轴承在工作时,如果同时承受径向载荷和轴向载荷,也应按当量静载荷进行计算。

当量静载荷的计算公式为

$$P_0 = x_0 F_r + y_0 F_a \tag{6-11}$$

式中 x_0 为径向载荷因数；y_0 为轴向载荷因数(表 6-19)；F_r 为轴承承受的径向载荷；F_a 为轴承承受的轴向载荷。

静强度计算的公式

$$S_0 P_0 \leqslant C_0 \tag{6-12}$$

式中 S_0 为静强度安全因数(表 6-20)。

表 6-19　径向载荷因数 x_0 和轴向载荷因数 y_0

轴承类型		x_0	y_0
深沟球轴承		0.6	0.5
角接触球轴承	7000C	0.5	0.4
	7000AC		0.3
	7000B		0.2
圆锥滚子轴承		0.5	查手册

表 6-20　安全因数 S_0

使用要求或载荷因数	S_0
对旋转精度和平稳性要求高，或承载强大冲击载荷	1.2～2.5
一般工作精度和轻微冲击	0.8～1.2
对旋转精度和平稳性要求低，没有冲击和振动	0.5～0.8

(三) 滚动轴承的组合设计

滚动轴承是标准组件，它不能孤立使用，必须与轴、轴承座等配合在一起才能正常工作。所以在机械设计的过程中，必须进行滚动轴承的组合设计。主要解决轴承的安装、配合、固定、调整等问题。

1. 保证支承刚度和同轴座

轴和安装轴承的机壳或轴承座以及轴承组合中的一些其他受力零件，必须具有足够的刚度，否则会因这些零件的变形而使滚动体的运动受到阻碍，导致轴承过早损坏。

如何使机壳或轴承座具有一定的刚度？

(1) 具有一定的厚度。

(2) 轴承座的悬臂应尽可能缩短，并且用加强筋来增强支承部位的刚性。

对于同一根轴上两个支承的轴承座孔，必须尽可能地保持同心，以免轴承的内外圈之间产生过大的偏斜。可采用整体结构的机壳，并把安装轴承的两个孔一次镗出。如果在一根轴上装有不同尺寸的轴承时，机壳上的轴承孔仍然应该一次镗出，这时可在直径小的轴承处加套杯。

当两个轴承孔分在两个机壳上时，则应把两个机壳组合在一起进行镗孔。

2. 轴承的固定

为了使轴和轴上零件在机器中有确定的位置，并能承受轴向载荷，必须固定轴承的轴向位置。固定方法主要是把滚动轴承的内圈和外圈加以固定。

(1) 内圈在轴上的固定方法如下：

利用轴肩作单向固定，只能承受单向轴向力。

一端用轴肩，另一端用弹性挡圈，双向固定，承受较小载荷。

一端用轴肩，另一端用轴端挡圈，双向固定，承受中等载荷。

一端用轴肩，另一端用圆螺母固定，双向固定，承受较大轴向力。

(2) 外圈在轴承孔内的轴向固定方式如下：

利用端盖作单向固定，可以承受较大的轴向力。

利用端盖和凸肩作双向固定，可承受较大的双向轴向力。

利用弹性挡圈和凸肩双向固定，只能承受较小的轴向力。

(3) 滚动轴承的固定方式如下：

① 两端固定：每一支承只能限制轴的单向移动，两个支承合起来就限制了轴的双向移动，它适用于工作温度变化不大的短轴，考虑到轴由于受热而伸长，对于深沟球轴承，在轴承外圈与轴承端盖间应留有 $a=0.2\sim0.3$ mm 的间隙，如图 6-38 所示。

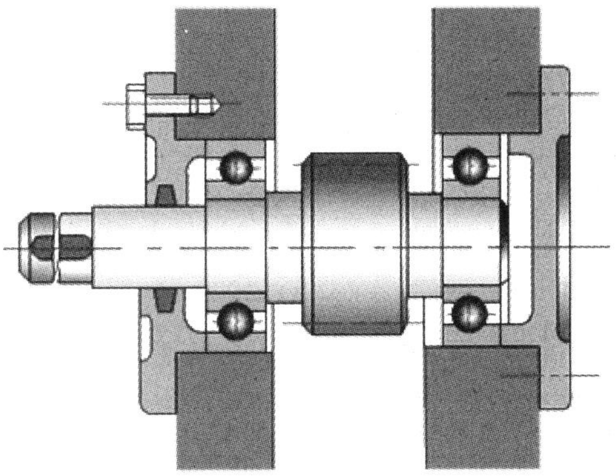

图 6-38　两端固定式

② 一端固定，一端游动，如图 6-39 所示，一端支承的轴承，内、外圈双向固定，另一端支承的轴承可以轴向游动。双向固定端的轴承可承受双向轴向载荷，游动端的轴承端面与轴承盖之间留有较大的间隙，以适应轴的伸缩量。这种支承结构适用于轴的温度变化大和跨距较大的场合。

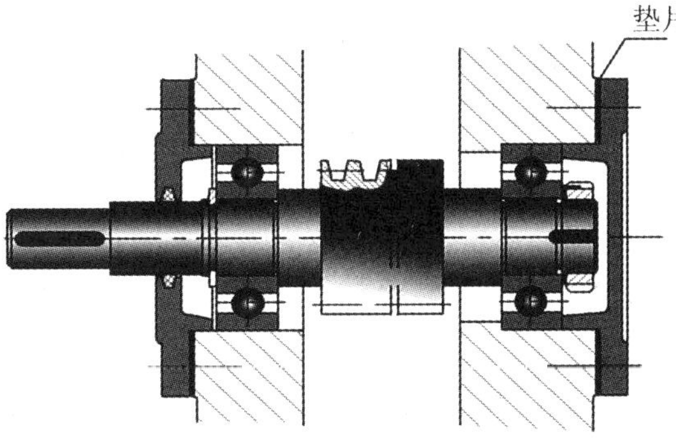

图 6-39　一端固定，一端游动式

3. 轴承组合的调整

(1) 轴承间隙的调整方式如下：

靠加减轴承盖与机座间垫片的厚度来进行调整，如图 6-40 所示。

通过调节螺钉改变轴承外圈上压盖的位置，如图 6-41 所示。

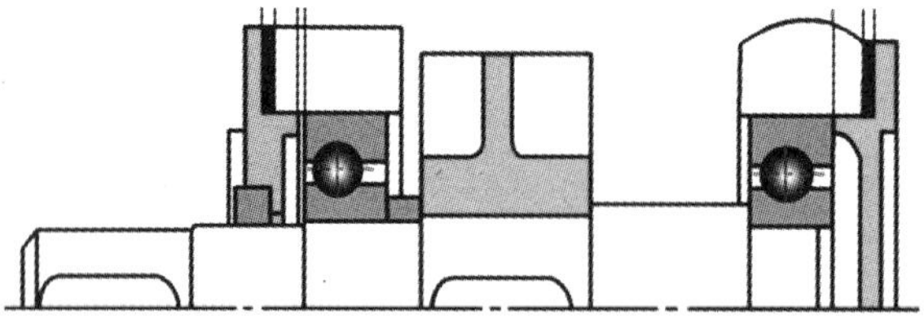

图 6-40　垫片调整

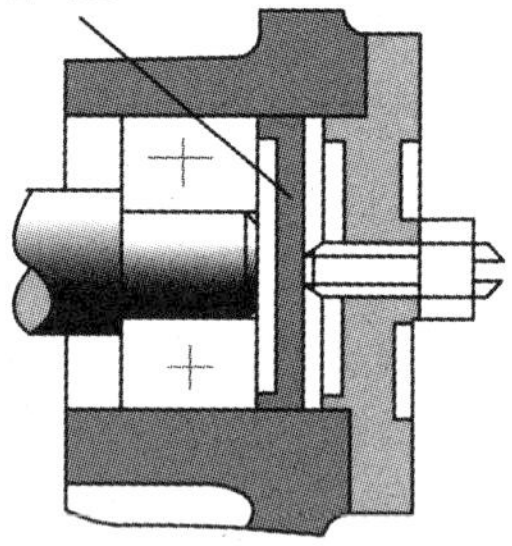

图 6-41　压盖调整

(2) 轴向位置的调整。目的是使轴上零件(如齿轮、皮带轮等)具有准确的工作位置，如圆锥齿轮传动，要求两个节锥顶点相重合，才能保证正确啮合。又如蜗杆传动，要求蜗轮主平面通过蜗杆的轴线.

4. 滚动轴承的配合与装拆

(1) 配合：滚动轴承的配合是指内圈与轴颈，外圈与轴承座的配合。

滚动轴承是标准件，为了使轴承便于互换和大量生产，轴承内孔与轴的配合采用基孔制。即以轴承内孔的尺寸为基准。轴承外径与轴承座的配合采用基轴制，即以轴承的外径尺寸为基准。

当外载荷不变时，转动套圈应比固定套圈配合得紧些，一般情况下内圈随轴一起转动，外圈固定不动，故内圈常取具有过盈的过渡配合。外圈常取较松的过渡配合。当轴承作游动支承时，外圈应取保证有间隙的配合。

公差与配合的具体选择可参考有关手册，一般情况下，座孔与轴承外圈配合时，孔采用 H7、K7 等，轴与轴承内圈配合时，可采用 js6、k6、n6 等，由于滚动轴承是标准件，有其自己的特殊公差，故在装配图上只标注孔、轴的偏差代号。

(2) 轴承的装拆方式如下：

安装：

① 可采用压力机在内圈上加力将轴承压套到轴颈上，如图 6-42 所示；

② 大尺寸的轴承，可将轴承放在 80～120℃的油中加热后进行热装。

拆卸：用专用的拆卸工具。为了便于拆卸轴承，内圈在轴肩上应露出足够的高度，以便于放入拆卸工具的钩头，如图 6-43 所示。

例 6-5　试确定任务一轴的实例中轴承的型号，已知运转过程有轻微冲击，常温工作，预期寿命 10 年，两班工作制。

解　由题意可知减速器采用的是直齿圆柱齿轮，载荷的方向只有径向力和圆周力，无轴向力，故可以选用比较廉价的深沟球轴承 60000 型。再由轴的结构(图 6-44)可知轴承的内径为 70 mm，即内径代号 14，故初选轴承型号 6014。

因为无轴向力，故当量动载荷 P 就等于轴承承受的径向力 F_r。由轴的受力图(图 6-45)可得

$$P = F_r = \frac{F_N}{2} = 2\,820.5(\mathrm{N})$$

预期寿命：

$$L'_h = 10 \times 300 \times 16 = 48\,000\ (\mathrm{h})$$

查表 6-16 和表 6-17 得

$$f_P = 1.2, f_T = 1$$

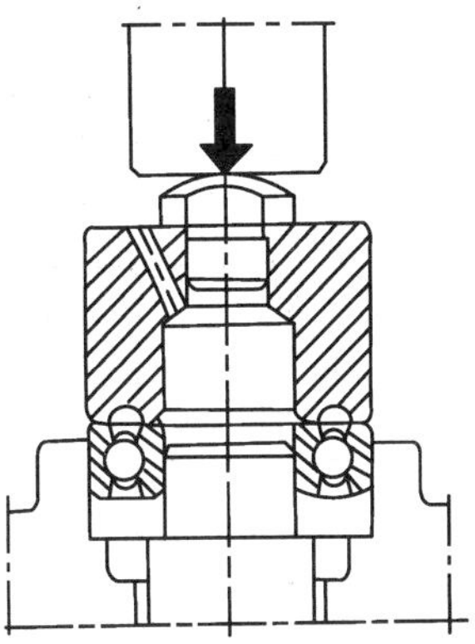

图 6-42　轴承的安装

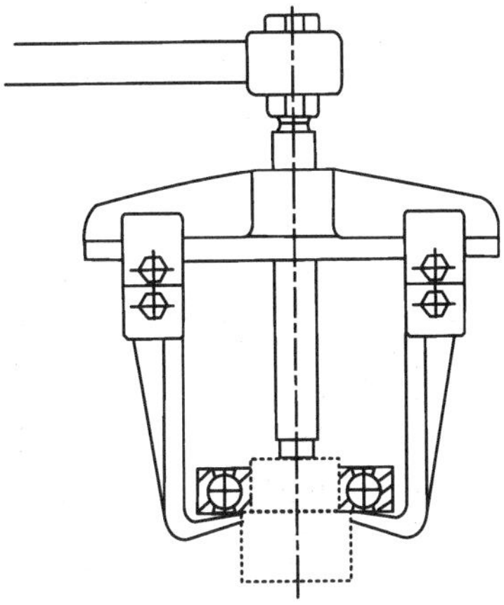

图 6-43　轴承的拆卸

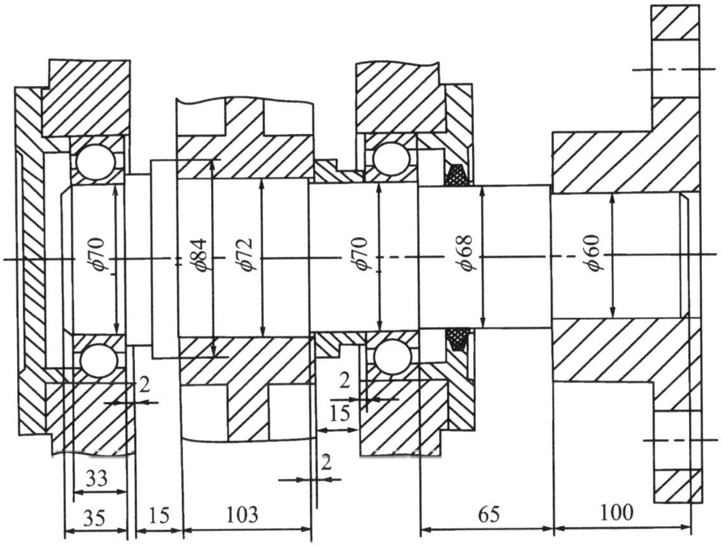

图 6-44　轴的结构图

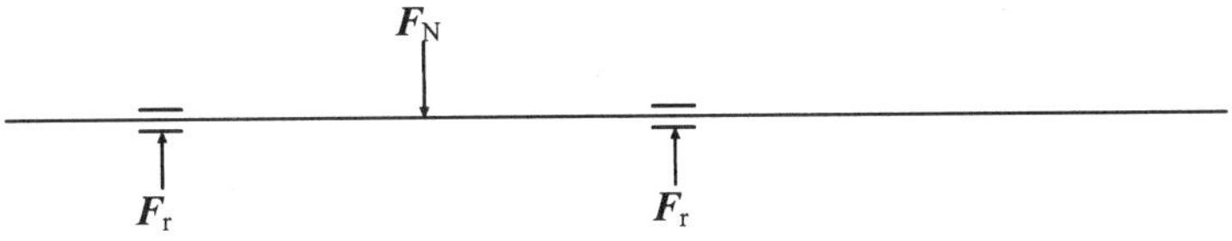

图 6-45　轴的受力图

根据式(6-7)得

$$\begin{aligned} C_C &= \frac{f_P P}{f_T}\sqrt[3]{\frac{60nL'_h}{10^6}} \\ &= 1.2 \times 2\,820.5 \times \sqrt[3]{\frac{60 \times 242.5 \times 48\,000}{10^6}} \\ &= 29.89\ (\text{kN}) < C(C = 38.5\ \text{kN}) \end{aligned}$$

可用。

表 6-21　深沟球轴承(摘自 GB/T 276—1994)

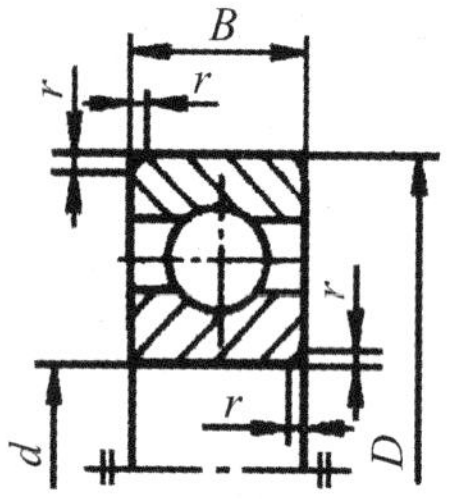

标准外形

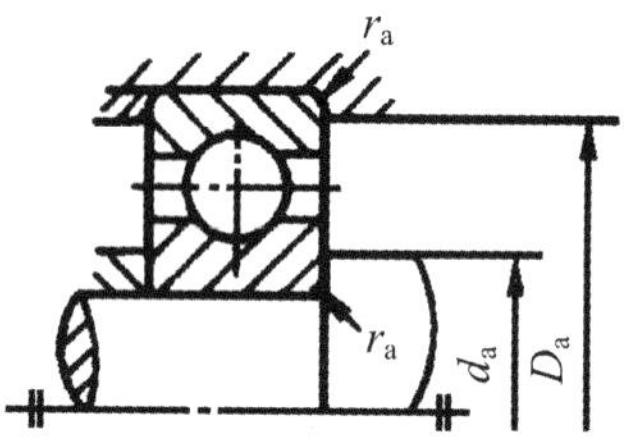

安装尺寸

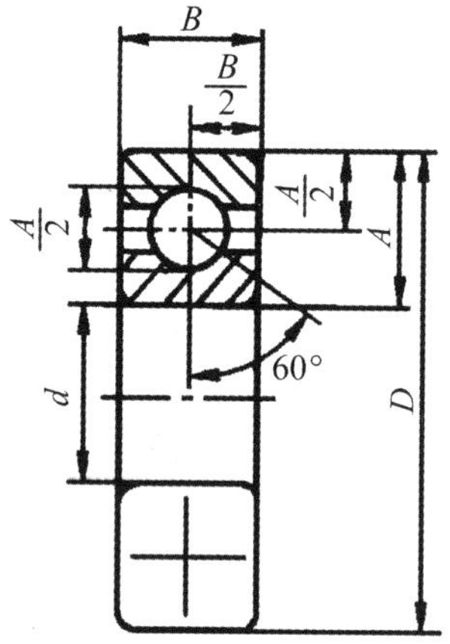

简化画法

轴承代号	基本尺寸(mm)				安装尺寸(mm)			基本额定动载荷 C(kN)	基本额定静载荷 C_0(kN)
	d	D	B	r_{smin}	d_{amin}	D_{amax}	r_{amax}		
6004	20	42	12	0.6	25	37	0.6	9.38	5.02
6204		47	14	1.0	26	41	1.0	12.80	6.65
6304		52	15	1.1	27	45	1.0	15.80	7.88
6404		72	19	1.1	27	65	1.0	31.00	15.20
6005	25	47	12	0.6	30	42	0.6	10.00	5.85
6205		52	15	1.0	31	46	1.0	14.00	7.88
6305		62	17	1.1	32	55	1.0	22.20	11.50
6405		80	21	1.5	34	71	1.5	38.20	19.20
6006	30	55	13	1.0	36	49	1.0	13.20	8.30
6206		62	16	1.0	36	56	1.0	19.50	11.50
6306		72	19	1.1	37	65	1.0	27.00	15.20
6406		90	23	1.5	39	81	1.5	47.50	24.50
6007	35	62	14	1.0	4l	56	1.0	16.20	10.50
6207		72	17	1.1	42	65	1.0	25.50	15.20
6307		80	21	1.5	44	7l	1.5	33.20	19.20
6407		100	25	1.5	44	91	1.5	56.80	29.50
6008	40	68	15	1.0	46	62	1.0	17.00	11.80
6208		80	18	1.1	47	73	1.0	29.50	18.00
6308		90	23	1.5	49	81	1.5	40.80	24.00
6408		110	27	2.0	50	100	2.0	65.50	37.50

续表

轴承代号	基本尺寸(mm)				安装尺寸(mm)			基本额定动载荷 C(kN)	基本额定静载荷 C_0(kN)
	d	D	B	r_{smin}	d_{amin}	D_{amax}	r_{amax}		
6009	45	75	16	1.0	51	69	1.0	21.10	14.80
6209		85	19	1.1	52	78	1.0	31.50	20.50
6309		100	25	1.5	54	91	1.5	52.80	31.80
6409		120	29	2.0	55	110	2.0	77.50	45.50
6010	50	80	16	1.0	56	74	1.0	22.00	16.20
6210		90	20	1.1	57	83	1.0	35.00	23.20
6310		110	27	2.0	60	100	2.0	61.80	38.00
6410		130	31	2.1	62	118	2.1	92.20	55.20
6011	55	90	18	1.1	62	83	1.0	30.20	21.80
6211		100	21	1.5	64	91	1.5	43.20	29.20
6311		120	29	2.0	65	110	2.0	71.50	44.80
6411		140	33	2.1	67	128	2.1	100.00	62.50
6012	60	95	18	1.1	67	88	1.0	31.50	24.20
6212		110	22	1.5	69	101	1.5	47.80	32.80
6312		130	31	2.1	72	118	2.1	81.80	51.80
6412		150	35	2.1	72	138	2.1	108.00	70.00
6013	65	100	18	1.1	72	93	1.0	32.00	24.80
6213		120	23	1.5	74	111	1.5	57.20	40.00
6313		140	33	2.1	77	128	2.1	93.80	60.50
6413		160	37	2.1	77	148	2.1	118.00	78.50
6014	70	110	20	1.1	77	103	1.0	38.50	30.50
6214		125	24	1.5	79	116	1.5	60.80	45.00
6314		150	35	2.1	82	138	2.1	105.00	68.00
6414		180	42	3.0	84	166	2.5	140.00	99.50
6015	75	15	20	1	82	108	1.0	40.20	33.20
6215		130	25	1.5	84	121	1.5	66.00	49.50
6315		160	37	2.1	87	148	2.1	112.00	76.80
6415		190	45	3.0	89	176	2.5	155.00	115.00

注:① 标准摘自 GB 276 滚动轴承、深沟球轴承外形尺寸。

② 表中 r_{min} 为 r 的单向最小倒角尺寸,r_{amax} 为 r_a 的单向最大倒角尺寸。

表 6-22　角接触球轴承(GB/T 292—1994)

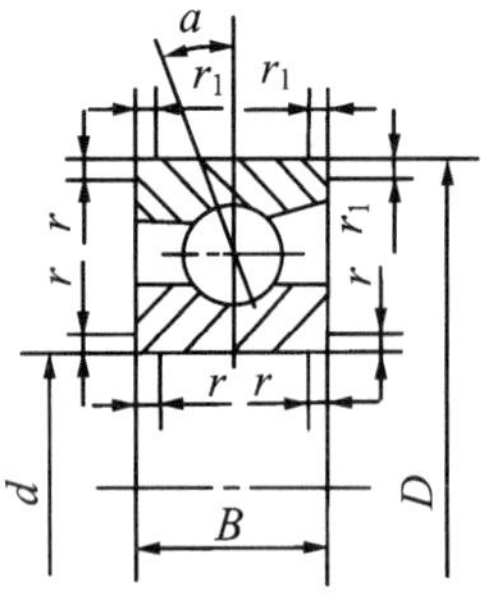

标准外形

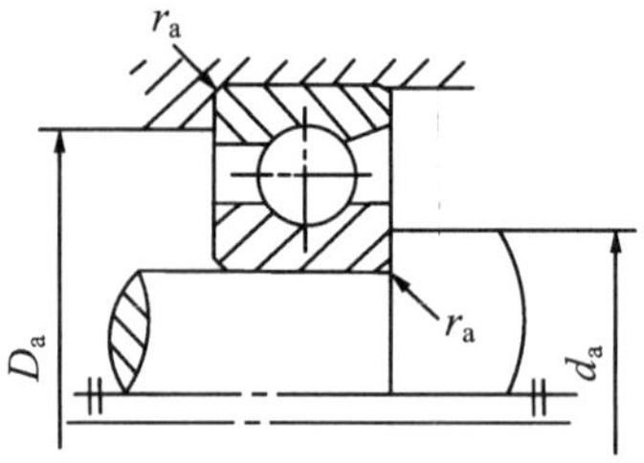

安装尺寸

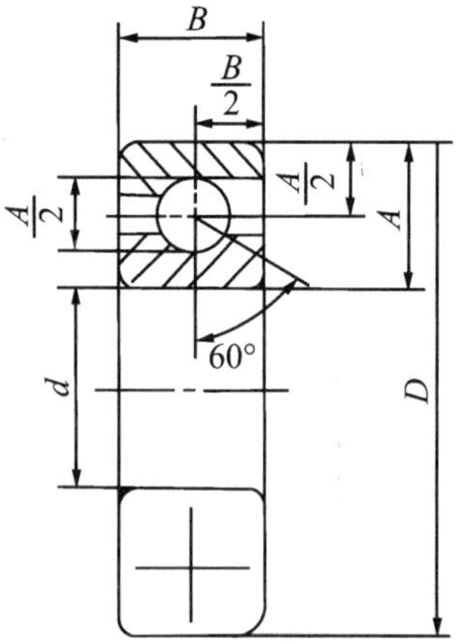

简化画法

轴承代号	基本尺寸(mm)					安装尺寸(mm)			基本额定动载荷 C(kN)	基本额定静载荷 C_0(kN)
	d	D	B	r_{min}	r_{1min}	d_{amin}	D_{amax}	r_{amax}		
7204C	20	47	14	1.0	0.3	26	41	1.0	14.50	8.22
7204AC									14.00	7.82
7204B									14.00	7.85
7205C	25	52	15	1.0	0.3	31	46	1.0	16.50	10.50
7205AC									15.80	9.88
7205B									15.80	9.45
7305B		62	17	1.1	0.6	32	55	1.0	26.20	15.20
7206C	30	62	16	1.0	0.3	36	56	1.0	23.00	15.00
7206AC									22.00	14.20
7206B									20.50	13.80
7306B		72	19	1.1	0.6	37	65	1.0	31.00	19.20
7207C	35	72	17	1.1	0.6	42.	65	1.0	30.50	20.00
7207AC									29.00	19.20
7207B									27.00	18.80
7307B		80	21	1.5	0.6	44	71	1.5	38.20	24.50
7208C	40	80	18	1.1	0.6	47	73	1.0	36.80	25.80
7208AC									35.20	24.50
7208B									32.50	23.50
7308B		90	23	1.5	0.6	49	81	1.5	46.20	30.50
7408B	40	110	27	2.0	1.0	50	100	2.0	67.00	47.50

续表

轴承代号	基本尺寸(mm)					安装尺寸(mm)			基本额定动载荷 C(kN)	基本额定静载荷 C_0(kN)
	d	D	B	r_{min}	r_{1min}	d_{amin}	D_{amax}	r_{amax}		
7209C	45	85	19	1.1	0.6	52	78	1.0	38.50	28.50
7209AC									36.80	27.20
7209B									36.00	26.20
7309B		100	25	1.5	0.6	54	9l	1.5	59.50	39.80
7210C	50	90	20	1.1	0.6	57	83	1.0	42.80	32.00
7210AC									40.80	30.50
7210B									37.50	29.00
7310B		110	27	2.0	1.0	60	100	2.0	68.20	48.00
7211C	55	100	21	1.5	0.6	64	91	1.5	52.80	40.50
7211AC									50.50	38.50
7211B									46.20	36.00
7311B		120	29	2.0	1.0	65	110	2.0	78.80	56.50
7212C	60	110	22	1.5	0.6	69	10l	1.5	61.00	48.50
7212AC									58.20	46.20
7212B									56.00	44.50
7312B		130	3l	2.1	1.1	72	118	2.1	90.00	66.30
7213C	65	120	23	1.5	0.6	74	111	1.5	69.80	55.20
7213AC									66.50	52.50
7213B									62.50	50.20
7313B		140	33	2.1	1.1	77	128	2.1	102.00	77.80
7214C	70	125	24	1.5	0.6	79	116	1.5	70.20	60.00
7214AC									69.20	57.50
7214B									70.20	57.20
7314B		150	35	2.1	1.1	82	138	2.1	115.00	87.20
7215C	75	130	25	1.5	0.6	84	121	1.5	79.20	65.80
7215AC									75.20	63.00
7215B									72.80	62.00
7315B		160	37	2.1	1.1	87	148	2.1	125.00	98.50

注:① 标准摘自 GB 292 滚动轴承、角接触球轴承(单列)外形尺寸。

② 表中 r_{min}、r_{1min} 分别为 r、r_1 的单向最小倒角尺寸。r_{amax} 为 r_a 的单向最大倒角尺寸。

③ 轴承代号中的 C、AC、B 分别代表轴承接触角 $\alpha=15°$、$25°$、$40°$。

表 6-23 圆锥滚子轴承(摘自 GB/T 297—1994)

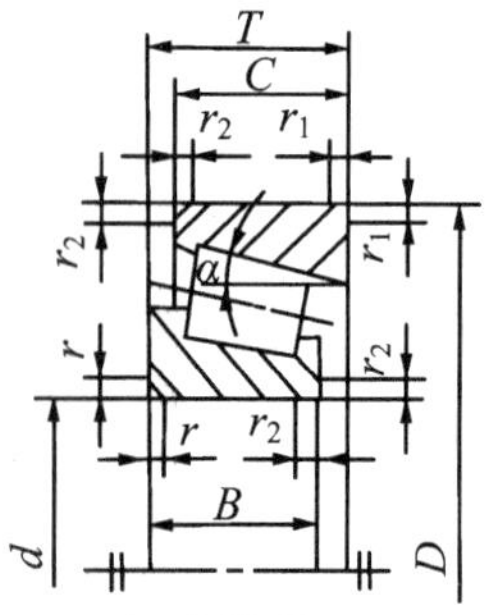

标准外形

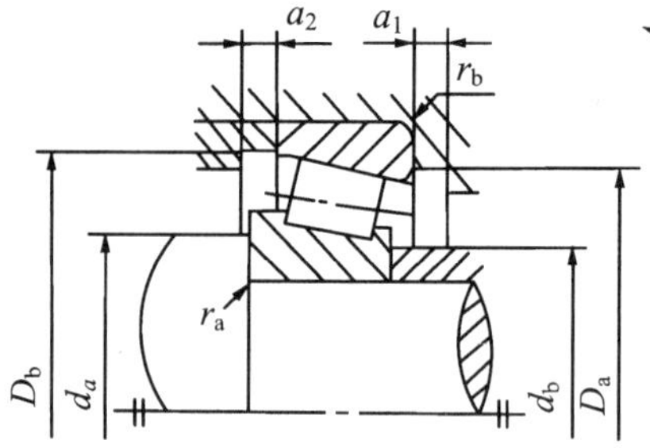

安装尺寸

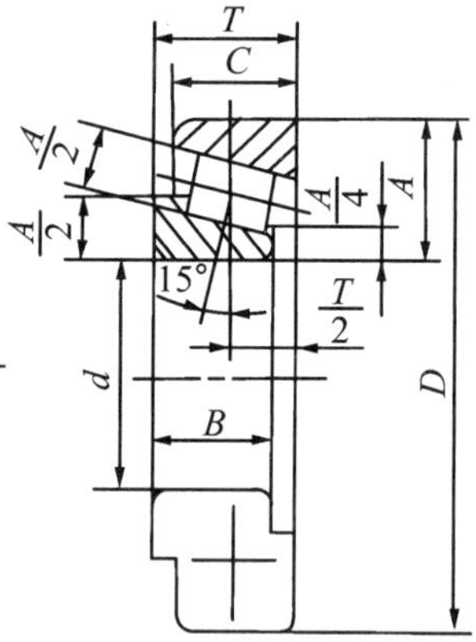

简化画法

轴承代号	基本尺寸(mm)					安装尺寸(mm)				基本额定动载荷 C(kN)	基本额定静载荷 C_0(kN)	计算系数		
	d	D	T	B	C	d_a	d_b	D_a	D_b			e	Y	Y_0
30204	20	47	15.25	14	12	26	27	41	43	28.2	30.5	0.35	1.7	1.0
30304		52	16.25	15	13	27	28	45	48	33.0	33.2	0.30	2.0	1.1
30205	25	52	16.25	15	13	31	31	46	48	32.2	37.0	0.37	1.6	0.9
30305		62	18.25	17	15	32	34	55	58	46.8	48.0	0.30	2.0	1.1
30206	30	62	17.25	16	14	36	37	56	58	43.2	50.5	0.37	1.6	0.9
30306		72	20.75	19	16	37	40	65	66	59.0	63.0	0.31	1.9	1.0
30207	35	72	18.25	17	15	42	44	65	67	54.2	63.5	0.37	1.6	0.9
30307		80	22.75	21	18	44	45	71	74	75.2	82.5	0.31	1.9	1.0
30208	40	80	19.75	18	16	47	49	73	75	63.0	74.0	0.37	1.6	0.9
30308		90	25.25	23	20	49	52	81	84	90.8	108.0	0.35	1.7	1.0
30209	45	85	20.75	19	16	52	53	78	80	67.8	83.5	0.40	1.5	0.8
30309		100	27.75	25	22	54	59	91	94	108.0	130.0	0.35	1.7	1.0
30210	50	90	21.75	20	17	57	58	83	86	73.2	92.0	0.42	1.4	0.8
30310		110	29.25	27	23	60	65	100	103	130.0	158.0	0.35	1.7	1.0
30211	55	100	22.75	21	18	64	64	91	95	90.8	115.0	0.40	1.5	0.8
30311		120	31.50	29	25	65	70	110	112	152.0	188.0	0.35	1.7	1.0
30212	60	110	23.75	22	19	69	69	101	103	102.0	130.0	0.40	1.5	0.8
30312		130	33.50	31	26	72	76	118	121	170.0	210.0	0.35	1.7	1.0
30213	65	120	24.75	23	20	74	77	111	114	120.0	152.0	0.40	1.5	0.8
30313		140	36.0	33	28	77	83	128	131	195.0	242.0	0.35	1.7	1.0

续表

轴承代号	基本尺寸(mm)					安装尺寸(mm)				基本额定动载荷C(kN)	基本额定静载荷C_0(kN)	计算系数		
	d	D	T	B	C	d_a	d_b	D_a	D_b			e	Y	Y_0
30214	70	12	26.25	24	21	79	81	116	119	132.0	175.0	0.42	1.4	0.8
30314		150	38.0	35	30	82	89	138	141	218.0	272.0	0.35	1.7	1.0
30215	75	130	27.25	25	22	84	85	121	125	138.0	185.0	0.44	1.4	0.8
30315		160	40.0	37	31	87	95	148	150	252.0	318.0	0.35	1.7	1.0

三、任务实施

(一)本任务的学习目标

本任务的学习目标见表6-24。

表6-24　任务学习目标

序　号	类　别	目　　标
一	专业知识	1.了解滑动轴承的类型及结构; 2.理解滚动轴承的类型及代号; 3.掌握滚动轴承的寿命计算; 4.理解滚动轴承的组合设计
二	专业能力	1.认知生活中常见的轴承的类型及材料; 2.掌握滚动轴承代号的含义; 3.理解并掌握滚动轴承的寿命计算; 4.联系实际,能熟练掌握常见机械的轴承的使用及设计
三	方法能力	1.将轴承的结构设计知识应用于日常生活、生产活动,具有分析问题、解决问题的能力; 2.学会自主学习,掌握一定的学习技巧,具有继续学习的能力; 3.设计一般工作计划,初步具有对方案进行可行性分析的能力; 4.培养评估总结工作结果的能力
四	社会能力	1.养成实事求是、尊重自然规律的科学态度; 2.养成勇于克服困难的精神,具有较强的吃苦耐劳,战胜困难的能力; 3.养成及时完成阶段性工作任务的习惯和责任意识; 4.培养信用意识、敬业意识、效率意识与良好的职业道德; 5.培养良好的团队合作精神; 6.培养较好的语言表达能力,善于交流

(二)任务技能训练

任务技能训练内容见表6-25。

表 6-25 任务技能训练

任务名称	轴承的选择和设计计算
任务实施条件	1. 理实一体教室； 2. 减速器(轴承)实物或模型； 3. 绘图工具
任务目标	1. 分析各种减速器使用不同类型轴承的原因； 2. 理解并掌握轴承代号的原理； 3. 理解并掌握轴承寿命计算； 4. 理解轴承的组合设计； 5. 培养良好的协作精神； 6. 培养严谨的工作态度； 7. 养成及时完成阶段性工作任务的习惯和责任意识； 8. 培养评估总结工作结果的能力
任务实施	1. 分析各减速器使用轴承的类型； 2. 认知各轴承代号的含义； 3. 在规定的条件下计算轴承的计算额定动载荷,并正确选择的轴承类型； 4. 合理布置轴承的定位
任务要求	1. 轴承的代号,符合国家标准； 2. 轴承的寿命计算步骤清晰,结果正确； 3. 轴承的组合设计要合理

四、任务评价与总结

(一) 任务评价

任务评价见表 6-26。

表 6-26 任务评价表

评价项目	评价内容	配 分	得 分
成果评价(60%)	轴承的代号的认知	20%	
	轴承的寿命计算	20%	
	轴承的组合设计	20%	
自我评价(10%)	学习活动的目的性	2%	
	是否独立寻求解决问题的方法	4%	
	设计方案、方法的正确性	2%	
	个人在团队中的作用	2%	

续表

评价项目	评价内容	配　分	得　分
小组评价(10%)	按时保证质量完成任务	2%	
	组织讨论,分工明确	4%	
	组内给予其他成员指导	2%	
	团队合作氛围	2%	
教师评价(20%)	工作态度是否正确	10%	
	工作量是否饱满	3%	
	工作难度是否适当	2%	
	自主学习	5%	
总　分			
备　注			

(二) 任务总结

(1) 组织学生进行讨论、分析、总结、评估;
(2) 评价任务完成情况;
(3) 对项目的完成情况给出结论。

五、任务拓展

(1) 常用滑动轴承的材料有哪些类型?
(2) 滚动轴承的选择要考虑哪些因素?
(3) 滚动轴承的结构如何? 分为哪几类? 各有何特点? 适用于什么场合?
(4) 请写出轴承 60210 的各数字的含义。
(5) 轴上一 6208 轴承,所承受的径向载荷 $F_r = 3\ 000$ N,轴向载荷 $F_a = 1\ 270$ N。试求其当量动载荷 P。

项目七　带式输送机常用零部件的认知与分析

一、项目描述

在机器的组成中，除了齿轮、蜗杆、轴、轴承等标准件以外，还会经常用到其他一些标准件。图 7-1 是带式输送机的结构图，图中 1 是 V 带传动、2 为运输带、3 是减速器、4 是联轴器、5 是电动机、6 是卷筒。带式输送机的原动机为电动机，传动装置包括带传动和齿轮传动（减速器），工作机为滚筒。在带式输送机组成中，除了我们前面研究过的减速器外，还有带传动装置、联轴器等通用零部件。在带轮与轴、齿轮与轴的配合中需要用到键联接，减速器箱体中需要螺栓、螺母、螺钉等许多螺纹联接件。

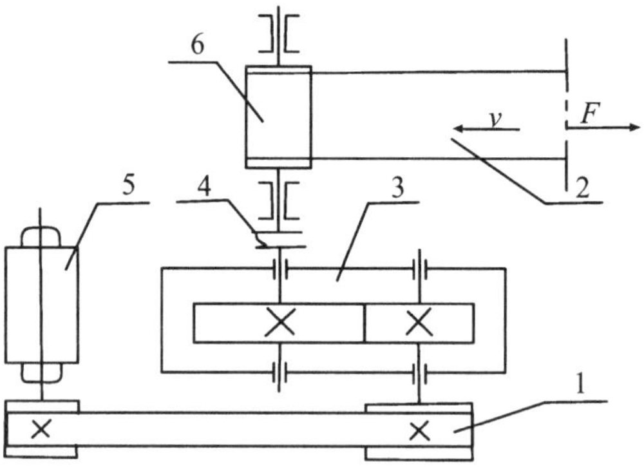

图 7-1　带式输送机结构

二、项目工作任务方案设计

项目工作任务方案设计见表 7-1。

表 7-1　项目工作任务方案设计

序　号	工 作 任 务	学 习 要 求
一	带传动	1. 了解带传动的类型、特点和应用； 2. 理解 V 带和带轮的标准； 3. 理解带传动的工作能力分析； 4. 掌握 V 带传动的设计； 5. 了解带传动的使用与维护； 6. 了解同步带传动

续表

序　号	工作任务	学习要求
二	链传动	1. 了解链传动的类型、特点和应用； 2. 理解滚子链和链轮的标准； 3. 了解链传动的运动特性； 4. 了解链传动的使用与维护
三	联接	1. 了解键联接的特点和应用； 2. 掌握键联接的标准和选用； 3. 了解花键联接特点和应用； 4. 了解销联接特点和应用； 5. 理解螺纹联接特点和应用
四	联轴器与离合器	1. 了解联轴器的特点和应用； 2. 掌握联轴器的标准和选用； 3. 了解离合器的特点和应用
五	机械装置的润滑和密封	1. 了解机械装置的润滑； 2. 了解机械装置的密封； 3. 理解常用机械零件的润滑和密封的方法

任务一　带传动的认知与分析

一、任务资讯

带传动是输送机传动装置的高速级传动。小带轮安装在电机轴的伸出端，通过带传动将电机的传动速度降低，再将传动传入减速器。在本任务中，我们将认知带传动，了解带传动的基本知识，分析带传动的工作原理和工作能力，掌握V带传动的设计方法，初步获得正确管理、使用和维护带传动基本方法，学会运用《机械设计手册》等有关技术资料。

（一）带传动简介

1. 带传动的类型和应用

带传动按工作原理可分为摩擦型和啮合型两种，如图7-2所示。

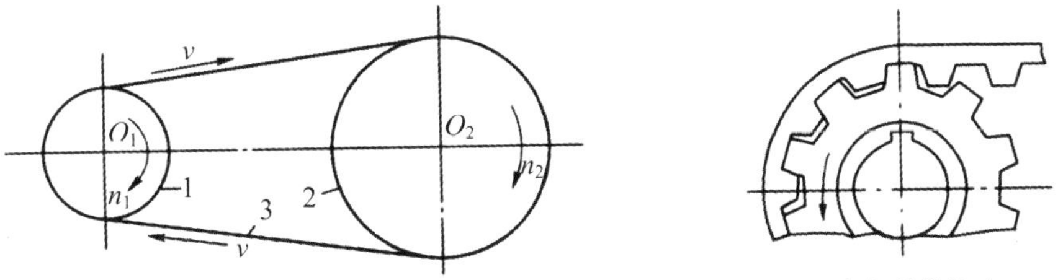

(a) 摩擦型带传动　　(b) 啮合型带传动

图7-2　按带传动的工作原理分类

摩擦型带传动靠摩擦力传递运动和动力。带传动安装时必须张紧，使带和带轮接触面之间产生正压力。当主动轮转动时，带与带轮之间产生摩擦力，从而使带和带轮一起运动；同样，从动轮上带和带轮之间的摩擦力，使带带动从动轮转动。这样，主动轮的运动和动力通过带传递给从动轮。

按截面形状的不同，摩擦型带传动可分为平带传动、V 带传动、多楔带传动和圆带传动等类型，如图 7-3 所示。

平带传动的横截面为扁平矩形，内表面为工作面（图 7-3(a)）。平带传动结构简单，带轮制造方便，在传动中心距较大的情况下应用较多。

V 带的横截面为等腰梯形，工作面为与轮槽接触的两侧面（图 7-3(b)）。根据楔形面的受力分析，在相同张紧力和摩擦因数的条件下，V 带传动产生的摩擦力约是平带传动的 3 倍。加之 V 带传动允许较大的传动比，所以 V 带传动结构紧凑，承载能力高，应用最为广泛。

多楔带以其扁平部分为基体，下面有几条等距纵向槽，工作面为带轮的侧面（图 7-3(c)）。这种带兼有平带的弯曲应力小和 V 带传动摩擦应大等优点，常用于传递功率较大而结构要求紧凑的场合。

圆带传动的横截面呈圆形（图 7-3(d)）。圆带传动仅用于载荷较小的传动，如用于缝纫机和牙科医疗器械中。

啮合型带传动是利用带内侧的齿与带轮上的齿相啮合来传递运动和动力的。较典型的是同步齿形带（图 7-3(e)）。同步齿形带兼有带传动和链传动的优点，应用日益广泛。

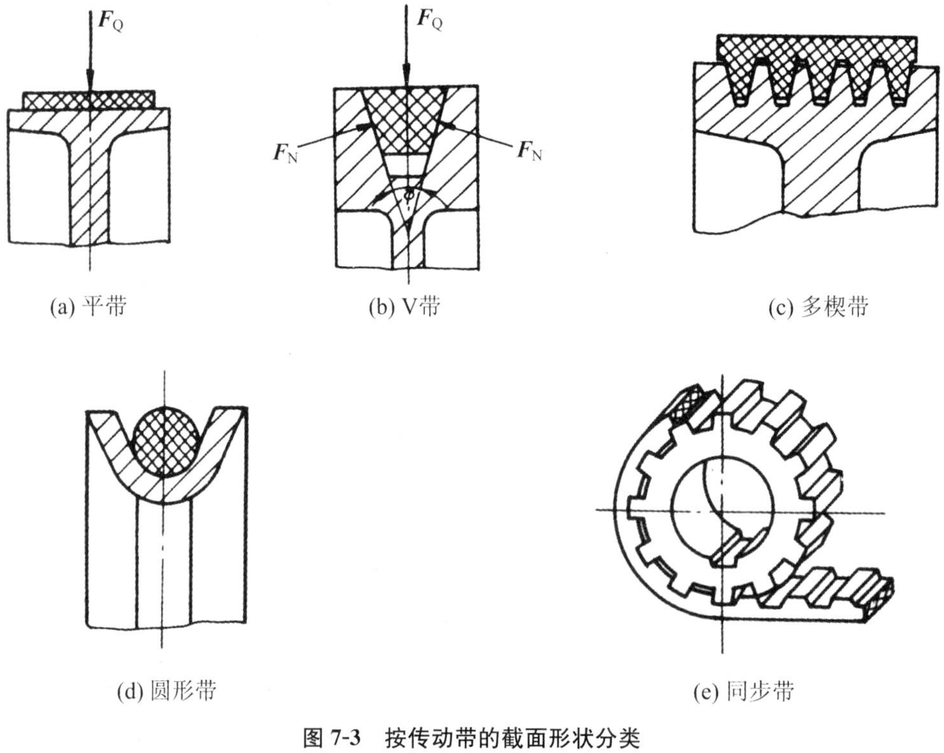

图 7-3　按传动带的截面形状分类

2. 带传动的特点和应用

摩擦型带传动具有下列特点：传动带具有良好的弹性，可以缓冲和吸收振动，因而传动平稳、噪音小；带传动过载时带与带轮之间会出现打滑，可防止其他零件的破坏，起过载保护作用;带传动结构简单,制造、安装和维护方便,成本低廉;带与带轮之间存在弹性滑动,不能保证准确传动比;传动效率低,带的寿命短;带传动的外廓尺寸大,结构不紧凑;轴的压力大,往往需要张紧装置等。

带传动一般用于传动中心距较大、传动速度较高的场合。一般带速为 5～25 m/s。平带传动的传动比通常为 3 左右,较大可达到 5;V 带传动的传动比一般不超过 8。带传动效率低,一般为 0.94～0.97,通常用于传递中、小功率的场合。带传动不宜在高温、易燃、易爆有腐蚀介质的场合下工作。

(二) 普通 V 带和 V 带轮

V 带分为普通 V 带、窄 V 带、大楔角 V 带等多种类型,其中普通 V 带应用最广。本节主要介绍普通 V 带。

1. V 带的结构和标准

普通 V 带为无接头的环形橡胶带,截面为等腰梯形。普通 V 带由伸张层(顶胶)、强力层(抗拉体)、压缩层(底胶)和包布层(胶帆布)组成,如图 7-4 所示。

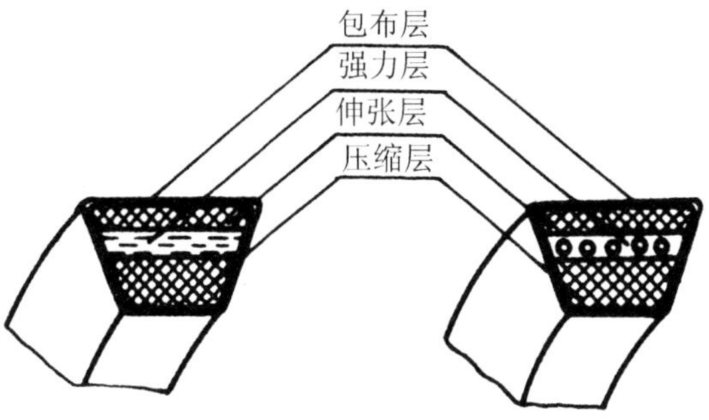

(a) 帘布结构　　(b) 线绳结构

图 7-4　普通 V 带的结构

普通 V 带按强力层材料的不同可分为帘布结构和线绳结构两种。帘布结构 V 带的强力层由几层胶帘布组成,抗拉强度高,型号齐全,应用较多。线绳结构 V 带的强力层由一层胶线绳组成,柔韧性好,抗弯强度高,适用于带轮直径较小、载荷不大、转速较高的场合。

普通 V 带是标准件,按截面尺寸由小到大分为 Y、Z、A、B、C、D、E 等 7 种型号,其截面基本尺寸见表 7-2。

表 7-2　普通 V 带截面尺寸(摘自 GB 11544-2012)

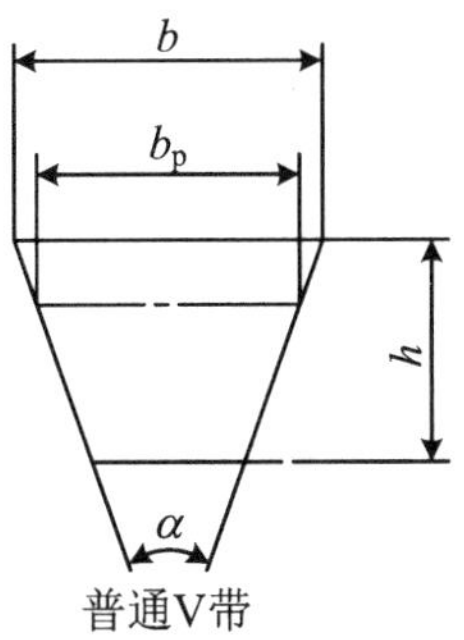

型号	Y	Z	A	B	C	D	E
顶宽 b	6.0	10.0	13.0	17.0	22.0	32.0	38.0
节宽 b_p	5.3	8.5	11.0	14.0	19.0	27.0	32.0
高度 h	4.0	6.0	8.0	11.0	14.0	19.0	23.0
楔角 α	40°						
单位长度质量 q(kg/m)	0.03	0.06	0.11	0.19	0.33	0.66	1.02

在V带轮上，与所配用V带的节宽b_p相对应的带轮直径称为基准直径d_d。带轮基准直径按表7-3选用。V带在规定的张紧力下，位于测量带轮基准直径上的周线长度称为基准长度L_d，它是V带传动几何尺寸计算中所用带长，为标准值。普通V带基准长度系列见表7-4。

表7-3　普通V带带轮最小直径及基准直径系列

V带轮型号	Y	Z	A	B	C	D	E
d_{dmin}	20	50	75	125	200	355	500
基准直径系列	28、31.5、40、50、56、63、71、75、80、90、95、100、106、112、118、125、132、140、150、160、180、200、212、224、236、250、280、315、355、375、400、425、450、475、500、530、560、630						

表7-4　普通V带基准长度系列和带长修正系数K_L

	K_L						K_L			
基准长度 L_d/mm	Y	Z	A	B	C	基准长度 L_d/mm	Z	A	B	C
200	0.81					2 000	1.08	1.03	0.98	0.88
224	0.82					2 240	1.10	1.06	1.00	9.91
250	0.84					2 500	1.30	1.09	1.03	0.93
280	0.87					2 800		1.11	1.05	0.95
315	0.89					3 150		1.13	1.07	0.97
355	0.92					3 550		1.17	1.09	0.99
400	0.96	0.79				4 000		1.19	1.13	1.02
450	1.00	0.80				4 500			1.15	1.04
500	1.02	0.81				5 000			1.18	1.07
560		0.82				5 600				1.09
630		0.84	0.81			6 300				1.12
710		0.86	0.83			7 100				1.15
800		0.90	0.85			8 000				1.18
900		0.92	0.87	0.82		9 000				1.21
1 000		0.94	0.89	0.84		10 000				1.23
1 120		0.95	0.91	0.86		11 200				
1 250		0.98	0.93	0.88		12 500				
1 400		1.01	0.96	0.90		14 000				
1 600		1.04	0.99	0.92	0.83	16 000				
1 800		1.06	1.01	0.95	0.86					

普通V带的标记，包括带的型号、基准长度、根数等部分。例如，5根帘布芯结构V带，基准长度L_d=1 600 mm，其标记为：普通V带(帘布)B-1600 5根GB 11544-1997。

2. 普通V带轮的材料与结构

带传动一般安装在传动系统的高速级，带轮的转速较高。V带轮设计的一般要求是：带轮要有足够的强度和刚度；良好的结构工艺；质量小且分布均匀；轮槽保持适宜的精度和表面质量；高速时要进行动平衡试验。

带轮常用材料为灰铸铁。当带速 $v \leqslant 30$ m/s 时，一般采用铸铁 HT150 或 HT200；转速较高时可用铸钢或者钢板冲压焊接结构；小功率时可用铸铝或塑料。

带轮的结构一般由轮缘、轮毂、轮辐等部分组成。轮缘是带轮具有轮槽的部分。轮槽的形状和尺寸与相应型号的带截面尺寸相适应。规定梯形轮槽的楔角为 32°、34°、36°和 38°等 4 种，都小于 V 带两侧面的夹角 40°。这样可以使带在弯曲变形时胶带能紧贴轮槽两侧。

在 V 带轮上，与所配用 V 带的节宽 b_d 相对应的带轮直径，称为带轮的基准直径，以 d_d 表示，带轮基准直径按表 7-3 所示选用。普通 V 带轮的轮槽尺寸见表 7-5。

表 7-5　普通 V 带轮的轮槽尺寸　　　单位：mm

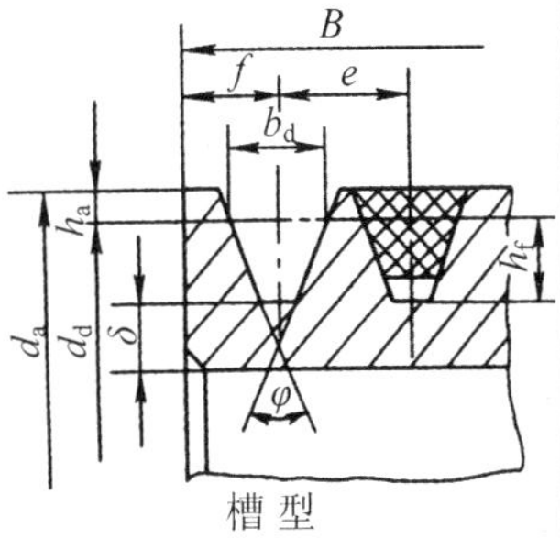

槽 型

			Y	Z	A	B	C
槽型		基准宽度 b_d	5.3	8.5	11	14	19
		基准线上槽深 h_{amin}	1.6	2.0	2.75	3.5	4.8
		基准线下槽深 h_{fmin}	4.7	7.0	8.7	10.8	14.3
		槽间距 e	8±0.3	12±0.3	15±0.3	19±0.4	25.5±0.5
		槽边距 f_{min}	6	7	9	11.5	16
		轮缘厚 δ_{min}	5	5.5	6	7.5	10
		外径 d_a	$d_a = d_d + 2h_a$				
φ	32°	基准直径 d_d	≤60				
	34°			≤80	≤118	≤190	≤315
	36°		>60				
	38°			>80	>118	>190	>315

注：δ_{min} 是轮缘最小壁厚推荐值。

带轮的结构由带轮直径大小而定。当带轮直径较小，$d_d \leqslant 200$ mm 时，可采用实心式结构，代号为 S；当带轮直径 $d_d \leqslant 400$ mm 时，可采用辐板式，代号为 P；若辐板面积较大时，采用孔板时，代号 H；当 $d_d > 400$ mm 时，采用椭圆轮辐式，代号为 E。带轮结构见图 7-5。

$$d_1 = (1.8 \sim 2)d_0$$

$L = (1.5 \sim 2)d_0$，d_0 为轮毂直径

$$S = \left(\frac{1}{7} \sim \frac{1}{4}\right)B$$

$$S_1 \geqslant 1.5\ \mathrm{s}$$

$$S_2 \geqslant 1.5\ \mathrm{s}$$

$$h_1 = 290\sqrt[3]{\frac{P}{nA}}$$

式中 P 为传递功率；n 为带轮的转速；A 为轮辐数。

$$h_2 = 0.8h_1, a_1 = 0.4h_1, a_2 = 0.4a_1, f_1 = 0.2h_1, f_2 = 0.2h_2$$

普通 V 带轮的标记方式，如 B 型普通 V 带轮、三槽，基准直径 $d_d = 280$ mm，辐板结构，则带轮标记为：带轮 B3×280P GB 10412-89。

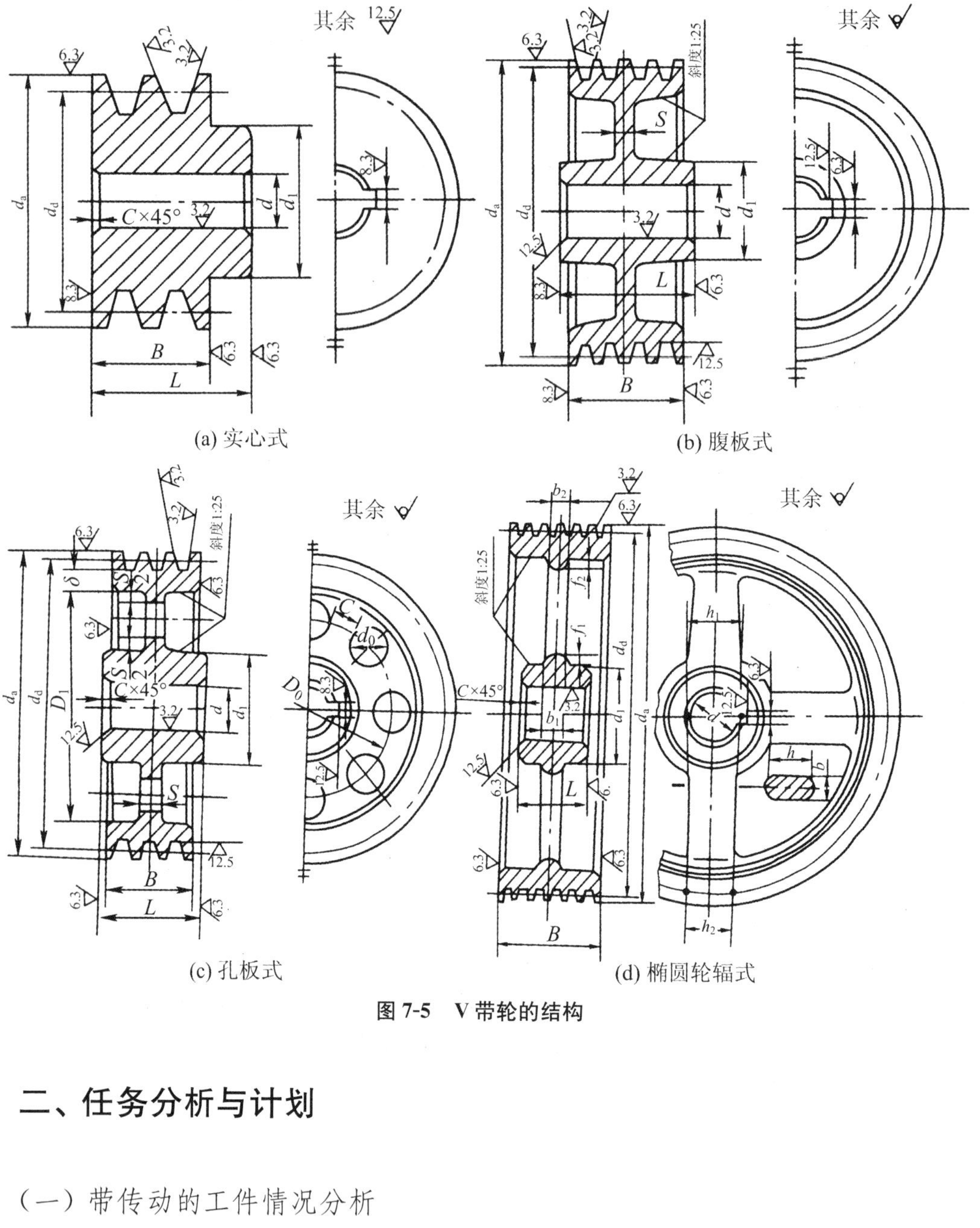

图 7-5　V 带轮的结构

二、任务分析与计划

（一）带传动的工件情况分析

1. 带传动的受力分析

（1）有效拉力。在带传动中，传动带必须以初拉力 $\boldsymbol{F}_0$ 张紧在带轮上，使带和带轮接触面间产生足够的摩擦力。带传动不工作时，传动带两边受到大小相同的拉力 $\boldsymbol{F}_0$，如图 7-6(a)所示。当带传动工作时，主动轮作用在带上的摩擦力方向和主动轮的运动方向相同；带作用在从动轮上的摩擦力方向也与带的运动方向相同。由于摩擦力的作用，带两边的拉力不再相等，如图 7-6(b)所示。即将绕进主动轮的一边，拉力由 $\boldsymbol{F}_0$ 增加到 $\boldsymbol{F}_1$，称为紧边；另一边的拉力由 $\boldsymbol{F}_0$ 减小到 $\boldsymbol{F}_2$，称为松边。由力的平衡条件可得

$$F_1 - F_2 = F_f \tag{7-1}$$

紧边拉力与松边拉力之差，是带传动中起传动作用的拉力，称为有效拉力，用 F 表示。其大小由带与带轮接触面间的总摩擦力 F_f所确定。即

$$F = F_f = F_1 - F_2 \tag{7-2}$$

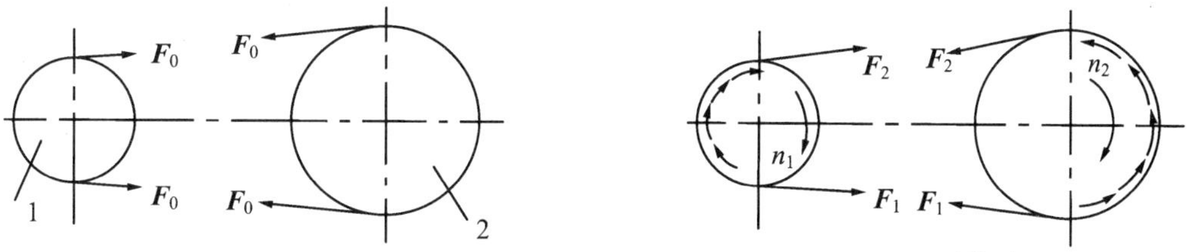

(a) 不工作时　　　　(b) 工作时

图 7-6　带传动的工作原理

带传动所能传递的功率 P(kW)为：

$$P = \frac{Fv}{1\,000} \tag{7-3}$$

当带速一定时，传递功率的大小取决于有效圆周力的大小，有效圆周力等于带与带轮之间的摩擦力的总和。若带所传递的圆周力超过带与带轮接触面间的最大摩擦力的总和，带与带轮之间就会产生显著的相对滑动，这种现象称为打滑。当摩擦力达到最大时，带所能传递的有效圆周力也达到最大值。此时，F_1与 F_2之间的关系可以用柔韧体摩擦的欧拉公式表示为

$$\frac{F_1}{F_2} = e^{f_V \alpha} \tag{7-4}$$

式中 F_1、F_2分别为带即将打滑时紧边、松边拉力，单位为 N；e 为自然对数的底数；f_V为当量摩擦因数 $f_V = \frac{f}{\sin\frac{\varphi}{2}}$；$\alpha$ 为小带轮的包角。

将式(7-2)、式(7-3)、式(7-4)联立求解得

$$F_{max} = F_1\left(1 \quad \frac{1}{e^{f_V \alpha}}\right) \tag{7-5}$$

由上式可知，带传动的最大有效圆周力与摩擦因数、小带轮包角和初拉力有关，增大摩擦因数、小带轮包角和初拉力，则有效摩擦力增大，传动能力增强。增大带轮包角，可以使带与带轮接触弧上的摩擦力增大，从而使最大有效圆周力增大。初拉力增大，带与带轮之间的正压力增大，传动时产生的摩擦力增大，最大有效圆周力也就增大。但初拉力过大会使磨损加剧，降低带的使用寿命，增大轴与轴承的压力，且带易松弛。因此，应合理选择带的初拉力。

(2) 离心拉力。当带沿带轮轮缘做圆周运动时，将会产生离心拉力。离心拉力作用于带的全长。离心拉力使带与带轮之间的正压力和摩擦力减小，降低了带的工作能力。离心拉力 F_c的大小近似为

$$F_c = qv^2 \tag{7-6}$$

式中 q 为单位长度质量，单位为 kg/m，其值见表 7-1。

2. 传动的应力分析

带传动工作时，带中有以下几种应力：

(1) 拉应力。由紧边拉力和松边拉力产生的拉应力。

紧边拉应力：

$$\sigma_1 = \frac{F_1}{A} \tag{7-7}$$

松边拉应力：

$$\sigma_2 = \frac{F_2}{A} \tag{7-8}$$

式中 A 为带的横截面面积，单位为 mm^2。

(2) 离心拉应力。由离心拉力引起的带的离心拉应力，存在于整个带长，其大小为

$$\sigma_c = \frac{qv^2}{A} \tag{7-9}$$

(3) 弯曲应力。带绕过带轮时，因弯曲而产生弯曲应力。其大小为

$$\sigma_b = \frac{2Eh_a}{d_d} \tag{7-10}$$

式中 E 为带的弹性模量，单位为 MPa；h_a为从带的节面到最外层的垂直距离，单位为 mm，其值见表 7-4 和表 7-5；d_d为带轮的基准直径，单位为 mm，其值见表 7-2。

由式(7-10)可知，带的高度越大，带轮直径越小，带的弯曲应力就越大。为了避免弯曲应力过大而影响带的使用寿命，对每种型号的带都规定了最小直径，其值见表 7-2。

带传动工作时，传动带中各截面的应力分布如图 7-7 所示，各截面的应力大小用对应位置的径向线表示。最大应力发生在紧边绕入小带轮的切点，其大小为

$$\sigma_{max} = \sigma_1 + \sigma_c + \sigma_{b1} \tag{7-11}$$

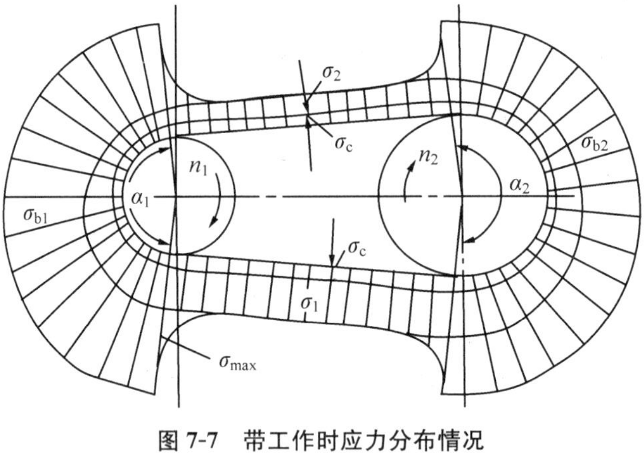

图 7-7　带工作时应力分布情况

3. 带的弹性滑动与打滑

带是弹性体，受拉力作用后会产生变形。由于紧边拉力大于松边拉力，则紧边的单位伸长量大于松边的单位伸长量。如图 7-6(b)所示，当带绕入主动轮，拉力由 F_1降到 F_2，带的单位伸长量逐渐减少，带相对带轮回缩，带与带轮之间产生相对滑动，从而使带速 v 落后于主动轮的圆周速度 v_1。同样，带绕入从动轮时，带的拉力由 F_2增加到 F_1，带相对带轮伸长，带沿轮面向前滑动，使带速 v 超前于从动轮带速 v_2。这种由于带的弹性变形而引起带与带轮之间的相对滑动称为弹性滑动。由于带传动中紧边拉力和松边拉力不相等，因此，弹性滑动不可避免。

弹性滑动导致从动轮的圆周速度 v_2低于主动轮的圆周速度 v_1，这种由于带的弹性滑动而

引起的从动轮的速度降低率称为滑动率，其大小为

$$\varepsilon = \frac{(v_1 - v_2)}{v_1} = \frac{(\pi d_{d1} n_1 - \pi d_{d2} n_2)}{\pi d_{d1} n_1} = 1 - \frac{d_{d2} n_2}{d_{d1} n_1} \tag{7-12}$$

因而带的实际传动比为

$$i = \frac{n_1}{n_2} = \frac{d_{d2}}{d_{d1}(1-\varepsilon)} \tag{7-13}$$

通常 V 带传动 ε 为 1%～2%，一般可忽略不计。

弹性滑动和打滑是两个不同的概念。打滑是指由于过载而引起的带沿带轮整个接触面的滑动，打滑时从动轮转速急剧下降，带的磨损加剧，带传动失效，应当避免。而弹性滑动使带传动不能保证准确的传动比，是不可避免的。

（二）V 带传动的设计计算

1. 带传动的主要失效形式和设计计算准则

带传动的应力变化是周期性的，带每运动一周，应力就循环变化一个周期。当应力循环次数达到一定值时，带会发生疲劳破坏。当带传动过载时会发生打滑。因此，带传动的主要失效形式打滑和传动带的疲劳破坏。

带传动的设计计算准则是：在保证带传动不打滑的前提下，使带具有一定的疲劳强度。

2. 单根普通 V 带能传递的功率

在载荷平稳，包角 $\alpha=180°$、传动比 $i=1$、特定带长、的实验条件下，单根普通 V 带能传递的功率 P_0 见表 7-6。在实际工作条件下，由于工件条件的不同，传递的功率也发生变化。实际工作条件下单根普通 V 带能传递的功率，也称作普通 V 带的基本额定功率，用 $[P_0]$ 表示，其值可用下式计算

$$[P_0] = (P_0 + \Delta P_0) K_\alpha K_L \tag{7-14}$$

式中 ΔP_0 为普通 V 带基本额定功率的增量，考虑传动比 $i \neq 1$ 时，传动能力有所提高，而附加一个增量，具体数值见表 7-6；K_α 为小带轮的包角系数，考虑 $\alpha \neq 180°$ 时对传动能力的影响，具体数值见表 7-7；K_L 为带长修正系数，考虑带长不为特定带长对传动的影响，具体数值见表 7-4。

表 7-6　单根普通 V 带的基本额定功率 P_0(kW)

带　型	小带轮基准直径 D_1(mm)	小带轮转速 n_1($r \cdot min^{-1}$)						
		400	730	800	980	1 200	1 460	2 800
Z	50	0.06	0.09	0.10	0.12	0.14	0.16	0.26
	63	0.08	0.13	0.15	0.18	0.22	0.25	0.41
	71	0.09	0.17	0.20	0.23	0.27	0.31	0.50
	80	0.14	0.20	0.22	0.26	0.30	0.36	0.56
A	75	0.27	0.42	0.45	0.52	0.60	0.68	1.00
	90	0.39	0.63	0.68	0.79	0.93	1.07	1.64
	100	0.47	0.77	0.83	0.97	1.14	1.32	2.05
	112	0.56	0.93	1.00	1.18	1.39	1.62	2.51
	125	0.67	1.11	1.19	1.40	1.66	1.93	2.98

续表

带　型	小带轮基准直径 D_1(mm)	小带轮转速 n_1(r·min^{-1})						
		400	730	800	980	1 200	1 460	2 800
B	125	0.84	1.34	1.44	1.67	1.93	2.20	2.96
	140	1.05	1.69	1.82	2.13	2.47	2.83	3.85
	160	1.32	2.16	2.32	2.72	3.17	3.64	4.89
	180	1.59	2.61	2.81	3.30	3.85	4.41	5.76
	200	1.85	3.05	3.30	3.86	4.50	5.15	6.43
C	200	2.41	3.80	4.07	4.66	5.29	5.86	5.01
	224	2.99	4.78	5.12	5.89	6.71	7.47	6.08
	250	3.62	5.82	6.23	7.18	8.21	9.06	6.56
	280	4.32	6.99	7.52	8.65	9.81	10.74	6.13
	315	5.14	8.34	8.92	10.23	11.53	12.48	7.16
	400	7.06	11.52	12.10	13.67	15.04	15.51	——

表 7-7　单根普通 V 带额定功率的增量 ΔP_0(kW)

带型	小带轮转速 n_1(r/min^{-1})	传动比 i									
		1.00～1.01	1.02～1.04	1.05～1.08	1.09～1.12	1.13～1.18	1.19～1.24	1.25～1.34	1.35～1.51	1.52～1.99	≥2.0
Z	400	0.00	0.00	0.00	0.00	0.00	0.00	0.00	0.00	0.01	0.01
	730	0.00	0.00	0.00	0.00	0.00	0.00	0.01	0.01	0.01	0.02
	800	0.00	0.00	0.00	0.00	0.01	0.01	0.01	0.01	0.02	0.02
	980	0.00	0.00	0.00	0.01	0.01	0.01	0.01	0.02	0.02	0.02
	1 200	0.00	0.00	0.01	0.01	0.01	0.01	0.02	0.02	0.02	0.03
	1 460	0.00	0.00	0.01	0.01	0.01	0.02	0.02	0.02	0.02	0.03
	2 800	0.00	0.01	0.02	0.02	0.03	0.03	0.03	0.04	0.04	0.04
A	400	0.00	0.01	0.01	0.02	0.02	0.03	0.03	0.04	0.04	0.05
	730	0.00	0.01	0.02	0.03	0.04	0.05	0.06	0.07	0.08	0.09
	800	0.00	0.01	0.02	0.03	0.04	0.05	0.06	0.08	0.09	0.10
	980	0.00	0.01	0.03	0.04	0.05	0.06	0.07	0.08	0.10	0.11
	1 200	0.00	0.02	0.03	0.05	0.07	0.08	0.10	0.11	0.13	0.15
	1 460	0.00	0.02	0.04	0.06	0.08	0.09	0.11	0.13	0.15	0.17
	2 800	0.00	0.04	0.08	0.11	0.15	0.19	0.23	0.26	0.30	0.34
B	400	0.00	0.01	0.03	0.04	0.06	0.07	0.08	0.10	0.11	0.13
	730	0.00	0.02	0.05	0.07	0.10	0.12	0.15	0.17	0.20	0.22
	800	0.00	0.03	0.06	0.08	0.11	0.14	0.17	0.20	0.23	0.25
	980	0.00	0.03	0.07	0.10	0.13	0.17	0.20	0.23	0.26	0.30
	1 200	0.00	0.04	0.08	0.13	0.17	0.21	0.25	0.30	0.34	0.38
	1 460	0.00	0.05	0.10	0.15	0.20	0.25	0.31	0.36	0.40	0.46
	2 800	0.00	0.10	0.20	0.29	0.39	0.49	0.59	0.69	0.79	0.89

续表

带型	小带轮转速 n_1(r/min^{-1})	传动比 i									
		1.00～1.01	1.02～1.04	1.05～1.08	1.09～1.12	1.13～1.18	1.19～1.24	1.25～1.34	1.35～1.51	1.52～1.99	≥2.0
C	400	0.00	0.04	0.08	0.12	0.16	0.20	0.23	0.27	0.31	0.35
	730	0.00	0.07	0.14	0.21	0.27	0.34	0.41	0.48	0.55	0.62
	800	0.00	0.08	0.16	0.23	0.31	0.39	0.47	0.55	0.63	0.71
	980	0.00	0.09	0.19	0.27	0.37	0.47	0.56	0.65	0.74	0.83
	1 200	0.00	0.12	0.24	0.35	0.47	0.59	0.70	0.82	0.94	1.06
	1 460	0.00	0.14	0.28	0.42	0.58	0.71	0.85	0.99	1.14	1.27
	2 800	0.00	0.27	0.55	0.82	1.10	1.37	1.64	1.92	2.19	2.47

表 7-8　包角修正系数

包角 α_1	180°	170°	160°	150°	140°	130°	120°	110°	100°	90°
K_α	1.00	0.98	0.95	0.92	0.89	0.86	0.82	0.78	0.74	0.69

3. V 带传动的参数选择和设计计算

设计 V 带传动的已知条件有传动功率 P、小带轮转速 n_1、大带轮转速 n_2(或传动比 i_{12})、传动用途、工作条件、位置尺寸要求等。

设计内容包括：选择合理的传动参数，确定普通 V 带的型号、基准长度和根数；确定带轮的材料、结构和尺寸；计算带的初拉力和轴压力。

带传动的参数选择和设计计算一般步骤如下：

(1) 确定设计计算功率 P_d。

$$P_d = K_A P \tag{7-15}$$

式中 P_d为设计计算功率，单位为 kW；K_A为工作情况系数，见表 7-9；P 为所需传递功率，单位为 kW。

(2) 选择带的型号。

根据设计计算功率 P_d和小带轮的转速 n_1由图 7-8 选择，若选择的坐标点落在两种带型分界线附近时，应分别选择两种带型设计计算，然后择优选用。

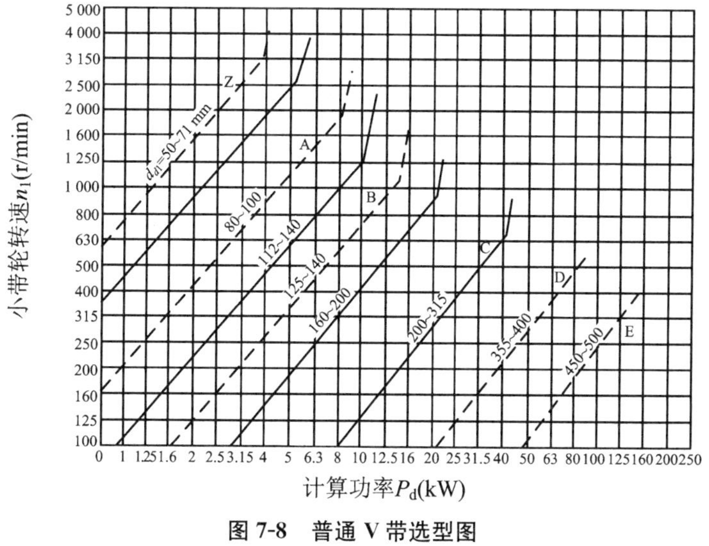

图 7-8　普通 V 带选型图

(3) 确定带轮基准直径 d_{d1}、d_{d2}。

① 选择小带轮的基准直径 d_{d1}。

表 7-9　工作情况系数 K_A

载荷性质	工作机	原动机					
		电动机(交流起动、三角起动、直流并励)、四缸以上的内燃机			电动机(联机交流起动、直流复励或串励)、四缸以下的内燃机		
		每天工作小时数(h)					
		<10	10～16	>16	<10	10～16	>16
载荷变动很小	液体搅拌机、通风机和鼓风机(≤7.5kw)、离心式水泵和压缩机、轻负荷输送机	1.0	1.1	1.2	1.1	1.2	1.3
载荷变动小	带式输送机(不均匀负荷)、通风机(>7.5kw)、旋转式水泵和压缩机(非离心式)、发动机、金属切削机床、印刷机、旋转筛、锯木机和木工机械	1.1	1.2	1.3	1.2	1.3	1.4
载荷变动较大	制砖机、斗式提升机、往复式水泵和压缩机、起重机、磨粉机、冲剪机床、橡胶机械、振动筛、纺织机械、重载输送机	1.2	1.3	1.4	1.4	1.5	1.6
载荷变动很大	破碎机(旋转式、颚式等)、磨碎机(球磨、棒磨、管磨)	1.3	1.4	1.5	1.5	1.6	1.8

初选小带轮直径 d_{d1} 使 $d_{d1} \geqslant d_{min}$，d_{min} 为 V 带的最小直径，见表 7-3。d_{d1} 应在结构允许的前提下尽可能选大一些，以减少弯曲应力提高带的寿命。

② 验算带速。

$$v = \frac{\pi d_{d1} n_1}{60 \times 1\,000} \tag{7-16}$$

一般带速 v 在 5～25 m/s 之间。若带速过大，则缩短带的使用寿命，降低带的传动能力。

③ 计算大带轮的基准直径 d_{d2}。

由式(7-13)可得

$$d_{d2} = i(1-\varepsilon)d_{d1} = \frac{n_1}{n_2}(1-\varepsilon)d_{d1} \tag{7-17}$$

d_{d1}、d_{d2} 均应符合表 7-3 所列的带轮的基准直径系列。

(4) 确定中心距 a 及带的基准长度 L_d。

① 初定中心距 a_0。若设计要求中未对中心距提出明确要求，可按下式初选中心距 a_0(mm)：

$$0.7(d_{d1} + d_{d2}) \leqslant a_0 \leqslant 2(d_{d1} + d_{d2}) \tag{7-18}$$

② 初算带的基准长度 L_{d0}。初选中心距 a_0 后，根据带传动的几何关系，可按下式初算带的

基准长度 L_{d0}：

$$L_{d0} \approx 2a_0 + \frac{\pi}{2}(d_{d1} + d_{d2}) + \frac{(d_{d2} - d_{d1})^2}{4a_0} \tag{7-19}$$

③ 确定带的基准长度 L_d。

按普通 V 带带长修正系数表，将 L_{d0} 圆整至相近的标准基准长度 L_d。

④ 确定中心距 a。

确定带的基准长度 L_d 后，可按下式计算实际中心距 a：

$$a \approx a_0 + \frac{L_d - L_{d0}}{2} \tag{7-20}$$

考虑到安装、调整和松弛后张紧的需要，实际中心距允许有一定的调整范围，其大小为

$$\left.\begin{aligned} a_{min} &= a - 0.015L_d \\ a_{max} &= a + 0.03L_d \end{aligned}\right\} \tag{7-21}$$

(5) 验算小带轮包角 α_1。为保证传动能力，应使小带轮包角

$$\alpha_1 = 180° - 57.3° \times \frac{d_{d2} - d_{d1}}{a} \geqslant 120° \tag{7-22}$$

若验算不满足要求，可加大中心距或减小传动比，或者采用张紧轮，使 α_1 在允许的范围内。

(6) 确定 V 带的根数。

$$z \geqslant \frac{P_d}{[P_0]} \tag{7-23}$$

计算后应将 z 圆整为整数。通常 z 应不超过 8 根，若计算结果不符合要求，应重新选择 V 带型号或加大带轮直径计算。

(7) 确定带的初拉力 F_0。带传动正常工作时应保持适当的初拉力。初拉力不足，摩擦力减小则易打滑；初拉力过大，则降低带的寿命，并增大轴和轴承的压力。单根 V 带的初拉力可由下式计算

$$F_0 = 500\frac{P_d}{vz}\left(\frac{2.5}{K_\alpha} - 1\right) + qv^2 \tag{7-24}$$

(8) 计算带的轴压力 F_Q。为设计轴和轴承，应计算 V 带作用于轴上的压力。通常不考虑松紧边的拉力差，近似按两边拉力均为 F_0 计算，由图 7-9 可得

$$F_Q \approx 2zF_0 \sin\frac{\alpha_1}{2} \tag{7-25}$$

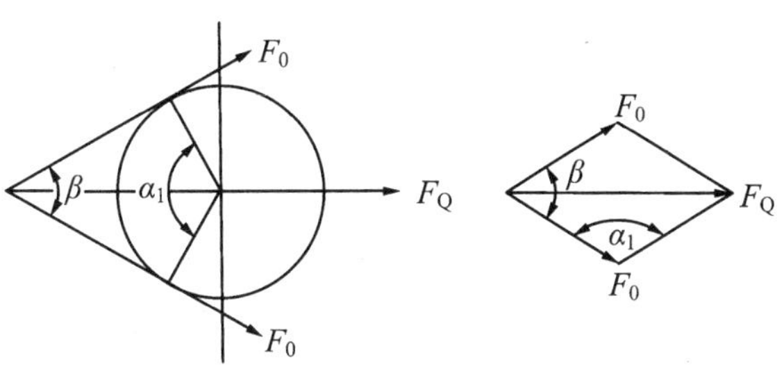

图 7-9　带作用在轴上的压力

(9) 带轮结构设计，绘制带轮工作图。(略)

三、任务实施

(一) 本任务的学习目标

通过对的带传动认知与分析,确定本任务的学习目标(表 7-10)。

表 7-10 任务学习目标

序 号	类 别	目 标
一	专业知识	1. 了解带传动的类型、特点和应用; 2. 了解 V 带和带轮的标准; 3. 了解带传动的工作能力分析; 4. 了解 V 带传动的设计; 5. 了解带传动的使用与维护; 6. 了解同步带传动
二	专业能力	1. 认知生活中的带传动; 2. 了解带传动的类型、特点和应用; 3. 理解 V 带和带轮的标准; 4. 理解带传动的工作能力分析; 5. 能够 V 带传动的设计; 6. 了解带传动的使用与维护; 7. 了解同步带传动; 8. 联系实际,分析机器中带传动的应用
三	方法能力	1. 初步具有观察机械工作过程,分析机械的工作原理,将思维形象转化为工程语言的能力; 2. 将机械设计知识应用于日常生活、生产活动,具有分析问题、解决问题的能力; 3. 学会自主学习,掌握一定的学习技巧,具有继续学习的能力; 4. 培养设计一般工作计划,初步具有对方案进行可行性分析的能力; 5. 培养评估总结工作结果的能力
四	社会能力	1. 养成实事求是、尊重自然规律的科学态度; 2. 养成勇于克服困难的精神,具有较强的吃苦耐劳,战胜困难的能力; 3. 养成及时完成阶段性工作任务的习惯和责任意识; 4. 培养信用意识、敬业意识、效率意识与良好的职业道德; 5. 培养良好的团队合作精神; 6. 培养较好的语言表达能力,善于交流

例题 7-1 设计某带式输送机的普通 V 带传动。已知电机额定功率 $P=5.5$ kW,主动轮转速 $n_1=1\,440$ r/min,从动轮转速 $n_2=500$ r/min,两班制工作,要求中心距为 600 mm,载荷变动较小。

解 (1) 确定设计计算功率 P_d。

查表 7-9 得 $K_A=1.2$,由式(7-15)得

$$P_d = K_A P = 1.2 \times 5.5 = 6.6\,(\text{kW})$$

(2) 选择带的型号

根据 $P_d=6.6$ kW 和 $n_1=1\,440$ r/min，由图 7-8 查得：带的型号为 A 型。

(3) 确定带轮基准直径 d_{d1}、d_{d2}。

① 选择小带轮的基准直径 d_{d1} 由表 7-3 初选小带轮直径 $d_{d1}=125$ mm。

② 验算带速。

$$v=\frac{\pi d_{d1}n_1}{60\times 1\,000}=\frac{3.14\times 125\times 1\,440}{60\times 1\,000}=9.42\ (\text{m/s})$$

带速 v 在 5～25 m/s 之间，符合要求。

③ 计算大带轮的基准直径 d_{d2}。取 $\varepsilon=2\%$，由式(7-12)可得

$$d_{d2}=\frac{n_1}{n_2}(1-\varepsilon)d_{d1}=\frac{1\,440}{500}\times(1-0.02)\times 125=352.8\ (\text{mm})$$

由表 7-4 带的基准直径系列得：$d_{d2}=355$ mm。

(4) 确定带的基准长度 L_d。

① 初定中心距 a_0。根据设计要求取 $a_0=600$ mm。

② 初算带的基准长度 L_{d0}。由式(7-19)可得

$$\begin{aligned}L_{d0}&\approx 2a_0+\frac{\pi}{2}(d_{d1}+d_{d2})+\frac{(d_{d2}-d_{d1})^2}{4a_0}\\&=2\times 600+\frac{3.14}{2}(125+355)+\frac{(355-125)^2}{4\times 600}\\&=1975.64\ (\text{mm})\end{aligned}$$

③ 确定带的基准长度 L_d。按表 7-3 将 L_{d0} 圆整至相近的标准基准长度：$L_d=2\,000$ mm。

(5) 确定中心距 a。由式(7-20)可得

$$a\approx a_0+\frac{L_d-L_{d0}}{2}=600+\frac{2\,000-1\,975.64}{2}=612\ (\text{mm})$$

由式(7-21)可得实际中心距的调整范围为

$$a_{\min}=a-0.015L_d=612-0.015\times 2\,000=582\ (\text{mm})$$

$$a_{\max}=a+0.03L_d=612+0.03\times 2\,000=672\ (\text{mm})$$

(6) 验算小带轮包角 α_1。由式(7-22)可得

$$\alpha_1=180^\circ-57.3^\circ\times\frac{d_{d2}-d_{d1}}{a}=180^\circ-57.3^\circ\times\frac{355-125}{612}=158.47^\circ>120^\circ$$

α_1 在允许的范围内，满足要求。

(7) 确定 V 带的根数。查表 7-7，得 $P_0=1.91$ kW；查表 7-8，得 $\Delta P_0=0.17$ kW；查表7-7，得 $K_\alpha=0.94$；查表 7-5，得 $K_L=1.03$。

由(7-23)得

$$z\geqslant\frac{P_d}{[P_0]}=\frac{P_d}{(P_0+\Delta P_0)K_\alpha K_L}=\frac{6.6}{(1.91+0.17)\times 0.94\times 1.03}=3.28$$

将 z 圆整为整数：$z=4$。

(8) 确定带的初拉力 F_0。查表 7-2 得 $q=0.11$ kg/m，由式(7-24)计算

$$\begin{aligned}F_0&=500\frac{P_d}{vz}\left(\frac{2.5}{K_\alpha}-1\right)+qv^2=500\times\frac{6.6}{9.42\times 4}\times\left(\frac{2.5}{0.94}-1\right)+0.10\times 9.42^2\\&=154.21\ (\text{N})\end{aligned}$$

(9) 计算带的轴压力 F_Q

由式(7-25)可得

$$F_Q \approx 2zF_0 \sin\frac{\alpha_1}{2} = 2\times 4\times 154.21\times \sin\frac{158.47^\circ}{2} = 1\,211.97\ (\mathrm{N})$$

(10) 带轮结构设计,绘制带轮工作图。(略)

(二) 任务技能训练

通过对带传动基本知识的学习,能够设计带传动(表7-11)。

表 7-11　任务技能训练表

任务名称	带传动的设计
任务实施条件	1. 理实一体教室; 2. 机器中的带传动装置; 3. 测量工具; 4. 绘图工具
任务目标	1. 掌握分析带传动装置的能力; 2. 学会带传动装置的设计计算; 3. 学会带轮的设计计算; 4. 学会画带轮的工作图; 5. 培养良好的协作精神; 6. 培养严谨的工作态度; 7. 养成及时完成阶段性工作任务的习惯和责任意识; 8. 养成评估总结工作结果的能力
任务实施	1. 分析带传动的工作情况; 2. 设计计算带传动装置; 3. 正确设计计算带轮; 4. 画带轮工作图
任务要求	1. 带传动设计计算过程完整,计算正确; 2. 带轮设计计算正确; 3. 画带轮工作图正确、完整、规范

四、任务评价与总结

(一) 任务评价

任务评价见表7-12。

表 7-12　任务评价表

评价项目	评价内容	配　分	得　分
成果评价(60%)	带传动设计计算	30%	
	带轮设计计算	10%	
	带轮工作图	20%	

续表

评价项目	评价内容	配　分	得　分
自我评价(10%)	学习活动的目的性	2%	
	是否独立寻求解决问题的方法	4%	
	设计方案、方法的正确性	2%	
	个人在团队中的作用	2%	
小组评价(10%)	按时保证质量完成任务	2%	
	组织讨论,分工明确	4%	
	组内给予其他成员指导	2%	
	团队合作氛围	2%	
教师评价(20%)	工作态度是否正确	10%	
	工作量是否饱满	3%	
	工作难度是否适当	2%	
	自主学习	5%	
总　分			
备　注			

(二) 任务总结

(1) 组织学生进行讨论、分析、总结、评估;
(2) 评价任务完成情况;
(3) 对项目的完成情况给出结论。

五、任务拓展

(一) 相关知识与内容

1. 带传动的安装、张紧和维护

(1) 带传动的张紧。V带传动靠摩擦力传递动力和转矩,保持一定的初拉力 F_0 才能保证带的传动能力。带安装时需张紧使初拉力为 F_0;带传动工作一段时间后,由于磨损和塑性变形,使带的初拉力减小,传递动力的能力下降,须重新张紧。常用的张紧装置有以下3种:

① 人工定期张紧。如图7-10(a)所示,把联接带轮的电机安装在水平导轨上,通过调节调整螺钉加大中心距从而达到张紧的目的。图7-10(b)用于倾斜布置,通过调节调整螺钉使摆架转动而张紧。

② 自动张紧装置。如图7-11所示,将联接带轮的电机安装在摆架上,利用重力产生的转矩与初拉力产生的转矩的平衡,当初拉力减小时,摆架摆动,实现自动张紧。

③ 张紧轮张紧装置。当带传动中心距不可调节时,可采用张紧轮张紧。如图7-12所示,V带张紧时,张紧轮一般装在松边内侧,使带只受单向弯曲;张紧轮靠近大带轮,以免小带轮包

角减小太多。

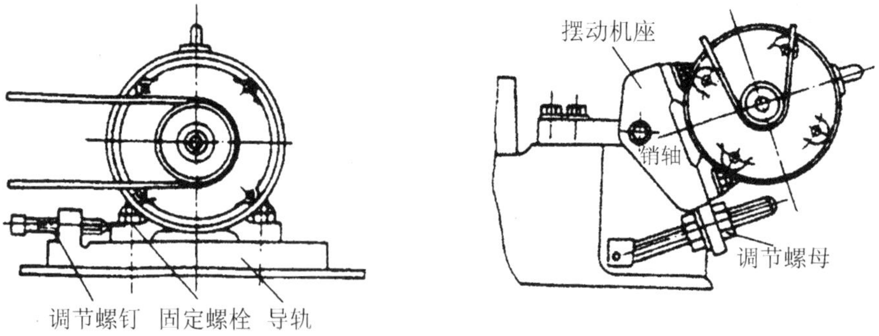

(a) 导轨式　　(b) 摆架式

图 7-10　V 带的定期张紧装置

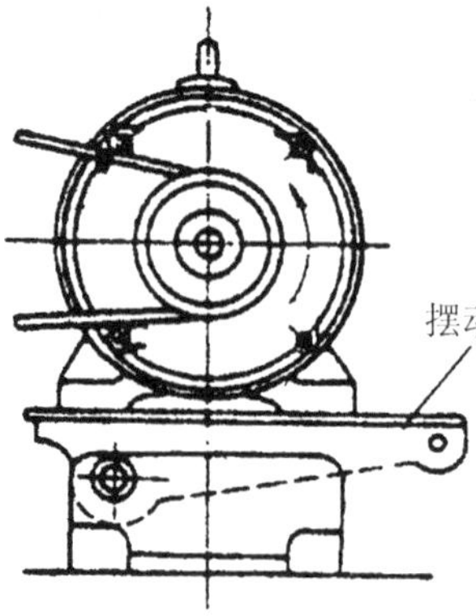

图 7-11　带的自动张紧装置

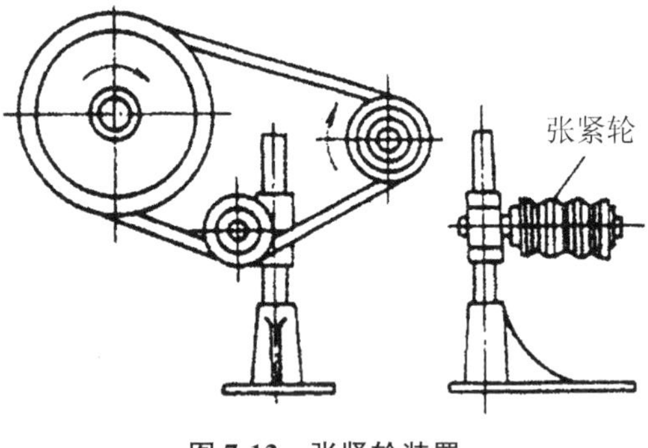

图 7-12　张紧轮装置

(2) 带传动的安装和维护。V 带传动的安装和维护一般应满足以下要求：

① 多根 V 带传动时，应选同型号、同尺寸、同配组公差的 V 带，使各带能够受力均匀。

② 安装 V 带时，先将中心距缩小，带套上带轮后，再逐渐加大中心距使带张紧。安装时应使两带轮轴线平行，同一带所在的轮槽共面，不同带所在平面互相平行。

③ 定期检查 V 带，适时张紧。当有一根 V 带松弛或损坏时，应全部更换，避免新旧带混用。

④ 带传动应避免与酸、碱、油污等接触，避免日晒，工作温度不超过 60 ℃。

⑤ 带传动应设有保护罩。若带传动闲置时间较长，应将传动带放松。

2. 同步齿形带传动简介

同步齿形带传动是兼有带传动和链传动优点一种新型带传动。如图7-2(b)所示，同步齿形带的工作表面有齿，与带轮轮缘表面相应的齿槽啮合传递运动和转矩。由于带的带轮之间无弹性滑动，能保证两带轮圆周速度同步。

同步带由基体和强力层两部分构成。基体包括带齿和带背两部分，材料为氯丁橡胶或聚氨酯；强力层通常为钢丝绳或玻璃纤维。同步齿形带的这种结构使带薄而轻、强度高，可用于大功率、高速传动。同步带传动无相对滑动，能保持准确传动比。同步带传动效率高，结构紧凑。正是同步齿形带传动有上述优点，故在机械、仪器仪表、化工、生物医疗器械等方面应用日益广泛。

同步齿形带的基本参数是节距 p 的模数 m，带的节线周长 L_d 为公称长度。同步齿形带的标记为：模数(mm)×宽度(mm)×齿数，即 $m\times b\times z$。同步齿形带型号分为最轻型MXL、超轻型XXL、特轻型XL、轻型L、重型H、特重型XH及超重型XXH等7种。

（二）练习与提高

（1）带传动有哪些特点？

（2）带传动的常用类型有那些？

（3）V带的型号有那些？

（4）带传动工作时，最大应力发生在什么位置？其值是多少？

（5）什么是弹性滑动？

（6）什么是打滑？

（7）带传动为什么要张紧？常用哪些张紧方法？

（8）观察带式输送机的带传动装置，分析V带传动的特点，认识带传动类型，测量V带的尺寸规格，并回答下列问题：带传动的传动比多大？带是哪种型号？带轮是那种结构？

（9）观察报废的V带，分析失效原因。

（10）某普通V带传动，用Y系列三相异步电机驱动。已知转速 $n_1=1\ 460$ r/min，$n_2=650$ r/min，小带轮直径 $d_{d1}=140$ mm，若采用3根B型带，中心距在1 000 mm左右，载荷有较微冲击，两班制工作，试计算带传动所能传递的功率。

（11）试设计某一普通V带传动。已知电机功率 $P=5.5$ kW，转速 $n_1=960$ r/min，传动比 $i_{12}=2.5$，载荷平稳，两班制工作，要求两带轮的中心距在500 mm左右。

任务二　链传动的认知与分析

一、任务资讯

链传动通常用于传动装置的低速级传动。小链轮通常安装在减速器的输出轴出端，通过链传动将传动速度降低，再将传动传到工作机。

链传动是一种有中间挠性元件连接的啮合传动。由于链传动的平均传动比准确，结构简单，经济可靠，对工作环境要求不高，因而链传动应用广泛。

（一）链传动的工作原理和类型

链传动由主动轮、从动轮和传动链组成，如图 7-13 所示。工作时，链轮轮齿与链条链节相啮合，从而传递运动和动力。

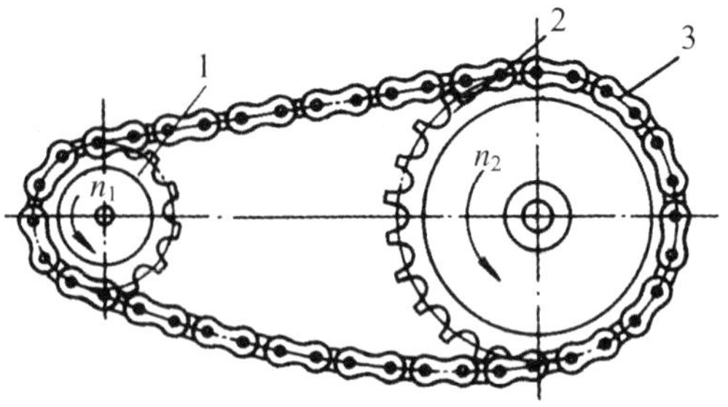

图 7-13　链传动

链条的种类很多，按用途的不同可分为传动链、起重链和运输链 3 类。传动链一般用于机械装置中传递运动和动力；起重链主要用于起重机械中提起重物；运输链主要用于各类输送装置中。按结构不同分，传动链可以分为滚子链、套筒链、齿形链、板式链等类型，如图 7-14所示。齿形链又称无声链，结构平稳、噪声小、承受载荷能力高，但结构复杂、价格高，因而主要用于高速、大传动比、高精度的场合。滚子链质量轻、价格低，应用最广泛。

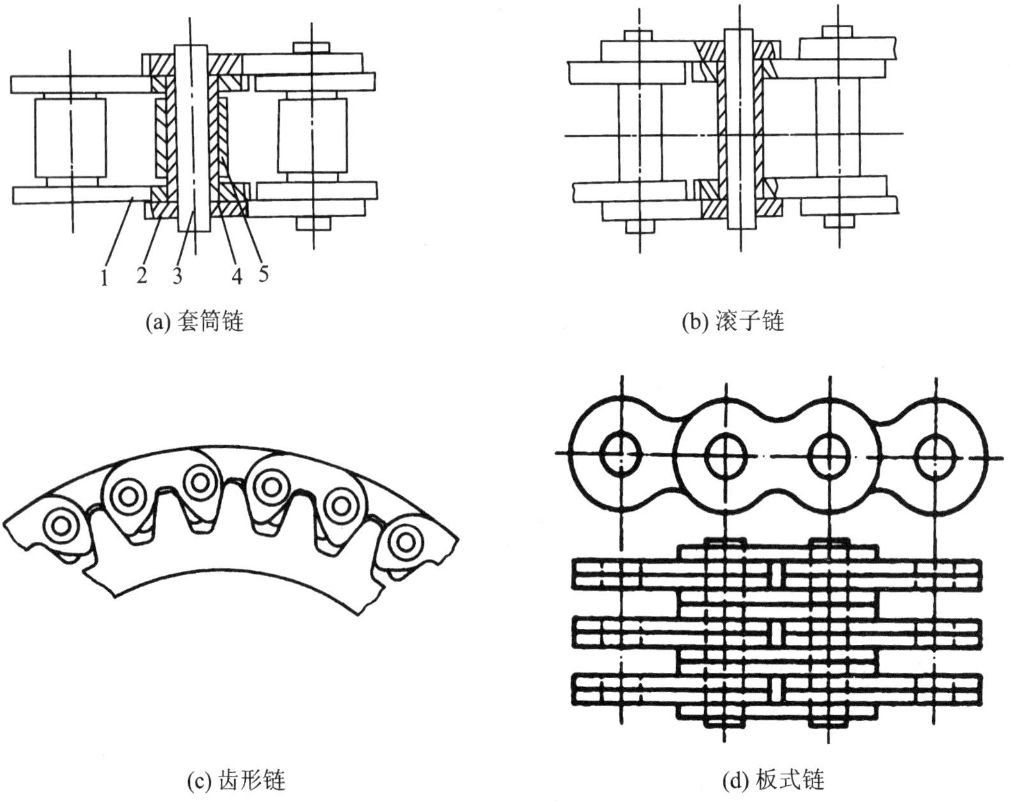

(a) 套筒链　(b) 滚子链　(c) 齿形链　(d) 板式链

图 7-14　传动链的类型

（二）链传动的特点和应用

链传动的特点如下：

（1）链传动是啮合传动，无弹性滑动现象，故能保持平均传动比恒定。

（2）结构紧凑，传动功率大。

（3）传动不需要初拉力，轴和轴承压力小。

（4）可在高温、潮湿、多尘、油污等恶劣环境下工作。

（5）瞬时传动比不恒定，传动平稳性差，有冲击和噪声，不能用于变载和急速反转的场合。

（6）链条易磨损，只能用于平行轴之间的传动。

链传动适用于两轴线平行、大中心距、对瞬时传动比要求不严格、工作环境恶劣等场合，广泛应用于农业、采矿、石化、冶金、运输等各类机械中。链传动传递功率可达 3 600 kW，链速可达 30～40 m/s，润滑良好时效率可达 97%～98%。一般链传动传递的功率 $P\leqslant 100$ kW，链速 $v\leqslant 15$ m/s，传动比 $i\leqslant 7$，中心距 $a\leqslant 6$ m。

（三）滚子链和滚子链链轮

1. 滚子链的结构和标准

滚子链的结构如图 7-15 所示，由内链板 1、外链板 2、销轴 3、套筒 4 和滚子 5 组成。外链板与销轴采用过盈配合，构成外链节；内链板与套筒也采用过盈配合，构成内链节。内、外链节交错连接构成链条。销轴、套筒、滚子之间均采用间隙配合，这样内、外链节就可以相对转动，使链条具有挠性。当链条与链轮啮合时，滚子与链轮之间相对滚动，减轻了链与链轮之间的摩擦与磨损。

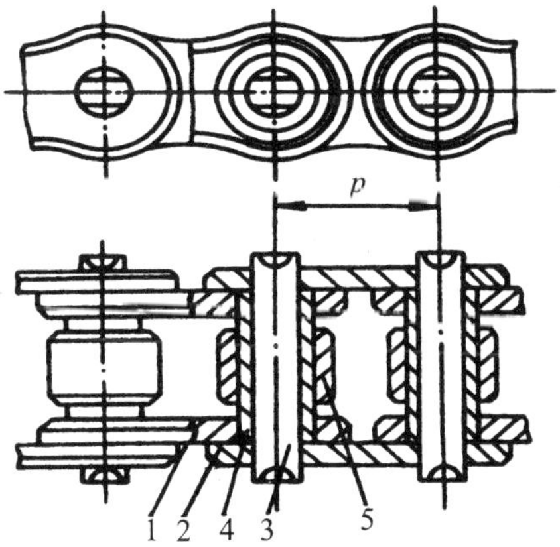

图 7-15　滚子链的结构

滚子链的接头形式如图 7-16 所示，接头处通常用开口销（图 7-16(a)）或弹簧卡（图 7-16(b)）固定。当链条的链节数为偶数时，内、外链板刚好相接。当链条的链节数为奇数时，则需采用过渡链节，如图 7-16(c)所示。由于过渡链节在承载时，要承受附加的弯曲应力，使链的承载能力降低约 20%，故应尽量避免使用过渡链节。因此，在设计时一般链节数取偶数。

滚子链上相邻两销轴中心间的距离称为节距，用 p 表示，它是链传动的基本参数。节距越大，链节的尺寸越大，则承载能力越强，但冲击和振动也增大。滚子链的排数有单排、双排和多排，双排链如图 7-17 所示，相邻两排链条中心线间的距离称为排距，用 p_t 表示。当传递功率较大、转速较高时，可采用小节距双排链或多排链，但链传动的排数不宜过多，一般不应超过 4 排。

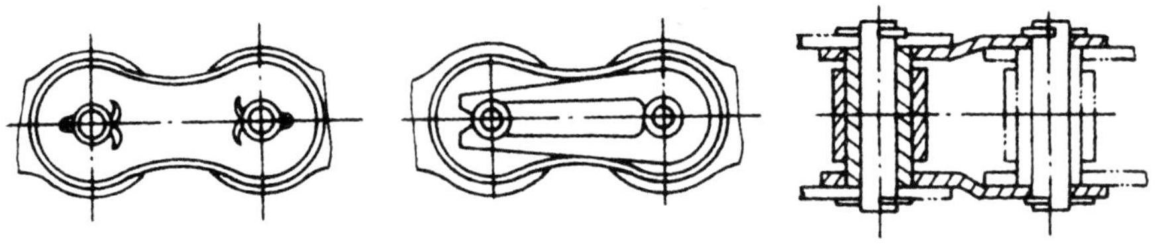

(a) 开口销　　(b) 弹簧卡　　(c) 过渡链节

图 7-16　滚子链的接头形式与过渡链节

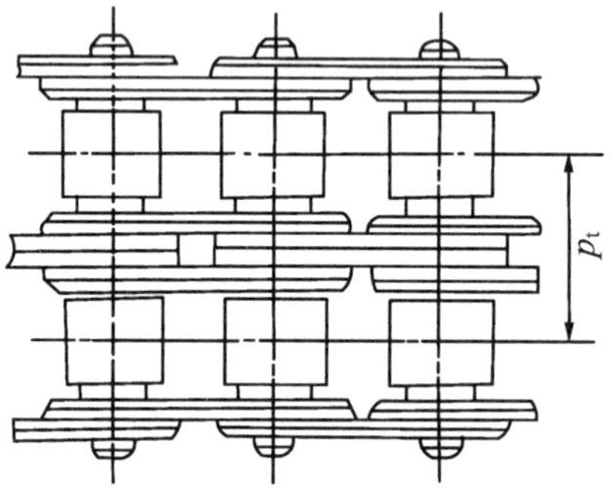

图 7-17　双排滚子链

滚子链已标准化，其基本参数和尺寸见表 7-13。根据使用场合和极限拉伸载荷的不同，滚子链分为 A、B 两个系列，其中 A 系列主要供设计使用，B 系列主要用于维修。其中链号乘以 25.4/16 mm 即为链节距 p 的值。

表 7-13　滚子链的基本参数和尺寸

链号	节距 p(mm)	排距 p_t(mm)	滚子外径 d_0(mm)(最大)	内链节内宽 b_1(mm)(最小)	销轴直径 d_2(mm)(最大)	内链板高度 h_2(mm)(最大)	极限拉伸载荷			单排质量 q(kg/m)
							单排 F_Q(N)(最小)	双排 F_Q(N)(最小)	三排 F_Q(N)(最小)	
05B	8.00	5.64	5.00	3.00	2.31	7.11	4 400	7 800	11 100	0.18
06B	9.525	10.24	6.35	5.72	3.23	8.26	8 900	16 900	24 900	0.40
08A	12.70	14.38	7.95	7.85	3.96	12.07	13 800	27 600	41 400	0.60
08B	12.70	13.92	8.51	7.75	4.45	11.81	17 800	31 100	44 500	0.70
10A	15.875	18.11	10.16	9.40	5.08	15.09	21 800	43 600	65 400	1.00
12A	19.05	22.78	11.91	12.57	5.94	18.08	31 100	62 300	93 400	1.50
16A	25.40	29.29	15.88	15.75	7.92	24.13	55 600	111 200	166 800	2.60
20A	31.75	35.76	19.05	18.90	9.53	30.18	86 700	173 500	260 200	3.80
24A	38.10	45.44	22.23	25.22	11.10	36.20	124 600	249 100	373 700	5.60
28A	44.45	48.87	25.40	25.22	12.70	42.24	169 000	338 100	507 100	7.50
32A	50.80	58.55	28.58	31.55	14.27	48.26	222 400	444 800	667 200	10.10
40A	63.50	71.55	39.68	37.85	19.84	60.33	347 000	693 900	1 040 900	16.10
48A	76.20	87.83	47.63	47.35	23.80	72.39	500 400	1 000 800	1 501 300	22.60

滚子链的标记包括链号、排数、链节数和标准号等几部分。如 A 系列、节距 19.05 mm、双排、80 节的滚子链标记为：

滚子链　12A-2×80　GB 1243.1-83

2. 滚子链链轮的结构和材料

滚子链链轮的齿形已标准化。按照 GB/T 1244-1997 规定，链轮的端面齿形为“三弧一直线”，如图 7-18 所示。当链轮采用标准齿形时，在链轮零件图上不必绘制其端面齿形，只需注明链轮的基本参数和主要几何尺寸，并注明“齿形按 GB/T 1244-1997 规定制造”即可。链轮的主要几何尺寸计算公式见表 7-14。

表 7-14　滚子链链轮主要尺寸

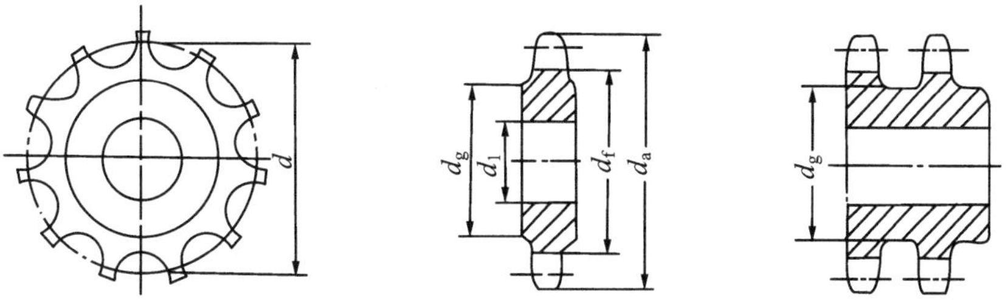

名　称	符　号	公　式	说　明
分度圆直径	d	$d=\dfrac{p}{\sin\left(\dfrac{180^\circ}{z}\right)}$	
齿顶圆直径	d_a	$d_{amax}=d+1.25p-d_1$ $d_{amin}=d+\left(1-\dfrac{1.6}{z}\right)p-d_1$	可在 d_{amax} 与 d_{amin} 范围内选取。但当选用 d_{amax} 时，应注意用展成法加工，d_a 要取整数
分度圆弦齿高	h_a	$h_{amax}=\left(0.625+\dfrac{0.8}{z}\right)p-0.5d_1$ $h_{amin}=0.5(p-d_1)$	h_a 是为简化放大齿形图的绘制而引入的辅助尺寸。h_{amax} 相对于 d_{amax}，h_{amin} 相对于 d_{amin}
齿根圆直径	d_f	$d_f=d-d_1$	
最大齿根距离	L_x	奇数齿：$L_x=d\cos\left(\dfrac{90^\circ}{z}\right)-d_1$ 偶数齿：$L_x=d_f=d-d_1$	

链轮的轴面齿廓为圆弧形，其主要几何尺寸计算公式见表 7-15。

表 7-15　链轮轴向齿廓尺寸

名　称		计　算　公　式	
		$p\leqslant 12.7$ mm	$p>12.7$ mm
齿宽 b_{f1}	单排	$0.93b_1$	$0.95b_1$
	双排、三排	$0.91b_1$	$0.93b_1$
	四排以上	$0.88b_1$	$0.93b_1$
倒角宽 b_α		$b_\alpha=(0.1\sim0.15)p$	
倒角半径 r_x		$r_x\geqslant p$	
倒角深 h		$h=0.5p$	
齿侧缘（或排间槽）圆角半径 r_α		$r_\alpha\approx 0.04p$	
链轮齿总宽 b_{fm}		$b_{fm}=(m-1)p_t+b_{f1}$（m 为排数）	

链轮的结构与链轮的直径有关。小直径链轮采用实心式结构，如图 7-19(a)所示；中等直径链轮采用孔板式，如图 7-19(b)所示；大直径链轮常采用组合式结构，以便更换齿圈，如图 7-19(c)所示，链轮采用螺栓联接式；如图 7-19(d)所示，链轮采用焊接式。

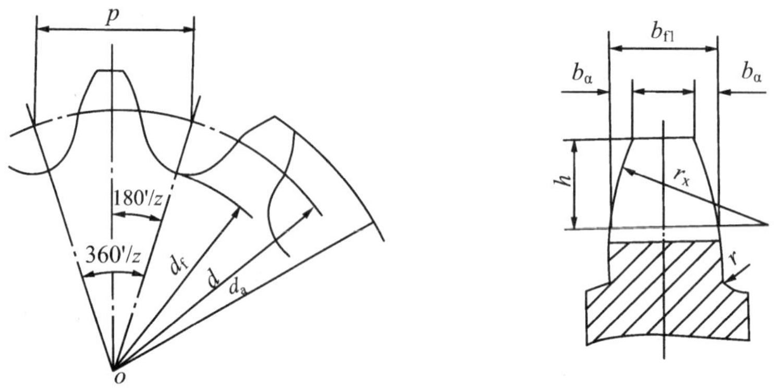

图 7-18　链轮的齿形

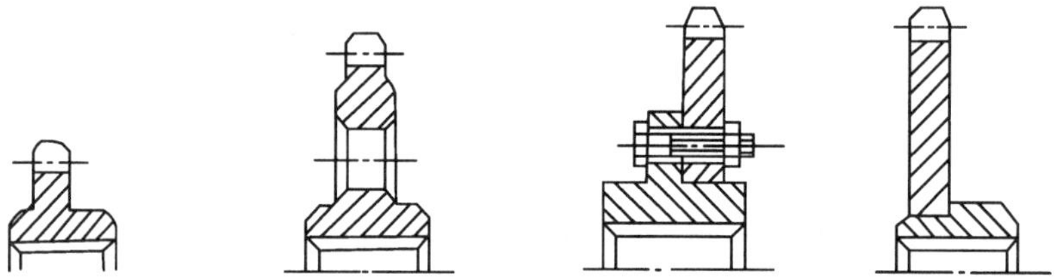

(a) 实心式　(b) 孔板式　(c) 螺栓接式　(d) 焊接式

图 7-19　链轮的结构

链传动在工作时可承受较大的载荷，因此，链轮的材料应使轮齿具有足够的强度和耐磨性。链轮常用材料及应用范围见表 7-16。

表 7-16　链轮常用材料及应用范围

材　料	齿面硬度	应用范围
15,20	渗碳淬火 50～60HRC	$z \leqslant 25$ 的高速、重载、有冲击载荷的链轮
35	正火 160～200HBS	$z > 25$ 的低速、轻载、平稳传动的链轮
45,50,ZG45	淬火 40～45HRC	低、中速、轻、重载，无激烈冲击、振动和易磨损工作条件下的链轮
15Cr,20Cr	渗碳淬火 50～60HRC	$z < 25$ 的大功率传动链轮，高速、重载的重要链轮
35SiMn,35CrMo,40Cr	淬火 40～45HRC	高速、重载、有冲击、连续工作的链轮
Q235,Q275	140HBS	中速、传递中等功率的链轮，较大链轮
灰铸铁(不低于 HT200)	260～280HBS	载荷平稳、速度较低、齿数较多($z > 50$)的从动链轮
夹布胶木	——	传递功率小于 6 kW、速度较高、要求传动平稳、噪声小的链轮

二、任务分析与计划

（一）平均链速和平均传动比

链传动工作时，整个链条是挠性体，每个链节则视为刚性体。当链条与链轮啮合时，链条呈正多边形分布在链轮上，多边形的边长就是节距 p，边数为链轮齿数 z。链轮每转过一周时链条转过的长度为 zp。若主、从动轮的转速分别为 n_1、n_2，则链的平均速度 v 为

$$v=\frac{z_1pn_1}{60\times1\,000}=\frac{z_2pn_2}{60\times1\,000} \tag{7-26}$$

链传动的平均传动比为

$$i=\frac{n_1}{n_2}=\frac{z_2}{z_1} \tag{7-27}$$

（二）瞬时链速和瞬时传动比

如图 7-20 所示，为了便于分析，使链的紧边始终处于水平位置。若主动链轮以等角速度 ω_1 回转，销轴 A 开始随主动轮作等速圆周运动，其圆周速度 $v_1=R_1\omega_1$，对 v_1 进行分解，则

水平分速度：

$$v_{1x}=R_1\omega_1\cos\beta \tag{7-28}$$

垂直分速度：

$$v_{1y}=R_1\omega_1\sin\beta \tag{7-29}$$

式中 β 为啮合过程中链节销轴中心 A 与链轮中心 O_1 连线与铅垂方向所夹的锐角，也称位置角。由图 7-20 可知，链条的链节在主动轮上对应的中心角为 φ_1，β 在 $\pm\frac{\varphi_1}{2}$ 的范围内作周期变化。当 $\beta=0$ 时，链速最大 $v_{max}=R_1\omega_1$；当 $\beta=\pm180°/z_1$ 时，链速最小，$v_{min}=R_1\omega_1\cos(180°/z_1)$。

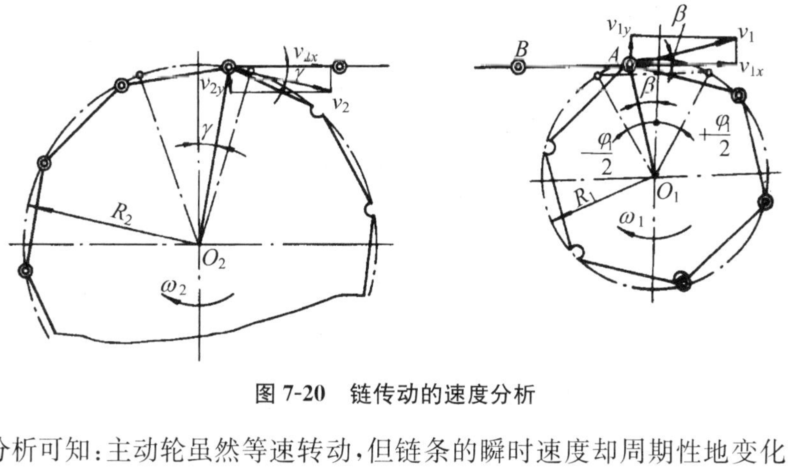

图 7-20 链传动的速度分析

由以上分析可知：主动轮虽然等速转动，但链条的瞬时速度却周期性地变化，每转一个链节，链速的变化就重复一次。链轮齿数越少，链节距大，链速的波动就越大。

同样，每一链节在与从动轮的啮合过程中，链节销轴中心在从动轮上的位置角 γ 也在 $\gamma=\pm180°/z_2$ 的范围内变化。由图知 $v_{2x}=R_2\omega_2\cos\gamma$，所以

$$\omega_2=\frac{v_x}{R_2\cos\gamma}=\frac{R_1\omega_1\cos\beta}{R_2\cos\gamma} \tag{7-30}$$

故链传动的传动比为

$$i_{12}=\frac{\omega_1}{\omega_2}=\frac{R_2\cos\gamma}{R_1\cos\beta} \tag{7-31}$$

通常 $\beta\neq\gamma$。因此,即使主动链轮以等角速度回转,瞬时链速、从动轮的角速度和瞬时传动比都是作周期性变化,从而产生动载荷。同时,铰链销轴的垂直分速度 v_y 也周期性变化,使链在垂直方向上产生有规律的振动,因而链条上下抖动。在链条进入链轮的瞬间,也会产生冲击和振动。因此,链传动中不可避免产生动载荷,使传动不平稳。链轮齿数越少、转速越高、链节距越大,动载荷越大。一般链传动通常用于低速级,并且在设计时,合理选择齿数和节距,以减小动载荷和冲击,从而获得较为平稳的传动。

三、任务实施

(一) 本任务的学习目标

通过对的链传动认知与分析,确定本任务的学习目标(表 7-17)。

表 7-17　任务学习目标

序　号	类　别	目　标
一	专业知识	1. 链传动的类型、特点和应用; 2. 滚子链和链轮的标准; 3. 链传动的特性; 4. 链传动的使用与维护
二	专业能力	1. 认知生活中的链传动; 2. 了解链传动的类型、特点和应用; 3. 理解滚子链和链轮的标准; 4. 了解链传动的使用与维护; 5. 联系实际,分析机器中链传动的应用
三	方法能力	1. 初步具有观察机械工作过程,分析机械的工作原理,将思维形象转化为工程语言的能力; 2. 将机械设计知识应用于日常生活、生产活动,具有分析问题、解决问题的能力; 3. 学会自主学习,掌握一定的学习技巧,具有继续学习的能力; 4. 设计一般工作计划,初步具有对方案进行可行性分析的能力; 5. 培养评估总结工作结果的能力
四	社会能力	1. 养成实事求是、尊重自然规律的科学态度; 2. 养成勇于克服困难的精神,具有较强的吃苦耐劳,战胜困难的能力; 3. 养成及时完成阶段性工作任务的习惯和责任意识; 4. 培养信用意识、敬业意识、效率意识与良好的职业道德; 5. 培养良好的团队合作精神; 6. 培养较好的语言表达能力,善于交流

（二）任务技能训练

任务技能训练见表 7-18。

表 7-18　任务技能训练表

任务名称	链传动的认知与应用
任务实施条件	1. 理实一体教室； 2. 机器中的链传动装置； 3. 测量工具； 4. 绘图工具
任务目标	1. 分析链传动装置的特点； 2. 理解滚子链和链轮的标准； 3. 分析链传动的运动特性； 4 了解链传动的使用与维护要求； 5. 良好的协作精神； 6. 严谨的工作态度； 7. 养成及时完成阶段性工作任务的习惯和责任意识； 8. 培养评估总结工作结果的能力
任务实施	1. 分析链传动装置的特点； 2. 理解滚子链和链轮的标准； 3. 分析链传动的运动特性； 4. 了解链传动的使用与维护要求
任务要求	1. 掌握滚子链和链轮的标准； 2. 分析链传动的运动特性； 3. 了解链传动的使用与维护要求

四、任务评价与总结

（一）任务评价

任务评价见表 7-19。

表 7-19　任务评价表

评价项目	评价内容	配　分	得　分
成果评价(60%)	滚子链和链轮的标准	20%	
	链传动的运动特性分析	20%	
	链传动的使用与维护要求分析	20%	
自我评价(10%)	学习活动的目的性	2%	
	是否独立寻求解决问题的方法	4%	
	造型方案、方法的正确性	2%	
	个人在团队中的作用	2%	

续表

评价项目	评价内容	配　分	得　分
小组评价(10%)	按时保证质量完成任务	2%	
	组织讨论,分工明确	4%	
	组内给予其他成员指导	2%	
	团队合作氛围	2%	
教师评价(20%)	工作态度是否正确	10%	
	工作量是否饱满	3%	
	工作难度是否适当	2%	
	自主学习	5%	
总　分			
备　注			

(二) 任务总结

(1) 组织学生进行讨论、分析、总结、评估;
(2) 评价任务完成情况;
(3) 对项目的完成情况给出结论。

五、任务拓展

(一) 相关知识与内容

1. 链传动的布置与张紧

链传动的布置是否合理,直接影响链传动的工作能力和使用寿命,通常链传动的布置应注意以下几点:

(1) 链传动两轴应平行,两链轮应位于同一平面内。

(2) 两轮中心线一般采用水平或接近水平布置,且紧边在上,松边在下,以防链条下垂与链轮轮齿发生干涉,如图 7-21(a)、图 7-21(b)所示。

(3) 链传动尽量避免铅垂布置,铅垂布置时应采用张紧轮,或使上、下轮偏置,使两轮轴线不在同一铅垂面内,如图 7-21(c)所示。

链传动要适当张紧,以避免松边下垂量过大产生啮合不良或振动过大现象。一般链传动设计成中心距可调整的方式,通过调整中心距进行张紧。或采用张紧轮张紧,张紧轮一般设置在松边。张紧轮的布置如图 7-21 所示。

2. 链传动的润滑

链传动应保持良好的润滑以减小摩擦和磨损,延长链的使用寿命和防止脱链。链传动的润滑方式一般分为 4 种,可以根据链速和链号由图 7-22 选取。链传动的润滑油可以根据环境温度选取,通常 5～25 ℃,选用 L-AN32 全损耗系统用油;25～65 ℃选用 L-AN46 全损耗系统用油;65 ℃以上选用 L-AN64 全损耗系统用油。

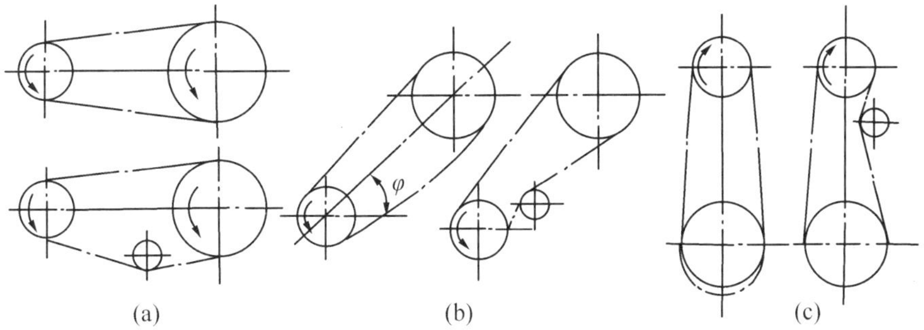

图 7-21　链传动的布置与张紧

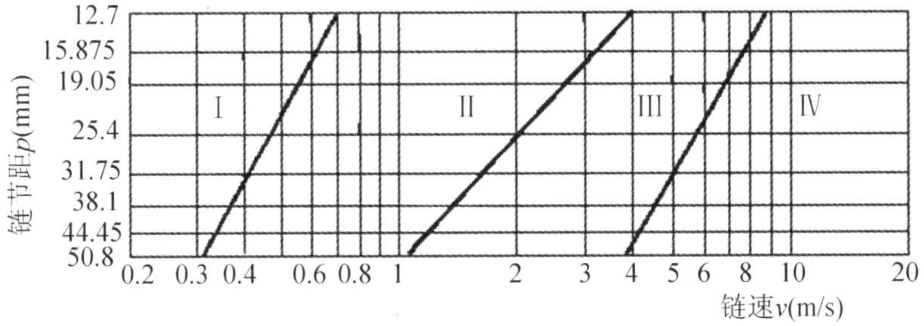

Ⅰ-人工定期润滑；Ⅱ-滴油润滑；Ⅲ-油浴或飞溅润滑；Ⅳ-压力喷油润滑

图 7-22　链传动的推荐润滑方式

（二）练习与提高

（1）与带传动相比，链传动有哪些优缺点？

（2）影响链传动速度不均匀性的主要参数是什么？

（3）链速 v 一定时，链轮齿数 z 的多少和链节距 p 的大小对链传动的动载荷有何影响？

（4）链传动的主要失效形式有哪几种？设计准则是什么？

（5）链传动的额定功率曲线是在什么条件下得到的？在实际使用中要进行哪些项目的修正？

（6）链传动为什么要适当张紧？常用哪些张紧方法？如何适当控制松边的下垂度？

（7）链传动有哪些润滑方法？各在什么情况下采用？常使用哪些润滑剂和润滑装置？

（8）观察自行车的链传动机构，认识滚子链的传动特点，认识链传动类型，测量链条的规格，并回答下列问题：链传动的传动比多大？小链轮有几个齿？链节数是多少？

（9）观察报废的链条、链轮，分析失效原因。

任务三　联　　接

一、任务资讯

机械中广泛使用各种联接，使零件能够组成各类机器与机构，以满足人们在制造、装配、使用、维护和运输等各方面的需要。所谓联接是指被联接件与联接件的组合。起联接作用的零件称为联接件，如键、销、螺栓、螺母及铆钉等。需要联接起来的零件，如齿轮与轴，箱盖与箱座等，称为被联接件。有些联接中没有联接件，如过盈配合、成形联接等。

（一）按照联接的相对位置分类

联接可分为静联接和动联接。相对位置不发生变动的联接，称为静联接，如减速器中箱体和箱盖的联接；相对位置发生变动的联接，称为动联接，如各种运动副，变速器中滑移齿轮与轴的联接等，都属于动联接。

（二）照联接拆分有无损伤分类

联接还可以分为可拆联接和不可拆联接。所谓可拆联接是指不需要破坏联接中的零件就可以拆开的联接。这种联接可以多次拆卸而不影响使用性能，如螺纹联接、键联接、花键联接、成形联接和销联接等。不可拆联接是至少要毁坏联接中的某一个部分才能拆开的联接，如铆接、焊接和黏接等。过盈配合介于可拆联接与不可拆联接之间，过盈量稍大时，拆卸后配合面受损，虽还能使用，但承载能力将大大下降。过盈量小时，联接可多次使用，比如滚动轴承内圈与轴的配合。

由于单个零件的结构的限制，机械中不可避免地大量使用联接以组成构件或传递运动或转矩，故联接的选择和设计非常重要。

二、任务分析与计划

（一）键联接

1. 键联接的功用和分类

键联接主要用于轴与轴上零件（如齿轮、带轮）之间的周向固定，用以传递转矩，其中有的键联接也兼有轴向固定或轴向导向的作用。键是标准件，它可以分为平键、半圆键、楔键和切向键等几类。

（1）平键联接。平键联接依靠两侧面传递转矩。键的上表面与轮毂键槽底面有间隙，如图7-23所示。平键联接对中性好、结构简单、装拆方便。轴和轮毂沿轴线方向可以固定或移动，应用广泛。按照结构和联接的相对位置是否变动，可以分为普通平键联接、导向平键和滑键联接3类。

① 普通平键。普通平键应用最为广泛，按键的形状可分为圆头（A型）、方头（B型）和单圆头（C型）3类，如图7-23所示。与普通平键联接的轴上的键槽可以用铣刀铣出。采用A型平键时，轴上键槽用端铣刀在立式铣床上加工。采用B型平键时，用盘铣刀加工。C型平键一般用于轴端，轴上键槽由端铣刀铣出。

② 导向平键。导向平键主要用于轴与轮毂沿轴向相对移动的动联接。由于键的长度尺寸较大，一般将键用螺钉固定在轴上，键与毂槽为间隙配合，轮毂沿键滑动，为了拆卸方便，键上制有起键螺钉，如图7-24(a)所示。

③ 滑键联接。当键沿轴滑移距离较大时，往往采用滑键联接。如图7-24(b)所示。将滑键固定在轮毂上，而在轴上加工较长的键槽，以满足使用要求。

（2）半圆键联接。如图 7-25 所示，半圆键用于静联接，它靠键的两个侧面传递转矩。轴上键槽用半径与键相同的盘状铣刀铣出，因而键在轴槽中能绕其几何中心摆动，以适应轮毂槽由于加工误差所造成的斜度。半圆键联接的优点是轴槽的加工艺性较好，装配方便，缺点是轴上键槽较深，对轴的强度削弱较大。一般只宜用于轻载，尤其适用于锥形轴端的联接。

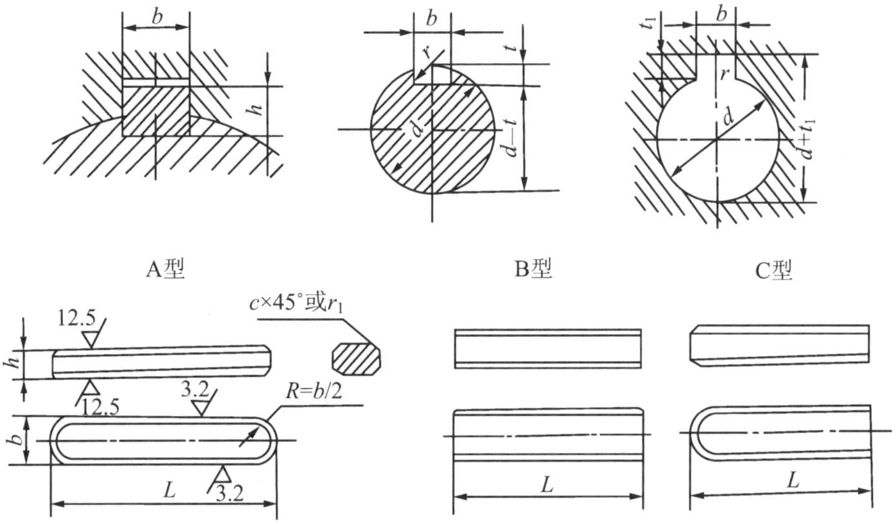

图 7-23　普通平键联接及其类型

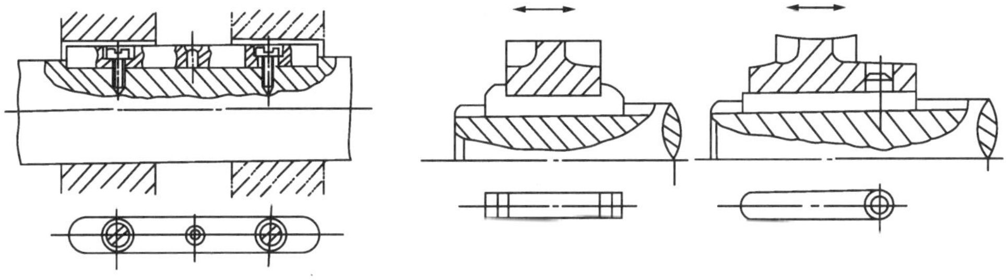

(a) 导向键　　(b) 滑键

图 7-24　导向平键联接和滑键联接

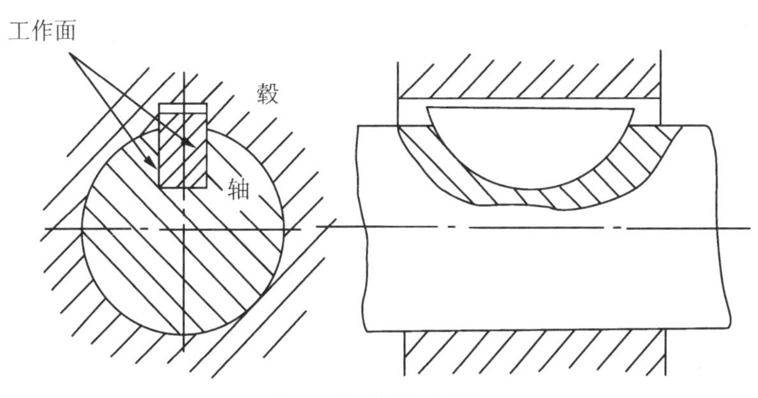

图 7-25　半圆键联接

(3) 楔键联接。楔键联接用于静联接,如图 7-26 所示。键的上下两面是工作面。键的上表面和毂槽的底面各有 1∶100 的斜度,装配时需打入,靠楔紧作用传递转矩。能轴向固定零件和传递单方向的轴向力,但使轴上零件与轴的配合产生偏心与偏斜。楔键联接主要用于精度要求不高,转速较低而传递转矩较大的场合,可传递双向或有振动的转矩。

楔键分普通楔键和钩头楔键,普通楔键又分圆头和方头两类。钩头楔键便于拆装,用于轴端时,为了安全,应加防护罩。

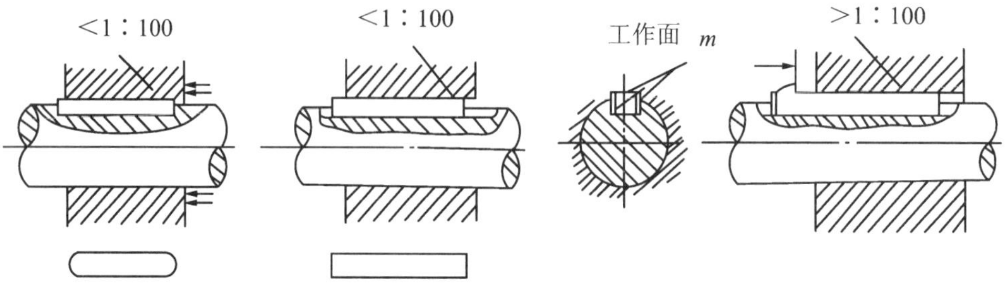

图 7-26　楔键联接

(4) 切向键联接。切向键是由一对普通楔键组成,如图 7-27 所示。装配后两键的斜面相互贴合,共同楔紧在轮毂和轴之间,键的上下两平行窄面是工作面,依靠其与轴和轮毂的挤压传递单向转矩。当要传递双向转矩时,须用两对互成 120°～130°的切向键(图 7-27)。切向键联接主要用于轴径大于 100 mm,对中要求不高而载荷很大的重型机械,如大型带轮、大型飞轮等与轴的联接。

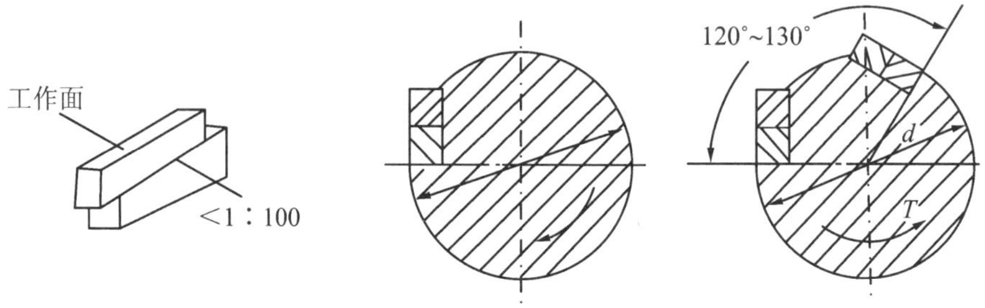

图 7-27　切向键联接

2. 平键联接的结构和标准

平键是标准件。平键和键槽的尺寸及公差均应符合国家标准。平键和键槽的尺寸见表 7-13。

3. 平键联接的尺寸选择和强度校核

(1) 键的选择。键的选择包括键的类型选择和尺寸选择两个方面。选择键的类型应考虑以下一些因素:对中性要求;传递转矩的大小;轮毂是否需要沿轴向滑移及滑移距离大小;键在轴的中部或端部等。

平键的主要尺寸是键的截面尺寸 $b\times h$(b 为键宽,h 为键高)及键长 L,$b\times h$ 根据轴的直径 d 由表 7-20 查得。键的长度 L 按轴上零件的轮毂宽度而定,一般小于轮毂的宽度5～10 mm,并符合标准中规定的尺寸系列。对于动联接中的导向键和滑键,可根据轴上零件的轴向滑移距离，按实际结构及键的标准长度尺寸来确定。

对重要的键联接，在选出尺寸后，应对键进行强度校核计算。

（2）平键的强度校核。平键联接受力的情况如图 7-28 所示，失效形式有：压溃、磨损和剪断。由于标准平键有足够的剪切强度，所以用于静联接的普通平键联接主要失效形式是工作面的压溃。对于导向平键、滑键组成的动联接，失效形式是工作面的磨损。因而，可按工作面的平均压强进行挤压强度或压强条件计算，其校核公式为：

$$\sigma_{jy} = \frac{4T}{dhl} \leqslant [\sigma_{jy}] \tag{7-32}$$

式中 T 为传递的转矩，单位为 N・mm；d 为轴的直径，单位为 mm；h 为键的高度，单位为 mm；l 为轴向工作长度，对 A 型键：$l=L-b$，对 B 型键：$l=L$，对 C 型键：$l=L-\frac{b}{2}$，单位为 mm；$[\sigma_{jy}]$ 为较弱材料的许用挤压应力，单位为 MPa，其值查表 7-21，对动联接则以压强 p 许用压强 $[p]$ 代替式中的 σ_{jy} 和 $[\sigma_{jy}]$。

表 7-20　平键联接和键槽的尺寸（摘自 GB/T 1095-79、GB/T 1096-79）　　（单位：mm）

<table>
<tr><th>轴</th><th>键</th><th colspan="12">键　槽</th></tr>
<tr><th rowspan="4">公称
直径
d</th><th rowspan="4">公称
尺寸
b×h</th><th colspan="6">宽度 b</th><th colspan="4">深度</th><th colspan="2" rowspan="3">半径 r</th></tr>
<tr><th rowspan="3">公称
尺寸
b</th><th colspan="5">极限偏差</th><th colspan="2" rowspan="2">轴 t</th><th colspan="2" rowspan="2">毂 t1</th></tr>
<tr><th colspan="2">较松联接</th><th colspan="2">一般键联接</th><th>较紧键
联接</th></tr>
<tr><th>轴 H9</th><th>毂 D10</th><th>轴 N9</th><th>毂 JS9</th><th>轴和
毂 P9</th><th>公称
尺寸</th><th>极限
偏差</th><th>公称
尺寸</th><th>极限
偏差</th><th>最小</th><th>最大</th></tr>
<tr><td>自 6~8</td><td>2×2</td><td>2</td><td rowspan="2">+0.025
0</td><td rowspan="2">+0.060
+0.020</td><td rowspan="2">−0.004
−0.029</td><td rowspan="2">±0.0125</td><td rowspan="2">−0.006
−0.031</td><td>1.2</td><td rowspan="5">+0.1
0</td><td>1.0</td><td rowspan="5">+0.1
0</td><td rowspan="3">0.08</td><td rowspan="3">0.16</td></tr>
<tr><td>>8~10</td><td>3×3</td><td>3</td><td>1.8</td><td>1.4</td></tr>
<tr><td>>10~12</td><td>4×4</td><td>4</td><td rowspan="3">+0.030
0</td><td rowspan="3">+0.078
+0.030</td><td rowspan="3">0
−0.030</td><td rowspan="3">±0.015</td><td rowspan="3">−0.012
−0.042</td><td>2.5</td><td>1.8</td></tr>
<tr><td>>12~17</td><td>5×5</td><td>5</td><td>3.0</td><td>2.3</td><td rowspan="3">0.16</td><td rowspan="3">0.25</td></tr>
<tr><td>>17~22</td><td>6×6</td><td>6</td><td>3.5</td><td>2.8</td></tr>
<tr><td>>22~30</td><td>8×7</td><td>8</td><td rowspan="2">+0.036
0</td><td rowspan="2">+0.098
+0.040</td><td rowspan="2">0
−0.036</td><td rowspan="2">±0.018</td><td rowspan="2">−0.015
−0.051</td><td>4.0</td><td rowspan="10">+0.2
0</td><td>3.3</td><td rowspan="10">+0.2
0</td></tr>
<tr><td>>30~38</td><td>10×8</td><td>10</td><td>5.0</td><td>3.3</td><td rowspan="5">0.25</td><td rowspan="5">0.40</td></tr>
<tr><td>>38~44</td><td>12×8</td><td>12</td><td rowspan="4">+0.043
0</td><td rowspan="4">+0.120
+0.050</td><td rowspan="4">0
−0.043</td><td rowspan="4">±0.0215</td><td rowspan="4">−0.018
−0.061</td><td>5.0</td><td>3.3</td></tr>
<tr><td>>44~50</td><td>14×9</td><td>14</td><td>5.5</td><td>3.8</td></tr>
<tr><td>>50~58</td><td>16×10</td><td>16</td><td>6.0</td><td>4.3</td></tr>
<tr><td>>58~65</td><td>18×11</td><td>18</td><td>7.0</td><td>4.4</td></tr>
<tr><td>>65~75</td><td>20×12</td><td>20</td><td rowspan="4">+0.052
0</td><td rowspan="4">+0.149
+0.065</td><td rowspan="4">0
−0.052</td><td rowspan="4">±0.026</td><td rowspan="4">−0.022
−0.074</td><td>7.5</td><td>4.9</td><td rowspan="4">0.40</td><td rowspan="4">0.60</td></tr>
<tr><td>>75~85</td><td>22×14</td><td>22</td><td>9.0</td><td>5.4</td></tr>
<tr><td>>85~95</td><td>25×14</td><td>25</td><td>9.0</td><td>5.4</td></tr>
<tr><td>>95~110</td><td>28×16</td><td>28</td><td>10.0</td><td>6.4</td></tr>
<tr><td>键长
系列</td><td colspan="13">6、8、10、12、14、16、18、20、22、25、28、32、36、40、45、50、56、63、70、80、90、100、110、125、140、160、180、200、250、280、320、360</td></tr>
</table>

表 7-21 键联接的许用应力 (单位:MPa)

许用应力	联接工作方式	键或毂、轴的材料	载荷性质		
			静载荷	轻微冲击	冲击
$[\sigma_{jy}]$	静联接	钢	120～150	100～120	60～90
		铸铁	70～80	50～60	30～45
$[p]$	动联接	钢	50	40	30

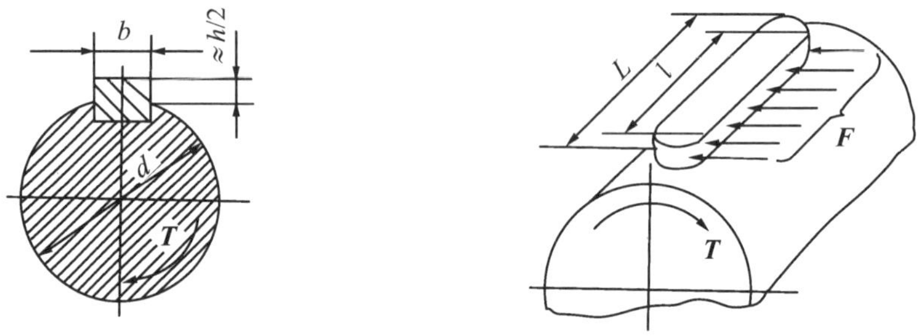

图 7-28 平键联接的受力分析

例 7-1 有一减速器低速轴,轴头直径 $d=60$ mm,轴上安装锻钢齿轮,轮毂宽 100 mm,传递转矩 600 N·m 载荷有轻微冲击,试选择该平键联接并校核其强度。

解 (1) 平键类型和尺寸选择:

选 A 型平键。根据轴直径 $d=60$ mm 和轮毂宽 100 mm,由表 7-20 查得键的截面尺寸为 $b=18$ mm,$h=11$ mm,$L=90$ mm。

(2) 校核键的挤压强度:

由表(7-21)查得$[\sigma_{jy}]=100\ \text{N/mm}^2$,键的有效长度 $l=L-b=(90-18)=72$ (mm),按式(7-32)得

$$\sigma_{jy}=\frac{4T}{dhl}=\frac{4\times 600\times 10^3}{60\times 11\times 72}=50.51\ (\text{MPa})\leqslant[\sigma_{jy}]$$

所以,挤压强度满足要求。

(3) 标注键槽的尺寸公差。(略)

(二) 花键联接

花键联接由内花键和外花键组成。在轴上加工出多个键齿称为外花键;在轮毂内孔上加工出多个键槽称为内花键,如图 7-29 所示。花键工作面为键侧面,花键联接承载能力高,定心和导向性好,对轴削弱小,适用于载荷较大和定心精度要求高的动联接或静联接。

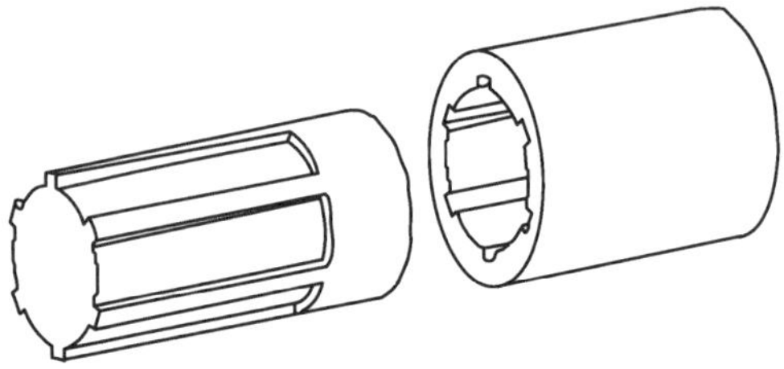

图 7-29 花键联接

外花键可用成型铣刀或滚刀加工，内花键可以拉削或插削而成，有时为了增加花键表面的硬度以减少磨损，内外花键还要经过热处理及磨削加工。

花键联接按剖面形状不同分为矩形和渐开线形两种。

1. 矩形花键

矩形花键如图 7-30(a)所示。矩形花键多齿工作，承载能力高，对中性好，导向性好，齿根较宽，应力集中较小。

矩形花键的截面形状为矩形，加工方便，能用磨削的方法得到较高的精度，通常采用小径定心，它的定心精度高，稳定性好。因此应用广泛，如飞机、汽车、拖拉机、机床制造业、农业机械及一般机械传动装置等。

2. 渐开线花键

渐开线花键齿廓为渐开线，如图 7-30(b)所示。受载时齿上有径向力，能起自动定心作用，使各齿受力均匀、强度高、寿命长。

采用渐开线作为花键齿廓，可用加工齿轮的方法进行加工，故工艺性好。与矩形花键相比，它具有自动定心、齿面接触好、强度高、寿命长等特点，因此，它有代替矩形花键的趋势。许多国家在航天、航空、造船、汽车等行业中，渐开线花键应用越来越多。它的齿形有压力角为30°和 45°两种，前者用于重载和尺寸较大的联接，后者用于轻载和小直径的静联接，特别适用于薄壁零件的联接。

3. 三角形花键

三角形花键联接中的内花键齿形为三角形，外花键为压力角为 45°的渐开线齿形，如图7-30(c)所示，适用于薄壁零件的联接。

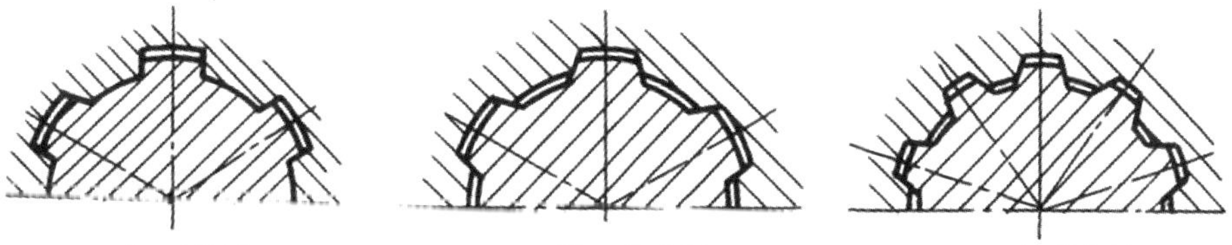

(a) 矩形花键　(b) 渐开线花键　(c) 三角形花键

图 7-30　渐开线花键

(三) 销联接

销联接是一种常用的联接。根据销联接的用途，销可以分为联接销、定位销、安全销等类型，如图 7-31 所示，联接销主要用于零件之间的联接，并且可以传递不大的载荷或转矩；定位销主要用于固定机器或部件上零件的相对位置，通常用圆锥销作定位销；安全销主要用作安全装置中的剪切元件，起过载保护作用。

按照销的形状，销可以分为圆柱销、圆锥销和异形销等类型。圆柱销利用微小过盈固定在铰制孔中，可以承受不大的载荷。如果多次拆装，过盈量减小，将会降低联接的紧密性和定位的精确性。普通圆柱销有 A、B、C、D 4 种配合型号，以满足不同的使用要求。

圆锥销具有 1∶50 的锥度，使之在受横向载荷时有可靠的自锁性，安装方便，定位可靠，多次拆装对定位精度的影响较小，应用较为广泛。它有 A、B 两种型号，A 型精度高。圆锥销的小头直径为标准值。圆锥销的上端和尾部可以根据使用要求不同，制造出不同的形状。

异形销是指特殊形状的销以满足使用需要，常用的异形销是开口销。开口销是标准件，常用于联接的防松，它具有结构简单、装拆方便等特点。

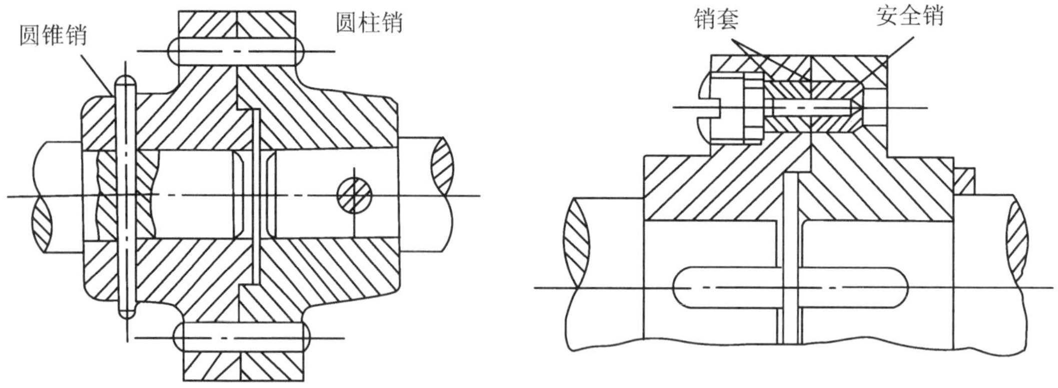

图 7-31　销联接

（四）螺纹联接

螺纹联接是利用螺纹零件，将两个以上零件联接起来构成的一种可拆联接。它具有结构简单、工作可靠性高、装拆方便、成本低廉等优点，故应用非常广泛。

1. 螺纹联接类型及适用场合、结构尺寸

螺纹联接的主要类型有螺栓联接、双头螺柱联接、螺钉联接，紧定螺钉联接。它们的结构尺寸、特点及应用见表 7-22。

除上述基本螺纹联接类型外，还有一些特殊结构的螺纹联接，如专门用于将机座或机架固定在地基上的地脚螺栓联接；装在机器或大型零、部件的顶盖或外壳上便于起吊用的吊环螺钉联接；用于工装设备中的 T 形槽螺栓联接等。具体结构和尺寸可在《机械设计手册》中查出。

螺纹联接中用到的联接件，如螺栓、螺钉、双头螺柱、螺母、垫圈等，这些零件的结构形式和尺寸均已标准化。设计时，可根据螺纹的公称尺寸在相应的标准或《机械设计手册》中查出其他尺寸。

表 7-22　螺纹联接的基本类型、特点和应用

类　型	构　造	主要尺寸关系	特点和应用
螺栓联接	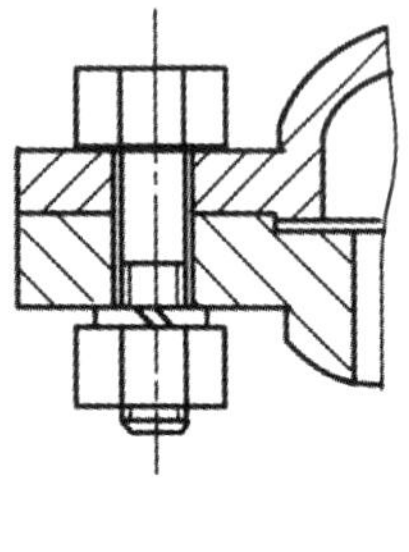	螺栓余留长度 l_1 受拉螺栓联接 静载荷：$l_1 \geqslant (0.3\sim0.5)d$ 变载荷：$l_1 \geqslant 0.75d$ 冲击、弯曲载荷：$l_1 \geqslant d$ 受剪螺栓联接 l_1 尽可能小 螺纹伸出长度：$l_2=(0.2\sim0.3)d$ 螺栓轴线到被联接件边缘的距离：$e=d+(3\sim6)\text{mm}$	无需在被联接件上车制螺纹，使用不受被联接件材料的限制，构造简单，装拆方便，应用最广。用于通孔并能从联接件两边进行装配的场合

续表

类　型	构　造	主要尺寸关系	特点和应用
双头螺柱联接	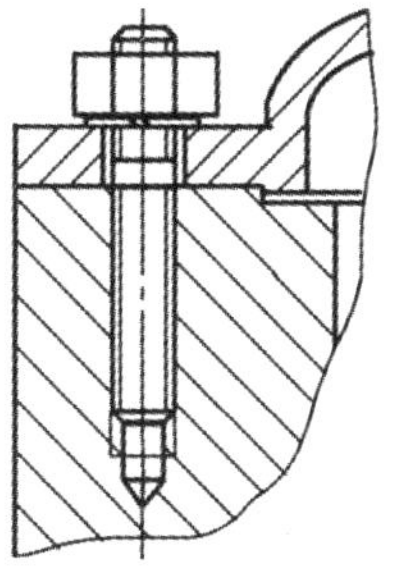	螺纹旋入深度 l_3，当螺纹孔零件为： 钢或青铜：$l_3=d$ 铸铁：$l_3=(1.25\sim1.5)d$ 铝合金：$l_3=(1.25\sim2.5)d$ 纹孔深度：$l_4=l_3+(2\sim2.5)d$ 钻孔深度：$l_5=l_4+(0.2\sim0.3)d$ l_1、l_2、e 同上	座端旋入并紧定在被联接件之一的螺纹孔中，用于受结构限制而不能用螺栓或希望联接结构较简单的场合
螺钉联接	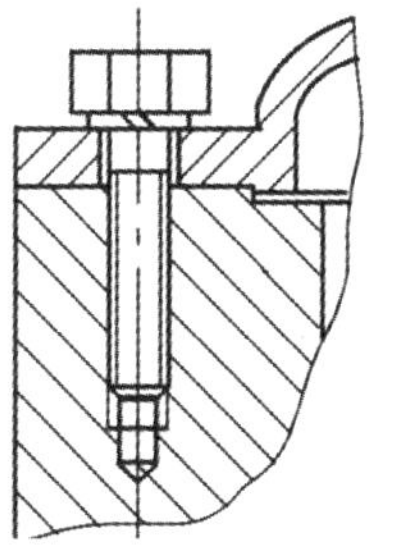	l_1、l_2、l_3、l_4、e 同上	不用螺母，而且能有光整的外露表面，应用与双头螺柱联接相似；但不宜用于时常装拆的联接，以免损坏被联接件的螺纹孔
紧定螺钉联接	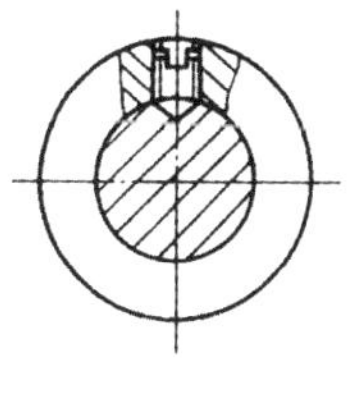	$d=(0.2\sim0.3)d_s$ 扭矩大时取大值	旋入被联接件之一的螺纹孔中，其末端顶住另一被联接件的表面或顶入相应的坑中，以固定两个零件的相互位置，并可传递不大的力或扭矩

2. 螺纹联接的预紧和防松

(1) 螺纹联接的预紧。大多数螺纹联接都需要在装配时拧紧。联接在承受工作载荷之前所受到的力称为联接预紧力。预紧的目的是为了提高联接的可靠性和疲劳强度，增强联接的紧密性和防松能力。螺栓联接的预紧力是通过拧紧螺母获得的，拧紧力矩需要克服螺母与被联接件或垫圈支承面间的摩擦力矩 $\boldsymbol{T}_1$ 和螺纹副间的摩擦力矩 $\boldsymbol{T}_2$，使联接产生预紧力 $\boldsymbol{F}_0$。对于M10～M68 的粗牙普通钢制螺栓，拧紧力矩的近似计算公式为

$$T = T_1 + T_2 \approx 0.2F_0 d$$

式中 F_0 为预紧力，单位为 N；d 为螺栓直径，单位为 mm。

控制拧紧力矩的方法有多种，对于一般联接，预紧力可凭经验控制；对于重要联接，常用测力矩扳手或定力矩扳手测量预紧力矩，如图 7-32 所示。测力矩扳手，可以通过表盘读出力矩数值；定力矩扳手则可以按照预定的力矩拧紧螺母。

(2) 螺纹联接的防松。螺纹联接在静载荷下或温度变化不大时不会自动松脱。螺纹之间的摩擦力、螺母及螺钉头部与支承面之间的摩擦力，都将起到阻止螺母松脱的作用。但在冲击、振动或变载荷作用下，或工作温度变化较大时，上述的摩擦力瞬时会变得很小以致失去自锁能力，联接可能自动松脱，影响联接的牢固性和紧密性，甚至造成严重事故。所以，设计螺纹联接时，必须采取有效的防松措施。

防松的实质是防止螺纹副的相对转动。防松的方法很多，就其工作原理，可分为摩擦防

松、机械防松和不可拆防松 3 类。

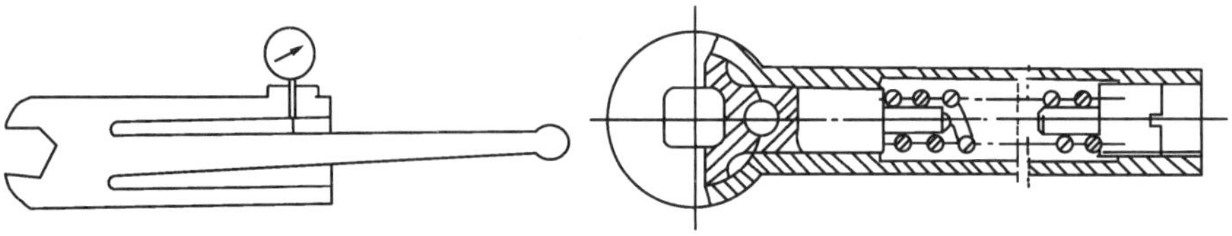

图 7-32　测力矩扳手与定力矩扳手

① 摩擦防松。

a. 弹簧垫圈。弹簧垫圈(图 7-33(a))用弹簧钢制成,装配后垫圈被压平,其反弹力能使螺纹间产生压紧力和摩擦力,能防止联接松脱。

b. 弹性圈螺母。图 7-33(b)所示为弹性圈螺母,螺纹旋入处嵌入纤维或者尼龙来增加摩擦力。该弹性圈还可以防止液体泄漏。

c. 双螺母。利用两螺母(图 7-33(c))的对顶作用使螺栓始终受到附加拉力,致使两螺母与螺栓的螺纹间保持压紧和摩擦力。

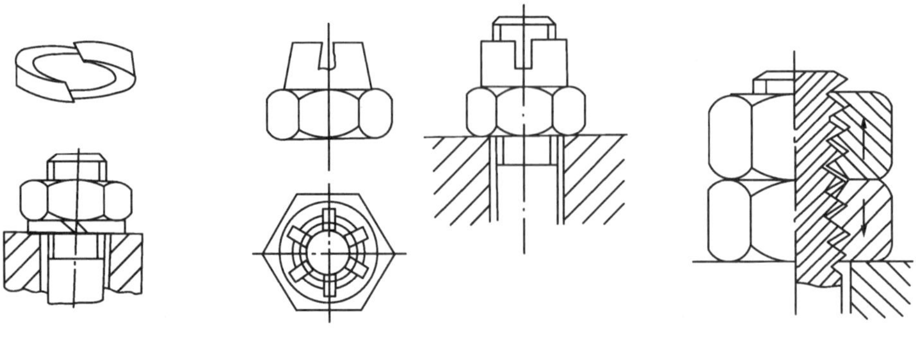

(a) 弹簧垫圈　　(b) 弹性圈螺母　　(c) 双螺母

图 7-33　摩擦防松的方法

② 机械防松。

a. 槽形螺母与开口销。槽形螺母拧紧后,用开口销穿过螺母上的槽和螺栓端部的销孔,使螺母与螺栓不能相对转动,见图 7-34。

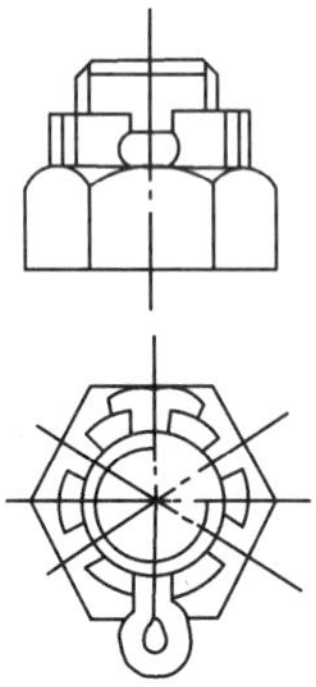

图 7-34　槽形螺母与开口销

b. 止退垫圈与圆螺母。将垫片的内翅嵌入螺栓(轴)的槽内,拧紧螺母后再将垫圈的一个外翅折嵌入螺母的一个槽内，螺母即被锁住，见图 7-35。

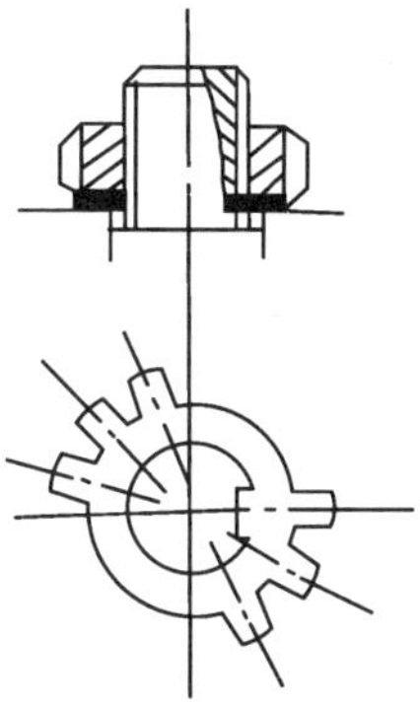

图 7-35　止退垫圈与圆螺母

c. 止动垫片。如图 7-36 所示，将垫片折边以固定螺母和被联接件的相对位置。

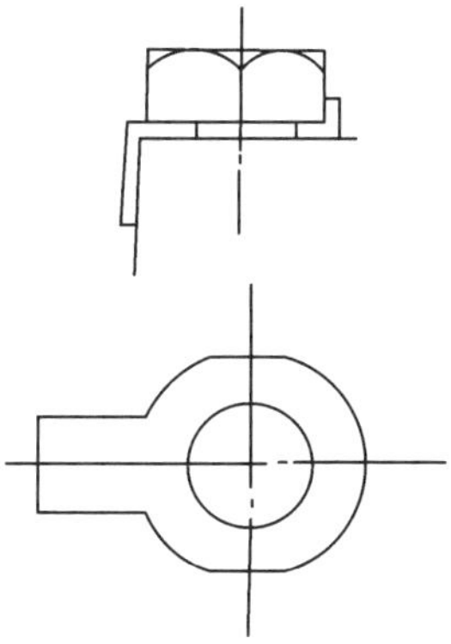

图 7-36　止动垫片

d. 串联钢丝。用低碳钢丝穿入各螺钉头部的孔内，将各螺钉串联起来，使其相互制动。使用时必须注意钢丝的穿入方向(见图 7-37，上图正确，下图错误)。

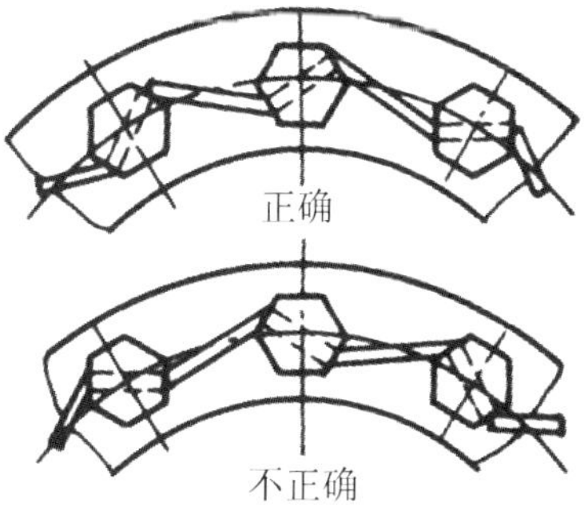

图 7-37　串联钢丝

(3) 不可拆防松。

① 冲点。如图 7-38(a)所示，螺母拧紧后，用冲头在螺栓末端与螺母的旋合缝处打冲2～3个冲点。防松可靠，适用于不需要拆卸的特殊联接。

② 焊接。如图 7-38(b)所示，螺母拧紧后，将螺栓末端与螺母焊牢，联接可靠，但拆卸后联

接件被破坏。

③ 黏合防松。如图 7-38c 所示,在旋合的螺纹表面涂以黏合剂,防松效果良好。

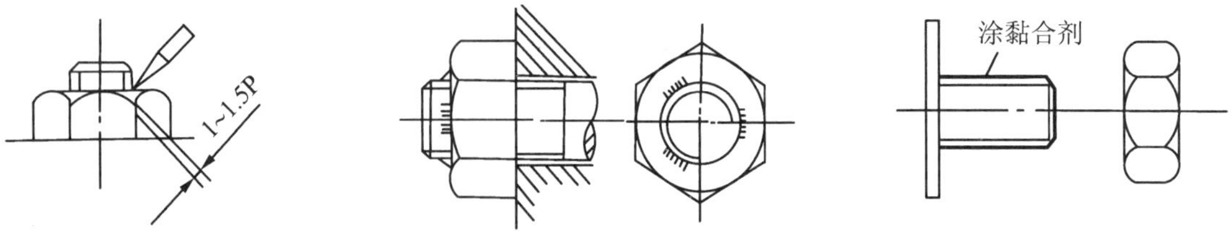

(a) 冲点防松　(b) 焊接防松　(c) 黏合防松

图 7-38　不可拆防松

3. 螺纹联接的强度计算

螺栓联接通常成组使用。进行强度计算时,应在螺栓组中找出受力最大的螺栓,作为强度计算的对象。对于单个螺栓来讲,其受力的形式分轴向载荷和横向载荷两种。受轴向载荷的螺栓联接(受拉螺栓)主要失效形式是螺纹部分发生塑性变形或断裂,因而其设计准则应该保证螺栓的抗拉强度;而受横向载荷的螺栓联接(受剪切螺栓)主要失效形式是螺栓杆被剪断或孔壁和螺栓杆的接合面上出现压溃。其设计准则保证联接的挤压强度和螺栓的剪切强度,其中联接的挤压强度对联接的可靠性起决定性作用。螺纹的其他部分的尺寸,根据等强度条件和使用经验规定的,通常不需要进行强度计算。具体强度计算方法见《机械设计手册》。

4. 螺纹联接结构设计要点

大多数情况下螺栓联接都是成组使用的。合理地布置同一组螺栓的位置,以使各个螺栓受力尽可能均匀,这是螺栓组结构设计所要解决的主要问题。为了获得合理的结构,螺栓组结构设计时,应考虑以下几个问题:

(1) 联接接合面的设计。联接接合面的几何形状应与机械的结构形状协调一致,并尽量设计成轴对称或中心对称图形,如图 7-39 所示。这样不仅便于加工,而且保证联接接合面受力均匀。

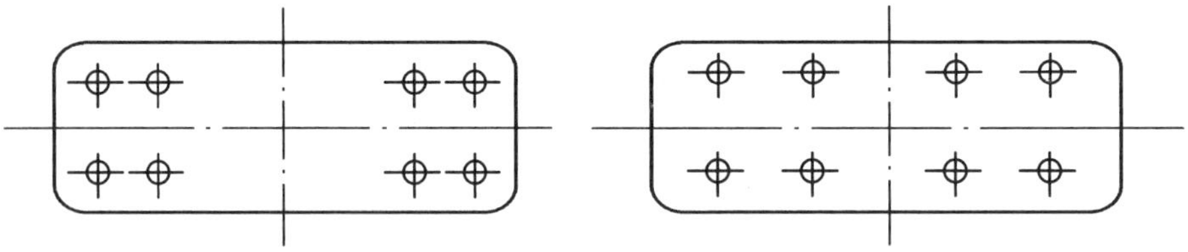

(a)　(b)

图 7-39　螺栓的结合面形状

(2) 螺栓的数目及布置。螺栓的布置应使各螺栓受力合理。当螺栓受弯矩或转矩时,应使螺栓适当靠近接合面边缘,以减小螺栓受力,如图 7-40 所示。螺栓的数目应以满足强度为前提,尽量选用偶数,以便于对称布置或在圆周上分度。同组螺栓应相同,具有互换性。

螺栓的布置应有合理的边距和间距,以保证联接的紧密性和装配时所需的扳手空间,如图 7-41 所示。

同组螺栓的间距应符合表 7-23 推荐数值。对于一般联接，螺栓间距 $t_0=10d$。

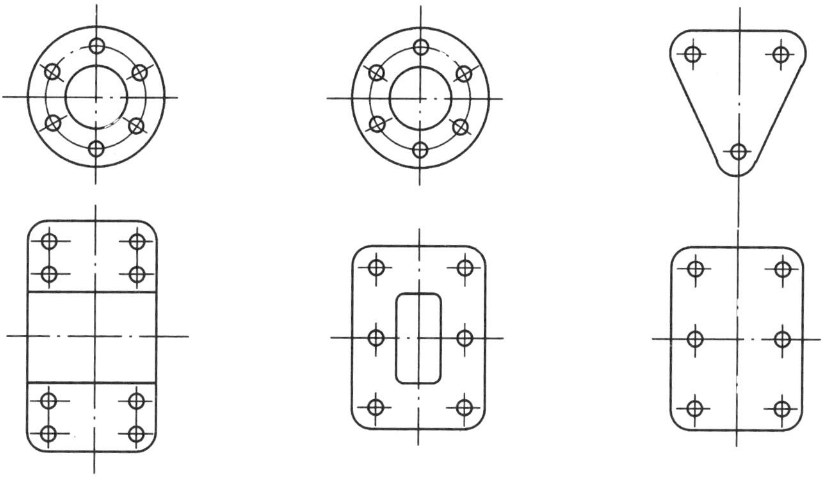

(a) 不合理　　　　(b) 合理

图 7-40　螺栓受弯矩或转矩时螺栓组的布置

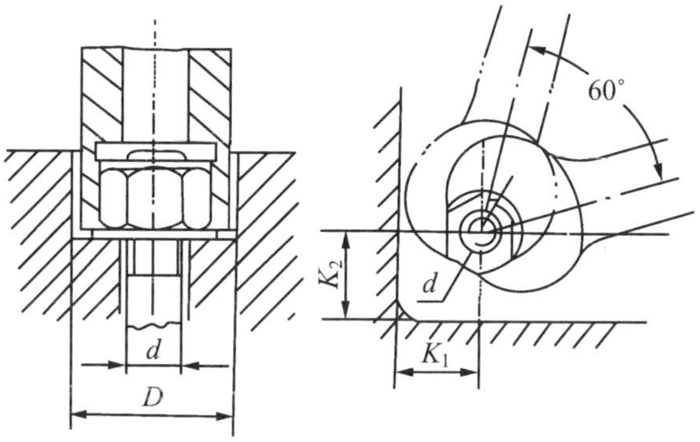

图 7-41　扳手空间

表 7-23　螺栓的间距

	工作压力(MPa)					
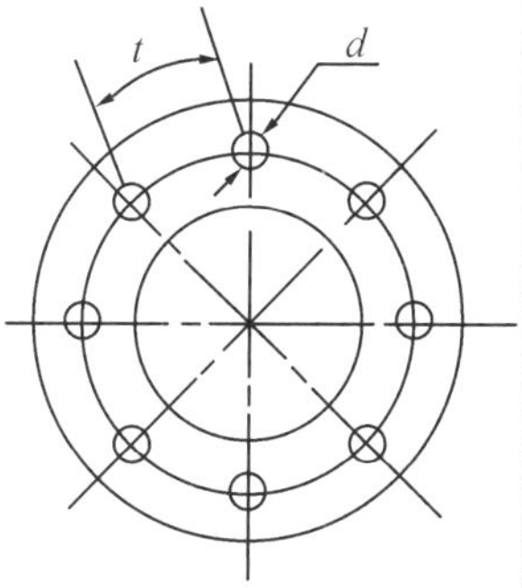	≤1.6	1.6～4	4～10	10～16	16～20	20～30
	t(mm)					
	7d	4.5d	4.5d	4d	3.5d	3d

注：表中 d 为螺纹公称直径。

(3) 避免产生附加的弯曲应力。若被联接件支承表面不平或倾斜，螺栓将受到偏心载荷作用，产生附加弯曲应力，从而使螺栓剖面上的最大拉应力可能比没有偏心载荷时的拉应力大得多。所以必须注意支承表面的平整问题。如图 7-42 所示的凸台和凹坑都是经过切削加工而成的支承平面。对于型钢等倾斜支承面,则应采用如图 7-43 所示的斜垫圈。

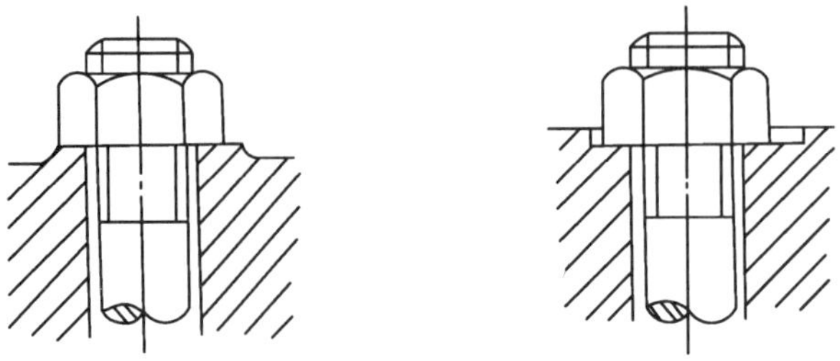

(a) 凸台　　(b) 凹台

图 7-42　凸台和凹坑的应用

图 7-43　斜垫圈的应用

三、任务实施

(一) 本任务的学习目标

通过机器中联接件的认知与分析,确定本任务的学习目标(表 7-24)。

表 7-24　任务学习目标

序　号	类　别	目　　标
一	专业知识	1. 了解键联接的特点和应用; 2. 掌握键联接的标准和选用; 3. 了解花键联接特点和应用; 4. 了解销联接特点和应用; 5. 螺纹联接特点和应用; 6. 掌握螺纹联接的类型场合应用; 7. 理解螺纹联接的预紧和防松方法
二	专业能力	1. 认知生活中的联接; 2. 掌握键联接的标准和选用; 3. 了解花键联接特点和应用; 4. 了解销联接特点和应用; 5. 掌握螺纹联接类型和应用; 6. 理解螺纹联接的预紧和防松方法; 7. 联系实际,分析机器中联接的应用

续表

序　号	类　别	目　　标
三	方法能力	1. 初步具有观察机械工作过程，分析机械的工作原理，将思维形象转化为工程语言的能力； 2. 将机械设计知识应用于日常生活、生产活动，具有分析问题、解决问题的能力； 3. 学会自主学习，掌握一定的学习技巧，具有继续学习的能力； 4. 设计一般工作计划，初步具有对方案进行可行性分析的能力； 5. 培养评估总结工作结果的能力
四	社会能力	1. 养成实事求是、尊重自然规律的科学态度； 2. 养成勇于克服困难的精神，具有较强的吃苦耐劳，战胜困难的能力； 3. 养成及时完成阶段性工作任务的习惯和责任意识； 4. 培养信用意识、敬业意识、效率意识与良好的职业道德； 5. 培养良好的团队合作精神； 6. 培养较好的语言表达能力，善于交流

（二）任务技能训练

任务技能训练内容见表 7-25。

表 7-25　任务技能训练表

任务名称	键联接的选择和设计计算
任务实施条件	1. 理实一体教室； 2. 机器中的联接； 3. 测量工具； 4. 绘图工具
任务目标	1. 掌握键联接的标准； 2. 键联接的选择； 3. 键联接的设计计算； 4. 画键联接的工作图； 5. 良好的协作精神； 6. 严谨的工作态度； 7. 养成及时完成阶段性工作任务的习惯和责任意识； 8. 评估总结工作结果的能力
任务实施	1. 分析机器中的联接； 2. 选择键联接的类型； 3. 正确设计计算键联接； 4. 画键联接的工作图
任务要求	1. 键联接选择正确； 2. 键联接设计计算正确； 3. 键联接工作图正确、完整、规范

四、任务评价与总结

（一）任务评价

任务评价见表 7-26。

表 7-26　任务评价表

评价项目	评价内容	配　分	得　分
成果评价(60%)	键联接的选择	10%	
	键联接设计计算	30%	
	键联接工作图	20%	
自我评价(10%)	学习活动的目的性	2%	
	是否独立寻求解决问题的方法	4%	
	造型方案、方法的正确性	2%	
	个人在团队中的作用	2%	
小组评价(10%)	按时保证质量完成任务	2%	
	组织讨论，分工明确	4%	
	组内给予其他成员指导	2%	
	团队合作氛围	2%	
教师评价(20%)	工作态度是否正确	10%	
	工作量是否饱满	3%	
	工作难度是否适当	2%	
	自主学习	5%	
总　分			
备　注			

（二）任务总结

(1) 组织学生进行讨论、分析、总结、评估；
(2) 评价任务完成情况；
(3) 对项目的完成情况给出结论。

五、任务拓展

练习与提高

(1) 常用的螺纹有哪几类？它们各有什么特点？其中哪些已标准化？
(2) 常用的螺纹连接零件有哪些？螺纹连接有哪几种基本类型？各适用于什么场合？

(3) 螺纹连接为什么要预紧？预紧力的大小如何保证？

(4) 螺纹连接常用的防松方法有哪几种？它们是如何防松的？其可靠性如何？试自行设计一种防松方案。

(5) 圆头、平头及单圆头普通平键各有何优缺点？分别用在什么场合？轴上的键槽是怎样加工的？

(6) 普通平键联结哪些失效形式？主要失效形式是什么？怎样进行强度校核？如经校核判定强度不足时，可采取哪些措施？

(7) 平键和楔键在结构和使用性能上有何区别？为何平键应用较广？

(8) 常用的花键齿形有哪几种？各用于什么场合？

(9) 哪些场合用了销联结？是圆柱销还是圆锥销？起什么作用？销孔是怎样加工的？用于定位时，常用几个销？其位置和间距是怎样确定的？

(10) 实习工厂里最常用的是什么螺钉？直径范围是多少？什么材料？怎样制成的？螺钉上的哪些面加工过？

(11) 你见到机器上用了哪些键和花键？为什么要在那个部位使用？它们的材料、标准、安装位置和定心方式怎样？轴上及轮毂上的键槽是怎样加工出来的？外花键及内花键又是怎样加工的？

(12) 某减速器低速轴与齿轮之间的普通平键联接。已知：传递的转矩 $T=800\ \mathrm{N\cdot m}$ 配合处轴段轴径 $d=80\ \mathrm{mm}$，轮毂长度 $L=100\ \mathrm{mm}$，齿轮材料为锻钢，工作时载荷有轻微冲击。试选择该平键联接并校核其强度。

任务四　联轴器与离合器

一、任务资讯

联轴器和离合器是机械传动中的重要部件。联轴器和离合器可联接主、从动轴，使其一同回转并传递扭矩，有时也可用作安全装置。联轴器联接的分与合只能在停机时进行，而用离合器联接的两轴，在机械运转时，能方便地将两轴分开和接合。此外，它们有的还可起到过载安全保护作用。联轴器、离合器是机械传动中的通用部件，而且大部分已标准化。设计选择时可根据工作要求，查阅有关手册、样本，选择合适的类型，必要时对其中主要零件进行强度校核。图 7-44 所示为电动绞车，电动机输出轴与减速器输入轴之间用联轴器联接，减速器输出轴与卷筒之间同样用联轴器联接来传递运动和转矩。在本任务中，我们将认知联轴器与离合器，掌握联轴器与离合器的基本知识，会选择和使用联轴器与离合器。

二、任务分析与计划

(一) 联轴器

联轴器所联接的两轴，由于制造及安装误差、承载后的变形及温度变化的影响等，往往不能保证严格的对中，如图 7-45 所示。如果这些偏斜得不到补偿，将会在轴、轴承及联轴器上引起附加的动载荷，甚至发生振动。因此在不能避免两轴相对位移的情况下，应采用弹性联轴器或可移式刚性联轴器来补偿被联接两轴间的位移与偏斜。

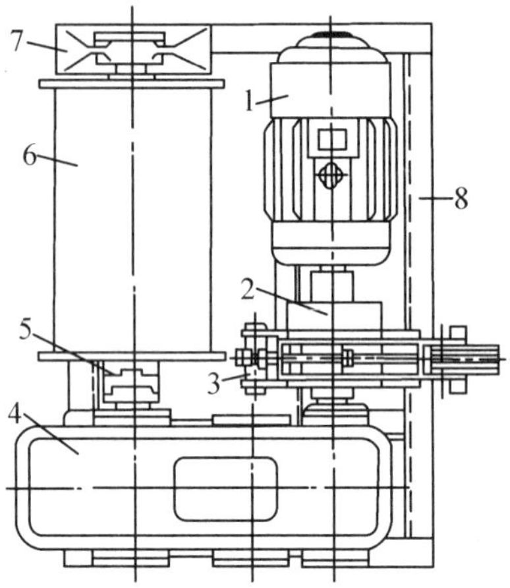

1. 电动机；2、5. 联轴器；3. 制动器；
4. 减速器；6. 卷筒；7. 轴承；8. 机架

图 7-44　电动绞车的结构

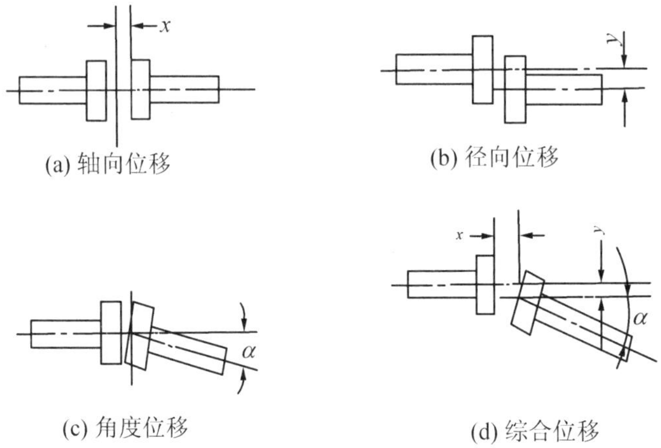

图 7-45　两轴相对位移

联轴器的类型很多，根据是否包含弹性元件，可划分为刚性联轴器和弹性联轴器。弹性联轴器因有弹性元件，故可起到缓冲减震的作用，也可在不同程度上补偿两轴之间的偏移。根据结构特点不同，刚性联轴器又可分为固定式和可移式两类。可移式刚性联轴器对两轴间的偏移量具有一定的补偿能力，下面分别予以介绍。

1. 固定式联轴器

固定式联轴器是一种比较简单的联轴器，常用的有套筒式和凸缘式联轴器。

(1) 套筒式联轴器。如图 7-46 所示，套筒式联轴器是一个圆柱形套筒。它与轴用圆锥销或键联接以传递转矩，当用圆锥销联接时，则传递的转矩较小，当用键联接时，则传递的转矩较大。套筒式联轴器的结构简单，制造容易，径向尺寸小，但两轴线要求严格对中，装拆时需作轴向移动，适用于工作平稳，无冲击载荷的低速、轻载的轴。

(2) 凸缘式联轴器。如图 7-47 所示，凸缘式联轴器是把两个带有凸缘的半联轴器用键分别与两轴联接，然后用螺栓把两个半联轴器联成一体，以传递运动和转矩。凸缘式联轴器有两种对中方法：图 7-47(a)所示为两半联轴器的凸肩与凹槽相配合而对中，用普通螺栓联接，依靠接合面间的摩擦力传递转矩，对中精度高，装拆时，轴必须做轴向移动。图 7-47(b)所示为两半联轴器用铰制孔螺栓联接，靠螺栓杆与螺栓孔配合对中，依靠螺栓杆的剪切及其与孔的挤压传递转矩，装拆时轴不需做轴向移动。凸缘式联轴器的结构简单，使用维修方便，对中精度高，传递转矩大；但对所联两轴间的偏移缺乏补偿能力，制造和安装精度要求较高，故凸缘式联轴器适用于速度较低、载荷平稳、两轴对中性较好的情况。

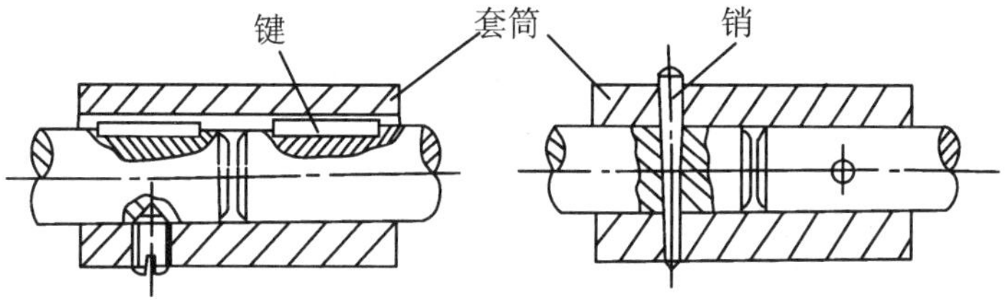

(a) 键联接　　(b) 圆锥销联接

图 7-46　套筒式联轴器

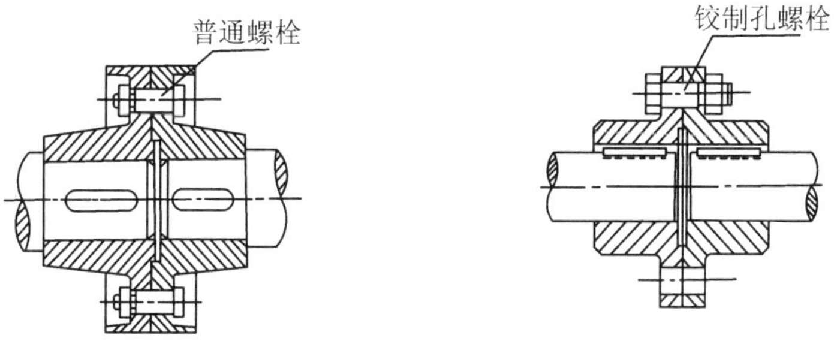

(a)　　(b)

图 7-47　凸缘式联轴器

2. 可移式联轴器

这类联轴器具有可移性，故可补偿两轴间的偏移。但因无弹性元件，故不能缓冲减震。常用的有以下几种：

(1) 十字滑块联轴器。如图 7-48 所示，十字滑块联轴器是由两个在端面上开有凹槽的半联轴器 1、3 和一个两面带有凸牙的中间盘 2 组成。两个半联轴器 1、3 分别固定在主动轴和从动轴上，中间盘两面的凸牙位于相互垂直的两个直径方向上，并在安装时分别嵌入 1、3 的凹槽中，将两轴联为一体。因为凸牙可在凹槽中滑动，故可补偿安装及运转时两轴间的偏移。这种联轴器结构简单，径向尺寸小，适用与径向位移 $y \leqslant 0.04d$(d 为轴径)、角位移 $a \leqslant 30$ 最高转速 $n \leqslant 250$ r/min、工作平稳的场合。为了减少滑动面的摩擦及磨损，凹槽及凸块的工作面要淬硬，并且在凹槽和凸块的工作面间要注入润滑油。

(2) 齿式联轴器。如图 7-49 所示，齿式联轴器是由两个带有内齿及凸缘的外套筒 2、3 和两个带有外齿的内套筒 1、4 所组成。两个内套筒 1、4 分别用键与两轴联接，两个外套筒 2、3 用螺栓联成一体，依靠内外齿相啮合以传递转矩。由于外齿的齿顶制成椭球面，且保持与内齿啮合后具有适当的顶隙和侧隙，故在转动时，套筒 1 可有轴向、径向及角位移。工作时，轮齿沿轴向有相对滑动。为了减轻磨损，可由油孔 4 注入润滑油，并在套筒 1 和 3 之间装有密封圈，以防止润滑油泄露。

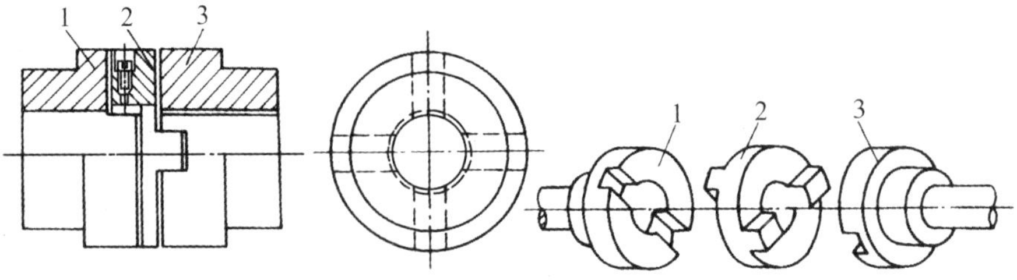

(a) 平面图　　(b) 单件立体图

图 7-48　十字滑块联轴器

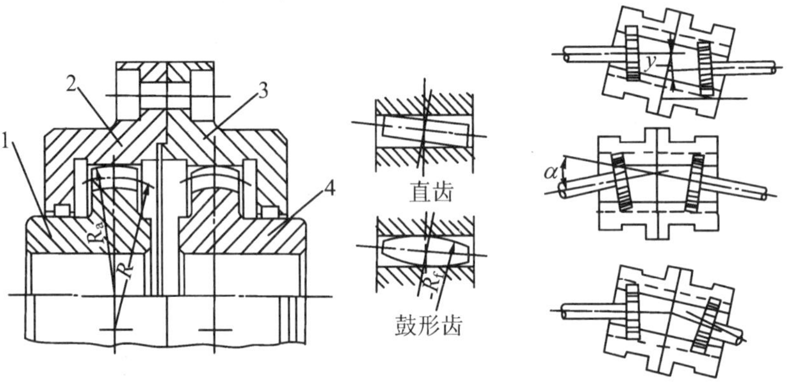

(a) 齿式联轴器结构　　(b) 齿形示意图　　(c) 位移补偿示意图

图 7-49　齿式联轴器

（3）万向联轴器。万向联轴器如图 7-50 所示，由两个叉形接头 1、3 和十字轴 2 组成，利用中间联接件十字轴联接的两叉形半联轴器均能绕十字轴的轴线转动，从而使联轴器的两轴线能成任意角度 α，一般 α 最大可达 35°～45°。但 α 角越大，传动效率越低。万向联轴器单个使用时，当主动轴以等角速度转动时，从动轴作变角速度回转，从而在传动中引起附加动载荷。为避免这种现象发生，可采用两个万向联轴器成对使用，使两次角速度变化的影响相互抵消，使主动轴和从动轴同步转动，如图 7-51 所示。各轴相互位置在安装时必须满足：① 主动轴、从

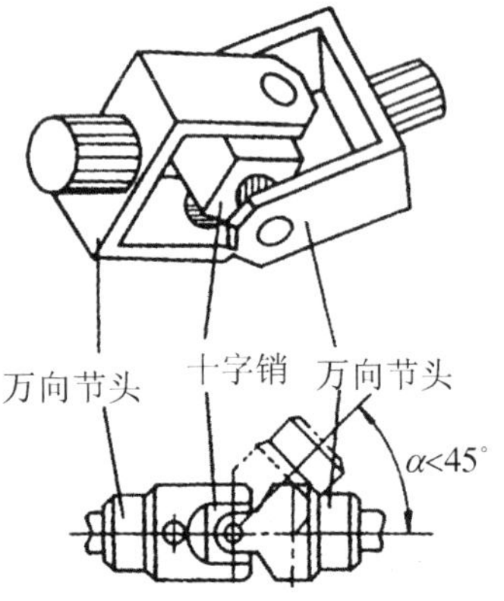

图 7-50　万向联轴器

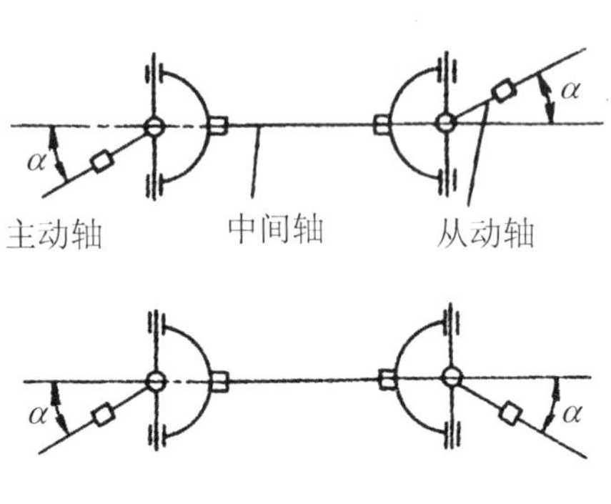

图 7-51　双万向联轴器

动轴与中间轴 C 的夹角必须相等，即 $\alpha_1=\alpha_2$；② 中间轴两端的叉形平面必须位于同一平面内。万向联轴器的材料常用合金钢制造，以获得较高的耐磨性和较小的尺寸。

万向联轴器能补偿较大的角位移，结构紧凑，使用、维护方便，广泛用于汽车、工程机械等的传动系统中。

3. 弹性联轴器

弹性联轴器因有弹性元件，不仅可以补偿两轴间的偏移，而且具有缓冲减振的作用。故适用于启动频繁、经常正反转、变载荷及高速运转的场合。

(1) 弹性套柱销联轴器。如图 7-52 所示，弹性套柱销联轴器的结构与凸缘式联轴器相似，只是用套有弹性套的柱销代替了联接螺栓。由于通过弹性套传递转矩，故可补偿两轴间的径向位移和角位移，并有缓冲和减振作用。弹性套的材料常用耐油橡胶，并做成图 7-52 所示的形状，以提高其弹性。这种联轴器制造容易，装拆方便，成本较低，可以补偿综合位移，具有一定的缓冲和吸振力，但弹性套易磨损，寿命较短。它适合用于载荷平稳、双向运转、启动频繁和变载荷场合。

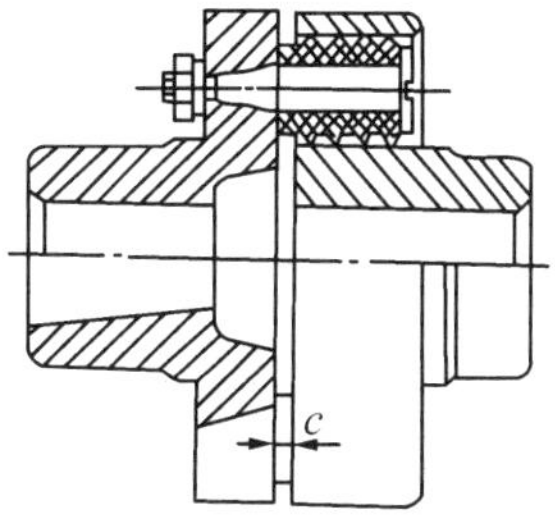

图7-52　弹性套柱销联轴器

(2) 弹性柱销联轴器。弹性柱销联轴器(图 7-53)是用若干个尼龙柱销将两个半联轴器联接起来，为防止柱销滑出，在半联轴器的外侧有用螺钉固定的挡板。为了增加补偿量，可将柱销的一端制成鼓形，其鼓半径为柱销直径的 2～4 倍。这种联轴器与弹性套柱销联轴器结构类似，但传递转矩的能力较大，可补偿两轴间一定的轴向位移及少量的径向位移和偏角位移。

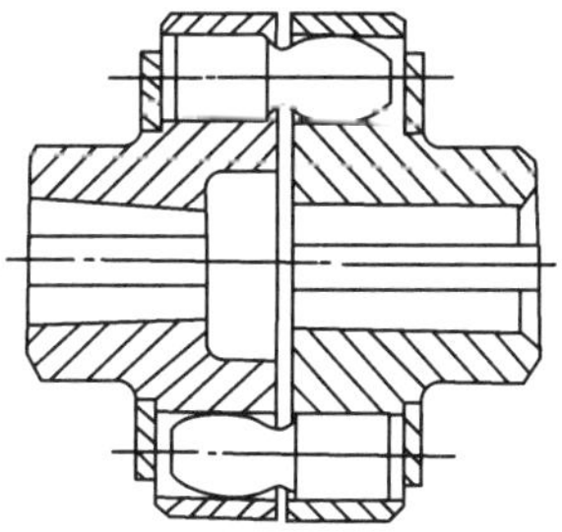

图 7-53　弹性柱销联轴器

(3) 轮胎式联轴器。如图 7-54 所示，轮胎式联轴器是利用轮胎状橡胶元件用螺栓与两个半联轴器联接，轮胎环中的橡胶件与低碳钢制成的骨架硫化黏结在一起，骨架上的螺纹孔处焊有螺母，装配时用螺栓与两个半联轴器的凸缘联接，依靠拧紧螺栓在轮胎环与凸缘端面之间产生的摩擦力来传递转矩。这种联轴器的结构简单，装拆、维修方便，弹性强，补偿能力大，具有良好的阻尼且不需润滑，但承载能力不高，外形尺寸较大。

4. 联轴器的使用与维护

(1) 注意检查运转后两轴的对中情况，尽可能地减少相对位移量，可有效地延长被联接机械或联轴器的使用寿命。

(2) 对有润滑要求的联轴器,如齿式联轴器等,要定期检查润滑油的油量、质量以及密封状况,必要时应予以补充或更换润滑油。

(3) 对于高速旋转机械上的联轴器,一般要经过动平衡试验,并按标记组装。

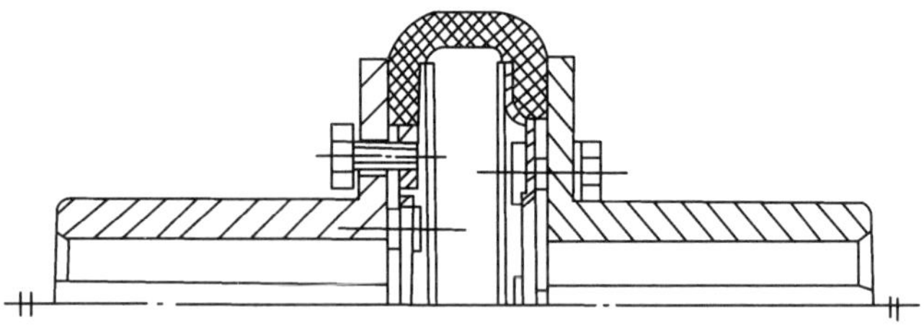

图 7-54 轮胎式联轴器

(二) 离合器

离合器要求接合平稳,分离迅速彻底;操纵省力,调节和维修方便;结构简单,尺寸小重量轻,转动惯性小;接合元件耐磨、易于散热等。离合器的操纵方式除机械操纵外,有电磁、液压、气动操纵,已成为自动化机械中的重要组成部分。下面介绍几种常见的离合器。

1. 牙嵌离合器

如图 7-55 所示,牙嵌离合器是由两个端面带牙的半离合器组成。其中一个半离合器固定在主动轴上;另一个半离合器用导键(或花键)与从动轴联接,并可由操纵机构使其做轴向移动,以实现离合器的分离与接合,它是靠牙的相互嵌合传递运动和转矩。为使两轴对中,在主动轴端的半离合器上固定一个对中环,从动轴可在对中环内自由转动。

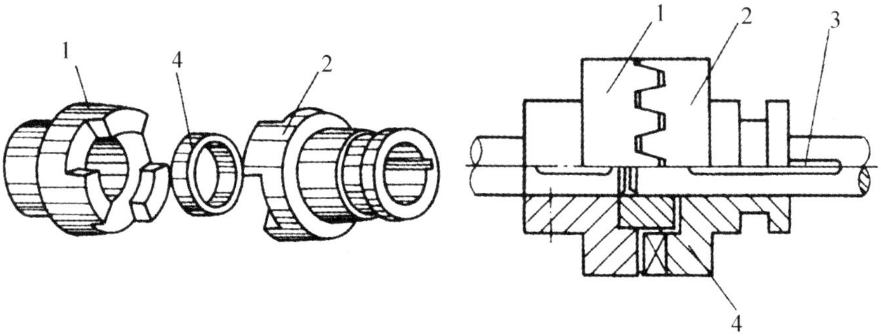

1、2. 半离合器;3. 导向平键;4. 对中环

图 7-55 牙嵌离合器

牙嵌离合器常用的牙型有三角形、矩形、梯形和锯齿形。如图 7-56 所示三角形牙接合、分离方便,但牙尖强度低,故多用于轻载的情况。矩形牙不便于接合和分离,牙根强度低,故应用较少。梯形牙接合、分离方便,能自动补偿牙因磨损而产生的侧隙,从而减轻反转时的冲击,牙根强度高,传递转矩大,故应用广泛。以上 3 种牙均可双向工作,而锯齿形牙只能单向工作,但接合、分离方便,牙根强度高,传递转矩大,故多用于重载单向传动的情况。

牙嵌离合器的结构简单,尺寸小,离合器准确可靠,能确保联接两轴同步运转,但接合应在两轴不转动或转速差很小时进行,故常用于转矩不大、低速接合处,如机床和农业机械中应用较多。

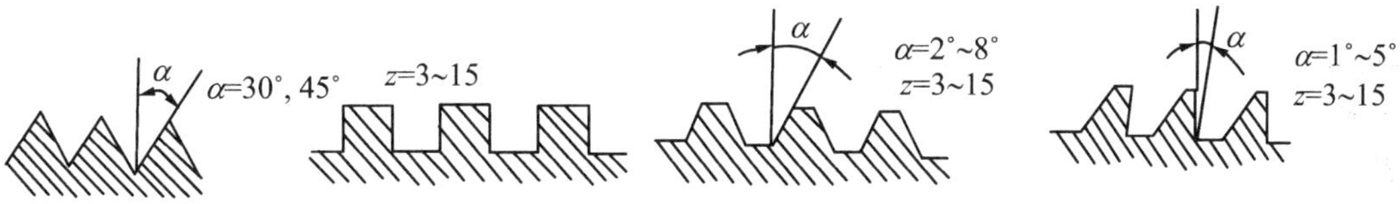

(a) 三角形牙　　(b) 矩形牙　　(c) 梯形牙　　(d) 锯齿形牙

图 7-56　牙嵌离合器常用的牙型

2. 摩擦离合器

摩擦离合器是利用主、从动半离合器接触表面上的摩擦力来传递转矩和运动的。根据离合器的结构不同，可分为单盘式、多盘式和圆锥式 3 类。

(1) 单盘摩擦离合器。如图 7-57 所示，单盘摩擦离合器是由两个摩擦盘组成，一个摩擦盘固定在主动轴上，另一个摩擦盘通过导向平键与从动轴构成动联接。操纵滑环，可使从动轴上的摩擦盘做轴向移动，以实现两摩擦盘的接合和分离。单盘摩擦离合器结构简单，但传递的转矩较小，故实际生产中常采用多盘摩擦离合器。

(2) 圆锥摩擦离合器。如图 7-58 所示，圆锥摩擦离合器是由两个内、外圆锥面的半离合器组成，具有内圆锥面的左半离合器用平键与主动轴固联，具有外圆锥面的右半离合器则用导向平键与从动轴构成动联接。当在右半离合器上加以向左的轴向力后，就可使内、外圆锥面压紧，于是主动轴上的转矩通过接触面上的摩擦力传到从动轴上。圆锥摩擦离合器结构简单，可用较小的轴向力产生较大的正压力，从而传递较大的转矩；但它对轴的偏斜比较敏感，对锥体的加工精度要求也较高。

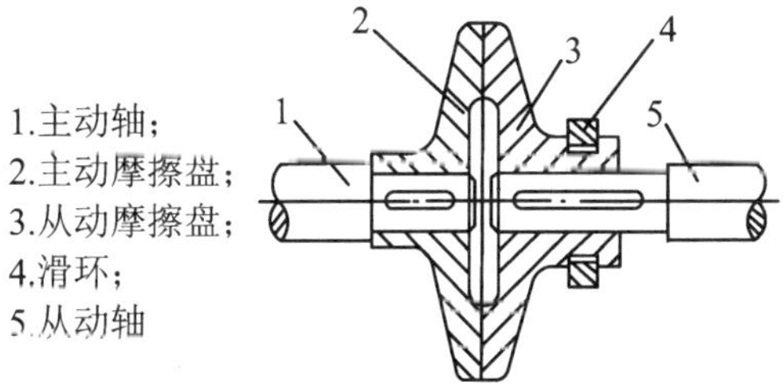

图 7-57　单盘摩擦离合器

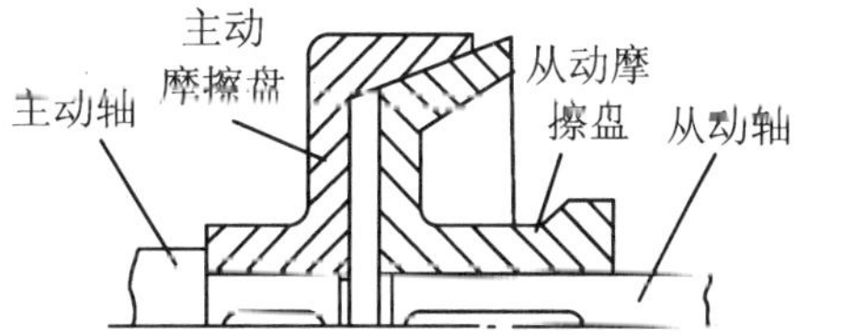

图 7-58　圆锥摩擦离合器

(3) 多盘摩擦离合器。如图 7-59 所示，多盘摩擦离合器也称为多片式摩擦离合器，它主要由主动轴、从动轴、外套筒、内套筒、摩擦盘、滑环、曲臂压杆、压板、螺母组成。一组外摩擦盘以其外齿插入主动轴上的外套筒内壁的纵向槽中，盘的内壁不与任何零件接触，故盘可与主动轴 1 一起回转，并可在轴向力推动下沿轴向移动；另一组内摩擦盘以其孔壁凹槽与从动轴上的内套筒的凸齿相配合，而盘的外缘不与任何零件接触，故盘可与从动轴一起回转，也可在轴向力推动下沿轴向移动。另外在内套筒上开有 3 个纵向槽，其中安置了可绕销轴转动的曲臂压杆；当滑环 7 向左移动时，曲臂压杆通过压板将所有内、外摩擦盘压紧在调节螺母上，离合器处于接合状态。螺母可调节摩擦盘之间的压力。内摩擦盘可做成碟形，当承压时，可被压平而与外盘很好贴紧；松脱时，由于内盘的弹力作用，可以迅速与外盘分离。

多盘摩擦离合器的传动能力与摩擦面的对数有关，摩擦盘越多，摩擦面的对数也越多，则传递的功率也越大。如传递的功率一定，则它的径向尺寸与单盘摩擦离合器相比可大为减小，所需轴向力也大大降低。所以多盘摩擦离合器结构紧凑，操作方便，应用较多。

摩擦离合器可在任何转速下，随时结合与分离；结合过程平稳，冲击、振动小；过载时摩擦面间将产生打滑，以起到过载安全保护作用；从动轴的加速时间和所传递的转矩可以调节。但其外廓尺寸较大；摩擦面间有相对滑动，将产生磨损和发热；也不能保证两轴同步运转。因此，摩擦式离合器广泛应用于需要经常启动、制动或经常改变速度大小和方向的机械，如汽车、拖拉机和机床。

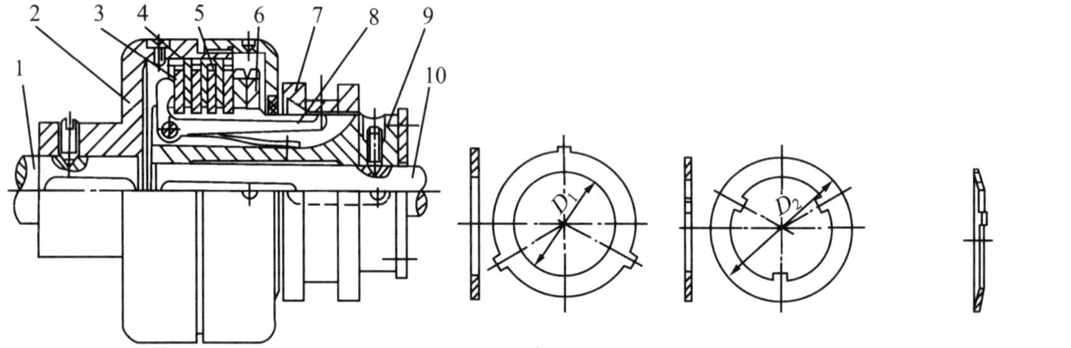

(a) 多盘摩擦离合器结构图　(b) 外摩擦盘　(c) 平板形内摩擦盘　(d) 碟形内摩擦盘

1. 主动轴；2. 外套；3. 压板；4. 外摩擦盘；5. 内摩擦盘

6. 螺母；7. 滑环；8. 曲臂压杆；9. 套筒；10. 从动轴

图 7-59　多盘摩擦离合器

3. 超越离合器

超越离合器也称为定向离合器，它只能传递单向转矩。

图 7-60 所示为滚柱式定向离合器，由星轮 1、外圈 2、滚柱 3、弹簧顶杆 4 组成。弹簧顶杆的作用使滚柱与星轮和外圈保持接触。如果星轮主动并顺时针回转，由于摩擦力作用，滚柱靠自锁原理楔紧在楔形间隙内，使星轮、滚柱、外圈连成一体并一起回转，离合器处于接合状态。当星轮逆时针回转，滚柱在摩擦力作用下退到楔形间隙的宽敞部分，不能带动外圈转动，离合器处于分离状态。如果主动星轮顺时针回转，外圈从另外动力源同时获得顺时针方向回转而转速较快的运动时，根据相对运动原理，这相当于星轮作逆时针回转，离合器处于分离状态。这时，星轮和外圈以各自的转速旋转，互不干涉。当外圈的转速比星轮慢，离合器又处于接合状态，外圈同星轮等速回转，当外圈同星轮都逆时针回转时，也有类似的结果。这种离合器的接合与分离由相对转速而定，故称为超越离合器，它广泛应用于运输机械中。

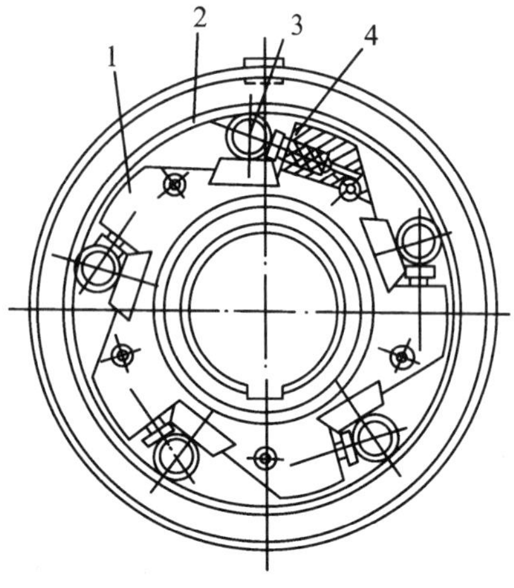

1. 星轮；2. 外圈；3. 滚柱；4. 弹簧顶杆

图 7-60　滚柱式定向离合器

4. 离合器的使用与维护

（1）定期检查离合器操纵杆行程、主从动片间隙、摩擦片磨损程度，必要时予以调整或更换。

(2) 片式摩擦离合器正常工作时,不得打滑或分离不彻底。否则,不仅加速摩擦片磨损、降低使用寿命,甚至烧坏摩擦片,引起离合器零件变形退火,导致其他事故,因此需经常检查。

离合器打滑的主要原因主要有:作用在摩擦片上的正压力不足,摩擦表面粘有油污,摩擦片过分磨损及变形过大等。分离不彻底的主要原因有:主、从动片之间分离间隙过小,主、从动片翘曲变形,回位弹簧失效等,应及时修理并排除。

(3) 定向离合器应密封严实,不得有漏油现象,否则会磨损过大,温度太高,损坏滚柱、星轮或外壳等。在运行中,如有异常声响,应及时停机检查。

三、任务实施

(一) 本任务的学习目标

联轴器的选择

联轴器多已标准化,其主要性能参数为:额定转矩 T_n、许用转速 $[n]$、位移补偿量和被联接轴的直径范围等。选用联轴器时,通常先根据使用要求和工作条件确定合适的类型,再按转矩、轴径和转速选择联轴器的型号,必要时应校核其薄弱件的承载能力。

考虑工作机起动、制动、变速时的惯性力和冲击载荷等因素,应按计算转矩 T_c 选择联轴器。计算转矩 T_c 和工作转矩 T 之间的关系为:

$$T_c = KT \tag{7-34}$$

式中 K 为工作情况系数,取值见表 7-27。一般刚性联轴器选用较大的值,挠性联轴器选用较小的值;被传动的转动惯量小,载荷平稳时取较小值。

所选型号联轴器必须同时满足

$$T_c \leqslant T_n \tag{7-35}$$

$$n \leqslant [n] \tag{7-36}$$

表 7-27 工作情况系数 K

原动机	工作机械	K
电动机	皮带运输机、鼓风机、连续运转的金属切削机床	1.25～1.5
	链式运输机、刮板运输机、螺旋运输机、离心泵、木工机械	1.5～2.0
	往复运动的金属切削机床	1.5～2.0
	往复式泵、往复式压缩机、球磨机、破碎机、冲剪机	2.0～3.0
	起重机、升降机、轧钢机	3.0～4.0
涡轮机	发电机、离心泵、鼓风机	1.2～1.5
往复式发动机	发电机	1.5～2.0
	离心泵	3～4
	往复式工作机	4～5

例 7-2 功率 $P=11\ \text{kW}$,转速 $n=970\ \text{r/min}$ 的电动起重机中,联接直径 $d=42\ \text{mm}$ 的主、从动轴,试选择联轴器的型号。

解 (1) 选择联轴器类型。为缓和振动和冲击，选择弹性套柱销联轴器。

(2) 选择联轴器型号。

① 计算转矩：由表 7-27 查取 $K=3.5$，按式 7-34 计算：

$$T_c = K \cdot T = K \cdot 9\,550 \frac{P}{n} = 3.5 \times 9\,550 \times \frac{11}{970} = 379(\mathrm{N \cdot m})$$

② 按计算转矩、转速和轴径，由 GB 4323-84 中选用 TL7 型弹性套柱销联轴器，标记为：TL7 联轴器 42×112 GB 4323-84。查得有关数据：额定转矩 $T_n=500\ \mathrm{N \cdot m}$，许用转速 $[n]=2\,800\ \mathrm{r/min}$，轴径 40～45 mm。

满足 $T_c \leqslant T_n$、$n \leqslant [n]$，适用。

学习任务具体目标见表 7-28。

表 7-28　任务学习目标

序　号	类　别	目　　标
一	专业知识	1. 了解联轴器的特点和应用； 2. 掌握联轴器的标准类型和选用； 3. 了解离合器联接特点和应用； 4. 掌握离合器联接类型和选用
二	专业能力	1. 认知机器中的联轴器； 2. 掌握联轴器的标准和选用； 3. 认知机器中的离合器； 4. 掌握离合器的标准和选用； 7. 联系实际，分析机器中联轴器、离合器的应用
三	方法能力	1. 初步具有观察机械工作过程，分析机械的工作原理，将思维形象转化为工程语言的能力； 2. 将机械设计知识应用于日常生活、生产活动，具有分析问题、解决问题的能力； 3. 学会自主学习，掌握一定的学习技巧，具有继续学习的能力； 4. 设计一般工作计划，初步具有对方案进行可行性分析的能力； 5. 培养评估总结工作结果的能力
四	社会能力	1. 养成实事求是、尊重自然规律的科学态度； 2. 养成勇于克服困难的精神，具有较强的吃苦耐劳，战胜困难的能力； 3. 养成及时完成阶段性工作任务的习惯和责任意识； 4. 培养信用意识、敬业意识、效率意识与良好的职业道德； 5. 培养良好的团队合作精神； 6. 培养较好的语言表达能力，善于交流

(二) 任务技能训练

任务技能训练内容见表 7-29。

表 7-29　任务技能训练表

任务名称	联轴器接的选择和设计计算
任务实施条件	1. 理实一体教室； 2. 机器中的联轴器； 3. 测量工具； 4. 绘图工具
任务目标	1. 掌握联轴器的类型和标准； 2. 联轴器的选择； 3. 联轴器的设计计算； 4. 良好的协作精神； 5. 严谨的工作态度； 6. 养成及时完成阶段性工作任务的习惯和责任意识； 7. 培养评估总结工作结果的能力
任务实施	1. 分析机器中的联轴器应用； 2. 选择联轴器的类型； 3. 正确设计计算联轴器
任务要求	1. 联轴器选择正确； 2. 联轴器设计计算正确

四、任务评价与总结

（一）任务评价

任务评价内容见表 7-30。

表 7-30　任务评价表

评价项目	评价内容	配　分	得　分
成果评价(60%)	联轴器的选择	20%	
	联轴器设计计算	40%	
自我评价(10%)	学习活动的目的性	2%	
	是否独立寻求解决问题的方法	4%	
	造型方案、方法的正确性	2%	
	个人在团队中的作用	2%	
小组评价(10%)	按时保证质量完成任务	2%	
	组织讨论，分工明确	4%	
	组内给予其他成员指导	2%	
	团队合作氛围	2%	

续表

评价项目	评价内容	配　分	得　分
教师评价(20%)	工作态度是否正确	10%	
	工作量是否饱满	3%	
	工作难度是否适当	2%	
	自主学习	5%	
总　分			
备　注			

(二) 任务总结

(1) 组织学生进行讨论、分析、总结、评估；
(2) 评价任务完成情况；
(3) 对项目的完成情况给出结论。

五、任务拓展

练习与提高

(1) 汽油发动机由电动机启动。当发动机正常运转后，电动机自动脱开，由发动机直接带动发电机。请选择电动机与发动机、发动机与发电机之间采用什么类型离合器。

(2) 电动机经减速器驱动水泥搅拌机工作。已知电动机的功率 $P=11$ kW，转速 $n=970$ rpm，电动机轴的直径轴和减速器输入轴的直径均为 42 mm。试选择电动机与减速器之间的联轴器。

(3) 由交流电动机通过联轴器直接带动一台直流发电机运转。若已知该直流发电机所需的最大功率为 $P=20$ kW，转速 $n=3\,000$ r/min，外伸轴轴径为 50 mm，交流电动机伸出轴的轴径为 48 mm，试选择联轴器的类型和型号。

任务五　机械的润滑和密封

一、任务资讯

在带式输送机的减速器中，齿轮、滚动轴承在压力下接触而作相对运动时，其接触表面间就会产生摩擦，造成能量损耗和机械磨损，影响减速器的运动精度和使用寿命。因此，在设计过程中，要考虑降低摩擦，减轻磨损，其措施之一就是采用润滑。任何润滑系统都设有密封装置。减速器中观察孔盖、分箱面、油塞、轴承端盖、轴与轴承端盖接合处均采取了相应的密封措施。在任务中，我们将了解润滑和密封的作用，熟悉常用润滑剂的种类、选择以及常用密封装置的种类、选择，掌握常用机械零部件的润滑和密封方式。

二、任务分析与计划

（一）润滑的作用

1. 减少摩擦，减轻磨损

加入润滑剂后，在摩擦表面形成一层油膜，可防止金属直接接触，从而大大减少摩擦磨损和机械功率的损耗。

2. 降温冷却

摩擦表面经润滑后其摩擦因数大为降低，使摩擦发热量减少；当采用液体润滑剂循环润滑时，润滑油流过摩擦表面带走部分摩擦热量，起散热降温作用，保证运动副的温度不会升得过高。

3. 清洗作用

润滑油流过摩擦表面时，能够带走磨损落下的金属磨屑和污物。

4. 防止腐蚀

润滑剂中都含有防腐、防锈添加剂，吸附于零件表面的油膜，可避免或减少由腐蚀引起的损坏。

5. 缓冲减振作用

润滑剂都有在金属表面附着的能力，且本身的剪切阻力小，所以在运动副表面受到冲击载荷时，具有吸振的能力。

6. 密封作用

润滑脂具有自封作用，一方面可以防止润滑剂流失，另一方面可以防止水分和杂质的侵入。

润滑技术包括正确地选用润滑剂、采用合理的润滑方式并保持润滑剂的质量等。

（二）润滑剂及其选用

生产中常用的润滑剂包括润滑油、润滑脂、固体润滑剂、气体润滑剂及添加剂等几大类。其中矿物油和皂基润滑脂性能稳定、成本低，应用最广。

1. 润滑油

润滑油的特点是：流动性好，内摩擦因数小，冷却作用较好，可用于高速机械，更换润滑油时可不拆开机器。但它容易从箱体内流出，故常需采用结构比较复杂的密封装置，且需经常加油。

常用润滑油主要分为矿物润滑油、合成润滑油和动植物润滑油 3 类。矿物润滑油主要是石油制品，具有规格品种多、稳定性好、防腐蚀性强、来源充足且价格较低等特点，因而应用广泛。主要有机械油、齿轮油、汽轮机油、机床专用油等。合成润滑油具有独特的使用性能，主要用于特殊条件下，如高温、低温、防燃以及需要与橡胶、塑料接触的场合。动植物油产量有限，且易变质，故只用于有特殊要求的设备或用作添加剂。

润滑油的性能指标有：黏度、油性、闪点、凝点和倾点。黏度是润滑油最重要的物理性能指标。它反映了液体内部产生相对运动时分子间内摩擦阻力的大小。润滑油黏度越大，承载能力也越大。润滑油的黏度并不是固定不变的，而是随着温度和压强而变化的。当温度升高时，黏度降低；压力增大时，黏度增高。润滑油的黏度分为动力黏度、运动黏度和相对黏度，各黏度的具体含义及换算关系可参看有关标准。油性又称润滑性，是指润滑油润湿或吸附于摩擦表面构成边界油膜的能力。这层油膜如果对摩擦表面的吸附力大，不易破裂，则润滑油的油性就好。油性受温度的影响较大，温度越高，油的吸附能力越低，油性越差。润滑油在火焰下闪烁时的最低温度称为闪点，它是衡量润滑油易燃性的一项指标。另一方面闪点也是表示润滑油蒸发性的指标，油蒸发性越大，其闪点越低。润滑油的使用温度应比闪点低 20～30 ℃。凝点是指在规定的冷却条件下，润滑油冷却到不能流动时的最高温度，润滑油的使用温度应比凝点高 5～7 ℃。倾点是润滑油在规定的条件下，冷却到能继续流动的最低温度，润滑油的使用温度应高于倾点 3 ℃以上。

润滑油的选用原则是：载荷大或变载、冲击载荷、加工粗糙或未经跑合的表面，选黏度较高的润滑油；转速高时，为减少润滑油内部的摩擦功耗，或采用循环润滑、滴油润滑等场合，宜选用黏度低的润滑油；工作温度高时，宜选用黏度高的润滑油。工业常用润滑油的性能和用途见表 7-31。

表 7-31 工业常用润滑油的性能和用途

名称	牌号	主要质量指标					主要性能和用途
		运动黏度 $\eta(mm^2 \cdot s^{-1})$ (40 ℃)	凝点 ≤(℃)	倾点 ≤(℃)	闪点 ≥(℃)	黏度指数	
L-AN 全损耗系统用油	15	13.5～16.5	−15		150		适用于润滑油无特殊要求的轴承、齿轮和其他低负荷机械等部件的润滑，不适用于循环系统
	22	19.8～24.2	−15		170		
	32	28.8～35.2	−15		170		
	46	41.4～50.6	−10		180		
	68	61.2～74.8	−10		190		
L-HL 液压油	32	28.8～35.2			180	90	抗氧化、防锈、抗浮化等性能优于普通机油。适用于一般机床主轴箱、齿轮箱和液压系统
	46	41.4～50.6		−6	180	90	
	68	61.2～74.8		−6	200	90	
	100	90.0～100		−6	200	90	
L-CKB 工业闭式齿轮油	100	90～110		−8	180	90	具有抗氧防锈性能。适用于正常油温下运转的轻载荷工业闭式齿轮润滑
	150	135～165		−8	200	90	
	220	198～242		−8	20	90	

2. 润滑脂

润滑脂习惯上称为黄油或干油，是一种稠化的润滑油。其油膜强度高，黏附性好，不易流失，密封简单，使用时间长，受温度的影响小，对载荷性质、运动速度的变化等有较大的适应范围，因此常应用在：不允许润滑油滴落或漏出引起污染的地方（如纺织机械、食品机械等）；加、换油不方便的地方；不清洁而又不易密封的地方（润滑脂本身就是密封介质）；低速、重载或间歇、摇摆运动的机械等。润滑脂的缺点是内摩擦大，起动阻力大，流动性和散热性差，更换、清洗时需停机拆开机器。

润滑脂的主要性能指标有滴点和锥入度。滴点是指在规定的条件下，将润滑脂加热至从标准的测量杯孔滴下第一滴时的温度。它反映了润滑脂的耐高温能力。选择润滑脂时，工作温度应低于滴点 15～20 ℃。锥入度是衡量润滑脂黏稠程度的指标。它是指将一个标准的锥形体，置于 25 ℃ 的润滑脂表面，在其自重作用下，经 5 s 后，该锥形体沉入脂内的深度（以 0.1 mm 为单位）。国产润滑脂都是按锥入度的大小编号的，一般使用 2、3、4 号。锥入度越大的润滑脂，其稠度越小，编号的顺序数字也越小。

根据稠化剂皂基的不同，润滑脂主要有：钙基润滑脂、钠基润滑脂、锂基润滑脂、铝基润滑脂等类型（表 7-32）。选用润滑脂类型的主要根据是润滑零件的工作温度、工作速度和工作环境条件。

表 7-32　各种润滑脂的特性及适用范围

品　　种	特　　性	适用范围
复合钙基润滑脂	较好的机械安定性和胶体安定性，耐热性好	适用于较高温度及潮湿条件下润滑大负荷的部件，如汽车轮毂轴承等处的润滑，使用温度可达 150 ℃
通用锂基润滑脂	具有良好的抗水性、机械安定性、防锈性和氧化安定性	适用于－20～120 ℃宽温度范围内各种机械设备的滚动和滑动轴承及其他摩擦部位的润滑，是一种长寿通用润滑脂
汽车通用锂基润滑脂	良好的机械安定性、胶体安定性、防锈性、氧化安定性、抗水性	用于－30～120 ℃汽车轮毂轴承、水泵、发电机等各摩擦部位润滑，国产和进口车辆普遍推荐用此油脂
极压锂基润滑脂	有极高的耐压抗磨性	适用于－20～120 ℃高负荷机械设备的齿轮和轴承的润滑，部分国产和进口车型推荐使用
石墨钙基润滑脂	具有良好的抗水性和抗碾压性能	适用于重负荷、低转速和粗糙的机械润滑，可用于汽车钢板弹簧、起重机齿轮转盘等承压部件

3. 固体润滑剂

用固体粉末代替润滑油膜的润滑，称为固体润滑。最常用的固体润滑剂有石墨、二硫化钼、二硫化钨、聚四氟乙烯等。固体润滑剂耐高温、高压，因此适用于速度较低、载荷特重或温度很高、很低的特殊条件及不允许有油、脂污染的场合。此外，固体润滑剂还可以作为润滑油或润滑脂的添加剂使用及制作自润滑材料用。

4. 气体润滑剂

气体润滑剂包括空气、氢气及一些惰性气体，其摩擦因数很小，在轻载高速时有良好的润滑性能。当一般润滑剂不能满足某些特殊要求时，往往有针对性地加入适量的添加剂来改善润滑剂的黏度、油性、抗氧化、抗锈、抗泡沫等性能。

（三）密封的作用

机械装置密封的主要作用是：

（1）阻止液体、气体工作介质以及润滑剂泄漏；

（2）防止灰尘、水分及其他杂质进入润滑部位。

（四）密封方法

密封装置有许多类型，两个具有相对运动的结合面之间的密封称为动密封。两个相对静止的结合面之间的密封称为静密封。泄漏包括两方面原因——密封面上有间隙及密封两侧有压力差。所有的静密封和大部分动密封都是借助密封力使密封面互相靠近或嵌入以减少或消除间隙，达到密封的目的，这类密封方式称为接触式密封。密封面间预留固定间隙，依靠各种方法减少密封间隙两侧的压力差而阻漏的密封方式，称为非接触式密封。

1. 静密封

静密封只要求结合面间有连续闭合的压力区，没有相对运动，因此没有因密封件而带来的摩擦、磨损问题。常见的静密封方式有：

（1）研磨面密封。这是最简单的静密封方法。要求将结合面研磨加工平整、光洁，并在压力下贴紧（间隙小于 5 mm）。但加工要求高，密封要求高时不理想，见图 7-61(a)。

（2）垫片密封。这是较普遍的静密封方法。是在结合面间加垫片，并在压力下使垫片产生弹性或塑性变形填满密封面上的不平，消除间隙，达到密封的目的。在常温、低压、普通介质工作时可用纸、橡胶等垫片，在高压及特殊高温和低温场合可用聚四氟乙烯垫片，一般高温、高压下可用金属垫片，见图 7-61(b)。

（3）密封胶密封。在结合面上涂密封胶是一种简便良好的静密封方法。密封胶有一定的流动性，容易充满结合面的间隙，黏附在金属面上能大大减少泄漏，即使在较粗糙的表面上密封效果也很好。密封胶型号很多（如铁锚 602），见图 7-61(c)、图 7-61(d)，使用时可查《机械设计手册》。

（4）O 形密封圈密封。在结合面上开密封圈槽，装入密封圈，利用其在结合面间形成严密的压力区来达到密封的目的，效果甚好，见图 7-61(e)、图 7-61(f)。

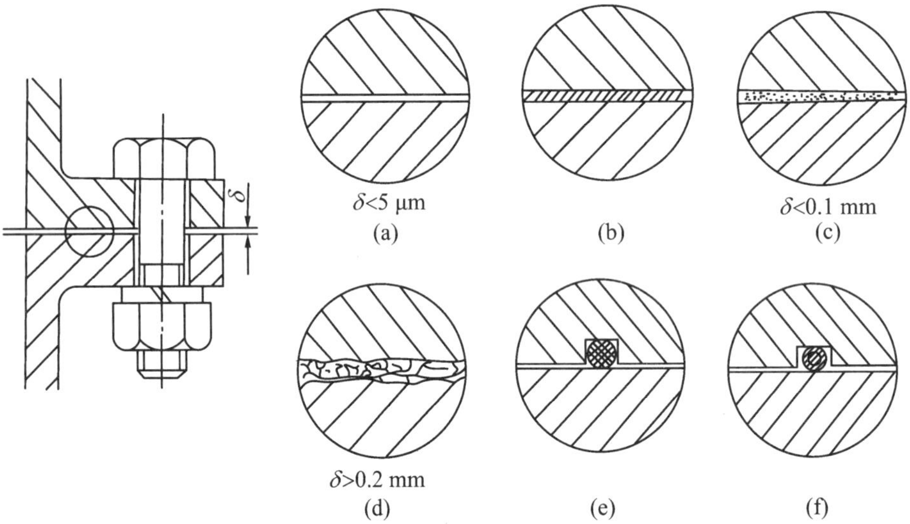

图 7-61　静密封

2. 动密封

由于动密封两个结合面之间具有相对运动，所以选择动密封件时，既要考虑密封性能，又要避免或减少由于密封件而带来的摩擦发热和磨损，以保证一定的寿命。回转轴的动密封有接触式、非接触式和组合式 3 种类型(表 7-33)。

表 7-33　动密封的种类和特征

密封类型	图　例	适用场合	说　明
接触式密封	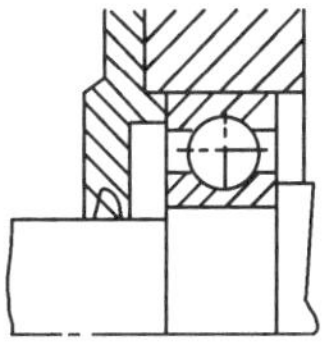 毛毡圈密封	脂润滑。要求环境清洁，轴颈圆周速度不大于 4～5 m/s，工作温度不大于 90 ℃	矩形断面的毛毡圈被安装在梯形槽内，它对轴产生一定的压力而起到密封作用
	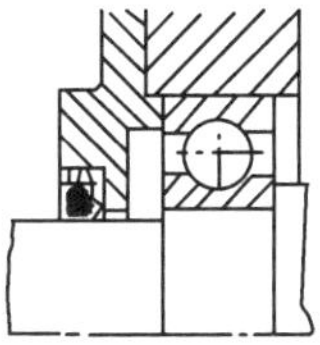 皮碗密封	脂或油润滑。圆周速度小于 7 m/s，工作温度不大于 100 ℃	皮碗是标准件。密封唇朝里，目的是防漏油；密封唇朝外，防灰尘、杂质进入
非接触式密封	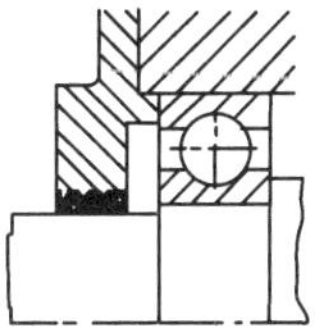 油沟式密封	脂润滑。干燥清洁环境	靠轴与盖间的细小环形间隙密封，间隙愈小愈长，效果愈好，间隙 0.1～0.3 mm
	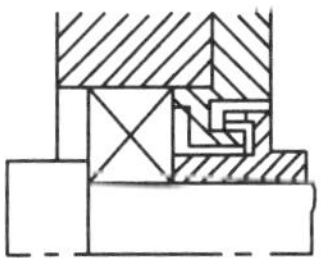 迷宫式密封	脂或油润滑。密封效果可靠	将旋转件与静止件之间间隙做成迷宫形式，在间隙中充填润滑油或润滑脂以加强密封效果
组合密封	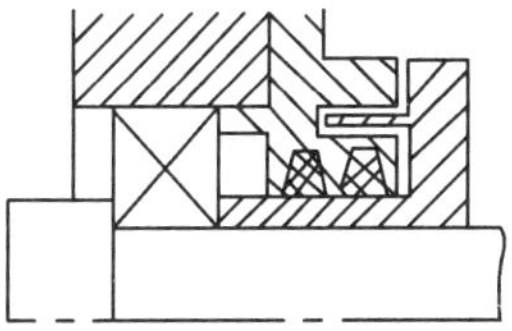	脂或油润滑	这是组合密封的一种形式，毛毡加迷宫，可充分发挥各自优点，提高密封效果。组合方式很多，不一一列举

（五）密封材料

常用密封材料有以下 4 大类：

1. 纤维

这类材料具有低的弹性模量，在较低的密封力作用下，即能获得一定的弹性变形，对泄漏间隙产生较强的密封作用。这类材料适用于制成各种形式的填片、软填料、成型填料等，如与金属配制将会大大提高其抗压抗磨能力。

植物纤维：软木、麻、纸、棉。

动物纤维：毛、皮革、毡。

矿物纤维：石棉。

人造纤维：有机合成纤维、玻璃纤维、石墨纤维、碳石墨纤维、陶瓷纤维。

2. 高分子材料

高分子材料是以橡胶与树脂为主要材料，它具有较高弹性，其耐磨性能一般高于纤维材料，变形量大，能耐较高压力。但其耐温性能较低，使用寿命不长，适用于制成各种形式的成型垫料、油封、填片及全密封件。按化学组成分为：

树脂型：热塑性树脂、热固性树脂。

橡胶：天然橡胶、合成橡胶。

塑料：尼龙、氟塑料、聚苯等合成制品。

复合型：高分子与高分子组合，高分子与非高分子组合。

3. 无机材料

无机材料的最大优点是耐高温、耐磨，如石墨制品除了耐高温外，还有良好的自润滑性能，既能起到良好的密封作用，又不容易损坏摩擦副，缺点是价格较贵；陶瓷的特点是较硬、耐高温，其缺点是较脆，主要用于机械密封、硬填料、泵等动力设备上。无机密封材料有：

碳石墨：天然石墨、碳石墨纤维、电化石墨。

工程陶瓷：氧化物瓷、氯化物瓷、硼化物瓷。

4. 金属

金属作为密封材料的最大优点是耐高温、强度高，这是其他材料所不能及的，硬度可根据需要任意选择。高真空密封可选用贵重金属，但它最大缺点是弹性差，所以振动较大部位的密封可靠性就差。这类密封材料主要用于机械密封、填片、活塞环、高温、低温、高真空动力的设备和化工容器上。金属密封材料有：

有色金属：铜、铝、铅、锌、锡及其合金等。

黑色金属：碳钢、铸铁、不锈钢、合金等。

硬质合金：钨钴类硬质合金、钨钴钛类硬质合金等。

贵重金属：金、银、铟、钽等。

三、项目实施

在带式输送机的减速器中，需要润滑的零部件主要是齿轮和轴承。润滑的目的在于减少运动阻力和延长使用寿命；由于润滑油的循环流动，对摩擦表面还有清洁和冷却的作用。保证机械中良好的润滑，关键是选择合适的润滑剂和润滑方式。之后，需要选择密封装置，减速器中有多处需要密封。

（一）齿轮传动零件的润滑

1. 齿轮润滑油及选择

齿轮润滑油有：①工业齿轮油，见表 7-34；②开式齿轮油，见表 7-35。

工业齿轮润滑油的选择见表 7-36。

表 7-34　工业齿轮润滑油黏度牌号表

黏度牌号	68	100	150	220	320	460
运动黏度 $V_{40℃}$ (mm^2/s)	61.2～74.8	90～110	135～165	198～242	288～352	414～506

注：代表 40 ℃时油的运动黏度。

表 7-35　开式齿轮润滑油黏度牌号表

黏度牌号	68	100	150	220	320
运动黏度 $V_{100℃}$ (mm^2/s)	60～75	90～110	135～165	200～245	290～350

注：代表 100 ℃时油的运动黏度。

表 7-36　工业齿轮润滑油种类的选择

<table>
<tr><th colspan="2">齿面接触应力 σ_H (MP_a)</th><th>齿轮状况</th><th>使用工况</th><th>推荐工业齿轮润滑油</th></tr>
<tr><td colspan="2"><350</td><td></td><td>一般齿轮传动</td><td>抗氧防锈工业齿轮油</td></tr>
<tr><td colspan="2" rowspan="2">低负荷齿轮 350～500</td><td rowspan="2">调质处理，精度 8 级</td><td>一般齿轮传动</td><td>抗氧防锈工业齿轮油</td></tr>
<tr><td>有冲击的齿轮传动</td><td>中负荷工业齿轮油</td></tr>
<tr><td rowspan="2">中负荷齿轮</td><td>>500～750</td><td>调质处理，精度等于或高于 8 级</td><td rowspan="2">矿井提升机、露天采掘机、水泥磨、化工机械、水利电力机械、冶金矿山机械、船舶海港机械等的齿轮传动</td><td rowspan="2">中负荷工业齿轮油</td></tr>
<tr><td>>750～1 100</td><td>渗碳淬火、表面淬火和热处理硬度为 58～62HRC</td></tr>
<tr><td colspan="2">重负荷齿轮>1 100</td><td></td><td>冶金轧钢、井下采掘、高温有冲击、含水部位的齿轮传动</td><td>重负荷工业齿轮油</td></tr>
</table>

2. 齿轮润滑方式及选择

闭式齿轮润滑方式根据齿轮圆周速度 v 选择，分为油浴润滑（图 7-62）和喷油润滑（图 7-63）。

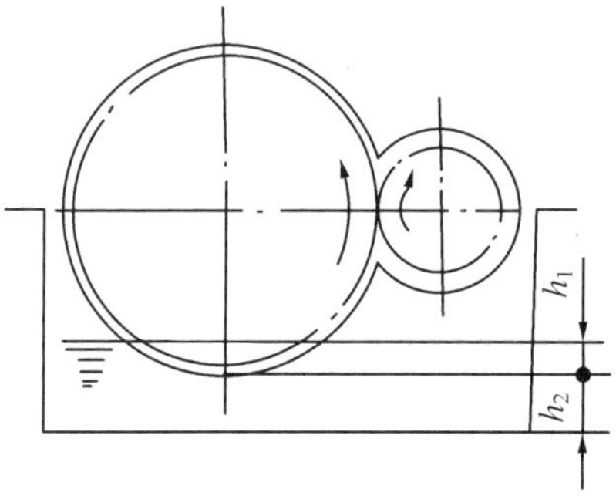

图 7-62　油浴润滑

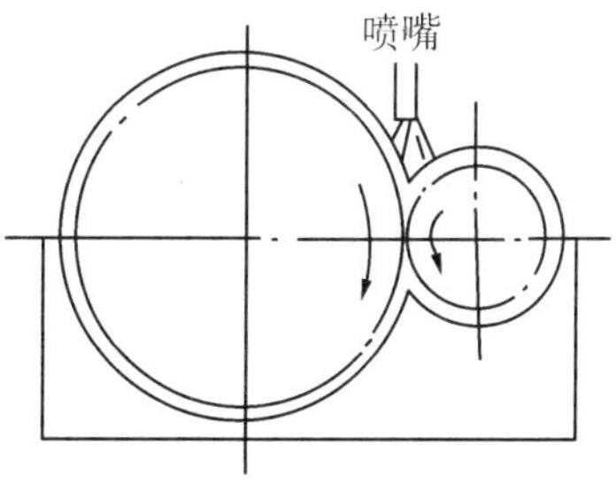

图 7-63　喷油润滑

当 $v \leqslant 12$ m/s 时，采用油浴润滑，如图 7-62 所示。为了减少搅油损失和避免油池温度过高，大齿轮浸入油池中的深度为 1～2 个齿全高，但不小于 10 mm。在双级或多级传动中，应考虑使各级传动中大齿轮浸油深度近于相等，同时要求齿顶距箱底高度不少于 30～50 mm，以免搅起箱底的沉淀物及油泥。当 $v>12$ m/s 时，因油浴润滑搅油过于剧烈，同时由于离心力作用也很难保证润滑效果，故必须采用喷油润滑。这种方法是用一套专门的供油装置，将压力润滑油直接喷射在齿轮啮入端。如图 7-63 所示。

开式齿轮传动采用开式齿轮油人工定期润滑。当传动所需黏度超出上述润滑油规格，可另选黏度合适的润滑油代用，请参考其他有关资料(表 7-37)。

表 7-37　齿轮传动润滑油黏度推荐值(黏度单位 mm^2/s，测试温度 40 ℃)

齿轮材料	强度极限 σ_b(MPa)	圆周速度(m/s)						
		<0.5	<(0.5～1)	<(1～2.5)	<(2.5～5)	<(5～12.5)	<(12.5～25)	>25
钢	470～1 000	460	320	220	150	100	68	46
	1 000～1 250	460	460	320	220	150	100	68
	1 250～1 580	1 000	460	460	320	220	150	100
渗碳或表面淬火的钢	—	1 000	460	460	320	220	150	100
塑料、铸铁、青铜	—	320	220	150	100	68	46	—

3. 蜗杆传动的润滑

蜗杆传动的工作状态与齿轮传动类似，但蜗杆传动齿面间的滑动速度大，传动效率低，发热大，因此润滑对蜗杆传动来说更为重要。

润滑油的黏度和润滑方式，应根据滑动速度和载荷类型进行选择。对于闭式蜗杆传动，采用油浴润滑或喷油润滑，润滑油从表 7-38 中查取；对于开式蜗杆传动，一般采用人工定期润滑，选用黏度较高的润滑油或润滑脂。

表 7-38　蜗杆传动的润滑油黏度推荐值和润滑方式

滑动速度 v_s(m/s)	<1	<2.5	<5	5～10	10～15	15～25	>25
工作条件	重负荷	重负荷	重负荷	中负荷	—	—	—
40 ℃(100 ℃)运动速度(mm^2/s)	1 000(50)	460(32)	220(20)	100(12)	150(15)	100(12)	68(8.5)
润滑方式	油浴润滑			油浴润滑或喷油润滑	喷油润滑的表压力(MPa)		
					0.07	0.2	0.3

当采用油浴润滑，对于蜗杆下置或侧置传动，蜗杆浸油深度为一个齿高；蜗杆的 $v_1>4$ m/s 时，常将蜗杆上置，这时传动蜗轮的浸油深度可达其半径的 1/3。

(二) 链传动的润滑

链传动的润滑是影响传动工作能力和寿命的重要因素之一，润滑良好可减少链条的磨损，缓和冲击、延长使用寿命。润滑方式可根据链速和链节距的大小由图 7-64 选择。具体的润滑装置见图 7-65。润滑油应加于松边，以便润滑油渗入各运动接触面。润滑油一般可采用 L-AN32、L-AN46、L-AN68 油。温度高或载荷大时，选用黏度高的润滑油；温度低或载荷小时，选用黏度低的润滑油。

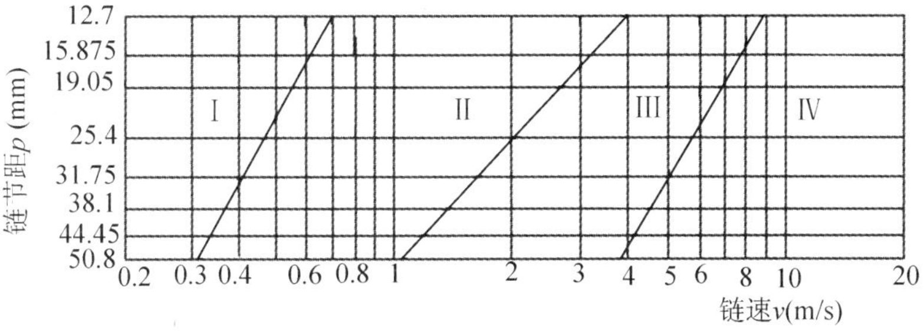

Ⅰ. 人工定期润滑；Ⅱ. 滴油润滑；Ⅲ. 油浴或飞溅润滑；Ⅳ. 压力喷油润滑

图 7-64　链传动润滑方式的推荐

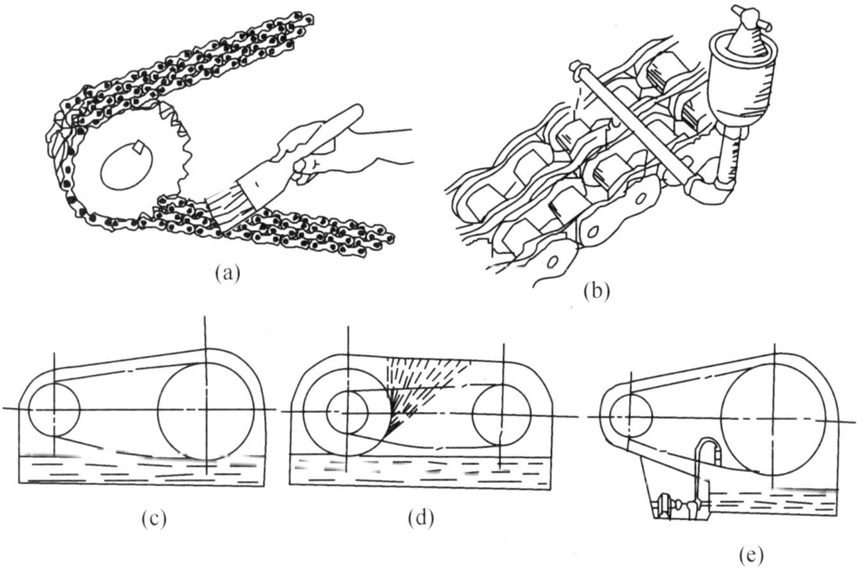

图 7-65　链传动的润滑

（三）滑动轴承的润滑

1. 润滑方式及选择

滑动轴承采用的润滑剂和润滑方式，与滑动轴承的压强 P(Mpa)及滑动速度 V(m/s)有关，通常先按经验公式求出 K 再由表 7-39 选定。

$$K = \sqrt{Pv^2}$$

表 7-39　滑动轴承润滑方式及选择

K	≤2	2～16	16～32	>32
润滑剂	润滑脂	润滑油		
润滑方式	压注油杯、旋盖油杯	针阀油杯滴油	飞溅、油杯润滑压力循环供油	压力循环供油

润滑油的供给一般分为间歇式供油和连续式供油两类。间歇式供油采用的是人工定期注油，只用于低速轻载的轴承；对较重要的轴承，应采用连续式供油。常用的连续供油方式及润滑装置有：

(1) 滴油润滑。它是依靠油的自重通过润滑装置向润滑部位滴油实现润滑，如图 7-66 所示为针阀油杯，当手柄处于水平位置(图 7-66(a)、图 7-66(b))阀口封闭；当手柄直立时(图 7-66(c))阀口开启，润滑油即流入轴承。调节螺母可调节注油量。

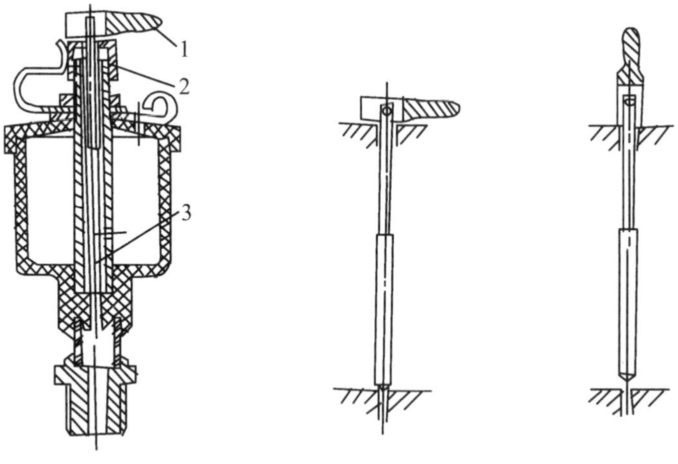

1. 手柄；2. 螺母；3. 阀杆

图 7-66　针阀油杯

(2) 油环润滑。油环润滑是利用套在轴颈上的油环浸入油池，随轴旋转时，将油带入轴承进行润滑的，如图 7-67 所示。这种方法结构简单，供油充分，维护方便，但轴的转速不能太高或太低，太高时，油被甩掉；太低时，则油环带不起油来。

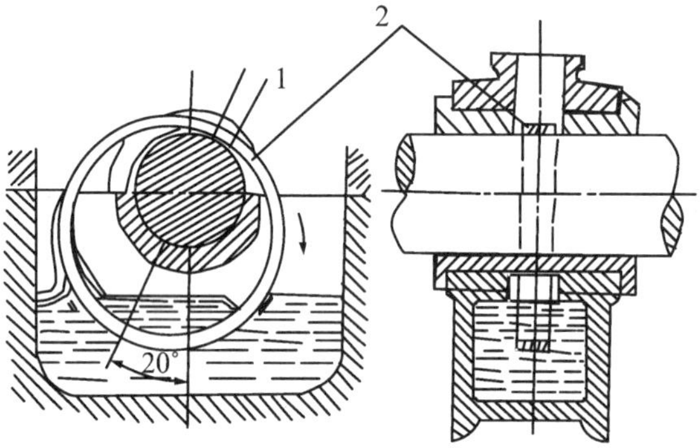

图 7-67　油环润滑

(3) 飞溅润滑。在闭式传动中，利用旋转零件(如齿轮)将油池中的油飞溅至箱壁，再沿箱壁导入轴承内润滑。此种润滑方式简单、可靠，适用于浸油传动零件的圆周速度 $v<12$ m/s 的场合。

(4) 压力循环润滑。压力循环润滑是利用油泵以一定的工作压力将油通过油管或机体油道送到轴承工作表面，其供油量可调节，工作安全可靠。但结构较复杂，广泛应用于大型、重型、高速、精密和自动化机械设备上。静压轴承的润滑就是压力循环润滑。

(5) 润滑脂。润滑脂的润滑只能间歇供应，常用压配式压注油杯如图 7-68(a)所示，通过油枪加润滑脂；也可用旋盖油杯如图 7-68(b)所示，旋转杯盖将润滑脂挤入轴承。

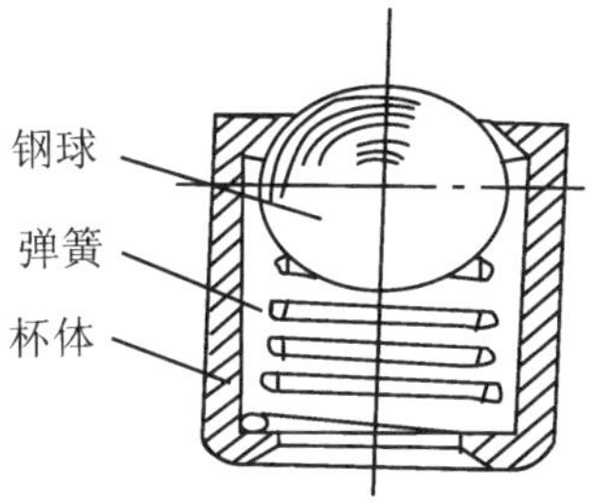

(a) 压配式

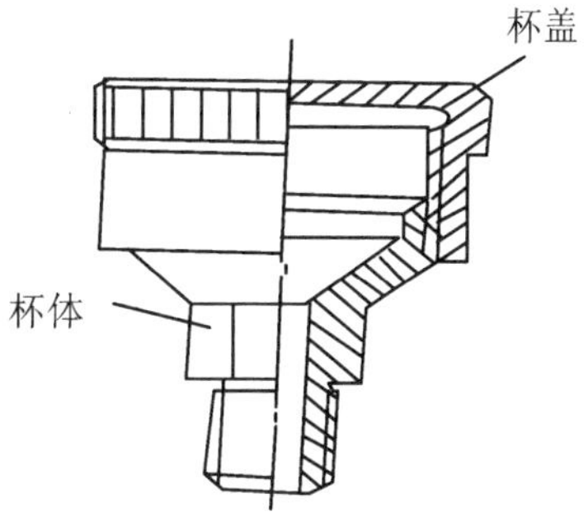

(b) 旋盖式油杯

图 7-68　脂润滑油杯

表 7-40　滑动轴承润滑油的选择(工作温度 10～60 ℃)

轴颈圆周速度 v(m/s)	轻载 p<3 MPa		中载 p=(3～7.5)MPa		重载 p>(7.5～30)MPa	
	40 ℃ 运动黏度 (mm²/s)	润滑油黏度牌号	40 ℃ 运动黏度 (mm²/s)	润滑油黏度牌号	40 ℃ 运动黏度 (mm²/s)	润滑油黏度牌号
<0.1	85～150	110 150	140～220	150 220	470～1000	460 680 1000
0.1～0.3	65～125	68 100	120～170	100 150	250～600	220 320 460
0.3～1.0	45～70	46 68	100～125	100	90～350	100 150 220 320
1.0～2.5	40～70	32 46 68	65～90	68～100		
2.5～5.0	40～55	32 46				
5～9	15～45	15 22 45				
>9	5～22	7 10 15 22				

2. 润滑剂及选择

滑动轴承按轴颈圆周速度 v(m/s)和压强 p(Mpa)，由表 7-40 中选择润滑油的黏度牌号。润滑脂按轴颈的圆周速度，压强和工作温度由表 7-41 中选择。

表 7-41　滑动轴承润滑脂的选择

轴颈圆周速度 v(m/s)	压强 p(MPa)	工作温度 t(℃)	选用润滑脂
<1	1～6.5	<(55～75)	2 号钙基脂 3 号钙基脂
0.5～5	1～6.5	<(110～120)	2 号钠基脂 1 号钠基脂
0.5～5	1～6.5	−21～120	2 号锂基脂

（四）滚动轴承的润滑

1. 润滑方式及选择

按轴承的类型与 dn(mm · r/min)值，由表 7-42 中选取，dn 值实质上反映了轴颈的圆周速度。表中的飞溅、浸油润滑方式，可与传动零件的润滑一并考虑，浸油的深度不得超过滚动体直径的 1/3，以免搅油损耗过大。当 dn 值很高时，润滑油不易进入轴承，故采用喷油或油雾润滑。

表 7-42　滚动轴承润滑方式及选择

轴承类型	dn(mm · r/min)				
	脂 润 滑	浸油润滑 飞溅润滑	滴油润滑	喷油润滑	油雾润滑
深沟球轴承 角接触球轴承 圆柱滚子轴承	$\leqslant(2\sim3)\times10^5$	2.5×10^5	4×10^5	6×10^5	$>6\times10^5$
圆锥滚子轴承		1.6×10^5	2.3×10^5	3×10^5	—
推力球轴承		0.6×10^5	1.2×10^5	1.5×10^5	—

2. 润滑剂及选择

由上述可知，dn 值在$(2\sim3)\times10^5$ mm · r/min 范围内，轴承采用脂润滑。润滑脂不易流失，便于密封，使用周期长，润滑脂填充量不得超过轴承空隙的(1/3)～(1/2)，过多则阻力大，引起轴承发热，可按轴承工作温度、dn 值由表 7-43 选用合适的润滑脂。

表 7-43　滚动轴承润滑脂及选择

轴承工作温度(℃)	dn(mm · r/min)	使用环境	
		干　燥	潮　润
0～40	>80 000	2 号钙基脂;2 号钠基脂	2 号钙基脂
	<80 000	3 号钙基脂;3 号钠基脂	3 号钙基脂
40～80	>80 000	2 号钠基脂	2 号钡基脂
	<80 000	3 号钠基脂	3 号钡基脂

当 dn 值过高或具备润滑油源的装置(如变速箱、减速箱)时,可采用油润滑。按 dn 值及工作温度由图 7-69 中选择润滑油黏度牌号。

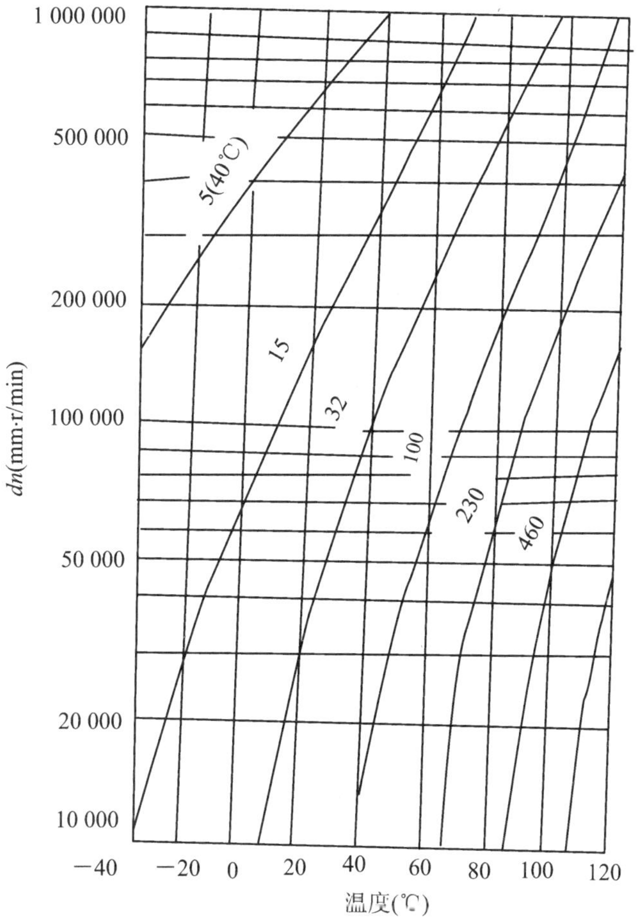

图 7-69　润滑油黏度牌号选择

（五）一般运动件的密封

机器中的一般运动零部件的密封,如齿轮、蜗轮等,属于静密封,有条件时应尽量密封起来,并在结合面处增加密封填料,用螺栓联接拧紧,以保证密封性能。

（六）轴承的密封

轴承的密封是典型的动密封,也是机械密封的重要内容之一。密封方法的选择与润滑剂种类、工作环境、温度、密封处轴颈的圆周速度等有关。常用的密封装置有 3 种形式,其使用场合及选择方法可参考表 7-33。

（七）减速器的密封

图 7-70 所示为密封装置在减速器各部分的应用。其中观察孔盖 1、分箱面 2、油塞 3、轴承

端盖 4 各处为静密封；输入轴 5 和输出轴 6 与轴承端盖接合处为动密封。

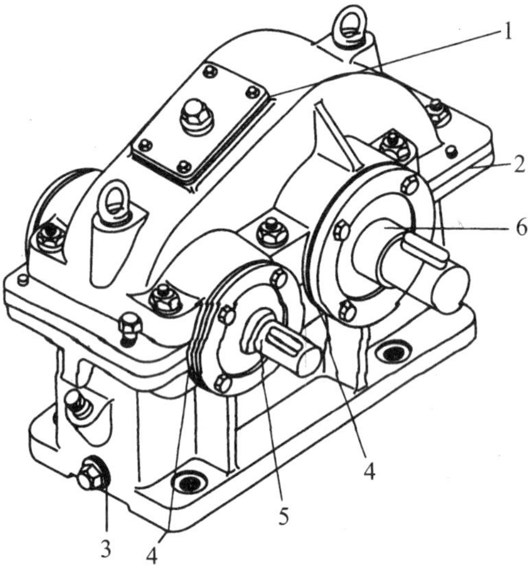

图 7-70　密封装置在减速器中的应用

四、任务拓展

练习与提高

（1）润滑油的主要性能指标有哪些？选择润滑油所依据的性能指标是什么？怎样选择润滑油？

（2）润滑脂的性能指标有哪些？

（3）为什么润滑系统中要设有密封装置？

（4）某起重机上采用的滑动轴承，其承受的径向载荷 $F_r = 21$ kN，载荷平稳；轴颈 $d = 120$ mm，轴承宽度 $B = 90$ mm，转速为 105 r/min，间歇工作。试选择合适的润滑剂和润滑方式。

参 考 文 献

[1] 杨可桢,程光蕴.机械设计基础[M].北京:高等教育出版社,2003.
[2] 何元庚.机械原理与机械零件[M].北京:高等教育出版社,2004.
[3] 黄森彬.机械设计基础[M].北京:机械工业出版社,2003.
[4] 汤慧瑾.机械设计基础[M].北京:机械工业出版社,2005.
[5] 李彦青,张国俊.机械设计基础[M].北京:机械工业出版社,2002.
[6] 胡家秀.机械设计基础[M].2版.北京:机械工业出版社,2008.
[7] 黄华梁,彭文生.机械设计基础[M].4版.北京:高等教育出版社,2009.
[8] 陈廷吉.机械设计基础[M].北京:机械工业出版社,2002.
[9] 孙建东,李春书.机械设计基础[M].北京:清华大学出版社,2007.
[10] 柴鹏飞.机械设计基础课程设计[M].北京:机械工业出版社,2005.